国际信息工程先进技术译丛

面向公共安全的宽带移动通信：
通往 LTE 技术之路

［西］ 雷蒙·费鲁斯（Ramon Ferrús）
奥利奥尔·萨连特（Oriol Sallent） 编著

郎为民　王大鹏　陈　红　赵毅丰　等译

U0305502

机 械 工 业 出 版 社

北京市版权局著作权合同登记　图字：01-2016-1586号。

图书在版编目（CIP）数据

面向公共安全的宽带移动通信：通往 LTE 技术之路/（西）雷蒙·费鲁斯，（西）奥利奥尔·萨连特编著；郎为民等译 .—北京：机械工业出版社，2017.12

（国际信息工程先进技术译丛）

书名原文：MOBILE BROADBAND COMMUNICATIONS FOR PUBLIC SAFETY：THE ROAD AHEAD THROUGH LTE TECHNOLOGY

ISBN 978-7-111-58395-0

Ⅰ.①面… Ⅱ.①雷… ②奥… ③郎… Ⅲ.①无线电通信-移动网-安全技术 Ⅳ.①TN929.5

中国版本图书馆 CIP 数据核字（2017）第 266380 号

机械工业出版社（北京市百万庄大街22号　邮政编码100037）
策划编辑：张俊红　责任编辑：朱　林
责任校对：刘志文　封面设计：马精明
责任印制：孙　炜
北京玥实印刷有限公司印刷
2018 年 1 月第 1 版第 1 次印刷
169mm×239mm·16 印张·424 千字
标准书号：ISBN 978-7-111-58395-0
定价:99.00元

凡购本书，如有缺页、倒页、脱页，由本社发行部调换

电话服务　　　　　　　　　　网络服务
服务咨询热线：010-88361066　机 工 官 网：www.cmpbook.com
读者购书热线：010-68326294　机 工 官 博：weibo.com/cmp1952
　　　　　　　010-88379203　金 书 网：www.golden-book.com
封面无防伪标均为盗版　　教育服务网：www.cmpedu.com

译 者 序

灾难、突发事件在世界上每个国家，每个城市，每时每刻都可能发生，一些恐怖事件也经常出现，据报道，仅 2016 年 12 月 19 日当天，世界上就有 3 件恐怖事件发生。此外，自然灾害威胁依然严峻，这就为现代通信提出了新的要求，即如何保证现代通信更好地保障公众安全，为救灾减灾服务，当突发事件发生后，总结以往政府各部门应急响应的成败，一个最显著的标志就是他们相互间有效通信的能力。目前国际上许多国家将公共保护与救灾（PPDR）通信作为救灾减灾、保持社会稳定的重要手段，国际上多个标准化组织也将 PPDR 通信作为重要课题进行研究。例如，2007 年无线电通信全会批准了 ITU – R53 号决议和 ITU – R55 号决议，责成所有 ITU – R 研究组开展在灾害预测、发现、减灾和赈灾中使用无线电通信问题的研究。美国联邦政府发起应急通信业务，要求 T1 委员会的 TSC（技术小组委员会）及其他标准开发组织制定 PPDR 通信标准。ETSI PPDR 通信研究在多个技术组内开展工作，制定 4 个主要的 PPDR 通信领域用户需求，包括普通市民到应急部门的通信（紧急呼叫）、应急部门之间的通信（公共安全信道）、应急部门到普通市民的通信（警报系统）和紧急状态下市民之间的通信。2013 年，华为在伦敦参加行业 LTE 大会，与 TCCA、ITU、GS-MA、3GPP 等标准组织，Motorola 等公共安全通信厂商，Orange、Vodafone、中国移动等电信运营商，以及政府机构等齐聚一堂，探讨宽带 PPDR 通信的未来发展并致力于宽带 PPDR 的标准化落地。同年 1 月，公共保护与救灾宽带无线通信技术论坛（简称宽带 PPDR 论坛）在北京成立。

目前，传统的 PPDR 通信在完成战备通信保障、抢险救灾等重大事件中，发挥了不可替代的作用。新形势下，我国需要常设统一、高效的 PPDR 通信平台。当前，我国 PPDR 通信正处在一个快速发展阶段。除个别城市已建或在建应急联动系统外，绝大多数城市还是以传统的 PPDR 通信为主，各种应急指挥分属多个不同的部门，由政府各职能部门归口管理、自成体系，不同部门建设自己的信息管理和通信系统，难以满足公共安全突发事件或重大灾害应急处置的需求。此外，传统 PPDR 通信方式主要以模拟集群、常规对讲以及窄带数字集群等技术为主，虽然具有语音调度、短消息、分组数据和定位等综合功能，能够满足目前指挥系统中语音类和数据类的业务需求。但是在公共安全工作中，从提高指挥效率的需求来说，在语音描述的同时，指挥员更希望能第一时间看到现场图像，了解现场状况。所以基于 LTE 标准无线移动宽带专网的视频语音联动指挥成了精确指挥调度的迫切需求。

PPDR 通信是维护经济建设发展的重要手段，面对突发事件最重要的是做好应对，而宽带 PP-DR 通信技术就是为了更好地解决应急通信问题而研发的。目前，还没有一种宽带技术完全适用于公共安全保护和应急需要，因此相关 PPDR 通信技术要加快开展专题研究。2013 年成立的宽带 PP-DR 论坛由国内最大的需求部门（公安部）牵头成立，也有利于将宽带 PPDR 应用与公安应急需求很好地结合，有利于形成公安行业标准。此外，相比于公共移动通信突飞猛进的发展，我国专用通信的发展难以满足实际需要，全国专用通信市场 85% 以上的对讲设备仍然是模拟设备，大大落后于公网通信。因此，基于新一代移动宽带技术的 PPDR 通信在我国今后的 PPDR 通信市场中具有广阔的发展前景。

鉴于上述原因，作者翻译了目前国外在公共保护与救灾及 LTE 技术标准方面专业性较强的书籍，该书采用介绍探讨的形式编写，首先介绍了公共保护与救灾通信的基本概念，然后从 PP-DR 通信的实际带宽和数据容量需求入手，逐步切入到基于新一代的移动宽带技术 LTE 作为支撑，采取由浅入深的方式，使读者易于接受、理解。同时，尽可能使用图表场景示例来形象地说明问题，做到了图文并茂，具有较强的可读性。从国内在 LTE 技术方面处理公共保护与救灾的角度来看，本书具有较强的代表性。希望通过本书的出版，可以为相关政府主管部门、基础电信运营商、设备厂商、研究机构、电信频谱法规制定部门、应急通信行业企业、大中专院校等多领域、多部门的主管领导、政策制定者及专业研发与系统维护人员提供参考，进而为其工作提供便利，以推动国内公共保护与救灾移动宽带通信领域的快速发展。

本书结构严谨，由浅入深，归纳条理清晰，探讨细致深入，符合读者的一般习惯，共分为 6 章，第 1 章是公共保护与救灾通信，介绍了 PPDR 的背景和基本概念、行动框架及通信需求、PPDR 通信系统以及相应的监管和标准化框架。第 2 章是移动宽带数据应用与容量需求，主要介绍了面向 PPDR 的数据中心、多媒体应用、PPDR 宽带数据应用特性和多种行动方案中数据容量需求评估。第 3 章是未来移动宽带 PPDR 通信系统，主要介绍了 PPDR 宽带通信引领的模式变革，驱动模式变革的技术经济因素，未来 PPDR 移动宽带通信系统视图以及一些现有的项目。第 4 章是面向 PPDR 通信的 LTE 技术，主要介绍了任务关键型 LTE 的标准化路线图、LTE 基础、群组通信和 PTT、设备到设备通信、PPDR 优先化和 QoS 控制等内容。第 5 章是面向 PPDR 通信的 LTE 网络，主要介绍了移动宽带 PPDR 网络和服务的提供方案，专用、商用网络，混合解决方案与网络架构设计和实现方面。第 6 章是 PPDR 通信的无线电频谱，主要介绍了频谱管理：监管框架和模式，国际统一的 PPDR 通信频率范围，移动宽带 PPDR 通信频谱需求，现有的 PPDR 频谱分配和移动宽带的候选频段以及 PPDR 通信的频谱共享。

本书主要由郎为民、王大鹏、陈红和赵毅丰翻译，中国人民解放军国防科技大学信息通信学院的瞿连政、张锋军、毛炳文、邹祥福、余亮琴、张丽红、王昊、张国峰、宋晶、陈放、李建军、蔡理金、高泳洪、靳焰、任殿龙、孙少兰、陈凯、陈于平、孙月光、夏白桦、徐延军参与了本书部分章节的翻译工作，马同兵、王会涛绘制了本书的全部图表，和湘、李官敏对本书的初稿进行了审校，并更正了不少错误。同时，本书是译者在忠实于原书的基础上翻译而成的，书中的意见和观点并不代表译者本人及所在单位的意见和观点。

机械工业出版社的张俊红老师作为本书的编辑，为本书的出版付出了辛勤的劳动，机械工业出版社对本书的出版给予了大力支持，在此一并表示感谢。

由于公共保护与救灾移动宽带通信还在不断完善和深化发展之中，加之译者水平有限，翻译时间仓促，因而本书翻译中的错漏之处在所难免，恳请各位专家和读者不吝指正。

郎为民

原 书 前 言

当前，公共保护与救灾（Public Protection and Disaster Relief，PPDR）机构主要依赖于20世纪90年代设计的专用/专业移动无线电（Private/Professional Mobile Radio，PMR）技术（例如，TETRA、TETRAPOL和P25）。虽然PMR系统提供了一组丰富的语音为主的业务，具有与PPDR特殊要求相匹配的很多功能（包括一键通和呼叫优先级），但是这些PMR技术的数据传输能力相当有限，远落后于商业无线领域的技术进步。在这种背景下，用于移动宽带PPDR的长期演进（Long-Term Evolution，LTE）技术，正逐渐被视为未来PPDR通信的首选技术。目前负责LTE标准化的第三代合作伙伴计划（3rd Generation Partnership Project，3GPP）组织正在承担这项技术工作，向LTE标准中引入一些改进的能力和功能，这将进一步增加LTE技术对PPDR和其他专业用户的适用性，满足他们对可靠性和弹性的高要求。虽然PPDR和商业领域共同技术标准的融合可以为协同合作和规模经济提供巨大的机会，但PPDR宽带业务的提供需要能够部署和管理网络容量的新的方法。当前PPDR通信基于"专用技术、专用网络和专用频谱"的模式，不再被认为是提供PPDR宽带数据通信的主要方法。在此基础上，本书全面介绍了PPDR通信对LTE技术的引入。具体来说，本书涵盖了以下几个主题内容：

1）PPDR业务的基本内容，其行动框架和相关的通信系统。

2）概述了PPDR从业人员目前使用的主要通信技术和标准。

3）由于PPDR从业人员对其业务效率提升的巨大需求，导致他们对行动场景和新兴多媒体、数据中心应用的需求不断增长。

4）一些主要技术经济驱动因素的讨论，它们被认为是经济有效地提供移动宽带PPDR通信的关键，例如与商业领域使用共同的技术标准，对基础设施共享和基于多网络的解决方案以及动态频谱共享的考虑。

5）为提供移动宽带PPDR通信建立了全面的系统视图，包括基于LTE的专用广域网、漫游和优先接入商用网络的能力、快速可部署设备和将卫星接入作为关键组成部分。

6）对LTE标准的功能和特性的分析，这些功能和特性及其改进与任务关键型通信的支持相关，例如群组通信引擎和直通模式操作。

7）讨论在专用和商用LTE网络上提供移动宽带PPDR通信的不同网络实施方案，包括移动虚拟网络运营商（Mobile Virtual Network Operator，MVNO）模式和其他混合模式的适用性。

8）对实现不同交付模式至关重要的网络架构设计和实施方面的介绍，包括与传统网络和可部署系统（例如，车载基站和车载系统）的互联，以及卫星接入。

9）对未来宽带PPDR系统频谱需求的估计，总结了PPDR通信的分配和候选频谱波段，以及考虑了旨在提供额外容量（例如，用来应对PPDR业务流量需求激增的额外容量）的动态频谱共享解决方案。

本书共分为6章：

第1章论述了PPDR业务的基本内容、行动框架和相关的通信系统。首先，提供了PPDR、公共安全（Public Safety，PS）和应急通信的术语和关键定义，确定了这些术语的范围，并对紧急情况下各种类型的通信关系进行分类。接下来，介绍了PPDR组织提供的主要功能和服务，介绍了所谓的第一响应机构以及其他实体（例如，公用事业部门和电信运营商）在应急响应中可以发挥的作用。在此基础上，介绍了 PPDR 的行动框架。这种介绍包括 PPDR 行动场景的分类、事件响应管理中的一些通用组织和程序方面的内容，以及 PPDR 从业人员所需通信服务的通信参考点和关键特性。随后，总结了目前 PPDR 使用的主要通信技术和系统。该总结概述了通常与 PPDR 通信系统相关的需求类型，描述了 PPDR 部门内使用技术的常见分类，并概述了目前使用最广泛的 PPDR 通信数字无线电通信标准（TETRA、TETRAPOL、DMR 和 P25）。该总结还通过对具有说明性的假设事件的分析，确定了当前 PPDR 通信环境中存在的一些主要限制。最后，本章介绍了 PPDR 通信的监管和标准化框架。

第 2 章介绍了各种类型的以数据为中心的多媒体应用，这些应用被认为对现场 PPDR 行动至关重要。特别关注了欧盟理事会的执法工作组/无线电通信专家组（Law Enforcement Working Party/Radio Communication Expert Group，LEWP/RCEG）制定的"应用阵列表"，该表提供了 PPDR 各类应用的技术和操作参数特征，这些是通过大量的欧洲 PPDR 组织商定，并由 CEPT 主管部门认可，作为未来 PPDR 应用的代表。接下来，本章提出了对所需移动宽带数据应用吞吐量需求的各种估计，概述了典型的峰值数据速率、平均会话持续时间和正常条件下繁忙时间内的事务数量，以维持典型的 PPDR 需求。最后，本章对日常行动、大规模突发/公共事件和灾害场景等一些具有代表性的 PPDR 行动场景中所需的总体数据容量进行了定量评估。

第 3 章首先论述了如下观点：相对于目前用于提供语音和窄带数据 PPDR 服务使用的普遍模式来说，在提供移动宽带业务时需要进行模式变革，目前普遍模式的主要特征在于对专用技术、专用网络和专用频谱的使用。接下来，在技术、网络和频谱的各个维度上，确定和讨论了关键的技术经济因素，这些因素促使这种模式变革向着更具成本效益的 PPDR 通信交付模式的方向发展。基于这些技术经济因素，然后描述了未来移动宽带 PPDR 通信系统的综合系统视图，并确定了其中关键的基本原理和组成模块。最后，本章总结了目前正在为提供下一代移动宽带 PPDR 通信铺平道路的一些相关举措。

第 4 章介绍了一些正在向 LTE 标准中引入的新功能和新特性。虽然 LTE 标准已经成为支持大量 PPDR 行业移动宽带应用（包括视频传输）的合适技术，但是 3GPP 仍在开展相关工作，以改善这一标准并将其完全转变为任务关键型通信技术。首先，本章概述了 3GPP 和其他相关标准化机构在 PPDR 通信领域建立的标准化路线图，并介绍了一些关于 LTE 技术和网络的基础知识。接下来，介绍了为满足 PPDR 需求而引入的一系列增强，包括增强的群组通信引擎和任务关键一键通（Mission–Critical Push–To–Talk，MCPTT）功能、设备到设备通信（在 3GPP 规范中称为邻近服务）、隔离的 LTE 网络操作、支持更高发射功率的设备以及用于应对容量拥塞的优先化和服务质量（Quality of Service，QoS）控制功能。此外，还介绍了在 LTE 中引入的与无线接入网（Radio Access Network，RAN）共享有关的增强功能，作为另一个潜在的技术引擎，可以促进 PPDR 和其他用途共享 LTE 网络模式的部署。

第 5 章介绍了在专用和/或商用 LTE 网络上，提供移动宽带 PPDR 通信业务的网络实现方案。首先，对当前 PPDR 通信交付模式中的定义要素给出了一些相关的介绍性评论，讨论了通过 LTE 实现从底层网络单独提供服务的可能性，以及"公共安全级"LTE 网络设计的预期特性。在此基础上，对实现基于 LTE 的移动宽带 PPDR 网络可以采用的不同方案进行分类和介绍，强调了每一个方案的优缺点。尤其是，考虑了部署专用网络和使用公共网络，以及采用它们的组合模式。最后，本章对一些网络架构设计和实现方面的内容进行了深入的介绍，这些是不同交付模式最终得以实现的核心。尤其是，ETSI 为整个系统开发的参考模型，旨在提供关键通信服务、商业和专用网络之间的互联、宽带和窄带传统平台的互通、可部署系统的互联和卫星通信的使用，以及底层基于 IP 骨干网的连接服务和框架。此外，介绍了基于 MVNO 的解决方案，这是目前一些欧洲国家正在考虑作为一种可行的短期解决方案的方法。

第 6 章重点讨论了与 PPDR 通信无线电频谱有关的各个方面。首先，讨论了目前在全球、区域和国家层面上负责频谱使用和管理的主要监管和法律文件，以及频谱管理做法的模式和发展。接下来，介绍了国际规则中关于 PPDR 通信协调频率范围的已有规定，以及该领域中预期的下一个关键里程碑。在此基础上，本章深入探讨了未来宽带 PPDR 系统频谱需求的特征，描述了用于计算频谱需求的方法，并收集了世界各地不同组织开展的一系列评估结果。之后，针对 PPDR 通信当前频谱的可用性，重点介绍了现有的频谱分配，以及一些地区正在考虑的用于提供移动宽带 PPDR 通信的候选频段。最后，本章讨论了 PPDR 通信的动态频谱共享问题，作为补充专用频谱分配的一种方式。给出了可能采用的共享模式分类，确定了每个模式中的关键原则，并讨论了它们对 PPDR 使用的适用性。在此基础上，进一步介绍了两种可能采用的频谱共享解决方案：一种基于许可共享接入（Licensed Shared Access，LSA）制度的适用性，另一种利用对电视空白频谱的次要访问。

目　　录

第1章　公共保护与救灾通信

1.1　背景和术语

　　公共保护与救灾（Public Protection and Disaster Relief，PPDR）部门具有重要的社会价值，通过创建安全稳定的社会环境、维持社会的法规与秩序，保护公民的生命和财产安全。PPDR 服务包括执法、消防、紧急医疗服务（Emergency Medical Services，EMS）和灾难恢复等服务，作为我们社会组织的重要支柱。各种 PPDR 服务能够有效地保护人民生命、财产、环境和其他一些相关的社会价值财富，解决了大量的自然和人为造成的灾难威胁。PPDR 部门无论直接作为政府机构的一部分，还是在严格的法律法规约束与监管下作为政府相关部门的外包机构，通常都与大多数的国家社会公共部门紧密相连。在不同的国家之间，支撑有效 PPDR 预案的监管、组织、业务和技术方面的因素往往差异很大，即便在同一国家的不同地区或城市之间，这种差异也是客观存在的，各地的预案通常是在地区或地方政府公共部门主持之下进行的。

　　有效处理地面、海上和空中的应急和监测情况是 PPDR 服务的重要任务之一。其中，这项任务中最重要的部分是在现场实地中完成的，因此所有涉及的工具必须能够匹配相应的需求。无线电通信对于 PPDR 机构具有极其重要的意义，以至于 PPDR 通信对它高度依赖。在有些情况下，无线电通信是唯一可用的通信形式。

　　在不同的管理部门和地区之间，对于 PPDR 和相关的无线电通信业务术语在具体的含义上存在着一些差异。术语 PPDR 是在 2003 年世界无线电大会（World Radio Conference 2003，WRC - 03）上通过的第 646 号国际电联无线电通信（ITU Radiocommunication，ITU - R）决议中定义的，它是由两个术语——"公共保护（Public Protection，PP）无线电通信"和"救灾（Disaster Relief，DR）无线电通信"合并而成[1]。

　　1）PP 无线电通信。此类无线电通信被相关责任机构和组织用来处理法律和秩序的维护、人民生命财产的保护和紧急情况的处置。

　　2）DR 无线电通信。此类无线电通信被相关责任机构和组织用来处理严重的社会职能秩序扰乱和对人民生命、健康、财产以及环境造成显著且广泛的威胁事件，无论这些事件是由意外事故、自然还是人为导致的。

　　还有一个通常被用来指 PPDR 通信的术语是公共安全（Public Safety，PS）通信。这些术语通常被用来互换使用[2]。另一个与 PPDR 通信有关的术语是应急通信。从广义上来讲，应急通信不仅包括管控紧急情况的政府公共部门和 PPDR 机构之间的通信以及他们内部的通信，还包括了紧急情况中相关民众之间的通信。目前，国际上普遍公认的对应急通信的分类如图 1.1 所示[3]。

　　1）政府部门与组织之间的通信，指的是政府部门或组织内部及其之间的通信。此类通信含义符合 PPDR 通信的定义范围。

　　2）从组织/政府部门到民众的通信，指的是从组织/政府部门到个人、群体或公众的通信。用于提醒公众的预警和信息系统属于此类范围。

　　3）民众到组织/政府部门的通信，应急呼叫服务（例如，通过公共电话网络拨打诸如 112 或 110 等应急号码）属于此类范围。

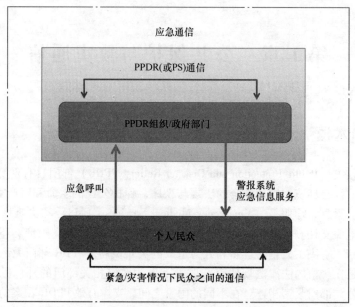

图 1.1   PPDR 与应急通信的含义范围

4）民众之间的通信，在发生灾难的情况下，个人可能会有同其他人联系的强烈需求，以便确定或了解亲人的情况或财产等其他事物的状况，以及进行共同行动的协调。尤其是，一些新社交媒体通信技术能够让民众更快地分享信息，协助在紧急情况下的响应与恢复，以及在政治危机中进行动员活动。

在这种情况下，人们通常也将 PPDR 组织称作应急服务或应急响应提供者。特别是在出现直接危害到人员的身体或生命、个人或公共健康安全、个人或公共财产，以及环境等情况[4]时，应急服务可以被定义为用于提供直接快速援助的机构或服务。

本书内容主要关注 PPDR 组织与政府部门及其内部的通信。从这个意义上来说，本书中出现的术语 PPDR、PS 和应急通信是可以互换使用的，指的都是此种类型的通信。

1.2   PPDR 功能和组织

PPDR 组织或政府部门主要负责预防和防止各种可能危及公共安全的事件发生。因此，由 PPDR 组织提供的主要职能和服务主要体现在以下几个方面[5,6]：

1）执法。执法的功能主要体现在预防、调查、逮捕或拘留任何被怀疑或认定违法的个人。这项职能通常由警察组织负责实施。

2）EMS。此类医疗服务的职能是为疾病或受伤的人员提供紧急救治和支持性护理，以及将人们转移到安全可控环境的能力。EMS 系统通常由以下几个部分构成：医疗急救人员（指的是在救护车到来之前能够提供非运送急救护理的人员和机构）、救护车服务（指的是能够提供基本的和高级的生命救治支持的服务）、特种运输服务（例如，直升机、船舶和雪地车等）、医院（例如，急诊、重症救护、心脏急救、新生儿监护病房等），以及各种专业中心（例如，创伤、烧伤、心脏、药剂病房等）。此外，EMS 的职能还包含了"灾难医学"的功能，也就是提供对严重事故中人员的验伤分类、初步救治、运输以及二级医疗。通常，这些服务可以由医生、医疗辅助人员、医疗技术人员、护士和志愿者来提供。

3）消防。指的是扑灭危害人民生命财产安全的火灾的职能。其中，这种危险的火灾既可能发生在城市地区（房屋或建筑物），也可能发生在农村地区（例如像森林火灾）。这项服务通常由专业的消防部门和志愿消防部门提供。

4）环境保护。这项职能主要体现在保护国家或地区的自然环境，以及其中由动植物构成的生态系统。具体到日常的环境保护行动，例如对水、空气和土地状况的监测。通常，由护林员、消防员和志愿者组织或公共机构负责这项活动。

5）搜寻和救援。这项职能的目标是定位、接近、固定和运输丢失或失踪人员到安全的地方。搜寻和救援活动可由不同的公共安全组织（例如，消防员或 EMS）负责实施。

6）边境安全。这项职能主要指的是控制国家或地区的边界，防止入侵或其他危及人民安全和经济状况的威胁情况发生。涵盖的领域包括对非法移民的核查、非法引进物品的核查和对其他海关法规禁止引进商品的核查。确保边境安全的工作通常由警察部门或专门的边防部队来执行。此外，海岸警卫队在边境安全上属于特殊的执法部门。

7）应急管理。也称作民防，负责对资源进行组织和管理，以及处理各方面的重大突发事件/灾害，特别是承担对突发事件/灾害的预防、准备、应对和恢复工作。在紧急情况下，应急管理对外提供集中式的 PPDR 指挥控制机构。应急管理通过建立完善的计划、结构和组织安排，保证政府部门、志愿者和私人组织能够以一种全面、协调的方式应对所有重要的紧急需求。此外，应急管理的职能还包括对食品、卫生、交通、建材、电力能源的供应、电信和日常用品、态势感知，以及通信正常运转的恢复。

对于上述功能与服务来说，不同国家与地区的 PPDR 组织之间是互不相同的。在欧洲，由于不同国家 PPDR 服务的发展历史不同，类似组织提供的功能自然也就有所不同。此外，组织的形式及其标准的业务流程，在不同的 PPDR 组织之间也存在着显著的差异。这些差异体现在从志愿者服务组织（此类组织通常接受的培训有限）到专业化的准军事组织（例如，爆破专家和危险物品专家等）之间的各个方面。下面列举了欧洲的几种常见的 PPDR 组织类型，并指出了他们承担的各种职能，以及其中最主要的职能。

1）警察。警察的主要任务是维护法律的执行，为民众创建安全的环境。警察职能：执法。

2）消防。不同国家和地区之间的消防职责有所不同，主要职责包括确保消防安全、野外灭火、搜索营救、提供人道服务、有害物质管控和环境保护、海上救助和灾害控制、警戒安防和公共污染物洗消等。消防职能：执法、保护环境和搜索救援。

3）边防（陆上）。边防警卫包括在国家或地区边界执行边境控制任务的国家安全机构。他们的职责通常是制止犯罪、防止非法移民和非法交易。边防（陆上）职能：执法和边境安全。

4）海岸警卫队。海岸警卫队服务可能包括但不限于搜索援救（海上和水道等）、沿海水域保护、制止犯罪、防止非法移民和灾难，以及在管控区域内提供人道主义援助。海岸警卫队职能包括：执法、保护环境、搜索救援和边境安全防护。

5）森林警察。此类警察专门负责森林环境保护，并在乡村和山区为其他机构在消防和执法方面给予支持。森林警察职能：执法、保护环境和搜索援救。

6）医院和医疗急救人员。作为提供 EMS 服务的核心组成部分，他们通常依靠移动设备，例如救护车以及其他机动车辆（如直升机和其他设备）等。医院和医疗急救人员职能：EMS 和搜索援救。

7）交通运输警察[○]。交通运输警察属于专门的警察机构，负责执法和保护交通，包括铁路、

○ 欧洲部分国家的警察设置。

高速公路以及其他道路交通。交通运输警察职能：执法。

8）铁路运输警察。铁路运输警察属于专门的警察机构，负责执法和铁路的保护。在某些情况下，它属于铁路服务提供商的私有组织。铁路运输警察职能：执法。

9）海关稽查员。国家执法机构的一个部门，负责监控入境的人员和货物。由于欧盟（European Union, EU）内部原有成员国之间的边界去除，这些海关部门的职责更加侧重于预防犯罪。海关稽查员职能：执法。

10）机场安检人员。机场执法机构负责保护机场、乘客和飞机的安全，预防并制止犯罪。机场安检人员职能：执法。

11）港口安全人员。口岸执法机构负责保护港口以及航运港口设施。港口安全人员职能：执法。

12）志愿者组织。志愿者组织是在与公共安全（PS）和环境保护相关领域内，经过训练的普通民众。他们自愿加入环境保护和公共安全保护活动，不收取报酬。志愿者组织职能：保护环境以及搜索援救。

除了上面提到的各种 PPDR 组织外，不同级别（地方、地区、国家）的政府公共部门也会直接参与到 PPDR 行动中，领导或支持应急管理职能。政府公共部门负责建立一整套防范和应急计划，以应对紧急情况。在应对最严重的突发事件中，政府公共部门将作为核心部门落实应急预案，同时为企业和志愿者组织提供咨询，帮助企业和志愿者组织开展持续性的业务管理。

此外，应急响应还会涉及其他一些公共或私人组织，如交通部门、市政工程、公用事业公司（自来水、燃气、电力）和电信运营商等。对于电信运营商来说，应急管理计划可能包括准备用于重大紧急情况/灾难的应急通信设施。电信运营商需要支持这些计划，从而在紧急情况下，提供在基于策略的网络管理方案中预先定义好的各种特殊的业务模式（例如，调用或优先接入方案、对特定应答点的重新路由呼叫）。

军队也可以在国家重大突发事件中提供对 PPDR 行动的支持，军事部门可以提供人力和设备，以补充公共安全资源。在应对自然灾害（例如，洪水、地震）中，此类支持活动经常发生。部队还可以在重大活动（例如，奥运会）中提供安全预案支持，以及对人为紧急情况（例如，恐怖袭击）提供专业的应对。专业的军事技能或设备在应对此类事件中至关重要，并且作为应急响应中一个不可分割的组成部分。

最后，但并非是最不重要的，一些部门和组织中的个人在紧急情况中也会起到重要的作用[7]。特别是，一些非政府组织（Non - Governmental Organization, NGO）和民间组织中的专业人士和志愿者在处置突发事件中也会提供重要的支撑作用。他们的有效参与及对整个救援计划的指导，将高度依赖于他们与政府部门之间的联络。为他们提供用于报告实地观察或获取最佳危机现状信息的工具，对于发挥他们在紧急情况中的作用，就变得至关重要。

另外，紧急情况发生的现场、船舶等的所有者，同样需要履行一定的责任义务。现场工作人员（或者其他人员）被认为最适合对现场进行管理，可以加入救援和清理活动。不过，他们也属于受紧急情况影响的个人。同时，后勤协调和公用事业服务供应机构（由燃气公司、电力公司、电子通信服务公司以及自来水公司提供的服务）所提供的协助对于紧急情况的应对也是至关重要的。公用事业服务机构通常位于紧急区域之外，能够从某个控制中心提供对紧急情况区域的管控。公用事业服务机构的工作人员也可以直接进入到紧急区域内部（或附近）进行必要的人工作业。最后，媒体（记者、电台/电视新闻记者）在对外报道抢险现场的信息，以及向受影响个人发布政府部门信息中，也会起到关键作用。广播也可以被用来招募志愿者。

在此背景下，术语"第一响应者（First Responder, FR）"通常指的是执法、紧急医疗、消防和救援服务。反过来，术语"紧急事件应对者（Emergency Responder, ER）"所指则比"第一响应者"涉及的范围更为广阔，包括在这种情况下的其他实体，例如，电力、自来水和燃气公司、运输、交通、搜索援救、医院、红十字会，以及其他参与事件响应的实体。

1.3　PPDR 行动框架及通信需求

PPDR 组织每天都需要对突发事件和重大事件进行有效的监管。这些事件在规模上彼此之间可能有很大的不同。"重大事件""突发事件"以及类似的词汇作为通用的术语，在含义的解释上存在明显的程度差异。在特定的情况下，事故（Incident）具有更高的紧急程度或严重程度。例如，在一个拥有 500 人小镇发生的公共骚乱事件中，由 5 名官员来处理骚乱事件远远要比用 50 名官员处理骚乱具备更加严重的潜在危险性。事故可能涉及多个 PPDR 服务（警察、消防、救护车和专业人士等）之间的交互。此外，由于这些事件并不受行政区域、地区、国家或语言界限的限制，因此，它的行动场景可能涉及一些跨境行动。根据本章参考文献 [8]，"重大事件"指的是需要由一个或更多的紧急服务给予特别安排计划的事件，并且通常涉及大量人员直接或间接地投入。例如：

1）大量伤亡人员的抢救和运输。

2）大规模应急服务资源的组合投入。

3）各种应急支援服务（例如，地方或地区的政府部门）的动员和组织，以应对可能造成大量人员无家可归、严重伤害甚至死亡的各种威胁。

4）处理大量来自民众和大众媒体的信息查询需求，通常用于警察。

人们认为，各类事件的处理需求之间存在着相当大程度的共同性。它们可以是可扩展性问题、考虑的空间和时间问题，以及某些具体的事件需求，如跨境监管的流程、侦办和抓捕恐怖分子或罪犯的行动等。

在紧急服务中，人们通常会对已知风险制定一系列的应急计划，这样做具有重要的意义。例如，保护重要人员住所的反恐计划、医院及大型零售中心发生重大火灾的疏散计划等。然而，也有很多无法明确定义或预防的重大事故：无法确定它们的原因、位置、规模、后果以及中长期的影响。出于这一原因，应急服务等部门必须在他们的思维方式和业务流程中引入相当程度的灵活性，试图建立一套涵盖各种可能的不可预测事件的响应机制，并且避免这些机制变得官僚化、拖沓臃肿、完全失效。

大量文献中都有关于 PPDR 部门和人员行动场景的介绍，用于指导和建立最佳实践，以及构建派生组织、功能和技术（包括通信）需求及标准（例如，本章参考文献 [1, 5, 6, 9-12]）。基于上述引用的参考文献，后面几小节将全面介绍与 PPDR 通信有关的各个行动方面，包括 PPDR 行动场景分类、一种通用的行动框架的介绍、主要组成部分及通信参考点的确定，以及对 PPDR 行动框架至关重要的当前和预期通信服务的确定。

1.3.1　行动场景

从 PPDR 行动中无线电通信使用的方法来看，存在 3 种不同的无线电工作环境，用于满足不同的 PPDR 应用的使用需求。

1）日常行动。日常行动涵盖了 PPDR 部门在其管辖范围内进行的每日例行业务。通常情况下，这些行动都是在国界之内进行的。

2）大型紧急和/或公共事件。大型紧急和/或公共事件指的是引起公共保护和潜在的救灾部门对其辖区特定区域内进行响应的事件。不过，他们仍然需要在其辖区的其他位置进行每天的例行业务。这类事件的大小和性质可能需要来自临近的辖区、跨国机构或国际组织提供额外的

PPDR 资源。在大多数情况下，要么有适当的计划，要么有时间去计划并协调需求。在这一场景下，大型紧急事件的例子，如大城市中发生的涵盖三四个街区的大火，以及大规模森林火灾等。同样，大型公共事件（国家或国际）的例子，如八国集团峰会、奥运会等。

3）灾害。灾害指的是那些由自然或人为造成的危害。例如，自然灾害包括地震、大型的热带风暴、大型冰雹、洪水等。人为灾难包括大规模的犯罪发生或武装冲突状况。鉴于大量人员可能受到灾害的影响，造成巨大的财产损失以及灾害之后社会凝聚力的下降，因此跨国 PPDR 行动或国际互助具有极大的优势。

在下面几个环境中可以看到上述几种行动场景，以及在特定环境下，对包括通信系统在内的设备需求的影响[6]。

1）城市环境。指的是城市内部区域或城市密集区域，通常具有密集的人口和建筑物。城市环境下的紧急情况和其他类型的公共安全场景通常具有行动范围有限（从数百米到几千米）、人造障碍物较多和需要较高反应速度的特点。城市环境中可能有很多设施，但交通拥堵会限制 PP-DR 响应者的移动速度。

2）乡村环境。指的是不具有密集城市化的区域，像农村、山区、丘陵或森林地区。在乡村环境里，可能会有诸如山地和丘陵等自然障碍物。乡村地区出现的紧急情况可能涉及更大的地理范围（数十平方千米）。并且，乡村环境下通常没有大量的通信设施。

3）蓝色和/或绿色边界。指的是陆地和海洋或大型湖泊之间的边界（蓝色边界）或者在陆地上的两个以上不同行政区域之间的边界（绿色边界）。单一行政或政府区域（例如，国家范围内）内的边界与跨不同行政或政府区域（例如，跨国范围内）的边界可以被明显区分。因为，不同的 PPDR 组织很可能工作在第二种情况下，此时则会更加强调对互操作性的需求。

4）港口或机场。港口或机场与城市环境有类似的特点。因为，通常它的大小也是受限的（几平方千米）。与常见的城市环境相比，在港口或机场中会有一个更大的重要设施（例如，交通控制中心），该设施需要得到有效的保护或者它提供的服务应当得到有效的维持。此外，还可能会有存放易燃易爆危险物或化学物质的重要设施。

以下维度的用途是，确定不同行动场景中与 PPDR 通信相关的特征：

1）地理范围。这一维度描述的是紧急情况涉及的区域大小。

2）环境复杂度。这一维度表示紧急情况在涉及的实体数量、环境处理难度等方面上体现出的复杂度。

3）危机严重性。这一维度表示民众、基础设施和环境面临的安全风险程度。

大部分的日常行动主要用于低/中等覆盖范围，呈现较低环境复杂度（例如，仅涉及单一机构的人员），并且危险严重性较低。相反，诸如洪水、地震等自然灾害很可能会影响较大范围的区域，因此需要复杂的应急响应（例如，涉及很多的 PPDR 部门、志愿者以及军队），并且，在自然灾害发生的过程中，很多的基础设施（例如，运输、通信）会被破坏，甚至摧毁。

1.3.2 PPDR 行动框架

PPDR 行动通常涉及以下几个方面[9]：

1）现场介入团队。由担负核心使命任务的第一响应专业团队（例如，执法、消防、医疗救助、搜索援救等）组成。

2）现场介入团队领导（位于介入团队内或移动指挥部内）。作为领导，必须具备完成任务的智慧和执行任务的方法。以 PPDR 行动中使用的无线电通信来说，团队领导需要明确掌握无线电的使用方案，例如，谁应该同谁通话，应当在哪个通话组通话。

3）控制室的调度员或操作人员。通过对无线电通信的有效管理（例如，接续通话组），为在现场执行核心任务使命的专业介入团队及其领导提供支持。控制室也称作应急控制中心（Emergency Control Centre，ECC），一般作为部署的每个 PPDR 服务/训练（例如，警察、紧急医疗服务、消防均有独立的控制室）的操作中心。控制室内容纳了很多业务系统，包括无线电调度终端、用于协调和控制的计算机辅助调度（Computer – Aided Dispatching，CAD）系统、各种信息系统［例如，地理信息系统（Geographical Information System，GIS）］以及同其他控制室进行网络连接的综合通信控制系统。

4）后台支持团队（例如，网络运营商、制造商等）。他们不直接参与第一响应团队的工作，而是负责各项技术操作，设计并实现供第一响应团队使用的无线电通信系统（例如，完成数据库的预配置、技术操作参数调整、技术维护等）。

紧急情况可以由单一 PPDR 部门处理，或者有时也需要很多 PPDR 部门共同参与处理。参与应急的各个部门可以提供相同的服务，也可以提供不同的服务（例如，某些紧急情况只需要警察处理即可，相反还有一些紧急情况则可能需要警察、消防和紧急医疗服务等多个 PPDR 部门参与处理）。而且，参与的部门可以在他们自己的管辖权范围内行事，也可能参与到其他部门的管辖权范围（例如，地方、地区、国家）协助事件的处理。所产生的部门组合，可能导致下述通信层级的出现[5]：

1）部门内部的通信，涉及单一 PPDR 服务/单一管辖权。

2）部门之间的通信，包括单一 PPDR 服务/多个管辖权、多个 PPDR 服务/单一管辖权、多个 PPDR 服务/多个管辖权。

随着通信层级从单一 PPDR 服务/单一管辖权情况向多服务/多个管辖权情况的转变，相应层级定义的通信交互复杂度和管理的复杂度也随之逐步增加。互操作是部门间协调的关键，它对组织和程序方面，以及参与部门使用的技术手段（例如，通信系统）都有影响。技术可以提供工具，改善任务处理过程的效率和有效性，但是无法取代政府部门和 PPDR 部门的责任，也无法保证在事件发生的情况下其商定程序的正确使用。部门间的互操作可以被分为以下三种行动模式[5]：

1）日常行动。包括每天同相邻部门进行的用于提供支持或备份的例行业务。这种形式的互操作构成了单个第一响应者大部分的多部门交互活动。

2）工作组。工作组模式定义了一种具体部门之间基于大量预案和业务实践的合作方式。这种行动模式的内容包括多个具体部门之间的合作、计划或安排好的各项服务，以及拥有共同的目标、共同的领导和共同的通信方式。

3）互助。互助模式描述的是一种涉及大量部门（包括位于远程位置的部门）参与的重大事件。他们的通信通常不是预先计划或事前演练好的。在这种情况下，通信保障应使单个部门在事件处理的过程中，既能执行他们自己的任务，同时还可以遵循用于协调参与事件处理的众多部门之间关系的指挥控制机构指令和意见。对于涉及多个管辖权的、众多部门参与响应的重大事件来说，这是必需的，因此需要相当多的协调工作。

大多数的通信工作（根据本章参考文献［13］，这种使用量达到90%）都被用在了日常行动模式，通信系统必须支持日常行动模式，这种模式具有支持其他模式所需的所有相同的性能特征。除非通信系统可以不受业务模式的限制，为第一响应者提供无缝的功能转换，否则第一响应者将无法有效或高效地使用他们的系统，尤其是在他们需要工作组协助时，以及在互助的模式下开展工作时。

PPDR 行动遵循严格的指挥控制体系。在重大事件（灾害等）的情况下，需要建立突发事件指挥体系（Incident Command Structure，ICS）。各国的 ICS 一般都可以分为三个独立的管理层级[8]：宏观战略、战术管理和行动实施。每个级别的范围见表 1.1。

表 1.1　指挥控制体系中常见的管理层级

指挥控制层级	功　能
宏观战略（做什么?）	1）决定事件相关的战略问题 2）明确定义/记录事件战略的关键问题 3）根据事件的性质，在应急服务及关键部门（地方、地区和国家）和其他相关实体之间提供最终的联络方式 4）将事件管理委派到战术层级
战术管理（怎么做?）	1）明确并指出事件管理的策略参数 2）规划并协调任务和部门 3）获取资源 4）保持与事件本身的分离，不得涉及行动实施层级
行动实施（执行）	根据地域划分或功能角色为各自服务部署资源

在不同国家以及国家内部不同的组织中，这些指挥结构层级的名字通常使用人们易于识别的方式命名："金"/"银"/"铜"或者"1 级"/"2 级"/"3 级"是常用的术语。"金"、"银"和"铜"是每一个应急服务使用功能的名字，是角色而不是排名（例如，这些名字不是指服务资历或排名，而是用来描述特定人员执行的功能）。不过，对于人们普遍关注的事件，尤其是像恐怖袭击这类全国/政府参与的事件，通常不会将上述三个层级命名为"超级战略"或"铂金"等类似的名字。

事件开始时，单个 PPDR 服务成员可能会承担其他 PPDR 服务职责范围内的工作。随着越来越多工作人员的到来，各服务之间会根据各自承担的职责使命建立明确的指挥和控制职能。因此，在一个较大的事件中，每个第一响应者内部都有自己的分支指挥人员。随着事件的发展，这些分支指挥人员应当能够彼此协调、通信并且共享他们之间的信息，这对于事件的处理是非常重要的。

在事件的早期阶段，这些指挥和控制职能往往是彼此分离的。随着事件的不断发展，这些职能会在某个阶段汇聚到一个集中的地方（指的是宏观战略层级）。在战术管理层级，也会有一组分散的、技术组合或实际位于同一位置的控制中心，这取决于一系列的因素，包括使用的技术系统、地理位置以及实际事件的性质。通常，高级指挥层级位于影响区域之外。

在所有的大事件中，"金"、"银"级协调小组的建立具有重要的作用和意义。因此，在 PPDR 行动初期，一个或多个战术级的移动控制中心往往会建立在预先设定的位置，并直接使用语音/数据通信链路与他们各自常设的控制中心进行通信。移动控制中心的工作人员将操控事件处理人员并向战略级指挥机构汇报事件处理策略以及取得的进展。

可迅速解决的重大事件无须组建"金"级协调小组。此类协调小组最初主要由警察、消防和紧急医疗服务三方构成[8]。是否需要其他部门构成"金"级协调小组，取决于事件的需求（例如，事件规模与发展动态）。

指挥控制机构应能使 PPDR 人员在各种规模的事件情况下无缝切换，保证工作的顺利进行，因为一些较小的情况也可以发展成较大的事件，导致需要很多的资源，需要来自涉及多个管辖权的协助。随着事件规模的发展，事件指挥人员必须要知道哪些资源和能力可以使用。必要时，需要其他部门提供临时的人员和设备的协助。PPDR 服务需要根据具体的情况制定相应的工作安排。

基于上述考虑，事件现场众多的介入团队/单位显然需要具有多个语音和数据通信流的支持。这些事件参与方可能从属于不同的 PPDR 部门、建在事件区域内指定地点的各战术级别移动控制中心，以及远离事件区域之外的各战术级别和战略级别的控制中心。图 1.2 描述了典型 ICS 下的上述通信流，区分了无线链路支持的通信和有线链路支持的通信。

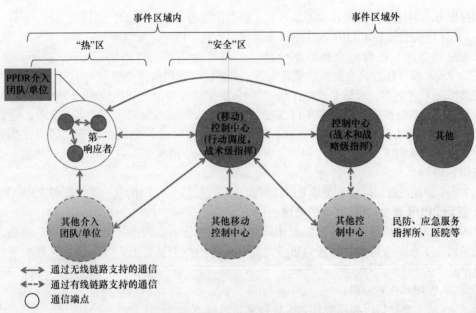

图 1.2　一般事件指挥体系下的通信形式

1.3.3　PPDR 行动中的通信参考点

ETSI 应急通信特别委员会（ETSI Special Committee on Emergency Communications，ETSI SC EMTEL）制定了一个通用的综合模型，明确了常规或紧急情况下 PPDR 人员、政府部门同其他参与实体之间的主要通信活动参考点[3]。模型如图 1.3 所示。

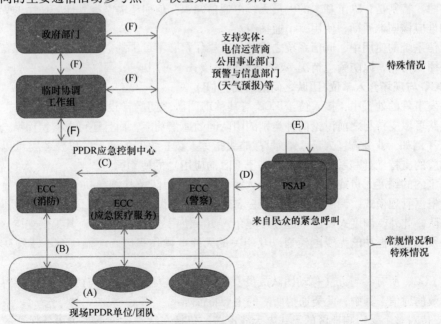

图 1.3　PPDR 通信中的组成部分和参考点

该模型的核心部分是 ECC。一般来说，ECC 是每个部署的 PPDR 服务/专业（例如，警察、应急医疗服务、消防等）的操作中心，容纳了很多的业务系统（例如，调度控制台、CAD 和 GIS 工具），并且与其他的 ECC 以及各种网络（例如，公共电话网、互联网）互联。

在应急处置中，还有一个核心部分是"公共安全应答点（Public Safety Answering Point，PSAP)"。PSAP 负责接收民众拨打的紧急电话，必要的时候转接到主管的 ECC 部分。

特殊情况下（例如，大型突发事件和灾害），会建立专门的工作组或临时指挥部进行紧急协调，以便为众多临时设施、ECC 和事件现场的介入团队提供所需的通信支持。此外，还需要政府部门（地方、地区、国家）的参与，以及同其他非 PPDR 实体之间的协调，因为在应急响应中，它们也可能充当重要的角色［例如，电信运营商、公用事业服务公司（天气预报、媒体等信息机构）等］。

图 1.3 中描述的通信活动和跨参考点（例如，标记为(A)~(F)的点）的通信需求介绍如下：

1. 现场 PPDR 单位/团队之间的通信：（A）

介入团队（也称作移动团队）需要团队成员之间通信，也需要同其他移动团队通信。此类通信需求既位于众多参与事件处置的服务之间，也位于单个服务的内部。这一级别的通信主要针对以下几个方面：

1）团队管理和业务协调。

2）持续基于全局情况和任务优先级进行重新评估。

3）支持团队内部信息汇报。

4）支持团队呼叫更多的支持和其他资源。

5）交换现场工作人员的指导信息、伤员评估信息，以及伤员到达前常设救援设施的准备情况。

现场人员应当花费最少的时间和占用最少的无线电传输容量。因此，他们使用的无线电过程必须尽可能地简单（例如，各种终端操作，诸如通话组的选择等，应进行严格的限制）。

现场介入团队的领导（位于介入团队内或移动指挥部内）必须具备完成任务的智慧和执行任务的方法。特别是，除了基本的人员无线电通信知识，他们还需掌握其任务使用的无线电运用方案，即谁应该同谁通话，使用哪个通话组。

在通信系统的使用中，通信系统之间的相互操作是必不可少的。此外，还应确保备用通信服务对现场团队可用，以防紧急情况/灾害导致网络服务不可用或被干扰。

2. ECC 与现场介入单位/团队之间的通信：（B）

在突发事件的处置中，接入位于 ECC 与其移动团队之间的常设双向通信链路至关重要。这些通信链路可以支持与之前讨论同种类别的团队间的通信功能，而且还可以支持团队与 PPDR 控制室人员（例如，业务调度人员、战术/战略级指挥人员）之间的通信，以及各类可以极大地改善应急响应的支持工具和系统（例如，基于 GIS 的应用）的使用。

控制室内的调度人员或操作人员为介入事件现场的团队及其领导执行专业核心使命任务提供支持。根据管理模式，调度人员将代表一名最高领导协助和协调相关团队，或者也可以直接领导这些团队。此外，调度人员还可通过管理介入团队使用的无线电通信对其提供支持。因此，调度人员必须熟练掌握功能无线电模型以及相关的无线电操作程序，才能应对不断发展或意想不到的情况。

通过 ECC，所有参与方（移动团队成员、控制室工作人员、接收与协助单位/机构）之间可以建立有效的通信。其中，此类通信所需的主要特征如下：

1）支持对整个受影响地区的无线电无缝覆盖，包括在特殊条件下提供服务保证的无线电覆盖，以及在网络中断期间维持必要的通信。

2）确保在事件中提供足够的业务通信容量。在重大事件和事故中，对无线电容量的需求是在不断增长的。尽可能确保足够的通信设施可用。

3）足够的通话质量，不会影响人们对通话信息的理解。

4）可供调度人员实时调控无线电通信的专用功能，例如群组合并（拼接）、对终端远程编组，以及终端远程选组。此外，通过使用诸如向潜在用户分配优先级等功能控制网络接入，从而在某些情况下限制一些同类参与方访问网络。

3. ECC 之间的通信：（C）

ECC 需要有同其他 ECC 协作的设备，无论是在同一个服务的内部，还是在多个服务之间（例如，消防服务和应急医疗服务之间）。ECC 之间的互联可以使用光纤、微波和同轴电缆等系统，为语音和数据应用提供骨干通信链路。需要此类通信的情况举例如下：

1）呼叫者被转接到错误的 ECC，因此需要利用附加的信息（例如，位置数据）将呼叫转接到正确的 ECC。

2）涉及多个 ECC 的情况 [例如，通常涉及消防、医疗和警察参与处置的危害人民生命的火灾，核生化事件（或疑似事件）及恐怖主义事件等]。

3）在较大的紧急情况下，现有的通信设施整合了多个 ECC 的资源。

ECC 之间的通信必须满足以下要求：

1）建立通信链路，支持多种服务，包括语音和数据服务。

2）符合 ECC 或其组织的相关程序。

3）支持电话会议，包括对外部资源的配置并可将其保持相当长的时间。在突发情况下，需要能够调用外部资源。

4. ECC 与 PSAP 之间的通信：（D）

PSAP 和 ECC 是两个不同的功能体，既可以将两者整合，也可以不整合。PSAP 接收到个人/民众的紧急呼叫之后，立即将呼叫方上报的突发事件的位置和性质以及其他相关的信息发送给它的主管 ECC。

为实现这一目的，突发情况区域内所有 ECC 之间必须有可靠且预先计划好的通信链路，使其能够传输语音和所有 PSAP 接收的数据（尤其是位置数据）以及 PSAP 操作人员收集的数据。

5. PSAP 之间的通信：（E）

通常，各 PSAP 独立工作，它们之间的关系不受限于特定的需求。

在某些情况下，PSAP 接收到其他 PSAP 辖区内的呼叫时（例如，移动电话位于不同 PSAP 之间的边界区域），它会将该呼叫附带额外的信息（例如，位置信息）转接到呼叫所在区域的 PSAP。这需要按照针对此类情况制定的相关操作规则来完成。例如：

1）呼叫被接收它的 PSAP 处理（例如，在 PSAP 备份或负载共享的情况下，对呼叫方立即给予帮助是非常重要的）。

2）呼叫被立即转接到常规的 PSAP，由它处理所有的情况。在这种情况下，对于所有接收到的呼叫，常规 PSAP 必须能够访问它们的位置数据。

3）接收 PSAP 根据当地程序将呼叫直接转接到相应的 ECC，可能附带正确 PSAP 的信息。

PSAP 或它们的组织有责任提前制定好这些程序的规则。

6. 特殊条件下专门工作组或临时指挥部与常设实体之间的通信：（F）

在处置突发事件时，专门工作组或临时指挥部同 ECC 之间的通信依赖于对移动团队与临时指挥部常设双向链路的接入。这种接入需求可用于整个突发事件/灾害期间。对于可配置的通信来说，基本的需求是在一个简单的紧急事件各个发展阶段下，制定从一个危及到地区或全国性灾害的所有应急预案。

有关 PPDR 通信中所有通信参考点功能需求的更多内容，请参阅本章参考文献 [3，9]。

1.3.4　PPDR 行动所需的通信服务

为了保证 PPDR 行动的成功，PPDR 通信在大部分的情况下应当是有效、快速、可靠、安全和可以互操作的。应急行动的效率取决于通信网络实时交付授权应急人员之间信息的能力。如前所述，这可以出现在紧急情况下不同的级别之间。例如，现场机构之间、ECC 官员与现场机构之间，以及重大事件中建立的各临时协调指挥部与涉及的 ECC 之间。

为了强调 PPDR 通信需求的重要性，以下定义了两种 PPDR 组织事件处理的行动情况类型[10]：

1) 任务关键型情况。在"任务关键型"所指的情况下，人员生命、救援行动和执法行为受到威胁，PPDR 组织无法承受语音和数据通信传输失败的后果，或者对于警察来说，绝对不能允许通信被窃听情况的出现。

2) 非任务关键型情况。指的是通信需求并非关键：人员生命财产没有受到威胁，时间和安全性要素不属于管理性任务的关键，等等。

因此可以说，任务关键型通信指的是信息传输是 PPDR 行动成功的关键⊖。表 1.2 给出了公共安全从业人员处理任务关键型业务时所需通信服务的常见分类[5]。这一分类区分了语音和数据服务，以及它们的交互级别。对于任务关键型业务来说，语音是迄今为止最重要的通信机制。不过，值得注意的是，随着时间的推移，任务关键型的定义也在不断地变化，未来第一响应者的需求可能会改变。事实上，数据通信对于 PPDR 从业人员已经变得越来越重要，它可以提供其任务执行所需的信息。因此，一些数据应用在未来很可能成为任务完成的关键。有关语音和数据服务的详细内容将在后面小节中介绍。

表 1.2　通信服务需求分类

服务	交互性	描　　述
语音	交互	公共安全从业人员与他们的主管人员、调度人员、工作组成员等之间的交互式语音通信需要拥有即时且高质量的响应，要比无线通信商业用户使用的具有更高的性能要求。通信交换的命令、指令、建议以及信息往往会关系到公共安全从业人员和公众的生命安全
	非交互	非交互语音通信一般用在调度人员或主管人员向团队成员发出紧急情况警报，或者用户共享信息，而不需要为通信设计即时的响应或应答。在很多情况下，非交互语音通信与交互式服务具有相同的任务关键型需求
数据	交互	交互式数据通信意味着发起查询并给予响应。此类通信可以为用户提供地图、平面图以及视频场景等。用户可以不用发起查询和响应，它可以进行自动的查询或响应。即时消息是交互式通信的常见应用形式。指挥人员、主管人员以及媒体工作人员等，可以基于现场人员提供的数据更加高效地做出明智的决策。同样，进入起火建筑物的人员，如果配备有关该建筑物的信息（如楼内情况、楼梯和走廊位置等），也可以更加高效地执行任务
	非交互	非交互式数据通信属于单向的数据流，例如，消防人员生命识别和位置监控等，可以极大地提升参与人员的安全性。这种通信形式还可以让指挥和控制变得更加容易，因为指挥人员可以获知现场人员的位置和状况

⊖　"任务关键型"和"非任务关键型"之间的区别，有时可以将其简单理解为：它是属于一个分立的任务层次，还是属于从轻微事故向国际灾难演化的危险临界点[14]。此外，该术语也并非专指 PPDR 行业，它也被用在诸如基础设施行业（例如，能源、交通等）等其他领域。本章参考文献 [14] 为"任务关键型"给出了一个更加横向的定义：如果任务失败将危及人员生命或给某些资产带来贬值或损失的风险，从而导致社会或经济受到危害，那么这样的任务是"关键的"。对于这种情况，即便是支持任务的通信有一丁点性能退化，也可能造成可怕的后果。例如，在公用事业和交通运输行业，防止出现使社会经济退化到接受程度之下的损害的任务（除此之外，还有防止人员伤亡的任务），就可以被定义为"关键型任务"。相反，接受程度之上的损害，在大多数情况下被定义为"业务关键型"（仅影响特定的个人或公司，不足以危害社会或整个经济）。

1. 3. 4. 1　语音服务

任务关键型语音一词在公共安全行业中已经使用了几十年，但是一直没有一个完整的定义，明确指出任务关键型语音是什么。为了给任务关键型语音及其需求提供一个通用的基础性的理解，下面列举了几个最近确定的关于任务关键型语音定义的关键要素[15]。

1）直通或脱网。这种通信模式为公共安全提供端到端的通信能力，无论在无线网络覆盖范围之外，还是在需要直接端到端通信的封闭区域内。在这种方式下，应答者甚至可以在网络设施不可用的情况下通话。

2）一键通（Push to Talk，PTT）。这是今天公共安全语音通信的标准形式：通话者按住电台上的一个按钮，即可将语音消息传送给他端。讲话完毕，松开 PTT 开关，回到接听模式。

3）群呼或通话组。这种语音通信方式让一个人可以同群组中多个成员进行通信，这对公共安全行业来说是非常重要的。

4）全双工语音系统。这种语音通信形式模仿的是人们目前使用的蜂窝或商用无线网络，其中网络被互联到公共交换电话网（Public Switched Telephone Network，PSTN）。

5）通话用户身份识别。为用户提供一种在任意时间确定讲话者身份的能力，这与今天大多数商用蜂窝通信系统上的呼叫方识别功能类似。

6）紧急报警。这表示用户遇到威胁生命的情况，需要立即访问系统，因此，被给予最高优先级。

7）音频质量。这是任务关键型语音的重要组成部分。音频质量必须确保语音能够在第一响应者遇到的各种嘈杂环境下被理解。接听者必须能够理解语音内容，而无需重复，识别讲话者，探测扬声器语音强度并听到背景声音，而不会干扰主要的语音通信。

1. 3. 4. 2　数据服务

虽然语音通信仍然是 PPDR 行动的重要组成部分，但是新兴的数据和视频服务有望逐渐发挥出越来越重要的作用。例如，如今的 PPDR 部门已经使用诸如视频等应用监视犯罪现场和高速公路的情况，基于空中平台传回的视频场景，监控并进行野外火灾损失评估。其中，空中平台能够将现场的实时视频提供给 ECC。此外，对全动态视频的使用需求也在不断地增长。全动态视频可以用在很多情况，例如，介入团队提供的现场情况感知，以及在威胁人类生命的条件下使用机器人装置。

此外，数据服务可以用来支持大量的应用，满足广泛的要求，例如，通信容量、及时性和健壮性。表 1.3 列出了 PPDR 使用的几种以数据为中心的应用[3]，以及它们在网络吞吐量（即数据比特率）、及时性（即反应能力）和健壮性（即可靠性）等方面的特点。

表 1.3　数据应用及其要求

服务	吞吐量	及时性	健壮性
电子邮件	中	低	低
图像（例如，照片传输）	高	低	不定
数字地图/地理信息服务	高	不定	不定
位置服务	低	高	高
视频（实时）	高	高	低
视频（慢速扫描）	中	低	低
访问数据库（远程）	不定	不定	高
数据库复制	高	低	高
人员监控	低	高	高

　　某些应用需要使用专用的通信设备以满足特殊的应用需求，尽管可以在此类专用系统与其他应用之间通过接口处理数据交换，但是，在适当的情况下，此类应用还是应当基于适当的标准，以促进信息在各类应用之间的交换。其中，数据应用应当共享数据传输能力，并被提供足够的带宽容量和有效的管理，用以确保应用数据能够被适当地连通。

1.4　PPDR 通信系统

　　本节介绍目前用于提供 PPDR 行动所需通信服务的主要通信技术和系统。其中，1.4.1 节介绍 PPDR 通信系统的需求类型。随后，根据实现的比特率 [窄带（NarrowBand，NB）、宽带（WideBand，WB）和宽带（BroadBand，BB）] 介绍了一种常见的技术分类，指出适合于每个类别的主要标准。之后，介绍了到目前为止对于 PPDR 通信使用最为广泛数字无线电通信标准 [陆地集群无线电（Terrestrial Trunked Radio，TETRA）、TETRAPOL、DMR 和 P25]。最后，通过对一个假设的示例事件进行分析，得出目前 PPDR 通信系统领域中存在的主要限制。

1.4.1　PPDR 通信系统一般需求

　　由于其独特的业务需求，PPDR 具有多个复杂的通信技术需求。这些需求涉及的通信解决方案在某些情况下仅适用于 PPDR。PPDR 通信系统的一般需求在本章参考文献 [1，3，5] 中得到了广泛的讨论。以下给出了对这些需求类型的全面介绍：

　　1）服务的功能和性能。PPDR 需要的核心服务功能是 PTT 操作、广播/群组通信以及脱网（即直通模式、端到端）语音通信。在数据服务 [例如，状态消息、短消息、自动车辆定位（Automatic Vehicle Location，AVL）与跟踪] 和辅助服务 [例如，环境监听、动态组号分配（Dynamic Group Number Assignment，DGNA）、调度授权呼叫、延迟进入等很多其他服务] 方面还有一些额外的需求。快速响应和低延迟要求通常是这些服务所需要的（例如，快速呼叫建立低于 300ms，端到端语音延迟在 200ms 范围内）。使用的设备一般需要支持上述大部分服务功能，无论用户是否处于运动状态。设备还需要支持高音量输出（克服高噪声环境）；特殊的配件，例如专用传声器；支持戴手套操作；支持恶劣环境下操作（高温、低温、防尘、防雨、防水、抗冲击、耐振动、易爆环境等）；并且，具有超长的电池寿命。

　　2）严格控制通信手段。包括对 PPDR 系统中通信信道协调和控制权的集中调度，以及对终端、用户和群呼设置的管理（例如，群组监控、动态重组等）。还包括对优先排序机制的支持，确保重要电话总能在第一时间被处理，以防系统拥堵。支持的优先级可能需要体现一种等级关系（个人之间或部门之间），但是在有需要特殊处理呼叫的操作情况下，应当无视人员的优先级别。优先排序机制包括抢占紧急呼叫功能，必要的时候可以覆盖进行中的低优先级的通信。

　　3）安全相关的要求。PPDR 组织内部和各 PPDR 组织之间需要有效可靠的 PPDR 通信，并且能够安全运行。安全性要求涵盖用户/网络认证、支持无线接口上的加密和完整性机制，以及在某些情况下需要在端点终端之间使用端到端加密（End - to - End Encryption，E2EE）的需求。尽管如此，在有些场合下需要安全通信的部门或组织会带来专用的设备满足他们自己的安全需求。此外，还应该指出的是，很多部门的规定会限制来访 PPDR 用户使用他们的安全通信。

　　4）覆盖率。通常 PPDR 系统需要对相关管辖权和/或运行（国家、省/州或地方的级别）中的"常规"业务提供完整的覆盖能力。这种覆盖需要支持全年 365 天，全天 24 小时的服务。通常，支持 PPDR 组织的系统被设计成能够支持高峰值负载和大范围波动使用。在事件处置期间，通过使用诸如网络重构（该技术基于集中使用直通模式和车辆中继器实现）等技术可以引入额外的资源，从而提高系统容量，满足局部区域的覆盖需求。一般情况下，PPDR 系统还需要提供可靠的室内和室外覆盖，支持对偏远地区、地下和其他难以渗透区域（例如，隧道、建筑物地下室）的覆盖。例如，覆盖要求可以被指定为室外移动情况下 99.5%、室内移动情况下 65% 或者更高。对于运营商来说，在设备/基础设施故障的情况下，适当的冗余是非常有必要的。通常，人们不会在每一座建筑物内都安装 PPDR 系统，PPDR 部门没有持续的营收来支持对高密度部署的 PPDR 设施的安装和维护。城市 PPDR 系统被设计为能够提供高可靠的户外个人站设备覆盖，但在室内，只能通过信号穿过建筑物墙体，维持有限的信号覆盖程度。如果穿透建筑物墙体的PPDR 信号强度不够，可以在特定的建筑物或其他结构（例如，隧道）内安装 PPDR 子系统。与商用的服务提供商相比，PPDR 系统更加倾向于使用较大半径的小区（Cell）覆盖，以及更高功率的移动站和个人站设备。

5）容量。通常 PPDR 系统需要非常低的呼叫阻塞程度（例如，在最糟情况下也要低于 1%）。系统必须有足够的容量来管理预期的业务流量，同时在功能设计上必须具有足够的弹性，以应对通信中遇到的"浪涌"情况（通信流量超过预期流量，例如在使用额外的便携式交换机和基站的情况下）。此外，还需要拥有充足的数据带宽，以支持各种数据应用。需要注意的是，在紧急事件中的极端情况下，当用户需求超过正常的服务水平时，可能需要网络等级平稳地降低。

6）高水平的服务可用性。服务可用性指的是服务上线及运行的时间量（一般以年为单位）。通常，人们使用"9"的形式来表示可用性（例如，PPDR 应用一般要求具有占全部时长的99.9% 或 99.99% 的可用性）。高水平服务可用性的实现需要多层冗余，以及富有弹性和健壮性的设备（例如，硬件、软件、操作和维护方面）的支持。

7）系统重配置。PPDR 系统需要具有快速动态的系统重配置能力。这包括健壮的操作、管理和维护（Operation, Administration and Maintenance, OAM）系统来提供状态和动态重配置功能。例如，借助无线通信重新编组现场单位的系统能力对应急处置来说可能是极为有利的。

8）互联。虽然 PPDR 系统主要用于提供私有的、系统内的通信，但是与公共电信网络适当程度的互联仍然是有必要的。决定采用何种程度的互联（例如，互联移动终端占总移动终端的百分比）取决于特定的 PPDR 行动需求。此外，对公共电信网络的专用接入同样也取决于特定的PPDR 行动需求。

9）互操作性。从最基本的级别（即一个组织的消防员同另一个组织的消防员之间的通信）到最高级别的指挥控制，各个级别的 PPDR 行动中都可能需要涉及通信互操作。通常情况下，多个 PPDR 部门的现场或事件指挥人员之间需要战术通信的协调运用。值得注意的是，所需互操作性的实现不仅仅是技术方面的问题，更是涉及了从组织行动方面到制度与法律框架等诸多层面。主要从技术的角度来看，有多种方法可以促进多机构之间的通信互操作。这些方法包括但不限于使用共同的频率和设备、依托调度中心组织通信，以及基于有线接口或利用诸如无线电网关［例如，"背靠背（back - to - back）"网关或中继］或更高级的软件无线电（Software - Defined Radio, SDR）设备实现 PPDR 网络互联。

10）频谱利用与管理。根据国家的频率分配，PPDR 用户必须同其他应用（例如，点对点无线电链路）的地面移动用户共享分配的频谱。有关频谱共享的详细方案，各个国家之间互有不同。而且，在同一个地理区域内，也可能运行着多个不同类型的 PPDR 系统，用于支持 PPDR 行动。因此，应当将非 PPDR 用户对 PPDR 系统的干扰降低到尽可能小的程度。根据国家规定，PPDR 系统需要在移动台和基站之间使用特定的信道间隔发射频率。政府部门有权利决定适合的 PPDR 频谱。

11）合法性。支持 PPDR 的系统应当符合相应的国家规定。在边境地区（国家间的边界附近），适宜的频率协调应当被酌情计划。PPDR 系统延伸覆盖到邻近国家的能力也应当遵守邻国之间的监管协议。对于救灾通信，应鼓励政府部门遵守坦佩雷公约的原则。PPDR 用户应当被赋予一定的弹性，在大型突发事件和灾害发生时，可以在现场使用各种类型的系统［例如，HF（高频）、卫星、地面、业余、全球海上遇险与安全系统（Global Maritime Distress and Safety System, GMDSS）等系统］。

12）与成本有关的要求。对于 PPDR 用户来说，经济高效的解决方案和应用是极为重要的。从经济的角度上来看，部署专用的 PPDR 网络对于 PPDR 组织通常是非常困难的。一个国家或一个地区的网络通常需要投资 10～15 年以上。通过采用开放的标准、市场化的竞争和规模经济，可以加快这一进程。而且，采用广泛使用的高性价比的解决方案，还能降低永久网络基础设施部署和升级的成本。主管部门还应当考虑互操作性设备的成本影响，因为如果此类设备特别昂贵，将影响它们在操作环境下的运用和实现。

应当注意的是，各主管部门或 PPDR 组织可能有自己的 PPDR 需求，并且不在上述需求之列，因此，同样需要对这些需求逐个进行评估。

1.4.2　PPDR 通信技术

根据 PPDR 应用对平均数据传输速率的要求，对 PPDR 通信技术分类如下[1]：

1）窄带（NB）。它所指技术的主要目的是提供以语音为主的通信和低速率的数据应用。典型的数据传输速率可达几百 kbit/s，工作在达到 25kHz 的无线电频率信道上。当前 PPDR 行业中最新的窄带技术是数字无线电集群技术，例如，TETRA、TETRAPOL 和 Project 25（P25），一般用于部署广域覆盖网络。这些技术通常被称为专业/专用移动无线电（Professional/Private Mobile Radio, PMR）技术［北美常将其称为陆地移动无线电（Land Mobile Radio, LMR）］。应当注意的是，PMR 技术不仅应用在 PPDR 行业，还被使用在很多其他的行业中。例如，交通运输、公用事业、工业生产、私营保安，甚至在军事中也有应用。PPDR 通信中使用的主要 NB PMR 标准将在 1.4.3 节中做进一步介绍。

2）宽带（WB）[⊖]。指的是能够提供数百 kbit/s 应用数据传输速率的技术（例如，384～500kbit/s 的速率范围）。WB 应用的 PPDR 系统在各个标准化组织中一直没有得到较好的发展。在 PPDR 的情况下，最显著的例子是演进版的 TETRA ［被称为增强型 TETRA 数据服务（TETRA Enhanced Data Service, TEDS）］，加入了对更高效调制技术的支持，以及使用高达 150kHz 带宽的无线电频率信道。尽管如此，与 NB 技术相比，WB 技术仍然没有得到广泛的部署。关键在于，人们认为 WB 技术难以满足今后 PPDR 的需求，因此从 NB 到 WB 技术的自然升级很可能会被绕过。从 NB 到 BB 的演进路线以及两者之间的并存，是当前最有可能的演进方案。

3）宽带（BB）。指的是一种能够提供全新功能水平的技术，能够支持比 WB 更高速度的数据通信，可能包括对高分辨率视频传输功能的支持。最初，BB 技术的目的是在局部区域内（例如，$1km^2$ 或更小）支持 PPDR 行动，提供数百 Mbit/s 的参考数据传输速率范围。局部行动方案

⊖　多年来各界习惯于将 broadband 译为宽带，将 wideband 译为广带，很少出现异议。许多国外专业辞典中甚至认为 broadband 与 wideband 是同义词，或认为 wideband transmission 相当于 broadband network。但近来国外在 broadband wireless access 技术的研讨及 BWA（宽带无线接入技术）标准的制订中，对 broadband 与 wideband 做出新的定义，从而在国内科技界中出现了对 broadband 与 wideband 两名词传统译名的异议。新的论点为：broadband 指传输速率高于 10Mbit/s、比 wideband 网络具有更高性能指标的传输系统，而 wideband 的范围在 narrowband（窄带）与 broadband 之间，即 1.5～45Mbit/s（T1/E1～T3/E3）；并在国内一些报刊中出现了广带（broadband）、宽带（wideband）的新译名——摘自《中国科技语》2004 年，6（4）：41－41 的 "broadband 与 wideband 译名中出现的新问题"，因此本书中为了简单起见，将 "wideband" 和 "broadband" 均译为 "宽带"，只是在 "wideband" 翻译的 "宽带" 后面会注明 "WB"，便于读者理解——译者注。

开创了很多新的 PPDR 应用，包括定制区域网络、热点部署与 Ad hoc 网络。就这方面而言，专用通信装置（例如，用于满足 PPDR 响应者需求的战术网络设备[16]）已经可用，尽管被 PPDR 组织采用的还比较有限（它的使用基本局限在军事领域）。这些通信系统一般基于 Wi‑Fi 类的无线接口，工作在开放的频段（例如，2.4GHz 和 5.8GHz 的 Wi‑Fi 频段）和/或受限频段（例如，在一些国家中被分配用于军事用途的 4.4GHz 和其他一些国家中被分配用于 PPDR 用途的 4.9GHz 频段）。然而，除了用于局部服务，当前 BB 应用的需求正向广域覆盖演进。在此背景下，当前主流的商用长期演进（Long‑Term Evolution，LTE）技术体系正被整合为"事实上"的移动 BB PPDR 应用标准。

表 1.4 介绍了各种 PPDR 应用及其具体功能和具体的使用例子，详见 ITU‑R M.2033 报告[1]。

表 1.4　PPDR 应用及用例

应用	功能	PPDR 应用举例
窄带		
语音	人对人	选择性呼叫及寻址
	一对多	调度和群组通信
	脱网/直通模式	在没有基站设施的邻近区域内，便携式设备（移动电话—移动电话）之间的直接通信
	一键通	一键通
	即时接入语音通路	一键通和选择性优先级接入
	安全性	语音通话中确保信息安全
传真	人对人	状态、短消息
	一对多（广播）	初始调度警报（例如，地址、事件状态）
消息	人对人	状态、短消息、短电子邮件
	一对多（广播）	初始调度警报（例如，地址、事件状态）
安全	优先级/即时接入	手动报警按钮
遥测	位置状态	GPS 经纬度信息
	感知数据	现场车辆遥测/状态图
数据库交互（最小记录规模）	基于表单的记录查询	访问车辆牌照记录
	基于表单的事件报告	备案现场报告
宽带（WB）		
消息	可带附件的电子邮件	日常例行电子邮件消息
数据脱网/直通模式操作	单位到单位之间无需额外基础设施直接通信	手持设备到手持设备直接进行现场本地化通信
数据库交互（中等记录规模）	表单和记录查询	访问医疗记录
		列出人员/失踪人员名单
		地理信息系统（GIS）
文本文件传输	数据传输	备案事件现场报告
		罪犯信息档案管理系统
		下载立法机构信息
图像传输	下载/上传压缩的静态图像	生物特征（指纹）
		ID 图像
		建筑物布局图
遥测	位置状态和感知数据	车辆状态
安全	优先级访问	重症监护
视频	下载/上传压缩的视频	视频片段
		病人监护（可能需要专用链路）
		进行中事件的视频馈送
交互	位置确定	双向系统
		交互式位置数据

（续）

应用	功能	PPDR 应用举例
宽带（BB）		
数据库访问	内部网/互联网访问	访问建筑物的布局计划，有害物质的位置
	网页浏览	浏览 PPDR 组织结构查询电话号码
机器人控制	机器人设备的远程控制	炸弹回收机器人，拍照/摄像机器人
视频	视频流、现场视频反馈	在建筑物消防救援中，使用可穿戴式摄像机进行无线视频通信
		拍照/摄像，以协助远程医疗救治
		通过固定式或远程控制机器人设备监测事故现场
		利用机载平台对火灾/洪水现场进行评估
拍照	高分辨率成像	下载地球探测卫星图像

注：转载自本章参考文献 [1]。

各应用以窄带（NB）、宽带（WB）和宽带（BB）为标题进行分类，表明其功能实现所需的技术。表中列出的各类型应用均可使用在 1.3.1 节中描述的行动场景下。具体到在给定区域内选择哪些应用和功能用于 PPDR，则是国家或具体操作人员需要考虑的问题。

1.4.3 当前 PPDR 中使用的 NB PMR 标准

在 PPDR 行业中，目前对于任务关键型语音和数据业务需求的满足，主要是通过一系列以语音为主的窄带技术来支撑，例如，TETRA、TETRAPOL、DMR 和 P25。所有这些都属于 NB 数字集群系统，可以提供广泛的语音为主的业务和功能，以及有限的数据能力。除了这些数字系统之外，模拟系统（包括传统的⊖和集群的）仍然在某些环境下使用（例如，VHF FM 广播、MPT1327 系统等）[17]。然而，由于数字标准变得愈加成熟并且越来越多的厂商推出低成本的数字产品，传统模拟技术逐渐被数字技术所取代。而且，随着一些数字标准能够工作在双模式下，以维持模拟和数字的兼容性，因此从模拟技术向数字技术的迁移得到进一步的推进。

数字系统可以使用频分多址（Frequency Division Multiple Access，FDMA）和时分多址（Time Division Multiple Access，TDMA）两种技术。大部分现有的 FDMA 和 TDMA 产品都能支持 6.25kHz 射频信道带宽的语音信道。FDMA 系统一般被设计使用 6.25kHz 或 12.5kHz 信道，而 TDMA 系统一般只支持 2 个一组或 4 个一组的语音信道（时隙），包含在 12.5kHz 或 25kHz 射频信道内。FDMA 和 TDMA 在特定的用途下，都具有各自的优点。例如，使用单一 6.25kHz 射频信道的 FDMA 系统与其他工作在 12.5kHz 或 25kHz 信道的系统相比，具有 3dB 灵敏度和更低的噪声。因此，当需要在长距离范围或比正常射频更加嘈杂的环境下使用语音信道时，单一 6.25kHz 的 FDMA 在覆盖范围和噪声容限上要比其他无线电更为出色。相反，如果需求中大部分是数据通信，那么诸如 TETRA 的 TDMA 电台通过将 4 个语音信道聚合成一个单独的 25kHz 数据信道，可以支持更高的数据带宽。

⊖ 传统系统，有时也被称为"非集群"系统，不具有集中化的用户操作或能力管理功能。传统系统允许用户在固定的 RF 信道上操作，而无需控制信道。系统操作的各项环节都由系统用户自行控制。非集群系统的操作模式包括直通操作（例如，无线电到无线电）和转发操作（例如，通过一个 RF 中继器）。用户只需在其无线电台中简单选择适当的信道即可立即通信，而无需任何转发建立时间。传统系统足以满足以经济高效、低密度通信系统为主的机构的需求。另外，集群系统几乎可以提供所有无线电系统操作方面的管理，包括信道接入与呼叫路由。大多数系统操作是自动控制的，减轻了系统用户直接操控系统元件的操作负担。与传统操作中无线电信道专用于特定用户组通信不同，集群操作可以让用户共享一组无线电信道。对于需求机构来说，集群系统最大的优势在于它可以让需求机构联合起来，形成一个大型的共享通信系统。

PMR 技术应用在 PPDR 领域中，用于部署从小型系统（只有一两个站点以满足单个机构的需求）到全国范围的网络（被多个 PPDR 组织共享的网络）。实际上在欧洲，覆盖全国范围的国家性多部门网络已经在大部分的国家中得到部署（一些仍在部署中），这些网络主要是基于 TETRA 和 TETRAPOL 技术。相反，美国的情况更加复杂。在美国，各行政管辖级别范围内（市、县等）部署了很多独立的系统。因此，美国的一些州正在努力改进与部署在全州范围的 P25 系统之间的互操作通信能力。有关 TETRA、TETRAPOL、DMR 和 P25 的技术细节和重要功能将在以下各小节中做进一步介绍，同时表 1.5 简要介绍了相应各技术的重要功能。此外，有关世界各国 PPDR 组织和其他行业中使用的各种数字 PMR 技术的技术特性和操作特性的更多介绍，请参阅国际电信联盟（International Telecommunication Union，ITU）报告 ITU – R M. 2014[18]。

表 1.5 PPDR 中主要数字 PMR 技术对比

功能	TETRA	TETRAPOL	DMR	P25
技术	四时隙 TDMA	FDMA	第一层：FDMA 第二层和第三层：两时隙 TDMA	第一段：FDMA 第二段：TDMA
频率	VHF、UHF、800MHz	VHF、UHF、800MHz	频段：66～960MHz	VHF、UHF、700MHz、800MHz、900MHz
信道带宽	25kHz	12.5kHz	12.5kHz	第一段：12.5kHz 第二段：25kHz
数据传输速率	28kbit/s（TEDS 下在 150kHz 信道可达 500kbit/s）	<8kbit/s	<8kbit/s	9.6kbit/s
调制方式	π/4 DQPSK	GMSK	4 级 FSK	C4FM
声码器	ACELP	RP – CELP	AMBE +2	AMBE +2
加密	用于 AIE 的 TEA 算法和用于 E2EE 的其他专用算法	E2EE。符合 TETRAPOL 标准的算法或其他专用算法	AES	AES/DES
其他	TETRA 和关键通信协会（TETRA + Critical Communications Association，TCCA），参见 http://www.tandcca.com/	TETRAPOL 论坛（http://www.tetrapol.com/）	DMR 协会（http://dmrassociation.org/the – dmr – standard/）	P25 技术兴趣小组（P25 Technology Interest Group，PTIG），参见 http://project25.org/

1.4.3.1 TETRA

TETRA 是一个成熟的，并且在世界各地已经投入使用的 TDMA 数字语音集群和数据无线电技术。TETRA 是由欧洲电信标准协会（European Telecommunications Standards Institute，ETSI）制定的一套开放的标准。1995 年 TETRA 标准定稿，1997 年投入市场。TETRA 设备可用在 VHF、UHF 和 800MHz 频段上。TETRA 标准为多个厂商的无线电设备提供互操作。1994 年 12 月，TETRA 和关键通信协会（TETRA and Critical Communications Association，TCCA）成立（当时被称为 TETRA 合作备忘录协会），目的在于创建一个能代表各 TETRA 技术兴趣方的论坛，包括用户、制造商、应用提供商、集成商、运营商、测试机构和电信部门。该组织负责 TETRA 互操作性认证过程，从而为 TETRA 设备与系统建立一个开放的多厂商市场环境。

TETRA 标准支持很多以语音为主的服务和设施。例如，群呼、抢占优先呼叫（也称为"紧急呼叫"）、呼叫保持、优先呼叫、繁忙排队、直通模式操作（Direct Mode Operation，DMO）、

DGNA、环境监听、调度员呼叫授权、延迟接入等。TETRA 使用代数码激励线性预测（Algebraic Code Excited Linear Prediction，ACELP）声码器。每个 RF 25kHz 信道可支持多达 4 个语音信道（四时隙 TDMA）。

TETRA 标准还提供了一些数据传输功能。例如，状态消息和短数据服务（Short Data Service，SDS）就是一种简单的数据服务，可以提供短字节字符串的交换功能。除发送可读信息外，这些消息传递功能还为其他需要极低数据传输速率的应用（如 AVL）提供传输承载服务。TETRA 还支持分组数据（Packet Data，PD）服务，用来提供标准的 IP 连接服务，从而为其他需要相对较高比特率的增值应用（例如，数据库查询、图像消息传递等）提供支持。不过，只有当 25kHz 载波的四个时隙合并使用且数据发送采用最低的差错控制保护时，传递数据传输速率的峰值才能达到 28.8kbit/s。为了改进 TETRA 对数据通信的支持，2005 年 ETSI 技术委员会主持制定了 TETRA 版本 2，俗称 TEDS。TEDS 采用了新的调制方案并且拥有更宽的无线电信道（50kHz、100kHz 和 150kHz），以支持高达 500kbit/s 的数据业务速率，与 2G 蜂窝移动通信 GPRS/EDGE 技术提供的速率相匹配。

TETRA 其他显著的特点包括 DMO 网关、DMO 中继器和 TETRA 基站的“故障弱化（Fall-back）”模式。DMO 网关能够在 TETRA DMO 终端和 TETRA 网络之间进行通信的中继转发，从而有效应对 DMO 终端无法直达目标终端的情况。DMO 也可以在两个 DMO 终端之间完成类似的中继转发，但这两个 DMO 终端必须能够彼此直通。典型的 DMO 中继器/网关功能应用过程如下[19]：DMO 网关安装在车辆上，以便它可以自动地将网络业务同离开车辆前往现场工作的人员“桥接”起来。现场工作人员使用低功耗手持无线电台同 TETRA 网络进行通话。此外，基站的“故障弱化”模式可以让基站在到其他基础设施回程链路失败的情况下，仍然能够不间断地为用户提供服务。

在安全方面，同所有其他用于 PPDR 通信的数字 PMR 技术相同，TETRA 也提供了多重安全功能，用于实现身份验证、保密性和完整性防护以及防止终端丢失与被盗。在这方面，一些主要的安全功能列举如下[20]：

1）认证。认证服务可以让 TETRA 终端和 TETRA 网络证明彼此的真实身份，主要通过向双方提供共享密钥的相关知识实现。共享密钥对每个 TETRA 终端是唯一的，并且只能在终端本身和其归属网络的安全服务器中得到。

2）空中接口加密（Air Interface Encryption，AIE）。AIE 服务可以对 TETRA 终端和其服务的 TETRA 网络之间的“空中接口（Air Interface，AI）”信令和语音进行加密。TETRA 标准支持很多空中 TETRA 加密算法（TETRA Encryption Algorithm，TEA），区别在于其用户的类型。加密密钥可以是静态的（例如，通常预先配置在终端内），也可以是动态的（根据需求由每个连接得出）。TETRA 支持空中密钥更换（Over – the – Air Rekeying，OTAR）方法，能够实时地将密钥安全地传输到终端设备。

3）启用与禁用。此项服务提供了一种机制，能够禁止或允许终端接入 TETRA 系统。

4）支持 E2EE。该服务可通过在终端层面上加密所有通信数据的方式，实现通信双方的安全通信。在这种情况下，可以使用各种国家安全组织认可的加密算法。

图 1.4 描述了 TETRA 网络体系结构及其标准化接口。交换和管理基础设施（Switching and Management Infrastructure，SwMI）是 TETRA 网络的核心。它是由很多通过一个或一组交换机和/或路由器（路由器使用在 TETRA 基于 IP 实现的情况下）互联的无线电基站（Radio Base Stations，RBS）组成的。连接到 SwMI 的典型部分包括网络管理系统、控制室系统（如线路调度员）、PABX/PSTN/ISDN 联网和 PD 网络的 IP 网关。除了一个旨在与 TETRA 网络互联的系统间接口（Inter – System Interface，ISI）外，接入 PSTN、ISDN 和 PD 网络的网关接口都已经完成了标准化。SwMI 中的其余接口属于专用实现［厂商的应用程序编程接口（Application Programming Inter-

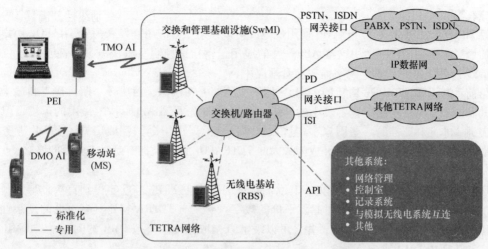

图 1.4　TETRA 系统的网络体系结构和标准化接口

face，API），用于访问某些 SwMI 的服务和功能］。值得一提的是，在 SwMI 内部，RBS 与交换机/路由器之间的内部接口没有进行任何标准化。在无线电侧，已经实现了两种 AI 操作模式的标准化：集群模式操作（Trunked Mode Operation，TMO）和 DMO。外围设备（Peripheral Equipment Interface，PEI）也实现了标准化。PEI 将 TETRA 终端分成了设备：终端设备（Terminal Equipment，TE）和移动终端（Mobile Termination，MT）。TE 可以是个人计算机（PC）或其他计算设备，而 MT 则类似于一个调制解调器。

　　TETRA 已经被证明是一种适合于大型任务关键型网络的技术。全世界 120 多个国家已经部署了 ETSI TETRA 标准；尽管 TETRA 已经被很多类型专业用户普遍采用，但是应急服务行业仍然是使用这一标准最大的用户群体。事实上，大多数欧盟（EU）成员国都已经推出了国家 PPDR TETRA 网络（例如，比利时、丹麦、德国、芬兰、瑞典等）。

　　关于 TEDS，在 2008~2009 年里，支持新型数据功能的设备开始进入市场。但是，TEDS 的采用率仍然相当有限（目前 TEDS 被部署在一些欧洲北部的国家中）。此外，TETRA 网络还被部署在北美。目前，联邦通信委员会（Federal Communications Commission，FCC）允许使用该技术，但是禁止将其用于 PS 方面，而该方面主要使用 P25 标准。

1.4.3.2　TETRAPOL

　　TETRAPOL 是欧洲 PPDR 行业中使用的另一个 NB 技术。TETRAPOL 是一种专用技术，起初由法国公司"MATRA"在 20 世纪 80 年代制定，比 TETRA 具有先发优势。如今，该技术的发展仍然由法国工业集团空中客车防务及航天公司［整合了原欧洲宇航防务集团（European Aeronautic Defence and Space Company，EADS）旗下的 Cassidian 公司业务］负责。为促进该技术的发展，TETRAPOL 成立。通过该论坛，TETRAPOL 技术规范［以公开提供规范（Publicly Available Specifications，PAS）的形式］被提供给想要开发与 TETRAPOL 网络兼容产品或解决方案的厂商。

　　TETRAPOL 基于 FDMA 技术，采用 12.5kHz 载波间隔，支持一个载波一个语音信道。与 TETRA 系统相比，这种设计在覆盖率方面具有一定的优势，但却以较低的频谱效率为代价。和 TETRA 一样，TETRAPOL 支持很多语音服务的特点和功能（多点开放信道、通话组、直通模式等）。TETRAPOL 系统还支持故障弱化（Fallback）模式、DMO 中继器，以及直通模式到集群模式网关中继器。另一个 TETRAPOL 的特征是联播（Simulcast）支持（即在同一个 RF 信道上，同时传输来自多个小区站点的相同信息）。这可以让系统即使在没有信道可用时（在大多数大城市中这种情况很可能出现）顺利展开。尽管如此，与 TETRA 相比，TETRAPOL 的数据传输能力仍然十分有限。

TETRAPOL 中还定义了一些 API 使用规范，可以让第三方应用开发者为 TETRAPOL 用户创建补充的语音和数据应用。使用这些 API 开发的应用包括指挥控制室解决方案、基于 GPS 位置信息的 AVL 应用、用户管理、网络监控与管理应用。

目前，基于 TETRAPOL 构建的大型 PS 网络主要部署在法国、西班牙、斯洛伐克和瑞士，在捷克共和国和罗马尼亚则部署了较小的网络。虽然欧洲是 TETRAPOL 技术最大的市场，但是在拉丁美洲、非洲和亚洲的一些国家中，这项技术已经部署用于全国性或广域的 PPDR 业务。例如，墨西哥的"红莺尾"网络已经成为最大的 TETRAPOL 部署，拥有超过 100 万的终端。

1.4.3.3　DMR

DMR 也是在 ETSI 主持下制定的一套欧洲标准。DMR 标准在 2005 年得到首次批准，制定该标准的目的在于创建一套可负担得起、平价的数字系统。与 TETRA 相比具有更低的复杂性，但是可以满足很多 PMR 用户的需求，并且可以缓解直接取代传统模拟 PMR 的问题[21]。DMR 技术的推广和认证由 DMR 协会负责。

DMR 标准被设计工作在一个广阔的频段（例如，从 66 ~ 960MHz），采用现有的 12.5 kHz 信道间隔。DMR 支持语音、数据和其他补充业务。DMR 由三个子标准组成：

1）第一层（Tier I）DMR 主要使用免许可频段——446MHz 频段。第一层 DMR 支持个人消费应用和低功耗商业应用，使用最大 0.5W 的 RF 功率。由于使用的信道有限，并且没有使用中继器、电话互连以及固定/集成天线，第一层 DMR 设备更适合于个人使用、娱乐消遣、小零售商，以及其他不需要广域覆盖或高级功能的使用配置。第一层 DMR 主要基于 FDMA AI。

2）第二层（Tier II）DMR 涵盖了工作在 66 ~ 960MHz PMR 频段上需许可授权的传统无线电系统、移动和手持便携式设备。该标准的目标用户是在授权波段上要求频谱效率、高级语音功能以及集成 IP 数据服务的高功率通信，在 12.5kHz 信道上指定了双时隙 TDMA。因此，DMR II 在 12.5 kHz 信道上提供了两个相同的语音或数据通道。

3）第三层（Tier III）DMR 涵盖了 66 ~ 960MHz 频段上的集群操作，使用内置的特性状态消息和短消息支持语音和短消息处理。它还支持各种格式的 PD 服务，包括 IPv4 和 IPv6。同样，第三层 DMR 标准也是基于 12.5 kHz 信道上的双时隙 TDMA 无线电接口。

DMR 制造商通过大量的互操作性测试，努力确保得到一定数量的、可与不同厂商兼容的 DMR 无线电功能。其中，一些厂商已经获得了认证，拥有基本数量的、可在不同供应商之间具有互操作性的 DMR 功能。未来，将有更多的厂商继续得到类似的认证。

目前，DMR 设备在全球所有区域内都有销售，实际应用主要集中在第二层和第三层的许可授权类别。DMR 协会指出，虽然 DMR 标准主要应用在 PS 领域的市场，但是该技术最大的垂直市场实际上是工业领域部门。

1.4.3.4　P25

P25（Project 25）是在北美电信工业协会（Telecommunications Industry Association，TIA）主持下，致力于设计和制造可互操作的数字双向无线电通信制定的一套标准。1989 年在美国国际公共安全通信官员协会（Association of Public - Safety Communications Officials，APCO）、国家电信管理者协会（NASTD）和联邦政府等国家性的协会合作下成立了 P25 督导委员会（P25 Steering Committee），制定了一套 PMR 数字技术工业标准，旨在取代传统的模拟系统。已公布的 P25 标准集主要由 TIA 移动与个人专用无线电标准委员会（TIA Mobile and Personal Private Radio Standards Committee，TIA/TR - 8）管理。与 TETRA TCCA 和 TETRAPOL 论坛类似，P25 技术兴趣小组（Project 25 Technology Interest Group，PTIG）被创建，用以促进 P25 的成功和培训受益于该标准的兴趣方。

最初的 P25 标准规范关注的主要是公共空中接口（Common Air Interface，CAI）和声码器。第一阶段的 P25 标准包括了对 12.5kHz FDMA 设备和系统的规范，使其可在传统模式或集群模式上与多家厂商的无线电广播设备及传统的模拟 FM 无线电系统进行互操作。1995 年 CAI 标准完成。从那时开始，第一阶段附加标准就已经被制定，用于处理集群问题、安全服务（包括加密和 OTAR）、网络管理和电话接口，以及数据网络接口。此外，还对标准进行持续的维护修改并将其更新到现有标准。

第二阶段的 P25 标准被设计用于满足 PS 需求，可转换到 6.25kHz 或等效信道带宽并保持对第一阶段技术的后向兼容性，确保了向更高频谱效率的平稳迁移。虽然，处理附加接口和测试程序的需求被确定为标准发展方向，但第二阶段 P25 标准集的主要关注点是通过采用双时隙 TDMA 方法获得频谱效率，而并没有采用 6.25kHz FDMA 技术。2012 年，TDMA 集群技术的第二阶段标准集完成并对外发布，但用于早期产品开发的相应技术标准集，则早在 2010 年就已经对外发布。

P25 同时支持数据传输速率为 9.6kbit/s 的语音和数据数字通信，允许各种系统配置，包括直通模式、中继、单站、多站、表决、多播和联播操作。传统操作和集群操作在局域和广域配置中都可以得到支持。P25 还支持大功率操作，相比其他技术使用更少的站点覆盖大面积地理区域，从而使 P25 技术成为一种经济高效的方案。P25 标准本身与频率无关，P25 设备可以使用很多供应商提供的频段，包括 VHF、UHF 和 700MHz、800MHz 以及 900MHz 频段，以满足世界各地机构不同的频率要求。该标准可在同一个系统上启动对多个频段的支持。P25 标准通过使用联邦政府认可的 256 位密钥 AES 加密、密钥管理和设备认证等方法支持安全通信。

除了 CAI 之外，P25 标准集启用了同有线接口的互操作。关于这方面，相关机构已经制定并发布了大量解决 P25 射频间子系统接口（Inter – RF Subsystem Interface，ISSI）的标准文档。有关传统固定站接口（Conventional Fixed Station Interface，CFSI）和控制台子系统接口（Console Subsystem Interface，CSSI）的标准也已经完成并得到部署。此外，解决一些安全服务相关接口的标准已经制定并得到公布，包括密钥间管理设备接口（Inter – Key Management Facility Interface，IKI）。互操作性测试通过 P25 符合性评估程序（Compliance Assessment Program，CAP）进行处理，该程序是一个自愿性的项目，允许 P25 设备的供应商演示他们各自的产品，以验证是否符合 P25 标准集规定的基本要求。

在美国，P25 被广泛地应用在地方到联邦政府各个不同级别的行政管辖部门，并且得到了美国国土安全部（Department of Homeland Security，DHS）的支持，要求在用于应急通信的 PMR 设备中实现这一标准[22]。此外，美洲的很多其他国家也部署了 P25，以及在世界上其他一些地区中 P25 也得到了广泛的部署[31]。

1.4.4　目前 PPDR 通信系统存在的主要局限

有效的互操作通信可能意味着生与死的差别。不幸的是，几十年来不完善和不可靠的通信一直拖累着应急响应行动。紧急事件应对者需要在不同的服务/专业和行政管辖区之间通过语音和数据共享重要信息，以顺利应对日常事件和大规模突发事件。当相邻机构被分配不同的无线电频段、使用不兼容的系统和设施，以及缺少完善的标准操作程序和有效的多管辖、多专业治理结构时，应急人员往往就会遇到通信困难。这种差异体现在不同类型的设备和 PPDR 组织使用的无线电频谱波段。操作程序也有较大差异，尤其对于边境安全机构来说，这是一个相当大的难题。

当前 PPDR 通信系统中存在的问题和难题可以通过对重大事件中的 PPDR 行动进行分析，得到很好的理解。

很多项目都对 PPDR 方案进行了详细的描述（例如，参考文献 [5, 12, 23, 24]）。这里将介绍一个由欧洲研究项目 HELP 设计的 PPDR 场景[25]。该方案创建了一个假设的位置、事件情况和事件响应。不过，在这样的位置上可获得的资源与实际可获得到的各种 PPDR 通信手段是一样的。为了满足应急服务操作方法和要求，至少在某种程度上应当合理建议"只关注一个事件"。这意味着人们需要认识到，尽管事件的规模可能不同以及某些事件存在特定的限制条件（例如，跨境通信），但是针对各种规模的事件制定大量的小型方案或一个庞大的方案都是没有必要的，也是不现实的。最好的方法是创建一个可行的、现实的包含所有相关操作问题的事件（实际上，它体现的是一系列现实的、连续的事件），并基于此制定出一个可扩展的技术方案。HELP 项目制定的方案就是采用了这一方法，它将关注点集中在重大事件的早期阶段（见图 1.5），而并非全部的事件过程。该方案描述了一个可能在很多地方发生的事件，尽管在最初的时候它可能是一个非常小的事件，但在相对较短的时间里该事件的规模会迅速扩大。这么做的原因在于，如果将一个解决方案提供给事件处理方，那么在操作资源有限且事件相关情报也有限时，该解决方案就可以适当地进行扩展，以应对更大规模的事件情况，直到事件稳定且最终受影响区域恢复正常。

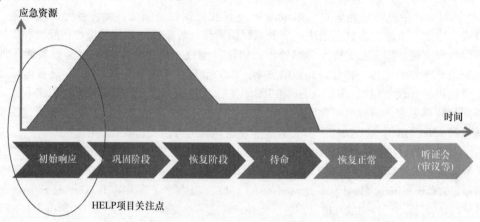

图 1.5　重大事件的典型阶段和 HELP 项目方案的关注点

1.4.4.1　区域及人口说明

事件位于沿海区域并延伸到一个约 $10km^2$ 的大型乡村社区。一个约 5000 居民沿海小镇被河流分割。小镇以外是大片的农业用地，人烟稀少。

小镇有乡村警察、救护站和消防站，所有部门的能力都十分有限。在各种情况下，这些服务仅能覆盖小镇本身和预先分配好的部分小镇外部区域。如果该区域以外有事件发生，上述部分服务资源有可能会被要求提供协助。警察可提供 24 小时的在岗服务，他们拥有两辆巡逻车，并且在任意时间一般不超过四名警员在岗。小镇的消防与救援服务是"预留的"（兼职），其成员都有其他形式的全职工作，当短消息通知需要消防与救援服务时，他们会被召集。该区域的救护服务拥有一辆快速响应车辆。救护人员由一组技术熟练的医疗护理人员组成，他们使用专业的设备，例如除颤器和救护管制药品，根据需求配备相应车辆。海岸附近区域人员的安全属于当地海上救援服务的职责，他们拥有一艘近海巡逻艇和三名船员。船员使用一套"预留的"服务和呼出系统，该系统类似于（但相对其独立）消防与救援服务使用的系统。在小镇里，有一个与国家铁路网络直接相连的火车站，治安由国家交通运输警察负责。上述三个主要服务相应的区域总部位于该方案区域以外，区域内没有医院，但是有一个医生的诊疗室在小镇里。它可以在日常办公时间内提供一般的医疗服务，但是没有设置应急响应组织。

图 1.6 描述了该区域的概略地图以及可用的应急服务资源。该图展现了该区域的地理条件、主要公路和铁路的位置、警察、救护和消防站的位置，以及各种关键的设施。

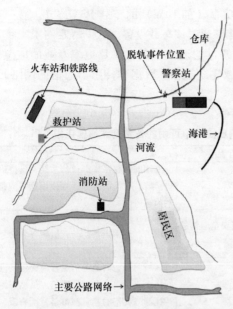

图中标注：

- 火车站和铁路线
- 脱轨事件位置
- 仓库
- 警察站
- 救护站
- 海港→
- 河流
- 消防站
- 居民区
- 主要公路网络→

1) 被河流分隔的沿海小镇
2) 5000居民+占居民人口25%的夏季游客
3) 乡村地区
4) 铁路线和火车站
　　(交通运输警察负责)
5) 一座公路大桥
6) 应急服务

　① 警察服务：24h在岗，两辆巡逻
　　车，一般不超过四名警员同时在岗
　② 消防与救援服务：兼职人员，配备
　　一辆常规消防车辆和一艘船(出于
　　沿海位置的考虑)
　③ 救护服务：配备一辆快速响应的救
　　护车辆，一组救护车医护人员。其
　　他救护、技术和医务人员位于距离
　　小镇30km以外
　④ 海上救援服务：兼职人员。拥有
　　一艘配备三名船员的沿岸救援艇
　　(Inshore Rescue Boat,IRB)

图 1.6　区域及可用应急服务资源的场景地图

1.4.4.2　可用通信方式说明

警察和救护服务在共同的区域内分别使用他们自己的专用通信系统，支持语音和数据传输〔这里称之为公共安全网络（Public Safety Network，PSN）〕。此外，他们还可以使用商用蜂窝移动电话网络。

专用 PSN 的基站位于警察站的房顶。该基站使用一个柴油发电机作为备用电源，以防主要的供电系统故障。由于该区域具有乡村的特点，因此该 PSN 与城市区域同类设施相比能力有限。

消防与救援服务组合使用模拟和数字 VHF 频段上的无线电设备。其使用最近的基站位于约50km 远处的山顶。

交通运输警察使用最近的 VHF 基站位于当地的火车站。该组织使用一套独立的 VHF 模拟无线电系统，工作频率与消防和救援服务使用的频率不同。

当地的警察、救护和消防设施通过 PSN（警察和救护服务使用）、VHF 模拟/数字系统（消防服务使用）、内部的救援计算机网络（通常是有线或微波），以及固定电话和传真等连接到他们各自的控制中心（这些控制中心没有必要使用同一个指挥总部，通常它们拥有自己独立的指挥总站并且往往位于事件区域之外）。

假设该区域被两类公共移动网络覆盖（Public Mobile Network，PMN）。基于这些设施，商业电信运营商可提供语音和数据通信（例如，互联网接入）。与城市区域相比，虽然该区域通信容量和覆盖范围有限，但是依然可以提供 BB（宽带）接入。

以下通信设备可以用于当地 PS 服务：

1）用于警察和救护服务的 PSN 手持终端，可支持直通或背靠背模式，因此可用在网络覆盖较差或根本不存在的区域。

2）用于消防与救援服务和交通运输警察的专用 VHF 终端设备（Terminal Equipment，TE）。

3）作为上述系统备用补充的 COTS（Comercial off The Shelf，商业现货供应）系统，特别适用于数据交换（例如，RIM 黑莓终端）。

4）组织或组织内部人员使用的商用蜂窝移动电话终端设备。

此外，警察巡逻车和救护车通常配备大功率（如 10W）的车载 PSN 终端。在一些情况下，这些车辆可配备网关功能（例如，手持终端能够通过该车载设备接入 PSN 服务）。而且，后续前往协助的区域外应急单位还可能携带前面介绍过的通信设备，以及更多专业的应急管理设备，像可快速部署的网络设备（例如，在事件区域建立视频、数据和传感器通信的网络）和卫星通信设备等。

表 1.6 总结了以上提到的各种无线通信手段。

表 1.6　PPDR 服务在应急响应协助中可用的各种无线通信手段

通信手段类型	可用的无线通信手段	说　　　明
常设通信网络	公共安全网络（PSN）	专用的、数字集群通信系统，支持语音和数据传输。警察和救护服务通常使用这一网络，用于他们的内部通信
	用于模拟/数字公共安全通信的 VHF 基站	组合使用工作在 VHF 频率上的模拟和数字无线电设备，通常由消防与救援服务和交通运输警察所使用
	公共移动网络（PMN）	区域内一些商业电信运营商提供的两种移动蜂窝网络，支持语音和数据通信。虽然与附近城市区域相比网络支持的容量和覆盖范围有限，但仍可提供宽带接入服务
当地 PPDR 服务可用的或可被带入事件区域的手持、便携式或车载通信设备	1）PSN 和 VHF 手持终端 2）支持数据交换的商用蜂窝电话系统和 COTS 系统 3）车载 PSN 终端和网关	这些设备通常用于当地 PPDR 服务和大多数区域外应急支持单位
	1）用于构建事件地区网络的可快速部署的网络设备 2）卫星通信设备	可供区域外应急支持单位携带的专用应急管理设备

1.4.4.3　事件及其对通信手段影响的简要说明

在一个正常工作日上班时间的某个时段，一列装载液化石油气（Liquid Petroleum Gas，LPG）的火车在靠近这个小镇处发生了脱轨事故。两节车厢破损并导致 LPG 泄漏，易燃物弥漫在附近的房屋周围。几分钟后，爆炸发生，紧接着引起大范围的火灾。这场火灾引燃了一幢存储大量涂料和稀释化学品的建筑物，导致大量有毒气体从火灾地飘向居住区域。同时，在这幢建筑物内还有人员被困：分别为位于地下室的工作人员与一楼的工作人员和顾客。当地的警察站是受火灾影响的邻近建筑物之一，并且当地的 PSN 基站位于其屋顶。

最初的应急呼叫是公众通过 PMN 发出的，以及附近房屋内居民通过固定电话系统发出的。当地"预留"的消防服务通过 SMS 被召集，同时要求该地区的警察和救护力量加入救援。现场第一时间应急人员通过无线电将有关事故状况和程度的信息上报给他们的控制中心，然后再由控制中心通过电话和数据传输将信息分发给其他的控制中心，最后再从各控制中心中继转发回现场或即将进入现场的各自相应的救援人员。当地预留的消防服务到达现场，使用他们自己的服务请求区域外的消防部门给予支持：这场火灾已经超出了他们的控制能力。火灾现场升起大量的浓烟和烟雾并向内陆方向飘散。当地救护服务一到达现场，就通过他们自己通信信道请求额外的支持，因为考虑到建筑物内伤员的数量不明，并且火灾仍在蔓延，接下来会有更多的生命处于危险之中。当地其他的资源也被动员前来协助。例如，海上搜救单位被命令要求所有船只出港并向港湾外面的船舶提供信息和帮助。

这一事件不仅需要当地现有的应急服务给予响应和协助，还需要区域以外的其他资源加入并给予协助。一些其他的协助团队不是 PSN 的授权用户，因此他们带来的设备无法实现与当地通信系统的互操作。应急服务支持人员和设备由作战级指挥人员指挥进入这一区域。出于安全考虑战术级指挥所应建立在受影响区域的外部，并且尽可能靠近受影响区域。不同指挥层级之间的通信链路必须被建立和维护。这些移动控制中心应该有直接的语音/数据通信链路接回到他们各自的控制中心。

进入建筑物灭火和/或搜救被困人员的应急力量需要使用直通（背靠背）模式通信，因为基站发出的无线电可能无法延伸到建筑物的内部，并且肯定不能覆盖到地下区域。而且，当地 PSN 的容量仅能增强到满足当地应急人员的需求。当区域外的应急支援力量进入时，则会超过该网络承受的最大通信容量。从一开始，部分通信会使用移动蜂窝网络，当 PSN 难以满足进一步的通信需求时，使用移动蜂窝网络的通信量将会增加。当安装在警察站房顶的 PSN 基站被火灾烧毁时，情况会变得更加糟糕。

1.4.4.4　关注区域

HELP 项目操作方案的内容包括一组事件的时间线。其中，事件的发展会增加各种角色间对不同通信手段的需求，以及在通信需求方面的一些限制会随着事件的发展而逐步显现。表 1.7 转

表 1.7　HELP 项目方案中部分时间线事件

事件号 时间：（时：分）	事件描述	通信活动	当前限制
10：00	1）装载 LPG 的火车脱轨 2）LPG 泄漏并弥漫在附近的房屋周围 3）应急控制中心收到报告事故的移动和固话呼叫	1）呼叫者拨打请求应急服务的公共电话（固话/移动） 2）随着事故报告电话的增多，以及人们不断发送图片和视频等，导致移动网络压力不断增大。需要注意的是，这些信息中很多并不是发送给应急服务的，而是发送到朋友/家庭和媒体的	该阶段对 PPDR 无限制
2 +0：03	当地警察和救护服务对来自各自控制中心和参与现场呼叫的响应	1）对应急服务机构持续不断的固话和移动呼叫 2）控制中心通过 PSN 对当地警察和救护资源的呼叫 3）控制中心将事件细节发送到当地的消防站，火灾呼叫 SMS 系统启动	1）消息被不同的机构/位置接收 2）信息与响应的整理与协调 3）公众根据他们对事件的评估进行呼叫——不一定准确
......			
6 +0：12	1）泄漏的 LPG 爆炸，导致大规模火灾 2）火灾引燃了存储大量涂料和化学品的建筑物。建筑物内人员被困 3）该建筑物在结构上与当地警察站相连，PSN 基站位于警察站房顶	1）现场应急人员上报控制中心 2）公众中相关人员和现场围观者拨打的移动电话量显著增加 3）当地 TV 或其他可能进入受影响区域的媒体需要移动网络的容量能够满足需求	1）移动活动可能使移动网络达到最大容量极限 2）基站附近的火灾对 PSN 造成显著的威胁
12 +1：10	PPDR 专业支援力量进入该区域。其他现场协助人员正尝试图达到现场相应位置。到达后将使用现有的通信网络	对移动电话网络和 PSN 的需求不断增加	1）区域内人员对通信系统使用量的显著增长导致移动网络拥塞问题显现 2）支援团队携带的通信设备无法与当地系统互操作 3）部分到达的支援人员不是现有 PSN 的授权用户。现场可用通信容量限制先进应急响应设备的使用，而这些设备可能是参与救援的专业力量所需的

载了部分时间线事件。如表 1.7 所示，每个事件所需的通信活动都列有相应的、方案需要面对的限制情况。举例来说，事件 12 展示了 PPDR 专业团队及其他人员到达事件区域导致现场网络容量达到上限，从而限制先进的应急响应设备使用。

完整的事件时间线跨度超过 2 小时。基于"关注区域"的概念捕捉出现的限制因素，它代表了行动方案中的关键压力点（例如，那些在 PS 服务和/或技术系统承受最大压力的情况）。基于 HELP 项目做出的分析结果，确定了三个关注区域：

1) 在事件区域为 PPDR 力量提供足够的通信容量。在事件区域内，大量第一响应者的高度聚集导致 PSN 容量过载。如果到达的区域外应急支援力量没有引入额外的车载/机载通信容量（例如，可快速部署的基站），那么他们将显著增加网络已经承载的负载。而且，基础设施网络提供的容量/覆盖范围可能无法满足整个受影响区域所需的空间/时间容量/覆盖范围。反过来，受限的可用容量和/或缺少现场 BB 连接，也会阻碍加入救援的专业应急支援力量使用所需的先进应急响应设备和应用。即使在 PPDR 用户能够优先接入 PMN 的情况下，这种在优先服务管理中出现的组织性难题也会频繁导致优先接入机制几乎无法使用。

2) 促进 PPDR 力量（当地力量、支援力量和指挥力量）之间的通信互操作性。在所考虑的方案中，现场负责人员由于各专用 PPDR 系统（例如，PSN 和 VHF 系统）之间的互操作性问题，无法在各应急服务之间实现彼此的通信/协调。来自其他地区的第一响应者，即便配备了兼容性的技术，也无法使用现有的 PSN 设施。当用户分布在多个网络时，没有能力建立机构间的通信通道。此外，不同机构带到事件区域的无线电设备，在配置上也缺少应有的协调。

3) 应对事件响应中出现的网络基站突发故障。方案中的此类情况极有可能出现，在战术级指挥力量顺利建立之前，PSN 基站出现故障。除非这些力量能够转移到其他的网络上，否则警察和救护的战术级控制中心将在相当长的一段时间内无法发挥作用，这是非常现实的风险。然而，当 PSN 基站故障时，使用商用网络作为替代的通信手段则取决于紧急事件应对者本身，并且这全然不是一个自动的流程。当 PSN 基站故障后，仅仅依靠背靠背通信很可能造成现场各应急人员无法同他们各自的战术级控制中心通信，因为个人终端设备（TE）的发射范围有限。

1.4.4.5 主要限制

基于对前面方案的分析，可以得出目前在应急和 DR 方案中使用的 PPDR 系统及其部署的主要限制因素。

1) 在紧急情况下缺乏网络容量。虽然网络运营商已经在他们的日常服务中优化了其通信系统的使用能力，但是当紧急情况对其系统（及其运营商）造成额外的压力时，情况发生了戏剧性的变化。紧急情况通常会导致非常高的业务负载，这是单一的无线网络所无法支持的。在无线电覆盖范围有限的情况下（例如，隧道内的交通事故）或当事件区域内部分通信设施被损坏时，这种情况会恶化。

2) 缺乏互操作性。PPDR 组织使用技术的多样性经常会抑制不同机构之间的合作。而且，即便使用同一种技术，网络也不能互操作，安全层面的限制构成了额外的障碍。其结果是，第一响应者经常需要管理多个不同的且常常不兼容的无线电通信系统。

3) 在功能性和容量方面对 BB（宽带）数据传输速率缺乏支持。PPDR 行动的发展促进了一种应用需求的出现，即能够支持第一响应者之间或战术级一线响应者与分级指挥体系的多个级别之间的大量数据交换。数据密集型的多媒体应用对提升灾难恢复行动的效率具有巨大的潜力（例如，实时访问诸如具有高分辨率地图或楼层设计图等关键数据、头盔摄像机传送到中央力量单位的现场实时视频、远程医疗等）。

1.5 监管和标准化框架

各国的政府和公共管理部门是建立法律和监管规定，决定 PPDR 通信技术框架（例如，频率、标准），确定 PPDR 部门与社会公共部门关系密切程度（是直接作为政府结构的一部分，还是作为在严格规章制度约束下外包出去的职能机构）的最终负责机构。各个国家关于 PPDR 的监管、组织、行动和技术要素存在显著的不同，主要由于 PPDR 体系需要适应所在国家的具体国情。然而，具体国家的规定应当同国际的监管和协调措施进行必要的结合。反过来，PPDR 通信中的国际监管和技术协调是促使在灾难的国际性应对中成功协调 PPDR 行动的核心，也是很多国家之间实现跨境协调成功的核心。这需要建立国际性的法律条文，为这些情况提供具体的指导，并且国家的立法应与适用的国际法规相一致[27]，同时保障各具体国家的利益。事实上，在世界上的一些地方，区域性的法规已经完成了对某些应急通信问题国家性法规的补充和替代，例如像在欧洲和美国/加拿大。与上述法规相配套的是，全球性 PPDR 通信系统标准的采纳和统一频率的使用同样也是在区域甚至全球范围内实现 PPDR 通信的有效且高效的核心方面。除了能够有效地合作利用各国的 PPDR 资源，协调统一对于普通民众来说也是至关重要的。由于民众逐渐增加的外出活动，进行商务出差、外出度假等，为了提供最佳的安全水平，以及在紧急情况下能够联系上这些市民，应急通信服务（Emergency Telecommunications Services，ETS）同样需要进行有效的协调。在这一背景下，ITU 在 PPDR 通信国际层面上的监管和标准化方面起到了重要的作用，该组织是联合国在电信和信息通信技术（Information and Communications Technologies，ICT）领域的专业机构。ITU 制定了重要的 PPDR 通信概念和解决方案，包括相关标准和频谱协同。

全球标准合作大会（Global Standards Collaboration，GSC）已经发布了世界上几乎全部的应急通信监管法规和现有已知的应急通信标准[31]。GSC 是一个国际性的倡议活动，旨在加强世界各地区标准开发组织（Standards Development Organizations，SDO）间的合作，促进标准开发相关信息交换、构建协同机制和减少重复。现有成员包括以下组织：日本的无线电工商业协会（Association of Radio Industries and Business，ARIB）、美国的电信工业协会（Alliance for Telecommunications Industry，ATIS）、中国通信标准化协会（China Communications Standards Association，CCSA）、欧洲的 ETSI、加拿大的 ICT 标准化咨询委员会（ICT Standards Advisory Council of Canada，ISACC）、ITU、日本的电信技术委员会（Telecommunication Technology Committee，TTC）、美国的 TIA 和韩国的电信技术协会（Telecommunications Technology Association，TTA）。GSC 内部成立的应急通信任务组，旨在进一步鼓励紧急情况下与通信有关的标准化活动信息共享与合作。该工作内容不仅涵盖了 PPDR 通信，还包括了从个人/组织到政府部门通信、从政府部门到个人/组织通信，以及受影响个人/组织之间通信领域的标准化。GSC 制定文档的目的是找出所有地区中与应急通信相关的标准中存在的共同点、差异和重叠内容。文档最后通过着眼未来、审视今后可能出现的情况，以及为 GSC 提出确保加强协调与合作的建议得出结论。

总结上述内容，本节首先概括了 ITU 内部进行的与应急通信监管和标准化有关的全球范围的主要活动。随后，介绍了北美和拉丁美洲、亚太和欧洲地区很多国家提供的与 PPDR 通信相关的一些主要的监管措施和标准化工作。作为补充，第 3 章将进一步介绍目前向 LTE 技术体系 PPDR BB（宽带）通信过渡的各项举措。另外，第 4 章将详细介绍与 LTE 技术和与其相应的任务关键型 BB（宽带）应用的标准化活动。第 6 章将进一步介绍有关 PPDR 通信频谱规划方面的内容。

1.5.1　ITU 在应急通信领域中的工作

20 世纪成立的 ITU 是一个公正的国际化组织，在其内部各国政府和私营部门能够共同努力协调电信网络和业务的实施，推动通信技术的发展。ITU 公约的第一章第二条规定"通过电信业务的合作，促进采取各种保证生命安全的措施"。这项任务通过以前和最近的世界电信发展大会（World Telecommunication Development Conferences，WTDC）、世界无线电通信大会（World Radiocommunication Conferences，WRC）和 ITU 全权代表大会通过的决议和建议，及其在坦佩雷公约相关活动中的积极作用得到了进一步的增强。坦佩雷公约呼吁各国推进电信援助立法，以消除灾害造成的影响，公约内容同时涵盖了可靠、灵活的电信服务安装和操作两个方面的内容[32]。

ITU 由三个部门组成：电信发展（Telecommunication Development，ITU - D）部、标准化（Telecommunication Standardization，ITU - T）部和无线电通信（Radiocommunication，ITU - R）部。与各方面应急通信相关的活动由这三个部门负责解决[27]。

电信发展部的核心任务是在技术援助的提供中和在发展中国家电信/ICT 设备和网络的制造、研发和改进中培育国际性的合作与团结。ITU - D 参与救灾通信的研发，包括直接向灾害频发的国家提供技术援助，在受灾地区对捐赠卫星电话的部署和运维成本提供支持，以及推动地震/海啸袭击地区内电信基础设施的恢复和重建。ITU - D 同联合国人道主义事务协调厅（United Nations Office for the Coordination of Humanitarian Affairs，OCHA）密切合作，是应急通信工作组（Working Group on Emergency Telecommunications，WGET）的成员之一，该组织是一个开放的论坛，包括所有联合国的机构、很多涉及灾害相应的国际和国家以及政府的组织和 NGO（非政府组织），以及很多来自私营机构和学术界的专家。ITU - D 在坦佩雷公约和其他相关约定下的角色与作用详见本章参考文献［27］。目前，已经有 46 个国家批准了坦佩雷公约在减灾救灾行动方面有关电信资源的规定。更多与 ITU - D 在应急通信方面作用相关的信息请查阅 ITU - D 的网站[28]。

ITU 电信标准化（ITU - T）部门通过其在标准化方面的工作，制定各种相关的技术标准，促进公共电信服务和系统能够在紧急情况下、救灾减灾行动中的通信活动中使用。尽管 ITU - T 不参与应急和救灾行动本身，但是它制定的建议和标准是实现可互操作的系统和电信设施的基础，基于此才能让救灾人员顺利地部署电信设备和服务。世界电信标准化全会（World Telecommunication Standardization Assembly，WTSA），每 4 年开会一次，用于确立 ITU - T 研究组的研究主题。在这一背景下，ITU - T 的主要活动是制定 ETS 相关的标准，ETS 被定义为一种国家性的服务，可以在灾害和紧急情况下为授权用户提供优先的电信服务。目前，已经制定了很多有关优先呼叫方案的建议性标准，用于确保救灾人员能够在其需要的时候得到通信线路。对 ITU - T Q 系列建议的 "补充 62"[34]为协助 ITU - T 研究组和其他国家及国际 SDO 在制定 ETS 建议和标准时提供了方便的参考。它确定了已经发布的 ETS 相关建议和标准，以及那些目前已经在用的方案。更多有关 ITU - T 在应急通信中角色和作用的信息请参阅 ITU - T 的网站[29]。

实际上，ITU - R 部门是参与 PPDR 无线电通信规范和标准化最直接的部门。ITU - R 的作用是确保所有的无线电通信服务（包括卫星服务）能够合理、公平、有效和经济地使用无线电频谱。ITU - R 的监管和政策职能由世界和区域无线电通信大会和研究组支持的无线电通信全会执行。WRC（世界无线电通信大会）每 4 ~ 5 年举行一次，通过的决议被记入无线电规则（Radio Regulations，RR）条约内[33]。

PPDR 通信频段的主题是 2003 年举行的 WRC（WRC - 2003）的一项重要议程。此前，2000 年举办的世界无线电通信大会（WRC - 2000）就已经核准了 WRC - 2003 需要着重讨论的议程项目 1.3，考虑确定全球/区域协调频段，并在可行的范围内，实现满足未来 PP 机构（包括那些处理紧急情况和 DR 的组织）需求的先进解决方案，以及在必要时考虑 644 号决议（修订版 WRC - 2000）和 645 号决议（WRC - 2000）制定相应的监管规定。这些解决方案需要 ITU - R 研究组继续研究关于确定适当频段和促进用于在紧急情况和 DR 情况下使用设备的跨境流通方面的问题，其中后者在坦佩雷公约关于救灾减灾行动的电信资源方面的规定中得到了强化。2003 年世界无线电通信大会的关注重点是为 PPDR 机构确定任务关键型语音和数据频段。WRC - 2003 批准了 646 号决议（Resolution 646），包括确定的区域协调频段。事实上，为 WRC - 2003 议程事项 1.3 做准备的 ITU - R M.2033[1]号报告中已经明确了 PPDR 的目标和要求，即实现满足未来 2010 年左右 PPDR 组织业务需求的先进解决方案。具体来说，ITU - R M.2033 号报告确定了目标、应用、要求、频谱计算方法，以及支持互操作性的频谱要求和解决方案。从 2003 年到现在，ITU 一直在不断地努力编写关于 PPDR 的报告和建议，但是最近被采纳的解决方案仍然是 646 号决议。在过去的 WRC - 2012 会议中，考虑了由宽带（BB）技术发展提供的新 PPDR 场景，人们一致同意在召开 WRC - 2015 大会的议程事项 1.3 下审查和修订 BB PPDR 方面的 646 号决议。特别是，648 号决议要求 ITU - R 研究有关 BB PPDR 的技术和业务问题及其未来的发展，并根据需要提出相关方面的建议，包括 PPDR 服务与应用的技术要求方面，以及通过技术进步和发展中国家需求的 BB PPDR 发展方面。有关频谱管理和频率分配的详细内容将在第 6 章内进行介绍。

对于 PPDR 通信标准，ITU - R M.2009 号建议确定了一整套适用于 PPDR 行动的无线电接口标准。这些标准不是 ITU 制定的，而是基于各 SDO 发布的通用规范。该建议旨在用于监管机构、制造商和 PPDR 运营商确定最适合他们需求的标准。但是，建议中明确指出，列入 ITU - R M.2009 中的标准不排除使用其他的标准，这取决于最终负责的管理部门的决定，即决定采取哪些技术部署 PPDR 业务。

TETRA、P25 和 DMR 是 ITU - R M.2009 号建议中列出的 PPDR 行动 NB 标准（及各自负责的 SDO）。此外，ITU - R M.2009 号建议中还列出了以下 BB 技术。

1）IMT - 2000 CDMA - MC 技术，第三代合作伙伴项目 2（3rd Generation Partnership Project 2，3GPP2）组织制定，该技术被用在商用的 CDMA2000 网络中。

2）IMT - 2000 CDMA - DS，尤其是 UTRA FDD，第三代合作伙伴项目（3rd Generation Partnership Project，3GPP）组织制定，该技术被用在商用的 UMTS，需要在成对的频段上部署。该技术是绝大多数 UMTS 使用的技术。

3）OFDMA TDD WMAN，IEEE 802.16 中制定，该技术通常被称为 WiMAX 技术。

4）TDMA - SC，3GPP 组织制定。该技术是 2G GSM 无线电接口演进到 EDGE 系统背后的技术。

5）IMT - 2000 CDMA TDD 技术，尤其是 UTRA TDD 技术，3GPP 组织制定。该技术被制定用于 UMTS 部署在非成对的频段。

6）E - UTRA（LTE）技术，3GPP 组织制定。

更多有关 ITU - R 在应急通信中角色与作用的信息请参见 ITU - R 网站[30]。

1.5.2 北美和拉丁美洲地区

在美国，绝大多数目前使用的 PPDR 网络是 FCC 规范 Part 90 管理窄带（NB）系统。Part 90 包括各种使用经常交互的基站、移动式、便携式和合法用户专用（非营利）的相关控制与中继站的服务。这些系统使用 Project 25（P25）标准集（1.4.3.4 节中简要介绍过）。在美国，与 P25 和其他 PPDR 通信方面相关的标准化活动在 TIA 的主持下进行。

2012 年 2 月，随着中产阶级减税和创造就业机会法案通过，美国为构建专用国家公共安全宽带网络（National Public Safety Broadband Network，NPSBN）制定了监管和财务规定。该法案负责管理该网络的部署和运维框架，它是基于一个单独的、国家性的网络体系，是新的快速反应网络管理局（FirstNet），作为国家电信和信息管理局（National Telecommunications and Information Administration，NTIA）内部的一个独立机构。FirstNet 基于在 700MHz 频段上被分配的 10 多个 10MHz 的频谱，在征求各个行政级别管辖内的 PS 机构和其他利益相关者之后，负责采取"一切必要的行动"来构建、部署和运维这一网络。

2009 年，国家公共安全电信委员会（National Public Safety Telecommunications Council，NPSTC，它是美国 PS 应急反应在通信问题方面提供建议的组织）支持将 LTE 作为最适合未来全国性可互操作 BB 网络发展的技术标准[35]。NPSTC 与美国国际公共安全通信官员协会之间是合作伙伴关系，它是世界上最大的 PS 通信专业组织，成立于 2013 年，致力于推动与 PS BB 通信相关的技术标准问题。另一个在通过与改进 PPDR 使用的 LTE 标准能力方面的主力是公共安全通信研究（Public Safety Communications Research，PSCR）项目，它是由美国标准技术研究所（National Institute of Standards and Technologies，NIST）同 NTIA 合作主导的项目，负责协调全国性 PS LTE

网络的互操作性测试和技术标准开发。

在加拿大，NB PPDR 网络使用了多个 LMR 标准，包括 P25 和 ETSI DMR 标准。目前，加拿大授权给 PS 的频段为 769～775MHz 和 799～805MHz，并且选择 P25 标准工作在可互操作的信道。加拿大工业部（Industry Canada，IC）——加拿大政府的一个部门，规定所有提供语音服务的手机和便携式设备必须能够工作在可互操作的信道上。

加拿大的 PPDR 行业也参与了部署 BB PPDR 网络 700MHz 专用频谱的分配。加拿大通信互操作性战略（Communications Interoperability Strategy for Canada，CISC）作为代表全国各级政府领导和应急响应服务共同合作努力的结果，制定了一项行动计划，要求全国的应急管理合作伙伴共同开发 700MHz 实施方案。

PS PPDR 行业的意图是协调加拿大和美国 700MHz 频段上的 PS BB 网络，建立工作在这些频段上的跨境通信和相关机制/协议，从而避免干扰问题的出现。

在拉丁美洲地区，巴西已经将移动 BB PPDR 的频谱分配在 700MHz。事实上，巴西军队已经将 LTE 部署在非常特殊的领域，作为 2014 世界杯部署设施的一部分。为了与巴西的做法一致，美洲国家组织（CITEL，美洲电信委员会）建议其北美、中美和南美洲成员国的 PPDR 组织考虑将 700MHz 频段作为可能的 BB PPDR 频谱分配。

1.5.3　亚洲和太平洋地区

在日本，ARIB 指定的 NB PMR 标准被称为综合调度无线电（Integrated Dispatch Radio，IDRA）。ARIB 是日本邮电部的一个外部分支，也是一个公认的标准化组织。综合调度无线电系统被设计主要用在面向商业的移动通信应用，包括面向商业和工业组织的应急服务。2011 年，使用 VHF/UHF 频段的模拟广播电视服务数字化导致 32.5MHz 新的可用频谱被分配给 PS BB 无线通信系统，ARIB 对这些 BB 系统的技术规范进行了标准化。

在韩国，TTA 采用了 ETSI 的 TETRA 标准。TTA 是一个非政府和非营利的 ICT 标准化组织，TTA 还制定了自己的多媒体 DR 卫星红外标准。政府计划为 PPDR 机构建立一个可共享的全国范围的任务关键型 PPDR 网络并指定国家应急管理署（National Emergency Management Agency，NEMA）主导这一项目。韩国通信委员会（Korea Communications Commission，KCC）为该国范围的 PPDR 系统分配了 806～811MHz 和 851～856MHz 频段。2003～2007 年，国家应急管理署基于 NB 技术开始启动这一全国范围系统的实现。从那时开始，该系统已经在韩国的主要城市和主要的高速公路上运行。这一项目还制定了第二阶段的 PPDR 系统计划，其中包括 BB 服务。

在中国，基于 CDMA 的 GoTa 和基于 GSM 的 GT800 是主流的数字集群移动通信系统。这些系统由 CCSA 制定，CCSA 是一个由中国国内企业和研究机构建立的非营利性法律组织，主要承担 ICT 领域的标准化活动。CCSA 内部的应急通信特别工作组（Emergency Communication Special Task Group，ST3）负责承担研究全面性的、管理性的和框架体系性的应急通信标准，包括政策、网络和技术支持的标准。2011 年，中国启动了一项名为"宽带无线集群（Broadband Wireless Trunking，BWT）"的项目，旨在为 BB 无线专业通信的研究、开发、标准化和适用性评估提供支持，并专注于未来 PPDR 的主要应用领域[39]。BWT 项目涵盖了研究、标准化和产业化阶段，并计划在 2018 年结束。在频谱分配与技术方面，中国正计划将 1.4GHz 的 TDD LTE 用于 BB PPDR。中国还为使用 TETRA 的国家安全无线电网络保留了 350～370MHz 的频率范围。

在澳大利亚，澳大利亚通信和媒体管理局（Australian Communications and Media Authority，ACMA）正在采取一系列的措施改进澳大利亚的 PPDR 频谱规定[40]。特别是，澳大利亚通信和媒体管理局已经制定了相关的规定，将 800MHz 频段中的 10MHz 频谱专用于全国可互操作蜂窝 4G 数据容量的实现，尽管具体的频率分配还需要在后续阶段确定。澳大利亚通信和媒体管理局还创建了一个类别牌照，即将 4.9GHz 频段内的 50MHz 频谱提供给 PSA 在全澳大利亚范围内共享。

这是为了向高活动性区域按需提供非常高速、短距离的需求容量，以支持大范围的用途。

在整个亚太地区，亚太电信组织（Asia – Pacific Telecommunity，APT）成员为 BB PPDR 部署提供区域性的频率波段/范围协调支持。应当认识到，频段内可以使用的频谱数量取决于成员国家的具体国情。这将为成员国家提供一种灵活的方式来决定频谱的数量和频率的规划，从而满足所有相关国家总的全国性的 BB PPDR 需求。

1.5.4　欧洲地区

在欧洲，对于一些议题来说，区域性的监管取代了国家性的监管，因此需要国家之间的协调。欧盟委员会（European Commission，EC）作为欧盟的执行机构，负责提出立法建议、采取和实施相关措施。欧洲理事会和欧洲议会通过了一项由欧盟成员国国家法律实施的指令。在此背景下，有关 BB PPDR 服务的规定在多个欧盟委员会的规定和报告中，已经被确定为一项政策目标[36,37]。

一些欧洲标准化组织（European Standards Organizations，ESO）通过制定支持欧盟政策的标准和规范协助欧盟委员会，这主要是通过向欧盟标准化组织发布欧盟委员会的任务实现的。这些任务授权通过政策意向声明来下达，即欧盟委员会及其成员国请求相关欧洲标准化组织及其成员制定符合监管要求或其他政策措施的标准（或标准化的工作程序）。ETSI 就是直接参与 PPDR 和应急通信系统标准化的欧洲标准化组织。

在 ETSI 内部，成立了一个 ETSI SC EMTEL 部门。ETSI SC EMTEL 的主要职责是征求并得到利益相关方（包括负责提供应急通信的国家主管部门、终端用户、欧盟委员会、通信服务提供商、网络运营商、制造商和其他利益方）的需求，协调 ETSI 在有关应急通信相关问题中的定位。ETSI SC EMTEL 已经制定了多个文档，用于满足个人与政府/组织之间、政府/组织之间、从政府/组织到个人，以及个人之间的应急通信需求（例如，本章参考文献 [3]）。ETSI SC EMTEL 提供了一份报告[38]，内容包含了很多适用于应急通信的欧洲法规文本和取向（例如，欧盟委员会指令、委员会决定），以及其他的信息和引用（例如，普遍适用的监管原则）。

ETSI 在 PPDR 领域做出的其他核心贡献是 TETRA 和 DMR 标准（有关这两个标准的简要介绍请参阅 1.4.3 节）。除了这些 PMR 标准，ETSI 还活跃在应急呼叫系统、GMDSS 和卫星应急通信领域。目前，ETSI 正负责多个欧盟委员委托的任务，这些任务与各个角度的 PPDR 相联系：与专用/专业 LMR 系统和设备领域的 ETSI 协调标准维护有关的任务 M/284；与支持增强型定位应急呼叫服务有关的任务 M/493；与航天工业标准化制定有关的任务 M/496；以及与欧洲可重构无线电系统（Reconfigurable Radio System，RRS）的开发与使用有关的任务 M/512。在后者中，ETSI 设置了一个目标 C，即在各项领域范围之间探索潜在的协同领域。其中，这些领域范围包括频谱资源动态利用和可重构移动设备的网络接口与体系结构方面的商业、民用安全和军事应用。另外最近，负责 TET-RA 规范的技术委员会（Technical Committee，TC）发展成为目前所谓的"TETRA 与关键通信演进（TETRA and Critical Communications Evolution，TCCE）"技术委员会，该委员会负责为 PPDR 通信提供基于 BB 和 NB AI 的用户驱动标准。在 ETSI 以外，TC TCCE 同 TETRA 和 TCCA 密切合作，尤其是在任务关键型通信标准化的需求、用例和体系结构的制定和发展方面。

ETSI TC TCCE 和 TCCA，以及其他相关的组织（例如，美国的 NIST）一起，同 3GPP 组织密切合作，共同推动 LTE 规范能够更好地支持关键通信用户的需求。事实上，3GPP 组织联合了来自亚洲、欧洲和北美的七个电信标准制定组织（ARIB、ATIS、CCSA、ETSI、TSDSI、TTA 和 TTC），被称作"组织合作伙伴"，以及市场代表和全世界电信行业内大规模数量的公司一起制定有关 3GPP 技术的报告和规范。在 PPDR 通信方面，群呼系统和离线服务被作为 LTE 规范新增加的拓展功能之一。一个新的 3GPP 工作组（称为 SA6 – "任务关键型应用"）已经成立，用于发展专业通信应用。与 LTE 标准这些扩展功能有关的详细内容，请参阅第 4 章。

在无线电频谱方面，另一个重要的欧洲组织是欧洲邮电管理局会议（Conference of Postal and

Telecommunications Administrations，CEPT）。CEPT 通过其电子通信委员会（Electronic Communications Committee，ECC）汇集了 48 个国家在电子通信及其相关的适用于欧洲应用方面的内容制定共同的政策和法规。CEPT 还积极在国际上发挥作用，在 ITU 和其他国际性的组织中代表欧洲的利益筹备欧洲共同提案。在 PPDR 通信方面，380～385/390～395MHz 频段是迄今为止在欧洲用于永久 NB PPDR 系统唯一的统一频段，这是在 CEPT ECC（08）05 号决议［CEPT ECC Decision（08）05］中确定的。事实上，数字无线电通信的推出，应申根条约义务的要求，已经制定了 TETRA 标准和用于国家应急服务的统一频率。如今，CEPT ECC 内部的 49 号频率管理项目小组（Frequency Management Project Team 49，FM PT49）正在就有关 PPDR 应用和方案的无线电频谱问题，特别是关于 PPDR 组织需要的 BB 高速通信问题展开研究。FM PT49 致力于通过考虑跨境通信问题和 PPDR 应用需求，确定和评估适合全欧洲范围频谱协调的波段（同时考虑低于和高于 1GHz 的频谱）。更多有关 CEPT 和其他欧洲机构在 PPDR BB 频谱方面活动的信息，请参阅第 6 章。

在这方面，一些欧洲国家已经为他们的 PPDR 机构选好了发展道路，遵循最终的关键语音和 BB 数据方案。众所周知，英国内政部已经启动了采购程序，预计这将导致其现有的 NB TETRA 系统（被称为 Airwave）将被名为"应急服务网络（Emergency Services Network，ESN）"的新系统所取代，新系统将使用 4G/LTE 技术。有关英国的这项计划，以及欧洲范围内（法国、芬兰、比利时）其他与移动 BB PPDR 相关的建议和方案的详细内容，将在第 3 章内介绍。

参 考 文 献

[1] Report ITU-R M.2033, 'Radiocommunication objectives and requirements for public protection and disaster relief', 2003.
[2] ETSI TS 170 001 (V3.3.1), 'Project MESA; Service Specification Group – Services and Applications; Statement of Requirements (SoR)', March 2008.
[3] ETSI TR 102 181, 'Emergency Communications (EMTEL); Requirements for communication between authorities/organisations during emergencies', February 2008.
[4] C(2003)2657, Commission Recommendation of 25 July 2003: 'Recommendation on the processing of caller location information in electronic communications networks for the purpose of location-enhanced emergency call services', published on O.J.E.U. L 189/49 the 29 July 2003.
[5] SAFECOM, US communications program of the Department of Homeland Security (DHS), 'Public safety Statements of Requirements for communications and interoperability v I and II', January 2006.
[6] ETSI TR 102 745, 'User Requirements for Public Safety', October 2009.
[7] ETSI TR 102 182, 'Emergency Communications (EMTEL); Requirements for communications from authorities/organisations to the citizens during emergencies', July 2010.
[8] Major Incident Procedure Manual, 8th Edition: London Emergency Services Liaison Panel; 2012.
[9] EU FP7 ISITEP Project, 'D2.3.1 – End-user requirements document draft', January 2014. Project official website: http://isitep.eu/about/ (accessed 25 March 2015).
[10] CEPT ECC Report 102, 'Public protection and disaster relief spectrum requirements', Helsinki, January 2007.
[11] CEPT ECC Report 199, 'User requirements and spectrum needs for future European broadband PPDR systems (Wide Area Networks)', May 2013.
[12] National Public Safety Telecommunications Council (NPSTC), 'Public Safety Communications Assessment 2012–2022, Technology, Operations, & Spectrum Roadmap', Final Report, June 2012.
[13] Larry Irving, Final Report of the Public Safety Wireless Advisory Committee (PSWAC) to the Federal Communications Commission and the National Telecommunications and Information Administration, 11 September 1996.
[14] Simon Forge, Robert Horvitz and Colin Blackman, 'Study on use of commercial mobile networks and equipment for "mission-critical" high-speed broadband communications in specific sectors', Final Report, December 2014.
[15] National Public Safety Telecommunications Council (NPSTC), Broadband Working Group, 'Mission Critical Voice Communications Requirements for Public Safety', September 2011. Available online at http://npstc.org/download.jsp?tableId=37&column=217&id=1911&file=FunctionalDescripton (accessed 25 March 2015).
[16] George F. Elmasry, 'Tactical Wireless Communications and Networks: Design Concepts and Challenges', Hoboken, NJ: John Wiley & Sons, Inc., 2012.
[17] Bharat Bhatia, 'Wireless Technology Standards for Emergency Telecommunications', ITU Workshop on Emergency Communications and Information Management, February 2012.
[18] Report ITU R M.2014-2, 'Digital land mobile systems for dispatch traffic', December 2012.

[19] 'Digital Radio in the Americas: A Guide for New Deployments and System Upgrades', RadioResource Mission Critical Communications, Educational Series, 2014.

[20] ETSI EN 300 392-7 V3.3.1, 'Terrestrial Trunked Radio (TETRA); Voice plus Data (V+D); Part 7: Security', July 2012.

[21] TETRA + Critical Communications Association (TCCA), 'TETRA versus DMR', White Paper produced by the TETRA SME Forum, a sub group of the TCCA, October 2012.

[22] Office of Emergency Communications, US Department of Homeland Security (DHS), 'SAFECOM Guidance on Emergency Communications Grants'. Available online at http://www.dhs.gov/safecom-guidance-emergency-communications-grants (accessed 25 March 2015).

[23] Wireless Innovation Forum (WINF), 'Use Cases for Cognitive Applications in Public Safety Communications Systems – Volume 1: Review of the 7 July Bombing of the London Underground', November 2007.

[24] Wireless Innovation Forum (WINF), 'Use Cases for Cognitive Applications in Public Safety Communications Systems – Volume 2: Chemical Plant Explosion Scenario', January 2010.

[25] EU FP7 Project HELP on 'Enhanced Communications in Emergencies by Creating and Exploiting Synergies in Composite Radio Systems'. Available online at http://cordis.europa.eu/projects/rcn/97890_en.html (accessed 25 March 2015).

[26] EU FP7 Project HELP Deliverable D2.1 EU FP7 Project HELP, 'Description of operational user requirements and scenarios', Editor Paul Hirst (BAPCO), June 2011.

[27] ITU, 'Compendium of ITU'S Work on Emergency Telecommunications', Edition 2007.

[28] ITU-D website on Emergency Telecommunications. Available online at http://www.itu.int/ITU-D/emergencytelecoms/ (accessed 25 March 2015).

[29] ITU-T website on Emergency Telecoms. Available online at http://www.itu.int/ITU-T/emergencytelecoms/ (accessed 25 March 2015).

[30] ITU-R website on Emergency Radiocommunications. Available online at http://www.itu.int/ITU-R/index.asp?category=information&rlink=emergency&lang=en (accessed 25 March 2015).

[31] GSC-EM TF Report, 'Draft Report of the Global Standards Collaboration (GSC) Task Force on Emergency Communications', June 2014. Available online at http://www.itu.int/en/ITU-T/gsc/Documents/GSC-18/meeting-documents/GSC(14)18_003a1_GSC-EM_Task_%20Force_Report.doc (accessed 25 March 2015).

[32] Tampere Convention on the Provision of Telecommunication Resources for Disaster Mitigation and Relief Operations, Tampere, 18 June 1998. Available online at https://treaties.un.org/Pages/ViewDetails.aspx?src=TREATY&mtdsg_no=XXV-4&chapter=25&lang=en&clang=_en (accessed 25 March 2015).

[33] ITU-R Radio Regulations. Available online at http://www.itu.int/pub/R-REG-RR (accessed 25 March 2015).

[34] Supplement 62 to ITU-T Q series Recommendations, 'Overview of the work of standards development organizations and other organizations on emergency telecommunications service'. Available online at http://itu.int/rec/T-REC-Q.Sup62-201101-I (accessed 25 March 2015).

[35] National Public Safety Telecommunications Council (NPSTC), '700 MHz Public Safety Broadband Task Force Report and Recommendations', September 2009.

[36] EC Decision 243/2012/EU European Parliament and of the Council establishing a multi-annual radio spectrum policy programme (RSPP). Available online at http://eur-lex.europa.eu/legal-content/EN/ALL/?uri=CELEX:32012D0243 (accessed 25 March 2015).

[37] European Union Radio Spectrum Policy Group (RSPG), 'Report on Strategic Sectoral Spectrum Needs', Document RSPG13-540 (rev2), November 2013.

[38] ETSI TR 102 299, 'Emergency Communications (EMTEL); Collection of European Regulatory Texts and orientations', April 2008.

[39] Shao-Qian Li, Zhi Chen, Qi-Yue Yu, Wei-Xiao Meng and Xue-Zhi Tan, 'Toward Future Public Safety Communications: The Broadband Wireless Trunking Project in China,' Vehicular Technology Magazine, IEEE, vol. 8, no. 2, pp. 55, 63, June 2013.

[40] Australian Communications and Media Authority (ACMA), 'Five-year spectrum outlook 2014–18', September 2014.

第2章 移动宽带数据应用与容量需求

2.1 引言

虽然目前 PPDR 的实际操作主要依靠使用语音为主的通信和消息传递服务（例如，状态消息、短数据消息、位置信息），但是通过宽带连接实施访问信息的优势是显而易见的，并且还可以为大范围的数据中心、多媒体应用铺平道路，而这类应用能够极大地改进 PPDR 组织的业务操作。为 PPDR 负责人员提供现场有关突发事件发展形势详情和需要关注的数据（例如，建筑物/平面图、有害物质的相关数据）的能力，以及将综合信息反馈回远程控制中心（例如，从突发事件地发回的实时视频流和图像）的能力是非常明确的。移动宽带支持很多新的使用案例，例如，可穿戴摄像机、先进的导航、资产部署路线图、自动情况处置、增强现实应用，以及很多其他的用例，其中，实时视频流是所有新的使用案例中最热门的应用。正如宽带数据已经成为日常消费者生活必不可少的内容一样，宽带数据有望成为 PPDR 行动中越来越常规的方面，无论在日常的基础业务上，还是在应对大规模的紧急情况下。

在 PPDR 行业中对更多的数据中心应用的需求日益增长，究其原因主要有两个相关的因素（因素之间相互关联）。

一个因素是朝着更多信息驱动 PPDR 工作方法的逐步过渡。信息驱动式业务在诸多方面存在优势，例如，用于突发事件应急决策的信息更加精确、事件现场更好的团队移动性，以及最终实现更为及时有效的应急响应。在外出巡逻或远离指挥中心时，PPDR 用户如何进行日常基础操作的使用方案表明，使用方法正朝着信息中心业务方向发展，即越来越多的各种来源的信息（语音、数据和视频）可以被共享[1]。体现这些信息驱动实践的重要的指标之一是日益流行的态势感知：PPDR 人员需要在适当的时候向指挥和管理人员报告有关突发事件详情的重要信息。这将对执法、消防/救援和 EMS 单位的日常工作方式带来影响。虽然到目前为止，很多突发事件的指挥过程和决策仍然以语音消息频繁报告实现态势感知为中心，但是移动宽带接入加上今天的智能设备正越来越多地被 PPDR 组织使用，以提升对应急响应的态势感知能力。例如，在 PPDR 行动中使用视频流可以帮助位于安全位置或指挥中心的专家向隔离区或受灾区内的人员提供指导并进行管理。这种工作方式的总体目的是在参与的 PPDR 机构、突发事件区域和控制中心的官员之间，建立一种（所谓的）通用行动图（Common Operating Picture，COP）。除了可以提高态势的感知能力，还可以实现移动的指挥控制，而这恰恰又能够极大地提升突发事件响应的效率和有效性。从而推动了一个需求，即从这些临时指挥位置能够同时访问更为广泛的区域数据中心的应用。而且，越来越多的日常工作也开始利用移动办公的这种优势。这需要使用同控制中心或指挥所内官员相同类型的应用。毕竟，朝着信息驱动 PPDR 工作方法的转变将与社会生活方面的发展趋势密切相连，在社会生活中，人们越来越多地在移动中访问更为广泛的信息。

第二个关键因素源于在窄带系统中使用移动数据应用带来的体验，这已经被证明可以有效地改善 PPDR 业务［例如，车辆自动定位（Automatic Vehicle Location，AVL）与跟踪、简短状态数据消息传递、数据库查询/访问和有限的图像与视频传输］。这对移动数据的使用，以及进一步提升对更加复杂应用的需求，提供了坚实的基础并确立了新的期望。事实上，这种趋势是技术创新固有的特性：早期的数据传输技术支持早期的使用；如果被证明有用，早期的使用会随着时间的推移变成广泛的使用；接下来，广泛的使用需要创造机会改进技术，提升效率和有效性；最终，增强型技术具有更强的能力并带来新的使用，从而带动额外的需求。此外，在今天蓬勃发展的商业领域，丰富的移动应用生态体系体现出的强大能力更放大了 PPDR 行业对复杂数据应用的使用期望。各种移动计算设备拥有巨大的处理和多媒体能力（例如，智能手机、平板电脑、车载连接系统等），以及强大且灵活的应用开发技术，被越来越广泛地应用在商业领域，不仅吸引了大量的普通消费者，还对商业和专业人士产生巨大的吸引力。在这方面，能够利用这一生态体系的核心技术，从而能够在 PPDR 行业中复制其巨大的成功，对于 PPDR 行业来说是极其重要的，可以让其与更大规模固定/移动宽带通信市场驱动的主流技术的发展保持一致。

总体而言，宽带变革通信服务存在巨大的潜力，促使当前语音主导模式的应用向多媒体应用的迁移。其中一些应用可能会在应急响应者之间或应急响应者与控制室及指挥中心之间产生大量的数据交换。值得注意的是，数据中心应用真正的价值在于对宽带海量数据的有效分析。可以预见，随着技术的成熟，PPDR 中会出现越来越多的更加强大的应用，这些应用将需要更小的网络带宽。但是，对应用需求和图像分辨率要求的日益增长，预计会抵消此类对带宽占用最小化的改进。

2.2　面向 PPDR 的数据中心、多媒体应用

大概有几十个应用有助于 PPDR 行动实施。各种类型的 PPDR 数据中心、多媒体应用被看作是现场行动有效开展的关键，并且这已经得到了广泛的评估与分析[1-7]。表 2.1 列出了一组相关组织［例如，美国国家公共安全电信委员会（National Public Safety Telecommunications Council，NPSTC）、欧洲电信标准协会（ETSI），以及欧洲邮电管理局会议（European Conference of Postal and Telecommunications Administrations，CEPT）下的电子通信委员会（ECC）］制定的移动数据和多媒体应用，并且人们预计这些应用在短期或/和中期的 PPDR 行业中将得到广泛的应用。

表 2.1　改进 PPDR 业务需要的数据中心、多媒体应用举例

参考文献	确定的应用
NPSTC 报告"公共安全通信报告：公共安全通信评估 2012 ~ 2022，技术、业务和频谱路线图"，2012 年 6 月[4]	1）接入第三方的视频/摄像头（私人和政府的） 2）自动定位（车载和人员定位系统） 3）生物医学遥测（病人和消防员） 4）地理信息系统（GIS） 5）突发事件指挥所视频会议 6）突发事件指挥电子白板 7）消息和文件传输 8）移动数据计算机应用使用 9）患者/避难人员/伤亡人员跟踪 10）传感技术 11）车辆遥测 12）视频（空中视频反馈、车载视频和头盔摄像头视频） 13）VoIP 手机接入 14）天气跟踪

（续）

参考文献	确定的应用
1）ETSI TS 102 181 "应急通信（EMTEL）：紧急情况下政府部门/组织之间的通信需求"，2008 年 2 月[5] 2）ETSI TR 102 745 "可重构无线电系统（RRS）：公共安全用户需求"，2009 年 10 月[6]	1）生物特征数据验证 2）无线视频监控及远程监控 3）视频（实时） 4）视频（慢扫描） 5）成像 6）自动车牌识别（Automatic Number Plate Recognition，ANPR） 7）文档扫描 8）车辆/人员自动定位/跟踪 9）建筑物/平面图和化学物质位置数据传输 10）人员监控/公共安全人员监控 11）远程应急医疗服务 12）传感器网络 13）电子邮件 14）数字地图/地理信息系统 15）数据库访问（远程） 16）数据库复制
CEPT ECC 199 号报告 "未来欧洲宽带 PPDR 系统（广域网络）的用户需求和频谱需求"，2013 年 5 月[7]	1）传送到指挥控制中心（Command and Control Centre，CCC）的自动（车载）定位系统数据 2）用于后续行动/介入的视频（从/到指挥控制中心） 3）定点观测的视频 4）用于本地使用的现场（灾害或突发事件区域）视频（从/到指挥控制中心） 5）视频会议业务 6）非实时记录视频传输 7）照片广播推送/对所选组发送照片（例如，基于位置） 8）从 CCC 到现场单位的突发事件信息下载/上传（文本 + 图片） 9）包括任务管理、简报和状态信息的指挥控制信息 10）下载/上传地图/扫描的文档/图片 11）自动车牌识别/速度控制并自动上传到数据库 12）病人监护 13）安全人员的状态监控 14）可操作数据库搜索（自己的 + 外部的） 15）远程医疗数据库服务 16）ANPR（自动车牌识别）车牌检测直播 17）生物特征（例如，指纹）识别 18）货物数据 19）崩溃恢复系统 20）PDA 同步 21）移动办公（包括公共互联网） 22）在线软件更新 23）GIS 地图更新 24）远程控制设备的自动测报 + 来自（静态）传感器的信息 25）灾害或突发事件区域热点（例如，移动通信中心） 26）前台后台应用 27）报警/呼叫 28）交通管理系统：推送给相应单位的路况信息 29）派出工作组与本地 CCC 的连接

　　尽管表 2.1 中引用的参考文献在确切的 PPDR 应用术语和具体的关注点上略有不同，但是它们所确定的应用范围还是非常相近的。其中，一些应用预计只能用在事件现场，而其他应用需要使用来自远程系统的数据。在某些情况下，数据需要由介入团队内的专门人员进行监测，但大部分情况下并不限于此，还可能由突发事件指挥人员或负责具体行动的官员进行监测查阅。在另外一些情况下，重要数据应当被转移到场外的某个集中的位置，在那里可以让其他人员更有效

率地对其进行监测。在这些应用中，很多需要进行机构之间的互操作，从而能够充分利用他们各自行动的进展和成果。根据前面提到的参考文献，下面将对目前和未来 PPDR 中的移动数据应用进行深入的介绍。

2.2.1 视频传输

视频传输应用被确定为绝大多数 PPDR 行动中的关键应用。视频信息可以极大地提升事件现场的态势感知能力，从而提高指挥和控制水平。常见的视频应用包括无线视频监控及远程监控、车载视频、头盔摄像视频、空中视频反馈和第三方摄像头资源使用。

在无线视频监控及远程监控应用中，传感器（固定式/移动式）以视频流的格式记录并分发数据，随后这些数据被收集并分发给 PPDR 响应者和指挥控制中心。这些包括：

1）从无线可穿戴式摄像机到车载笔记本电脑的高分辨率视频通信，用在交通中断或对其他突发事件的响应中。

2）安全入口的视频监控，例如在机场使用的基于参考图像、有害物质或其他相关参数的自动检测。

3）从燃烧建筑物内消防员传送出的现场高分辨率实时视频，以及用于对火灾现场远程监控的高分辨率实时视频。

消防/救援和执法车辆上配装的车载视频摄像机可以在需要的时候（例如，持续的视频反馈）让指挥所和控制中心看到事件现场，了解现场的破坏程度，与其他事件现场相比，此类功能需求是相当明显的。车载视频还可提升现场处置的安全性，它可以通过邀请第三方人员核查相关处置人员的责任，以及监控事故救援计划的成败。此外，车载视频还可以让突发事件指挥团队"看到"突发事件情况，从而提供更加适合的业务需求。如果没有视频支持，指挥人员只能依靠首批到达现场的单位通过无线电传输对现场情况的描述来了解事件现场的情况。在很多国家，为巡逻车配备视频技术用以记录各种突发事件是一种非常普遍的做法。将信息实时地传送到控制中心，以便指挥中心的工作人员能够充分掌握事件现场情况，对应急处置来说具有显著的优势。视频还可以用来确定个人和车辆的位置，以便现场管理人员能够得到额外的指令。

头盔摄像机可以将现场信息实时传送给固定或移动控制中心。头盔摄像机传递的视频能够有效提高态势感知并有助于进行更好的决策。例如，指挥人员和主管人员通过建筑物火灾现场消防员的头盔摄像机实时地获得现场视频图像，从而对所需的资源和方案做出最佳的评估。视频还可以让专业领域方面的业务专家提供远程协助。例如，建筑工程师可以为在倒塌建筑物内作业的消防员提供相关承重墙倒塌的危险程度和状态。化工厂的工程师可以通过头盔摄像视频查看工厂事故中心区域相关阀门的破损情况，并建议如何最好地关闭泄漏，而不会造成更多的问题和破坏。创伤中心和重症监护室的医生希望能看到前往医院路上救护车内病人的实时情况。在医疗护理团队的远程视频监控和指导下，某些小批量、高风险的医疗救治过程完成起来会更加安全。执法人员可以使用视频反馈监控建筑物内搜查犯罪嫌疑人的进度，可以让指挥所内部人员识别并确定搜捕人员发现的目标嫌犯的身份，同时还可以通过对炸弹或爆炸设备的分析为现场处置专业人员提供远程支持。在劳教所、监狱等机构，工作人员提供的视频反馈可以提供额外的安保级别和问责依据。这些摄像头能够提供高、中、低三种分辨率的态势感知视频显示模式。事件指挥人员需要何种分辨率取决于突发事件和处理问题的类型。摄像头还可以安装在机器人内部。配备高清摄像头的机器人可以在消防员之前进入到建筑物内，查看是否存在危险及易燃、易爆物。

在很多 PPDR 场景中，人们已经采用通过直升机机载摄像机发送现场视频。机载视频可以来自人工单元，如执法直升机；也可来自无人机，如远程控制或无线电控制的飞行器。访问空中视频反馈能够帮助执法指挥人员构建适当的事件现场态势感知能力，规划疏散通道，监控人群行为和动作，以及监控紧急事件的发展情况。同样，消防/救援指挥人员也可以使用各自的实时视频查看事故现场、紧急事件的发展情况，确定相邻建筑物被引燃或其他风险的情况，以及监视火灾蔓延或化学物质扩散的情况。同时，红外视频反馈也是非常重要的，因为它可以用来有效地确定大型仓库内部火势发展情况，查看装有易燃物容器内液体的含量，以及在应急人员无法看到的室内暗处找寻受伤人员。乡村地区的报告表明，在野外火灾的管理中，视频是一种重要的工具，它可以用来监控火势的蔓延情况，确定防火隔离措施的有效性，规划和监测疏散路线，以及确定需要立即撤离的家庭或房屋内人员。

指挥和管理人员需要有查看第三方视频反馈的能力，第三方视频包括公共场所的视频和私人组织的视频。很多企业、公寓大楼和工厂装有安保视频监控（例如，闭路电视监控系统）。相应的指挥和监管人员应该能够查看办公楼内指向特定区域的安保摄像视频，例如响起火灾警报的具体位置。这种态势感知（包括烟火的出现与否），有助于对资源配置做出适当的决策。对可用资源进行较好的管理可以让部分消防设备有效应对附近街区的其他紧急情况，而无需调配其他更远的消防资源到事件现场。同样，执法人员也应该能够查看第三方安保摄像视频，以便他们在前往抢劫报警、枪击或其他暴力犯罪现场的途中，能够决定采用何种适合于保护人民群众生命安全的战术行动。视频对于处理大规模群体突发事件和大型活动来说，也是极其有用的。在拥挤的商场内部（这里无法使用机载视频监控），通过查看区域内各出口安保监控视频，能够极大地提高对逃跑的犯罪嫌疑人的追踪能力。通过可用的视频资源，还可以有效地管控最近频繁出现的快闪族现象。在确定合适的疏散路线或查看特定疏散路线的当前状况时，访问现有的交通监控摄像系统以评估交通流量和拥挤情况也是至关重要的。这些摄像头还可以用来广泛地监控烟雾和化学气体释放。

2.2.2 地理信息系统

地理信息系统（GIS）是一种用于分析、显示、编辑、集成、分享和/或存储多种类型信息的计算机系统，这些信息通过地理坐标和时间信息（时空位置）进行索引。就像存储文本或数字的关系型数据库能够使用共同的键值索引变量将不同的数据表进行关联一样，地理信息系统也能够将各种不相关的信息（通常使用"图层"的形式进行组织）使用时空位置作为键值索引变量进行关联。地理信息系统在未来突发事件管控中将发挥出重要的作用：地理信息系统和智能定位系统是创建强大的决策支持和 PPDR 协作应用的基础。例如，突发事件指挥人员可能需要查看详细到街道级别的现场情况，因此需要使用地理信息系统各个图层存储信息。除了查看街道和标志性建筑，地理信息系统还可以提供突发事件区域的航拍快照。临近突发事件区域的建筑物相关信息或暴露在突发事件影响区域的建筑物相关信息，对于创建突发事件行动计划和构建 COP 是非常重要的。地理信息系统数据还可以显示各种实用的图层，包括下水道、水管、电线和天然气管道及连接处。及时地访问并获取现场情况的信息对于应急处置来说是必不可少的。例如，这可以帮助消防力量迅速地获取并共享相关的信息，而无需翻阅大量厚重的纸质文档，来掌握他们即将进入的地方或建筑物的周围和后面的信息，从而使其能够更加有效地执行行动计划。通过这种方式，消防员就可以根据消防栓的位置确定哪些消防栓能够成功地连接到地下水管。此外，一旦有毒化学物进入到雨水管网系统后，这种方式对于确定它们的最终流向来说也是至关重要的。

随着 PPDR 宽带变得日益普遍和可靠，目前现有的现场信息即时访问应用将呈现显著的更迭演化现象，从而逐步地实现对来自环境传感器、生物传感器和消防员定位方案中各种数据的利用，以便突发事件指挥人员可以得到所需的信息，制定出比以往任何时候都要好的决策计划。地理信息系统数据源正变得日益庞大，包括高分辨率的航拍图像和其他各种数据层。城市地区的原始数据库通常包含数千兆（GB）字节的信息，而且这些信息还在频繁地更新。由于现场的 PPDR 人员只需要上述部分信息用于应急处置，由此产生的操作模型是一个基于地理信息系统，按需检索并获取与突发事件相关的数据和视图的应用模型。因此，突发事件区域的大小、数据图层的数量以及请求数据的类型，决定了需要从数据库下载的数据量，这些数据通常应当在几分钟内就能够接收到。在这方面，移动宽带的能力对于事件现场参与团队使用地理信息系统应用来说是必不可少的。

2.2.3　定位与跟踪

基于地理信息系统应用支持 PPDR 行动相关的车辆和人员的位置跟踪，是指挥和管理人员实现对事件现场人员和车辆等应急处置资源（包括紧急事件中的应急响应单位和制定具体行动计划的单位）进行可视化查看的重要因素。在如今的生活中，这是一种常见应用，一般通过嵌入在手持和车载终端内的 GPS 位置定位器来实现，其坐标通过窄带 PMR 系统被定期地发送到控制中心。宽带传输可以进一步提高此类应用的性能，可以实现更高的坐标更新频率，以及附带除空间坐标之外更多的附加信息。AVL 信息应当包含所有现场的资源的相关信息，例如，EMS、消防/救援、执法，以及其他公共安全支持单位的信息（例如，公众救护、市政工程、地区交通等）。例如，制定持续开展着火仓库灭火的决策应当是基于现有消防车辆的数量或足够接近事故现场的消防车辆的数量作为依据做出的。有关养老院安全疏散管理方面的决策会受到对前往事件现场交通车辆的精确位置和对车辆接近情况了解程度的影响。对人员和车辆位置的跟踪还是机构间责机制和安全计划的重要组成部分。指挥人员和管理者也需要能够追踪到单个公共安全人员的位置，例如，在事故现场参与救援的消防人员。对于那些在倒塌建筑物内从事搜索和救援行动的人员和那些工作在泄漏气体中心区域（"热区"）的人员来说，人员自动定位（Automatic Personnel Location，APL）功能尤为重要。执法监督员还需要跟踪在危险情况下执行现场任务的人员和离开巡逻车并徒步执行任务（例如，在建筑物内搜捕武装的犯罪嫌疑人）的警员的位置。这种类型的定位技术必须支持 X、Y 和 Z 三维坐标，也就是突发事件指挥人员必须能够了解受伤的公共安全人员是位于地下室还是在哪一层的楼上。尽管这些信息可能存在于多个不同的系统中，但是突发事件指挥团队需要能够在一个统一的屏幕上看到事件现场和各应急处置力量的情况。这就要求 AVL/APL 数据应当从各种机构中进行收集、整合，然后再分发给指挥团队和相应的管理人员。

2.2.4　面向突发事件指挥的电子会议和调度工具

在突发事件的指挥过程中，需要各种应用以履行其使命。它既是海量信息的生产者，也是信息的消费者。除了语音通信外，PPDR 的电子会议工具也能促进信息以交互的方式在突发事件现场介入团队的领导和政府（或其他）控制中心或指挥所内的当地官员之间进行共享。视频会议的一个重要功能就是可以实现"分布式"的会议参与，与会者可以分散在多个地点，共享会议视频和音频信号。

PPDR 突发事件指挥还可以利用一些其他的电子会议工具的典型功能，诸如数据会议（例如，在与会者之间共享同一个电子白板）和应用共享（例如，与会者可以使用他们自己的个人电脑以实时的方式同时访问共享的文档）。因此，共用白板应用可以通过轻松地分享不同且多样的数据信息（例如，笔记、文档和标记的照片），极大地提高突发事件指挥协调和响应能力。这些信息可以在突发事件中的第一时间发送给所有现场的应急处置单位，让他们了解到事件的整体情况和相应的行动计划。此外，随着突发事件指挥系统的全面应用，还可以将正式的突发事件行动计划以更加快速和高效的方式，分发给现场所有参与应急处置的单位。这些行动计划的内容可能涉及图像、电气规划、有害物质信息、建筑图纸、入口/出口点，以及其他的内容，需要将几 MB 的信息分发到几十个人手中。到目前为止，突发事件行动计划文档通常会被转换成 PDF 格式的文档，然后通过电子邮件传送或者以硬拷贝的方式进行打印和分发[3]。

突发事件指挥工具还包括对协同管理（协调）功能的支持。协同管理工具旨在促进和管理群组活动。工作流系统是协同管理的一个典型的例子，它可以在 PPDR 行动的基于知识的业务流程中对任务和文件进行管理。

2.2.5 远程数据库访问与信息传输应用

从一般意义上来说，这类应用涵盖了一些特定的电子通信工具，用于在巡逻车或事件现场的 PPDR 工作人员与远程的（例如，指挥所和控制中心）数据库或信息系统之间进行消息、文件、数据或文档的传送。在日常行动或应急现场中访问特定的远程数据库和应用来获取信息，可以极大地提高 PPDR 的工作效率。

移动宽带连接所带来的时延降低和吞吐量的增加，可有效改善远程数据库访问和信息传输应用的使用效果。下面列举了一些相关的应用实例。

执法人员需要频繁地查询远程数据库，以确定目标人员是否有犯罪前科或是被通缉者。在此类应用中，远程数据库访问还应当增加文件扫描功能。因此，在巡逻或边境安全行动中，PPDR 工作人员能够以更加高效的方式对相关文件（例如，驾驶证）进行验证。在边境安全行动中，文件扫描也是非常有用的。因为，这一功能可以用来验证通过边境的人员持有的过境文件是否是伪造的，或者过境人员是否存在不良记录。在执法活动中，自动车牌识别（ANPR）也是一种典型的应用实例。摄像头捕捉车辆号牌，再将带有车牌号码的图像发送到指挥所或控制中心，验证车辆是否为被窃车辆或车辆主人是否为在逃嫌犯。

消防人员通过将建筑物相关的图像或视频下载到手持设备，获知建筑物的结构布局。在突发危机或自然灾害的情况下，PPDR 应急人员可能需要获得被困人员所在建筑物的布局或存储危险化学品的建筑物的布局。消防援救单位需要具有获取建筑物早期规划建设的信息、有害物质存储的图像和图表、消防栓和水阀的位置等信息的能力。指挥所可以申领到化学品数据、建筑物规划或平面设计图，然后将其传送给第一响应者。

EMS 人员也可以使用相关数据查看药品的详细信息和有毒物质的管控文件，对各种新出现的健康威胁提供合理的建议。救护车可以使用网络应用程序显示的医院信息前往适合的医院，也可以实时查看当前位置距离救护车/病人目的地的距离。同样，正用于转移疏散人员到避难区域公交车辆也可以通过远程信息的访问获得街道封闭、最佳路线以及与其任务相关的其他信息。

即时访问实时天气信息在很多紧急事件的现场也是一项必不可少的重要工作。尤其对于野外火灾的现场，风速和湿度的变化会对火势的发展产生重大的影响。在有害物质事故现场，指挥人员和相应的管理者也需要对风速和风向进行监测，从而确定疏散区域并下达在该区域实施避难的命令。尽管单个气象数据站可能足以应对某些突发事件，但是人们仍然应当具有整合多个现场天气预报单位观点的能力。

2.2.6 PPDR 人员监测与生物医学遥测

PPDR 工作人员的生命体征能够实时地进行监测，以验证他们的健康状况。这对于火灾现场的消防人员和参与搜索与救援行动的工作人员来说，是非常重要的。这包括对 PPDR 人员基本生理功能（例如，心率、肌肉活动和体温，以及其他方面，诸如空气供给状态、环境温度、有毒气体是否存在等）的监测、记录和测量。生物医学遥测系统可以将来自应急响应人员的这些指标发送到外部监测站，然后将这些数据转移到站外位于其指挥所的中心监测与记录站。

除了用来监测 PPDR 人员身体情况外，生物医学遥测系统还对远程应急医疗服务（将在下一节介绍）和其他专用应用（例如，人员身份识别）具有重要的意义。例如，PPDR 工作人员在执行巡逻值班任务中可以核查潜在犯罪嫌疑人的生物医学数据（例如，指纹、面部和虹膜识别），并将这些数据实时地发送到指挥中心或生物识别档案中心。在犯罪嫌疑人的庭审过程中，这将成为一种有效且积极的身份鉴别方法。

2.2.7　远程应急医疗服务

通过传输的视频和相关数据，医务人员可以参与到现场紧急病人的救治过程中并对现场救治团队提供支持。生物医学遥测可用于疾病患者和伤员的救治。在这方面，EMS 人员可以将患者的心率［包括完整的 12 导联心电图（ECG）］从事故现场传送到医院供相关科室的医生诊断。高速可靠的网络能够支撑更加复杂的生物医学遥测监控和诊断应用的运行和使用。例如，专业医生的诊断需要进行某些种类的检查测试，检查患者是否存在中毒现象。此外，对于连续的血糖度数、血氧饱和度水平和血内一氧化碳跟踪等也需要通过监测完成实现。

在灾难救援和恢复行动中，用于病人/疏散人员/伤亡人员跟踪的应用对于救灾和恢复来说也是非常关键的。指挥人员和管理者需要一种能够跟踪所有灾难现场人员和其最终安置的有效机制。目前，护理人员为患者佩戴带有条形码或 RFID（Radio Frequency Identity，射频标识）的手环，先通过扫描设备输入简短的患者信息，之后再上传快照图像以及用于集中跟踪的所有信息，最后分流到相应的接收医院。类似的系统也被用于对所有疏散人员的跟踪，同样使用 RFID 或条形码扫描技术，将民众的快照图像和其他相关统计信息上传到服务器，然后分发到指挥所、公共信息中心和网站。

2.2.8　传感器和远程控制设备

传感器网络可以部署在特定的区域，向区域内 PPDR 应急人员或总部的指挥中心发送图像（温度）或数据，还可以使用第三方的传感器。因此，指挥人员和相应的管理者需要具有"连接"各种自动楼宇系统查看警报代码和情况的能力。例如，消防部门在处置有毒气体泄漏的过程中，可能需要确定或改变目标区域内部的空调和通风系统的状态。执法人员可能需要访问特定的楼宇安保系统，获取犯罪嫌疑人在楼宇内相关门禁系统处的通行记录。同样，相关人员需要掌握在政府办公楼和大型装配区域内安装的各种危险情况监测传感器的状态，从而及时对有毒气体、放射性物质、生物以及其他危险情况进行探测预警。在工厂内部出现突发事件的情况下，拥有远程监测各种机械和自动化系统的状态、远程开启或关闭监控话筒或监控摄像头（包括远程操控摄像头聚焦或定位），以及激活或关闭警报的能力对于应对各种突发事件来说是至关重要的。

车辆遥测具有同样重要的意义。几乎在所有重大突发事件的现场，一般都会出现大量的车辆。因此，在消防业务方面，通常仅编配十几辆消防车常驻并提供消防支持。在一些情况下，尤其是野外火灾的情况，这些发动机需要持续抽水很多天，而消防员则轮流职守。因此，在公共安全方面，需要一种能够将车辆状况数据传回事故指挥所的系统，以便相关后勤人员对车辆工作状态等情况进行评估。例如，确定哪一辆消防车需要加油往往是一项艰巨的任务。因此，具有对油压降低做出反应并进行上报的能力在此类任务中具有重要的作用，可以防止重大机械故障的发生。PPDR 使用方案中涉及的各种在用的和设想的遥测系统还包括对移动固定资产的控制（例如，车辆、医院中的设备等）。

机器人装置也可以被用在严重损坏的建筑物内记录现场图像，或是在爆炸区域或水下执行搜索行动，而这些地方通常救援人员无法安全进入并执行任务。在未来几年内，无人驾驶车辆和无人飞行器的使用量很可能逐步增加，主要用于获取监测信息，而避免将紧急服务人员的生命置于危险处境之中（例如，机器人操控处置炸弹）。无人驾驶车辆可用于警察案件侦查需求，伪装成便衣警车的形式，配备一组隐蔽的视频摄像机并采用宽带无线连接。车辆上的摄像机将记录所有运动画面，以便位于远距离安全位置的侦察人员能够通过无线链路实时地观察现场情况。很多公司已经面向市场推出了自己的移动闭路电视（Closed Circuit Television，CCTV）系统，该系统能够基于 3G 网络实时传递视频图像。近年来，无人机（Unmanned Aeronautical Vehicles，UAV）也越来越多地部署在军队部门中。例如，用于提供远程大范围区域监视侦察任务。在这种情况下，可能需要大量的带宽支持，既用来支持对监视视频信号的传输，也用来支持远程操控无人机的控制和遥测信号的发送。

2.2.9 移动办公

无论在执行巡逻任务时，还是在对事件的应急响应中都可以向 PPDR 工作人员提供对常见办公应用（例如，电子邮件和网络浏览器）和组织内部网络的访问能力。

电子邮件和其他的应用（例如，联系人数据库、工作流应用、网络浏览器等）可以用来改善日常管理过程和突发事件的及时响应能力。例如，应急人员可以通过移动设备上报突发事件情况，从而降低返回总部/控制中心再使用办公应用的需要。突发事件的具体信息可以通过使用 Web 应用进行交换。

这些应用可以让突发事件指挥人员访问他们机构的内部网络，下载各种文件和相关模板。其中最重要的是建筑物早期规划文档，该文件包含了楼层布局、进入地点、控制室等布局信息。其他数据中心应用，像企业和数据分析等，也越来越多地被引入到 PPDR 组织中，但是，这些应用主要还是以桌面应用的方式来使用，无法提供给现场应急人员在事件现场进行使用。例如，在办公室内执行查询任务的执法人员可以使用专用系统，通过对多个数据库的相关信息进行排序，为相关人员提供与事件现场有关联的信息。虽然毫无疑问，这些工具以当前的使用形式能够发挥出其应有的效用，但是只有当身处事件现场的工作人员能够通过手持智能设备依靠移动宽带连接就能访问这类应用时，这些工具的潜能才能得到完全彻底地发挥。

2.3 PPDR 宽带数据应用特性

恰当的有助于 PPDR 行动的富媒体工具和应用的特性，是合理开展技术需求评估的核心，也是合理确定通信资源投入规模的核心。在不同的 PPDR 领域，甚至是相同领域内不同的 PPDR 机构之间，能够较好满足 PPDR 机构及其相应的特性和需求（例如，可靠性程度、视频分辨率要求、并发用户数量，以及在事件中的部署时间等）的各种应用，同样具有相当大的差异性。

在宽带 PPDR 所需无线电频谱总量需求评估的主要推动下，很多欧洲的 PPDR 组织已经根据他们当前的业务经验和对未来工作实践发展的愿景，开发了一系列的 PPDR 应用。这些应用大部分是基于来自德国、法国、芬兰、英国、比利时、荷兰和欧洲电信标准化协会（ETSI）研究的基础来实现的。这些研究涉及了政府 PPDR 部门，并由 LEWP 领导下的无线电通信专家组（Radio Communication Experts Group，RCEG）负责主持。无线电通信专家组是欧盟委员会的一个筹备工作组，参与执法领域内的欧盟立法进程。经过欧盟成员国代表讨论，一系列的应用通过合并统一，被纳入到名为"LEWP/ETSI 应用阵列"（下文中简称为 LEWP/ETSI 阵列）中。LEWP/ETSI 阵列包含一个 PPDR 应用工具箱，既可单独使用，也可以各种组合的方式用于满足实际业

⊖ LEWP 的主要活动包括在执法领域中讨论欧盟委员会的相关立法提议和寻找能够促进欧盟级别的执法机构实现务实合作的方法。

实际业务情况的需要。LEWP/ETSI 阵列涉及的应用范围包括 NB、WB 和 BB 移动数据应用，这些应用与具体的技术或实现平台无关。欧洲各 PPDR 组织就 LEWP/ETSI 阵列达成了一致的协议，同时，CEPT 管理部门将其作为未来 PPDR 应用发展方面的代表。ETSI 率先进行了各应用相关技术参数和定义的开发。此外，ETSI 之后又在 LEWP/ETSI 阵列中增加了一项用于"用户自定义行动场景"的频谱计算模块。LEWP/ETSI 阵列是对外公开的，相关内容可参见本章参考文献 [7]。

表 2.2 介绍了包含在 LEWP/ETSI 阵列中的应用和服务，这些应用和服务可分为 7 组（例如，定位数据、多媒体、办公应用、下载业务信息、上传业务信息、在线数据库检索及其他）。其中，每一个应用都涉及下述要求/特性。

表 2.2　LEWP/ETSI 应用阵列中包含的应用和服务种类

应用/服务	说　　明
定位数据	
向 CCC 发送 A（V）LS（人员 + 车辆位置）	从单位向控制中心发送（自动）位置信息
返回 A（V）LS 数据	从控制中心（或软件应用）向单位（个人 + 群组）发送（自动）位置信息
多媒体	
向 CCC 发送视频/从 CCC 接收视频	警察执法力量发送/接收的有关犯罪嫌疑人的视频（例如，紧急追捕）
低质量附加反馈	用于监视的额外摄像机，使用较低的视频质量，可以在需要的时候转换到较高的视频质量
用于固定监控的视频	从固定的位置（大部分情况是视频监测下的建筑物）发送到控制室或专门的观测室的视频信息
低质量附加反馈	用于监视的额外摄像机，使用较低的视频质量，可以在需要的时候转换到较高的视频质量
发送到控制室和从控制室接收的特定位置现场（灾难或事件地区）的视频（高质量）	从应急单位发送到控制室或专门的危机处理中心有关现场位置情况的视频信息，以及从控制室或专门的危机处理中心发送给应急单位有关事件情况的视频信息。只有少量的高质量视频链路
发送到控制室和从控制室接收的特定位置现场（灾难或事件发生地区）的视频（低质量）	从应急单位发送到控制室或专门的危机处理中心有关现场位置情况的视频信息，以及从控制室或专门的危机处理中心发送给应急单位有关事件情况的视频信息。其中，有些使用较低质量的视频链路
用于事件发生当地使用的特定位置现场（灾难或事件发生地区）视频	指挥单元和现场应急单元之间传送的现场情况视频信息和事件情况视频信息。其中，部分视频信息使用中等质量的视频链路，仅用于事件发生当地
视频会议业务	管理人员、专家和其他组织（例如，其他企业内部）之间开展的视频会议，用于现场业务协调
非实时记录视频传输	在后期阶段，从记录的视频中选取部分视频发送给控制室或协调中心
图像播报	向一组工作人员发送图像（例如，通缉人员的照片）
向所选群组发送图像（例如，基于位置）	向位于相关搜索区域内的其他工作人员发送图像（例如，走失儿童的照片）
办公应用	
PDA 个人信息管理（Personal Information Manager，PIM）同步	常见的应用，例如基于公共互联网的电子邮件、日程检索等
移动办公（包括公共互联网）	在街上就可以实现与在办公室一样的办公效果（包括各种后台应用，例如，移动办公）
下载业务信息	
现场应急单位从 CCC + 网络中心下载事件信息（文本 + 图像）	从控制室向现场应急单位传送的事件相关信息，可以是文本、图像、地图等

（续）

应用/服务	说　明
下载业务信息	
ANPR 更新车辆黑名单	自动车牌识别应用拥有的自动更新通缉车辆信息（黑名单）功能
下载现场应急单位需要的地图信息	从控制室向现场应急单位发送地图及附加信息（附加信息包括建筑物相关信息、工作人员位置、路线等信息）
指挥控制信息，包括任务管理 + 行动指示	从控制室向相应单位发送各种行动指示信息
上传业务信息	
向 CCC + 网络中心上传事件信息（文本 + 图像）	从现场应急单位向控制室传送事件相关信息，可以是文本、照片、图像、地图等
状态信息 + 位置	从现场应急单位向控制室（自动）发送状态信息（路途中、到达、事件结束等）+ 位置
ANPR 或速度控制自动上传照片到数据库（临时固定的摄像机 + 车载摄像机）	ANPR/速度控制应用：自动向数据库上传相关车辆的图像信息。信息来自于临时固定的摄像机 + 装有 ANPR 或速度测量设备的车辆
转发扫描的文件	现场应急单位扫描相关文件并将其发送给控制室或同行，包括医疗护理信息
上报数据文件（例如，照片、地图）	现场应急单位上报相关信息（可以是照片、图像或地图信息）并将其发送给控制室或同行
上传地图 + 方案信息	从现场应急单位向控制室或其他现场应急单位发送附带额外信息的地图（附加信息包括建筑物情况、工作人员位置、路线等相关信息）
发送给医院的病人监护（ECC）快照	从救护车或现场向医院发送病人的信息（如 ECC）：只限于病人的快照
发送给医院的病人实时监测信息（ECC）	从救护车或现场向医院实时传送病人的信息（如 ECC）
安保人员状况监测	专用的消防应用：消防员配备有安全监测设备，当有危险情况出现时，该设备可以发出警报。通常情况下，消防队会将信息发送给当地现场的指挥人员。营救服务人员需要将这些数据通过主要的网络发送反馈给相关管理人员
在线数据库检索	
业务数据库查询（本地的 + 外部的）	现场单位在所有的后台数据库 + 相关外部数据库上进行数据库检索
远程医疗数据库服务	现场应急医疗单位从所有相关（外部）医疗数据库中进行数据库检索
ANPR 按需进行现场车辆牌照检查	现场单位通过连接车辆登记数据库进行现场车辆牌照监控
生物学特征（例如，指纹）检查	使用专用设备检查生物学特征并将检测信息发送到相应的数据库做进一步检测（黑名单核验）
货物数据	现场单位通过相关外部数据库进行数据库检索获取货物信息（通过货物编号）
事故恢复系统（现场信息查询）	消防单位实施现场控制，使用液压剪切割汽车营救人员（通过车辆登记数据库查询人员信息）
事故恢复系统（更新数据库中车辆信息）	将车辆结构相关数据存储在消防车，以减少数据通信，之后在需要时再进行数据更新
其　他	
软件在线更新	用于在用终端的在线软件更新
GIS 地图更新	使用存储在终端上的地理地图实施更新

（续）

应用/服务	说　明
其　他	
自动遥测，包括远程控制设备＋（静态）传感器信息	各种遥测信息：来自和发送到远程控制设备＋来自（静态）传感器的信息（例如，监控）
灾难或事件发生区域内热点（例如，移动通信中心）	用于当地
前台后台应用	基于常规的办公室前后台应用，实现移动办公
警报/寻呼	寻呼功能用于向 PSS 人员做出警报（例如，派遣人员进入火灾现场）
交通管理系统：为特定单位提供路况信息	为现场单位提供哪条道路可用、哪条道路拥堵等相关信息
派出力量同当地 CCC 的连接	用于其他国家的派出应急力量通过数据通信同当地控制室建立联系

1）吞吐量。对提供 QoS 服务应用的吞吐量相关的要求，提供一种粗略的、定性的估计，可分为低（L）、中（M）、高（H）三个等级的吞吐量级别。

2）使用量。对特定应用的使用次数按照每月、每个用户进行估计。L 表示少于 10 次，M 表示使用量介于 10~30 次之间，H 表示高于 30 次。

3）用户。对典型 PPDR 行动场景中特定应用使用用户的相对数量进行估计。L 表示不到 20% 的用户使用，M 表示 20%~70% 的用户使用，H 表示使用的用户超过 70%。

4）移动性。表示应用是否能够在移动的过程中使用，还是只能在固定的位置上使用。同样使用三个级别的移动程度来表示：L、M 和 H。

5）用户体验质量。表示用户能否容忍连接中出现的短时中断/减损。使用 L、M 和 H 三级表示。

6）启动可用性。表示 PPDR 机构需要多长时间才能完成启动并开始使用应用。主要使用两个等级表示："就绪（Ready）"，即应用的启动耗时为 0，或几乎为 0；"L（Low）"，即需要足够的时间才能开启应用。

7）延时。表示应用在提供数据时是否存在对时间及时性方面的限制条件。使用三级表示（L、M 和 H）。其中，H 表示对延时方面的要求需要达到实时的程度。

8）持续行动可用性。表示应用的任务关键性程度。使用 L、M 和 H 三个重要性等级表示。

9）外围设备。表示用于现场应急单位的应用是否需要某些诸如智能手机、PDA、寻呼机、调制解调器、路由器、卫星通信设备或其他各种特定的外部设备。

10）屏幕。表示应用是否需要为现场应急单位提供屏幕/数据显示功能。

11）安全性。表示安全要求（保密性和完整性）的相对水平。使用 L、M 和 H 三个安全等级表示。

12）多播/广播。表示应用是否需要支持群呼和广播传输。如果需要广播/多播传输，可将预期接收者的数量表示为 L、M 和 H 三个等级。

13）及时性。表示引入特定应用的迫切性。可表示为："立即（Now）"，即到目前为止应用已经部分使用；"短期（Short）"，即应用需要少于 2 年时间投入使用；"中期（Medium，M）"，即应用需要 2~5 年的时间才能投入使用；"长期（Long，L）"，即真实需求难以预见，至少 5 年或者需要更多的时间。

此外，由于上述提到的各种要求/特性对于每个应用来说都具有不同的相关性，因此 LEWP/ETSI 阵列指出了三种同所有应用相关度最大的因素。表 2.3 选取了部分 LEWP/ETSI 阵列中的应用，主要介绍了"多媒体"类别中应用的特点。其中，与所有应用相关度最大的三个重要的因素，按照重要性程度以粗体、粗体和斜体、斜体的顺序予以标出。例如，表 2.3 中展示的用于现场应急人员向 CCC 发送视频或从 CCC 接收视频的应用，其最重要的因素是吞吐量，估计为"高（H）"等级要求。而其第二和第三重要的因素分别是持续行动可用性和移动性水平，均被评估为"高（H）"等级要求。

表 2.3　"多媒体"

应用 + 服务的种类	吞吐量	使用量	用户	移动性	用户体验质量	启动可用性
向 CCC 发送视频/从 CCC 接收视频	H	L	M（应急车辆）	H	L	就绪（当车辆准备好时）
低质量附加反馈	L - M（取决于视频质量）	L（但比上面的多）	M（应急车辆）	H	L	就绪（当车辆准备好时）
用于固定监控的视频	M（采用高清视频时为 H）	H	L	L	L	L（大多需要有足够的时间才能开启）
低质量附加反馈	L - M（取决于视频质量）	H	L（但比上面的多）	L	L	L（大多需要有足够的时间才能开启）
发送到控制室和从控制室接收的特定位置现场（灾难或事件发生地区）的视频（高质量）	H	L	L	L	M	随身携带（基于 Ad hoc）
发送到控制室和从控制室接收的特定位置现场（灾难或事件发生地区）的视频（低质量）	M	L	L	L	M	随身携带（基于 Ad hoc）
用于事件当地使用的特定位置现场（灾难或事件发生地区）视频	M - H	L	L	L	M	随身携带（基于 Ad hoc）
视频会议业务	M（高清时为 H）/需要优先级	L	L	L	L	L
非实时记录视频传输	H	L	L	L（在车辆中使用时为 H）	M	L（大多需要有足够的时间才能开启）
图像播报	M	L	M	H	L	就绪
向所选群组发送图像（例如，基于位置）	M	L	L	H	L	就绪

应用的特性

延时	持续行动可用性	外围设备	屏幕	安全性	广播/多播	及时性
M（需要是在线的、即时的，最多 1s 或 2s）	*H*	调制解调器/路由器	是（接收情况下）	L	M	M
M（需要是在线的、即时的，最多 1s 或 2s）	*H*	调制解调器/路由器	是（接收情况下）	M	M	M
M（需要是在线的、即时的，最多 1s 或 2s）	*M*	调制解调器/路由器	无	H	L	M（部分已经在用）
M（需要是在线的、即时的，最多 1s 或 2s）	*M*	调制解调器/路由器	无	H	L	M
M	**H**（救援黄金时间内可用，至关重要）	调制解调器/路由器	是（接收情况下）	L	L	立即（部分已经在用）
M	**H**（救援黄金时间内可用，至关重要）	调制解调器/路由器	是（接收情况下）	L	M	立即（部分已经在用）
M	**H**（救援黄金时间内可用，至关重要）	调制解调器/路由器	是（接收情况下）	L	M	立即（部分已经在用）
M（需要是在线的、即时的，最多 1s 或 2s）	L（危急情况下为 M/H）	专用设备	图像	M	*L*	L
M（需要是在线的、即时的，最多 1s 或 2s）	M	调制解调器/路由器	无	M	无	M
L	M	PDA/智能手机	图像	M	*H*	立即（部分已经在用）
L	M	PDA/智能手机	图像	M	*M*	立即（部分已经在用）

2.4　多种行动场景中数据容量需求评估

数据容量的需求量与行动场景的类型密切相关。在很多研究（例如，本章参考文献 [3，4，7－14]）中，已经详细介绍了 PPDR 部门中的各种使用方案，内容包括用于日常行动的应用和用于应对特定事件类型的应用的范围。基于之前的各种相关研究，本节首先对各种 PPDR 数据中心、多媒体应用的吞吐量需求进行评估。随后，聚焦几种典型的 PPDR 行动场景（主要分为三类：日常行动、大规模突发/公共事件、灾难场景），并对其所需的数据容量进行定性评估。

2.4.1　PPDR 应用的吞吐量需求

PPDR 数据中心类应用具有不同的数据传输速率需求，因此对移动宽带网络的容量也具有不同程度的要求。对于这些应用来说，有效评估其网络负载的程度，是衡量其所需通信设施和频谱资源的重要方法。

在 LEWP/ETSI 阵列的相关规范中，已经包含了对应用吞吐量需求的定性估计。对于表 2.2 中列出的应用来说，根据其数据处理的特点，可将这些应用区分为基于事务的应用和基于流的应用。在适当的时候，还可以将这些应用区分为以上行链路（终端用户到固定网络）为主的应用和以下行链路（固定网络到终端用户）为主的应用。对于基于事务的应用来说，数据处理的规模被估计为每一次单一事务中所需信息的字节数量。对于基于流的应用来说，则考虑的是峰值比特数据传输速率和持续时间（以 min 为单位）。此外，对所有的应用来说，无论是基于事务的还是基于流的，每个用户在峰值繁忙时段和正常情况下的平均事务/会话数量均应当根据 PP-DR 终端用户的体验予以给出。基于事务的这一特点，可以得出每个用户每小时所需的比特率估值。表 2.4 展示了根据 LEWP/ETSI 阵列中应用的特点得出的 PPDR 应用吞吐量估值。

从表 2.4 中可以看到，到目前为止视频流应用预计是高峰时段吞吐量最大贡献者，无论上行链路方向，还是下行链路方向。流式视频的质量不同（例如，将视频仅用来反映某些程度态势感知的情况和将视频作为跟踪迅速且复杂的 PPDR 介入情况，所需视频的质量会存在相当大的不同），视频流应用的峰值数据传输速率也会存在一定的差异，通常介于 768～64kbit/s 之间。因此，视频吞吐量高度依赖于所需视频的质量，这在很大程度上取决于图像的分辨率和帧速率（每秒图像数量），以及其他的各种因素。例如，目标尺寸、运动程度和亮度情况。

表 2.4　**PPDR 数据应用吞吐量估值**（基于 LEWP/ETSI 阵列）

应　　用	事　务　详　情				高峰时段吞吐量/(kbit/s)	
	峰值比特率 UL/DL[⊖] / (kbit/s)	每次事务所需数据量 UL/DL (以 1000B 为单位)	持续时间 /min	每小时事务量	UL	DL
定位数据						
向 CCC 发送 A（V）LS 数据（人员 + 车辆位置）	—	0.08/—	—	240	0.04	0.00
返回 A（V）LS 数据	—/1		—	60	0.00	0.13

⊖　UL：上行链路；DL：下行链路。

（续）

应 用	事 务 详 情				高峰时段吞吐量/(kbit/s)	
	峰值比特率 UL/DL⊖ / (kbit/s)	每次事务所需数据量 UL/DL (以1000B 为单位)	持续时间 /min	每小时事务量	UL	DL
多媒体						
向 CCC 发送视频/从 CCC 接收视频	768/768	—	60	1	768.00	768.00
低质量附加反馈	64/64	—	60	1	64.00	64.00
用于固定监控的视频	384/—	—	20	1	128.00	0.00
低质量附加反馈	64/—	—	20	1	21.33	0.00
发送到控制室和从控制室接收的特定位置现场（灾难或事件发生地区）的视频（高质量）	768/768	—	60	1	768.00	768.00
发送到控制室和从控制室接收的特定位置现场（灾难或事件发生地区）的视频（低质量）	64/—	—	60	1	64.00	0.00
用于事件当地使用的特定位置现场（灾难或事件发生地区）视频	192/192	—	60	1	192.00	192.00
视频会议业务	256/256	—	10	1	42.67	42.67
非实时记录视频传输	—	2000/2000	—	1	4.44	4.44
图像播报	—	—/50		2	0.00	0.22
向所选群组发送图像（例如，基于位置）	—	—/50		2	0.00	0.22
办公应用						
PDA 个人信息管理同步	—	5/5	—	2	0.02	0.02
移动办公（包括公共互联网）	—	100/100		5	1.11	1.11
下载业务信息						
现场应急单位从 CCC + 网络中心下载事件信息（文本 + 图像）	—	—/50		2	0.00	0.22
ANPR 更新车辆黑名单	—	—/8		1	0.00	0.02
下载现场应急单位需要的地图信息	—	—/50		1	0.00	0.11

（续）

应　　用	事　务　详　情				高峰时段吞吐量/（kbit/s）	
	峰值比特率 UL/DL$^\ominus$/（kbit/s）	每次事务所需数据量 UL/DL（以1000B 为单位）	持续时间/min	每小时事务量	UL	DL
下载业务信息						
指挥控制信息，包括任务管理＋行动指示	—	—/50	—	1	0.00	0.11
上传业务信息						
向 CCC＋网络中心上传事件信息（文本＋图像）	—	50/—	—	1	0.11	0.00
状态信息＋位置	—	0.1/—	—	5	0.00	0.00
ANPR 或速度控制自动上传照片到数据库（临时固定的摄像机＋车载摄像机）	—	40/—	—	50	4.44	0.00
转发扫描的文件	—	100/—	—	0.1	0.02	0.00
上报数据文件	—	1000/—	—	1	2.22	0.00
上传地图＋方案信息	—	50/—	—	1	0.11	0.00
发送给医院的病人监护（ECC）快照	—	50/—	—	1	0.11	0.00
发送给医院的病人实时监测信息（ECC）	15/—	—	15	1	3.75	0.00
安保人员状况监测	—	1/—	—	120	0.27	0.00
在线数据库检索						
业务数据库查询（本地的＋外部的）	—	1/50	—	2	0.00	0.22
远程医疗数据库服务	—	1/50	—	2	0.00	0.22
ANPR 按需现场进行车辆牌照检查	—	0.1/2	—	5	0.00	0.02
生物学特征（例如，指纹）检查	—	20/2	—	1	0.04	0.00
货物数据	—	0.1/2	—	1	0.00	0.00
事故恢复系统（现场信息查询）	—	0.2/50	—	1	0.00	0.11
事故恢复系统（更新数据库中车辆信息）	—	—/50	—	0.1	0.00	0.01
其　　他						
自动遥测，包括远程控制设备＋（静态）传感器信息	—	0.1/0.1	—	60	0.01	0.00
前台后台	—	10/10	—	3	0.07	0.07
警报/寻呼	—	0.1/1	—	1	0.00	0.00
交通管理系统：为特定单位提供路况信息	—	—/10	—	4	0.00	0.09

近年来，用于将原始视频信息转换成高度压缩数据流的编码引擎的性能已经得到了显著的提升，并且这项技术仍将持续发展。最新的商用视频编码器能够使用相对较低的比特率和计算资源，承载非常高质量的视频。

除了流式视频之外，在上行链路和下行链路中传输的录制视频和在上行链路中使用照片等对业务信息的上报，这类应用同样需要在每次事务中使用相当大的数据量。在每次事务中，这些应用估计需要发送约几 MB 的数据量。值得注意的是，虽然这些应用在忙时的均值传输速率可能仅为几 kbit/s，但是在发送数据时其瞬时数据传输速率可能与视图关注点的服务质量密切相关，因为这将决定数据传输所需的时间量（例如，从事件现场传输 1MB 大小的照片需要 5s，属于合理的范畴）。

对于数据和视频 PPDR 应用来说，典型的数据传输速率值已经由 NPSTC 在本章参考文献 [4] 中进行了规范。正如 LEWP/ETSI 阵列中使用的相关数值，NPSTC 给出的数据传输速率值旨在提供一种典型的数据传输速率，用以支撑必要且足够的服务质量。表 2.5 根据 NPSTC 的研究结论，将得出的与 PPDR 应用吞吐量相关的特性进行了展示，其中所示内容体现的是每个应用单个用户的使用情况。在这种情况下，流式视频应用（NPSTC 将其称为"事件现场视频"）同时也代表着最重要的业务来源，通常被分为三类：

1）高质量。代表 1Mbit/s 吞吐量需求，提供高分辨率（例如，标准清晰度电视）和高帧速率的通信。高质量的视频能够在高度动态变化的亮度范围内，支持对高度运动的、小尺寸目标的识别，同时还可以支持面部识别功能。

2）中等质量。一般指的是 512kbit/s 吞吐量需求，中等分辨率和高帧速率的通信。中等质量的视频能够在高度动态变化的亮度范围内，支持对高度运动、小尺寸目标的识别，同时还可以支持车辆牌照识别功能。可以提供对事件现场大体情况的呈现，以及对大部分行动内容的可视化展示支持。

3）低质量。一般指的是 256kbit/s 吞吐量需求的视频反馈，低分辨率和高帧速率的通信。低质量的视频能够在高度动态变化的亮度范围内，支持对低运动程度、大尺寸目标的识别。基于各个视频源的角度，这种低传输速率的视频能够支持一定程度的现场态势感知能力，可提供大面积区域的战术视景，不过无法提供具体的细节。

表 2.5　PPDR 数据应用的吞吐量估值（基于 NPSTC 研究报告[4]）

应　　用	事务详情			高峰时段吞吐量 /（kbit/s）	
	峰值比特率 UL/DL /（kbit/s）	持续时间 /s	每小时 事务量	UL	DL
现场视频—高质量（DL）（航拍）	16/1024	3600	1	16	1024
现场视频—中等质量（DL）交通摄像机	16/512	3600	1	16	512
现场视频—低质量（DL），态势情况	16/256	3600	1	16	256
现场视频—低质量（UL），态势情况	256/16	3600	1	256	16
现场视频—高质量（DL）头盔/车载摄像机	16/1024	3600	1	16	1024
现场视频—高质量（UL）头盔/车载摄像机	1024/16	3600	1	1024	16
现场视频—中等质量（DL）头盔/车载摄像机	16/512	3600	1	16	512
现场视频—中等质量（UL）头盔/车载摄像机	512/16	3600	1	512	16
现场视频—中等质量（UL）视频会议	512/16	3600	1	512	16
现场视频—中等质量（DL）视频会议	16/512	3600	1	16	512
车辆自动定位（UL + DL）	0.04/0.04	1	240	0	0

（续）

应　　用	事务详情			高峰时段吞吐量 /（kbit/s）	
	峰值比特率 UL/DL /（kbit/s）	持续时间 /s	每小时 事务量	UL	DL
人员自动定位（UL＋DL）	0.04/4.00	1	240	0	0.27
地理信息系统（GIS）—街景	16/160	1	5	0.02	0.22
GIS 详细视图	68/683	1	60	1.13	11.38
文件与消息传输 UL	0.02/0	1	4	0	0
文件与消息传输 DL	0/0.02	1	4	0	0
病人、疏散人员及伤亡人员跟踪	13/5	60	60	13	5
生物医学遥测—应急人员（UL＋DL）	0.13/0.13	30	120	0.13	0.13
生物医学遥测—病人	2.70/0.03	300	50	11.25	0.11
车辆遥测	2.70/0.03	300	4	0.90	0.01
第三方传感器	0/0.03	30	2	0	0
天气跟踪	13.30/13.30	60	12	2.66	2.66
VoIP 手机接入	10/10	3600	1	10	10

视频吞吐量的大小取决于每个视频流的源端和目的端，既存在于上行链路中，也存在于下行链路中。例如，低传输速率态势感知视频流可能需要使用上行链路从事件现场位置发出，之后再使用下行链路反馈回事件现场的指挥活动中。因此，视频流中涉及的这些速率分别被施加到上行和下行链路中。"返回路径"数据传输速率在 NPSTC 的分析研究中也有被提及，用于提供与双向通信有关的其他业务方面的研究。

NPSTC 分析认为，GIS 工具和市民追踪定位是继流式视频应用之后的另外两种需要消耗大量带宽的应用。对于 GIS 来说，如 2.2.2 节所介绍的，现场的事件指挥者和其他人员可能需要各种基于地理空间的数据。GIS 数据源正变得日益庞大，包括各种高分辨率的航拍图像和其他的数据图层。在吞吐量方面，NPSTC 假设每个 GIS 视图需要下载 350KB 的数据，并且这些数据必须在 4～5s 内传输完毕，以便提供合理的服务质量。这将在下行链路中产生约 700kbit/s 速率要求。对于平民跟踪应用来说，据估计 PPDR 人员收集的 100KB 的数据集中包含了病人相关信息、图像和医疗信息。此类数据不具有极强的时间敏感性，可以在 1min 内传送完毕。假设每人每分钟能够处理一个病人，这对系统的影响可以估计为在上行链路中需要 13.3kbit/s 的数据传输速率。

2.4.2　日常行动场景

日常行动场景可以被看作是最低的 PPDR 活动要求。在这种情况下，涉及移动宽带通信的两种常见的日常情况是下面将要介绍[7]的交通事故和交通临检警察勤务。此外，本节还将介绍一些日常 PPDR 行动产生的背景流量负载相关估计的内容。

交通事故场景描述的是对车祸的应急响应，警察和 EMS 人员对车内人员提供帮助，救护车和直升机参与救援。同时，需要同控制室进行数据信息交换（例如，伤者的远程诊断信息），医院的心血管科医师加入事故应急群呼（语音和视频）并为其提供建议。该场景的时间线可简化表示如下（详细情况可参阅本章参考文献［7］）：8：40，车祸信息被通报给区域内的应急控制中心（Emergency Control Centre，ECC）。ECC 从呼叫者接收的信息包括事故情况的语音描述、图像和视频，这些信息通过公共网络被一并发送到 ECC（假设 PSAP 支持多媒体功能，通常被称作下一代的 911/112）。车辆上的传感器可以连接到公共网络上，其提供的信息也可以被使用。紧急医疗服务和警察立即出动，通过 PPDR 通信服务向相关救援人员提供到达事故位置的最佳路线以及与车祸有关的所有可用信息。同时，将警报发送给救援直升机，使其进入待命状态。8：52，医护人员到达车祸现场。到达之后立即对现场情况进行评估，并要求救护车和直升机参与救援。得助于图像和现场情况的描述（位置），直升机可以着陆在非常靠近事故现场的位置，而无需地面人员的辅助。警察也到达了现场并对现场进行警戒，确保只有授权人员才能进入该区域。之后，警察开始勘验现场并收集证据，还原事件原委。事故中有两名伤者，一名仍被困在车内。第一名伤者是一名男性，能够回应救援人员的声音，没有明显伤痕但表示肩部疼痛。医护人员使用带有无线接口的多种设备对这名伤者进行检查（例如，心电图、生命体征监测等）。伤者的资料被发送到 ECC，之后从 ECC 再转发到伤者的归口医院。这名男性伤者有一个可以提供医疗数据的磁卡。根据这些数据，ECC 内的医生诊断患者为心脏病发作并决定将其转移到另一家拥有专业心脏治疗设施的医院。用于初步治疗稳定患者病情的所需数据被发送到救护车上。第二名伤者是一名女性，她无法对救援人员的声音做出回应，但仍然有呼吸，她的头部有一处开放伤。9：02，重型抢险救援车到达现场，将坍塌的车顶予以切割移除。9：12，医院内的心血管科医生加入事故救援群呼（语音和视频），为救护车内的男性伤者提供救治建议。与此同时，女性伤者得到医生的救治。所有相关的医疗数据被发送到控制室，存入到数据库中。当这名女性伤者在使用直升机运送时，医疗人员保持对其伤情状况进行监测。

基于上述描述，在这一场景中，可以确定以下几个主要的通信需求：

1）所有车祸相关信息传达给紧急医疗服务（位置、照片）。

2）伤者信息被发送给 ECC，之后转发到救护车。

3）图像和视频链路与直升机相连，使其能够接收相关图片和视频（假设低空飞行的直升机可以使用地面网络）。

4）事故现场伤者视频被发送到相关医院。

假设所有的这些传输并不都是同时进行的，峰值使用情况预计主要来自两个方向的视频流（下行链路 768kbit/s 和上行链路 768kbit/s）和在两个方向上同时存在的数据发送需求（约为 512kbit/s，语音业务没有考虑在该数据传输速率的计算中）。因此，在上行链路和下行链路中的数据传输速率总计为 1300kbit/s。有关这些估值的简单概括见表 2.6。

表 2.6　一些具有说明性的日常场景的数据容量需求

场景	UL/DL	应用/用途	每个应用的数据传输速率/(kbit/s)	总数据速率（峰值流量）/(kbit/s)
交通事故	UL	现场视频（768kbit/s 峰值传输速率，1 个用户）	768	1300
		数据发送	512	
	DL	现场视频（768kbit/s 峰值传输速率，1 个用户）	768	1300
		数据发送	512	
交通临检警察勤务	UL	现场视频（768kbit/s 峰值传输速率，1 个用户）	768	1300
		数据发送	512	
	DL	现场视频（768kbit/s 峰值传输速率，1 个用户）	768	1300
		数据发送	512	

（续）

场景	UL/DL	应用/用途	每个应用的数据传输速率/（kbit/s）	总数据速率（峰值流量）/（kbit/s）
背景流量	UL	现场视频—低质量附加反馈（每个用户平均64kbit/s，10个用户同时进行）	640	1500
		固定视频（每个用户平均64kbit/s，5个用户同时进行）	320	
		固定视频—低质量附加反馈（每个用户平均11kbit/s，20个用户同时进行）	220	
		其他应用（位置、病人监测）	320	
	DL	现场视频—低质量附加反馈（每个用户平均64kbit/s，9个用户同时进行）	576	876
		其他应用（拍照、下载地图等）	300	

　　交通临检警察勤务，两名例行日常交通巡逻的警察发现一辆汽车在交叉路口闯红灯。巡查信号随即使用预先定义好的数据消息发送到控制室，开启对违法车辆的追查。巡逻车辆上的摄像机开始录制违法车辆的视频，将其车辆牌照自动发送给远程数据库用于车辆信息检索查询。相关录制视频通过警务信息系统被传送到控制室，供授权人员访问并使用。通过数据库检索查询，巡逻警察被告知该闯红灯车辆不是被盗车辆，以及与该车辆登记车主相关的附加信息。违法车辆停车后，相关摄像机仍然进行视频录制并继续将视频反馈提供给分发中心。这两名警察接近该违法车辆，发现车内只有一名驾驶员。他们要求驾驶员出示驾驶证，但是驾驶员无法提供相关证件。其中一名警察发现车内烟灰缸内疑似毒品痕迹。因此，他决定搜查这辆可疑车辆并与调度中心联系，请求后备支援。随后，一组支援单位前往事件现场，建立该事件专用群呼，用以共享事件语音和数据信息。通过这种方式，支援单位在前往事件现场的图中就可以获得全部的事件相关数据（视频和数据库）。管理人员和支援单位在控制室和支援单位车辆建立沟通事件情况的实时视频连接。后备支援单位到达事件现场，命令犯罪嫌疑人下车。警察在车内发现疑似可卡因的白色物质，随后将犯罪嫌疑人逮捕。控制室接受请求派出运送车辆前往现场。同样，运送单位也加入之前建立的群呼中，获得所有相关的信息。逮捕之后，一名警察提取了这名驾驶员的生物特征样本并与数据库相关信息进行检查匹配，得到该驾驶员的姓名、照片以及相关信息，发现此人之前有过因持有毒品而被逮捕的记录。之后运送单位将这名犯罪嫌疑人送往监狱。带走犯罪嫌疑人之后，警察对车辆和现场毒品进行拍照取证并完成所有扣留车辆所需的程序和数据表格，派遣拖车拖走嫌疑车辆并完成事件报告。因此，当这名驾驶员到达监狱时，所有相关所需的数据和表格都已经准备好了。

　　基于上述描述，在这一场景中，可以确定以下几个主要的通信需求：

　　1）发送到控制室的视频（来自巡逻车上的摄像机）和数据库检索查询（车辆牌照）。

　　2）按需提供视频反馈（上传到控制室并下载到现场周边的后备支援车辆）。

　　3）访问数据库（返回信息和相关照片）。

　　同交通事故场景一样，假设所有这些传输并不是同时进行的，峰值使用情况预计主要来自两个方向的视频流（下行链路768kbit/s和上行链路768kbit/s）和在两个方向上同时存在的数据发送需求（主要用于数据库的检索查询请求和响应，约为512kbit/s）。因此，在上行链路和下行链路中的数据传输速率总计约为1300kbit/s。有关这些估值的简单概括见表2.6。

除了像前面介绍的这些常见事件产生的特定需求外，CEPT 199 号报告[7]还描述了由一系列日常活动产生的总体背景流量的情况，这些日常活动的通信需求一般由单个小区站点来满足。对于背景流量、应用及其数据传输速率均值的估算，已经由 LEWP/ETSI 阵列的相关研究报告所提供。在这些为计算后台负载而提出的假设中，并没有考虑使用高质量视频反馈的情况。而且，所选同时使用的应用的数量与小区的大小无关（由此可见，这显然是一个粗略的近似）。基于上述假设，表 2.6 给出了由常规事件产生的小区站点扇区负载估值的情况。

2.4.3　大规模突发/公共事件

在不同的场景中，人们对大规模突发事件和/或公共事件的规模和准备时间的看法可能有所不同，下面将讨论两个具有说明性的场景[7]：2011 年 4 月英国皇家婚礼和同年 8 月英国发生的伦敦骚乱。前者是一个预先计划的事件，而后者属于预料之外的突发事件。本节将对这两个场景的情况进行介绍并对其中涉及的数据容量进行估算，从而考虑可能已经投入使用的 PPDR 宽带通信如何应对这种大规模的事件并在其中发挥出应有的作用。

皇家婚礼可以被视为一个高规格、高安全性的事件，吸引了广大群众的密切关注，一同见证这个历史时刻。不过，安保行动也需要寻求一种平衡，既能够允许许群众靠近见证婚礼新人，又能够确保参加婚礼仪式的王室成员和其他重要人员（Very Important People，VIP）的安全。相关部门为皇家婚礼的行进路线预先计划了一条最佳的安全路线，首先通过一条绿树成荫的宽阔马路，然后进入一条相对较窄的街道，街道两边主要是高大的办公写字楼，街道几乎都被这些雄伟的办公建筑所遮挡。因此，这也带来了一定的安全隐患（例如，恐怖袭击）。在婚礼这天，警察和其他的安保组织完成了最后的安全检查任务，然后将情况上报控制中心。预计前来祝福的市民约有 100 万之多，分别排列在从威斯敏斯特教堂到白金汉宫之间距离较短的婚礼行进路线的两旁。隐蔽和公开的安保团队（总计约 5000 名安保人员）部署在人群之中，寻找一切可疑的活动。训练有素的安保人员和监控人员分布在行进路线沿途重要屋顶的有利位置，80 多名贵宾配有贴身保镖。不过，在一般情况下，训练有素的杀手或恐怖分子在拥挤的情况下几乎难以被从人群中区分出来，只有他们的行为或许会引起安保人员的注意。不过，在很多情况下，一些开始被判断为可疑的行为，通常被证明与安全威胁毫无关系。因此，需要进行精确的判断并对行动的时机进行慎重的考虑和反复的沟通，行动过快容易造成大规模的混乱，影响婚礼进行；行动太晚又极易导致严重的后果。对于这样的情景来说，采用快速优质的通信手段对于情报信息的传送至关重要，它可以极大地帮助 PPDR 工作人员及时、迅速地做出决策。

在婚礼当天，会有多个部门对皇家婚礼路线的实时情况进行监控。从通信的角度来说，每一个部门对路线监控所实施的管理都是同等重要的。考虑到皇家婚礼路线沿途无线电基础设施的覆盖和服务能力，可以想象在婚礼行进的路线中，极有可能出现单个站点承载相邻两个部门监管任务的情况。下面的估算结果仅适用于单个部门的情况，没有考虑一般群体性事件管控中的常规行动。

1）存在一个源自皇家车队的视频流。

2）存在两个视频流，分别来自马路两边的近距离安保人员。这样，总计就有四个视频流。

3）直升机向车队和负责部门管理的指挥人员每分钟发送一张高分辨率的图像。当有情况发生时，图像发送的频率会随之增加。

4）当两个隐藏在人群中的安保团队感觉必要的时候，将需要从直升机和路线沿途固定摄像头选取静态图像发送给他们。

5）隐蔽安保团队中有 60 名安保人员使用基于 GPS 的定位，每隔 5s 更新一次位置。

因此，可以得出，该场景总共有 5 个同时激活的摄像头，4 个位于行进路线沿线，1 个位于皇家车队上。在此基础上，表 2.7 给出了该场景中相关数据容量的估算结果，在上行链路中总计约为 5Mbit/s。其中，没有计入其他日常通信形式，尽管它们也存在于皇家婚礼游行路线周边，并且使用相同的小区站点。需要注意的是，本章参考文献［7］中的估算结果主要是针对基于固定广域网通信的情况得出的。部署在现场的补充数据容量也可以由诸如无线局域网等其他通信方式提供。补充数据容量可以用于现场应急响应者之间进行本地数据交换，也可用于某些专用应用（例如，当在现场部署了机器人时，需要提供一些必要的本地指挥控制链路）。此类补充数据容量没有计入皇家婚礼场景的数据容量估算结果中。

表 2.7　大型突发情况和大规模公共事件场景所需的数据容量

场景	UL/DL	应用/用途	每个应用的数据传输速率/(kbit/s)	总数据传输速率（峰值流量）/(kbit/s)
2011 年 4 月伦敦皇家婚礼	UL	车队上的一组视频流	768	4590～4840
		车队路线沿途的四组视频流（每组视频流 768kbit/s）	3072	
		从直升机到控制中心每分钟 1 张高分辨率图像（每分钟每张图像几 MB 大小）	250（平均）～500（将传送速度提高到峰值传输速率）	
		其他的通信情况（包括 GPS 更新）	500	
	DL	向隐蔽安保团队发送选取的静态图像（产生的数据总量没有明确规定）	未估算	未估算
2011 年 8 月伦敦骚乱	UL	源自于副"铜"级指挥区域的两组视频流（每组视频流 768kbit/s）	1536	4072
		源自于直升机的红外视频	768	
		从直升机到指挥中心的视频流	768	
		从工作人员发送回指挥中心的图像（以及工作人员的 GPS 信息）	1000	
	DL	传送给消防人员的红外视频	768	1768
		可交互式地图	1000	

第二个分析的大型事件是 2011 年 8 月在英国发生的伦敦骚乱。这场骚乱由警察枪杀一名 29 岁的黑人男性平民引起。骚乱开始在枪击事件发生地——伦敦北部的托特纳姆地区，之后迅速扩散到托特纳姆周边邻近区域，以及更远到伦敦内外地区。骚乱持续了 4 天多的时间，在这类场景中，一般"铜"级（在一般的指挥结构层级中，管理级别与行动级别相对应，详细内容请参见第 1 章相关内容）指挥人员负责管理着本地 300 多名的警务人员。由于骚乱中心的数量彼此十分接近，因此部署了两个副"铜"级的指挥人员，每人负责一个骚乱中心，并且向共同的"铜"级的指挥人员汇报情况。考虑到伦敦骚乱的地理分布情况和规模，需要从周边的安全力量部门额外抽调约 16 000 名警务人员进入伦敦，协助伦敦警察厅控制局面（基于一项名为"责任区边界互援计划"的协议）。在这种场景中，警察的当务之急是保护公众和财产安全，查明并逮捕犯罪分子此时并不是最重要的。后期调查可以通过对当时捕捉的相关骚乱图像和视频进行分析，来确定暴乱分子。

对于此类意料之外的突发事件来说，主要的通信需求可以概括如下：

1）两组分别源自于每个副"铜"级的指挥区域高质量的视频流，用于向"金"和"银"级的指挥提供反馈。该视频还可以被用来辅助管理骚乱情况，通过远程记录，便于后期取证。

　　2）"铜"和副"铜"级的指挥人员定期接收其指挥人员的 GPS 位置更新。

　　3）可交互式地图被推送给地面上的相关人员，帮助他们导航到需要到达的地方，同时为他们显示需要躲避的区域/街道。此类地图特别重要，因为很多被派出执行控制和平息骚乱任务的工作人员可能并不熟悉他们执行任务的区域。

　　4）直升机将红外视频反馈提供给地面的消防人员，在战术上帮助他们扑灭大型火灾。

　　5）直升机将视频反馈传送到"金"和"银"级的指挥部门。

　　6）多张警察抓拍的静态图像被传送回"金"和"银"级别的指挥部门，帮助他们对现场情况进行管理。同时，这些图像通过远程连接进行记录和保存，便于后期取证之用。

　　上述通信需求没有考虑救护车、消防（除了前面提到的下行链路红外视频反馈）和周边区域的日常行动。在此基础上，得出的数据容量估算结果如表 2.7 所示。总计为：下行链路约为 4Mbit/s，上行链路约为 1.8Mbit/s。与皇家婚礼场景一样，表 2.7 所示估算结果仅针对使用固定广域网络的通信方式，因此没有考虑诸如无线局域网等其他通信方式提供的现场补充数据容量，这些现场补充数据容量主要被用在现场第一响应者之间进行本地数据交换，以及一些特定的应用中。

2.4.4　灾难场景

　　在意料之外的大规模群体性事件，以及重大事故中，尤其是自然灾害中，事件的位置和需求无法事先预知，很可能出现在极短的时间内需要非常高的通信需求的情况。NPSTC 已经就四种重大事故中宽带通信的需求进行了详细的分析[3]，作为对美国从 2012 到 2022 十年间 PPDR 频谱和技术需求评估工作的一部分。涵盖的灾难场景包括：

　　1）飓风。该场景以飓风查理为例。2004 年 8 月 13 日，飓风查理袭击了美国佛罗里达州中部地区。行动焦点主要集中在一幢坍塌的公寓综合楼上，其中存在数十名伤员和被困人员。此外，在这一区域还有 500 名需要从受损的建筑中疏散撤离的人员。有报道称现场附近还出现了天然气泄漏。同时，执法部门得到消息称，有部分抢劫者正在趁夜幕降临之际前往该出事区域。EMS 和消防/救援部门赶到现场，建立了事故指挥系统并对破坏程度和伤员情况进行了评估。执法单位到达现场开始对相关区域进行警戒，同时将流离失所的群众疏散到危险地区以外的同一个安置点。事故指挥部门立即派出工作组开始对这幢坍塌的公寓楼进行搜索，并且派出额外的工作组寻找天然气管线的损坏位置，设置警戒，同时开始对受伤人员进行治疗。EMS 人员通过使用该区域大规模伤亡事件方案组织多名工作人员开展伤员治疗。由于事故范围已经完全确定，因此事故指挥部门需要请求额外的单位支援已经在现场的其他单位。从事故发生区域中选取几个街区作为二级集结待命区域，赶来的消防车和救护车暂时停放在这一区域，直到被赋予具体的任务并被要求进入行动现场。该事故的分析主要关注的是 1mile²⊖ 特定区域内执行的行动，涉及约 220 名应急响应人员和 60 部相关车辆。

　　2）化工厂爆炸。该场景以发生在美国德克萨斯州位于休斯敦市和帕萨迪纳市之间的大型工业走廊内的化工厂爆炸为例，该爆炸具体位于休斯敦航道沿线。上报内容称，这场大规模的爆炸和火灾还附带产生了大量的化学烟雾，正随风飘过州际高速公路。而且，报告内容还表明，该化工厂内数十名工人受伤或失踪。起初，相关部门并不知道爆炸原因，但是后来据相关知情人士透露，几天前被解雇的一名员工在离开时曾威胁要制造袭击。消防和 EMS 人员报告称，他们即将到达事故现场附近，并且将在事故地点上风向 2mile⊖ 距离处建立一个事故指挥所。其他单位将被

　　⊖　1mile² = 2.59km²，即 1 平方英里 = 2.59 平方千米。

　　⊖　1mile = 1609.344m，即 1 英里 = 1609.344 米。

直接派遣到事故现场与工厂官员会面，确定事故程度。执法单位正赶往该指挥所，其他单位负责封锁现场区域，并将附近商家疏散到"安全区域"。执法人员会同交通运输部门的工作人员封锁通往爆炸区域的州际公路。其他消防和 EMS 人员佩戴护具被直接部署到事故现场确定受伤工人的位置并移出受伤工人，确保工厂员工完全疏散。核生化事故队员在现场对能够造成化学烟雾损坏情况进行评估，专用传感器被用来测试化学烟雾的毒性水平。此外，还从化工厂派出一名代表，进入指挥所为决策的制定过程提供帮助。这次事故涉及了 200 名应急响应人员和 50 部相关车辆，分别部署在 $5mile^2$ 的区域范围内。

3）重大山林火灾。该场景主要关注的是 2003 年美国加利福尼亚州南部发生的大型野外山林火灾，这场大火被称为"老火"。大火燃烧了超过 $35mile^2$ 的区域面积，烧毁了 993 间房屋，导致 6 人死亡。大火借助强烈的山风，在丰富的干燥植被上肆虐燃烧，迅速向周边地区蔓延，促使当地应急官员赶在风暴性大火之前开展人员疏散和道路封闭。在事件发展到高峰期，1000 多部相关车辆在现场执行消防、警戒和相关支持职能。与 NPSTC 分析的其他三个灾难性事故不同，其他三个事故中，活动的高峰期出现在开始的 90min 内，而这场山林火灾事故的活动高峰期经历了约 4h。消防和救援单位到达上报的火灾地区，立即开展评估工作，确定火灾规模、蔓延速度、火灾规模和强度的发展速度，以及什么正在遭受大火的威胁、什么不久将要遭受大火的威胁。他们需要就额外资源的需求迅速地做出决策，同时开始实施相应的灭火策略。执法单位到达指挥所，简要听取哪一区域和邻近区域正处于紧急危险之中。部分执法人员开始指挥对某些道路的封闭，同时开始有针对性的街区撤离。这场事故涉及了 2000 多名应急响应人员和 1000 多部相关车辆，分别部署在 $35mile^2$ 的区域范围内。

4）有毒气体泄漏。该场景以一项毒气泄漏的报告为模型，报告中虚构的毒气泄漏事件发生在美国华盛顿国家广场附近的一个大型公共聚集建筑内。尽管此类事故并没有实际发生在华盛顿市区，但是它已经被列入到美国的国内安全威胁案例之中，并且针对这些威胁的相关公共安全应急方案已经实施。上报给紧急呼叫服务（如 911）的报告指出，在这幢建筑物内有数十名平民昏倒，同时数百名其他人员逃离到街道上。该区域内的市民纷纷拨打 911 服务，报告这幢建筑物内发生的各种未知突发情况。其他呼叫来自建筑物内部，主要是报告倒下人员的位置。应急单位接收到有关该突发事件的类型和危急程度的信息，在内容上存在一定的冲突。来自多个行政管辖区域的 PPDR 单位几乎同时到达事件现场，出现这种情况的原因主要是行政管辖区域在划分上比较紧凑，甚至存在一定程度的重叠，以及突发情况报告采用的分发方式所导致的。第一波单位在任何明确的作战图建立之前就已经赶到了事件现场。消防、EMS 和部分执法代表将在距离突发事件一段安全距离处建立事故指挥所。佩戴防护装备的消防人员直接进入事故现场，转移出受伤的市民。核生化事故人员对现场情况进行快速评估，同时使用传感器嗅探技术确定化学物质的种类。执法人员对这一区域进行封锁，防止其他市民进入该危险区域。同时，执法人员还对那些从这幢建筑中逃离出来的人们开展调查询问，试图确定事件发生的原委。EMS 人员将设置分诊区和治疗区，请求增派额外的运送救护车辆，并且向事故区域内的医院发出警报。该事故涉及了 300 多名应急响应人员和 120 多部相关车辆，涵盖了 $1mile^2$ 的区域面积。

在这四种灾难场景中，由 PPDR 部门确定为重要应用的清单十分相似。值得注意的是，从所有部门报告的情况来看，访问 GIS 文件同访问从事故现场传送回事故指挥人员的实时视频反馈一样，对于事故应急处置来说都是至关重要的。下述应用清单被认为对应急响应和管理来说是必不可少的[⊖]：

1）访问第三方的视频/摄像头（私人和政府部门的）。

⊖ 需要注意的是，NPSTC 评估中涉及的 PPDR 部门指出，这些应用中的大部分应用除了对于重大事故来说是至关重要的，还是日常行动所必需的。

2）自动定位（包括车辆和人员位置系统）。

3）生物医学遥测（病人和消防员）。

4）GIS。

5）事故指挥所的视频会议。

6）事故指挥白板。

7）消息和文件传输。

8）移动数据计算机应用的使用。

9）病人/疏散人员/伤亡人员跟踪。

10）传感器技术。

11）车辆遥测。

12）视频（空中视频反馈、车载视频和头盔摄像机视频）。

13）VoIP 手机接入。

14）天气跟踪。

基于峰值吞吐量、会话持续时间和每小时会话数量作为参考值，描述每个应用的使用特性（见表 2.5），确定上述四个事故里每个事故中涉及的每一个应用的用户数量。根据这一特性，表 2.8 总结了四个场景中支撑 PPDR 行动的视频和数据应用所需传输速率和容量的估算结果。表中列举了各个场景中五种最大容量需求的应用。同时，给出了繁忙时段内上行链路和下行链路中所有用户使用产生的平均流量。NPSTC 分析中考虑的应用和使用情况反映的是，人员已经位于事故指挥现场，并且事故正处于通信活动高峰期的应用使用情况，因此，代表的主要是繁忙时段的使用情况，尤其是相关单位到达现场的前 2h。如表 2.8 所示，山林火灾应急响应中产生的总业务流量最大（在下行链路中达到了 15.2Mbit/s），约 75% 业务流量与现场视频有关。

表 2.8　四种灾难场景所需的数据容量

场景	UL/DL	最大数据容量需求应用	总数据传输速率（峰值流量）/（Mbit/s）
飓风	UL	现场视频—中等质量（UL）头盔/车载（38%）	4.7
		现场视频—高质量（UL）头盔/车载（25%）	
		现场视频—低质量（UL）态势情况（13%）	
		现场视频—中等质量（UL）视频会议（13%）	
		病人/疏散人员/伤亡人员跟踪（3%）	
	DL	现场视频—中等质量（DL）航拍（29%）	8.1
		现场视频—中等质量（DL）头盔/车载（22%）	
		现场视频—低等质量（DL）头盔/车载（15%）	
		现场视频—高质量（DL）头盔/车载（15%）	
		现场视频—低质量（DL）态势情况（7%）	
化工厂爆炸	UL	现场视频—中等质量（UL）头盔/车载（34%）	5.2
		现场视频—高质量（UL）头盔/车载（22%）	
		现场视频—低质量（UL）态势情况（22%）	
		现场视频—中等质量（UL）视频会议（11%）	
		VoIP 手机接入（2%）	
	DL	现场视频—高质量（DL）航拍（27%）	8.6
		现场视频—中等质量（DL）头盔/车载（20%）	
		现场视频—低等质量（DL）头盔/车载（14%）	
		现场视频—低质量（DL）态势情况（14%）	
		现场视频—高质量（DL）头盔/车载（14%）	

（续）

场景	UL/DL	最大数据容量需求应用	总数据传输速率（峰值流量）/（Mbit/s）
重大山林火灾	UL	现场视频—中等质量（UL）头盔/车载（29%） 现场视频—低质量（UL）态势情况（25%） 现场视频—高质量（UL）头盔/车载（20%） 现场视频—中等质量（UL）视频会议（10%） VoIP 手机接入（5%）	12.0
	DL	现场视频—中等质量（DL）头盔/车载（23%） 现场视频—低质量（DL）态势情况（19%） 现场视频—高质量（DL）航拍（16%） 现场视频—高质量（DL）头盔/车载（16%） VoIP 手机接入（4%）	15.2
有毒气体泄漏	UL	现场视频—中等质量（UL）头盔/车载（41%） 现场视频—高质量（UL）头盔/车载（27%） 现场视频—低质量（UL）态势情况（14%） 现场视频—中等质量（UL）视频会议（7%） VoIP 手机接入（3%）	8.6
	DL	现场视频—中等质量（DL）头盔/车载（30%） 现场视频—高质量（DL）航拍（20%） 现场视频—高质量（DL）头盔/车载（20%） 现场视频—中等质量（DL）交通摄像（10%） 现场视频—低质量（DL）态势情况（10%）	11.9

参 考 文 献

[1] Analysis Mason, 'Report for the TETRA Association: Public safety mobile broadband and spectrum needs', Report no. 16395-94, March 2010.

[2] WIK Consulting and Aegis Systems, 'PPDR Spectrum Harmonisation in Germany, Europe and Globally', December 2010.

[3] ETSI TS 170 001 v3.3.1, 'Project MESA; Service Specification Group – Services and Applications; Statement of Requirements (SoR)', March 2008.

[4] National Public Safety Telecommunications Council, 'Public Safety Communications Assessment 2012–2022, Technology, Operations, & Spectrum Roadmap', Final Report, 5 June 2012.

[5] ETSI TS 102 181 V1.2.1, 'Emergency Communications (EMTEL); Requirements for communication between authorities/organisations during emergencies', February 2008.

[6] ETSI TR 102 745 V1.1.1, 'Reconfigurable Radio Systems (RRS); User Requirements for Public Safety', October 2009.

[7] CEPT ECC Report 199, 'User requirements and spectrum needs for future European broadband PPDR systems (Wide Area Networks)', May 2013.

[8] US NYC Study, '700 MHz Broadband Public Safety Applications and Spectrum Requirements', February 2010.

[9] US FCC White Paper, 'The Public Safety Nationwide Interoperable Broadband Network: A New Model for Capacity, Performance and Cost', June 2010.

[10] APT Report on 'PPDR Applications Using IMT-based Technologies and Networks', Report no. APT/AWG/REP-27, Edition: April 2012.

[11] IABG, 'Study of the mid- and long-term capacity requirements for wireless communication of German PPDR agencies', June 2011.

[12] ETSI TR 102 485 V1.1.1 (2006–07), 'Technical characteristics for Broadband Disaster Relief applications (BB-DR) for emergency services in disaster situations; System Reference Document', July 2006.

[13] Wireless Innovation Forum, 'Use Cases for Cognitive Applications in Public Safety Communications Systems – Volume 1: Review of the 7 July Bombing of the London Underground', November 2007.

[14] Wireless Innovation Forum, 'Use Cases for Cognitive Applications in Public Safety Communications Systems – Volume 2: Chemical Plant Explosion Scenario', February 2010.

第3章 未来移动宽带 PPDR 通信系统

3.1 PPDR 宽带通信提供模式变革

在当今世界的大部分地区，目前任务关键型窄带 PPDR 通信（主要以语音和低速数据传输服务为主）的主流提供模式可以用下述几个原则进行描述：

1）使用专用技术。正如第 1 章所讨论的，目前 PPDR 通信绝大多数需要依靠使用 PMR 技术（如 TETRA、TETRAPOL、DMR 和 P25），它们中的大部分产生于 20 世纪 90 年代，与第二代（2G）移动通信系统（如 GSM）同时存在。

2）使用专用网络。PPDR 部署使用的网络主要是一些私营的、专用的网络。建立和运营这些支撑单一部门或多个部门 PPDR 通信要求的网络，主要是用来满足相应部门特定的使用目的。其他非 PPDR 用户对这些系统的使用是受限的。甚至，在大多数情况下，其他非 PPDR 用户是不允许使用这些系统的。

3）使用专用频谱。当前窄带 PPDR 网络运行主要基于专用的频谱，这些频谱是专门为 PPDR 的使用所划分的。

虽然这种提供模式已经被证明能够为 PPDR 用户提供其所需的各种层次的管理能力和较高的可用性水平，但是它所产生的 PPDR 通信设备小众化市场与其他商业无线通信领域相比，在通信设备方面远远缺乏创新，而且设备的价格更加高昂。值得注意的是，在诸如 GSM 等数字技术刚刚开始提振商业移动通信市场时，采用这种提供模式实际上在当时是唯一的一种发展方式。显然，GSM 还没有被人们认为能够满足任务关键型的语音需求（例如，PPT、脱网运行），并且，在 20 世纪 90 年代，GSM 也不是一种被认为能够提供满足应急通信各种层次的覆盖能力和可用能力，以及其他要求的商业部署方案。因此，在这一时期，人们认为商业通信和应急通信必须使用各自单独的系统。除了巨大的市场规模差异，PPDR 领域的创新也受到 PPDR 行业内有限的，有时甚至是分散的资金的限制。最终，对 PPDR 通信系统的投资在很大程度上依赖于政府公共部门的预算（即纳税人的钱）。因为，PPDR 行业与社会公共部门密切相关，或者直接作为政府结构的一部分，或者作为在严格规则制度监管下的外包机构。在这种情况下，PPDR 组织的资金投入通常需要在政策/政府层面上决定，并且，对于新型无线电设备开支的预算在特定的时期内很可能会受到限制，或者只能在特定的时期才能被相关部门批准。而且，这些预算常常被分配给不同的公共安全组织，在分配的过程中很少或几乎没有协调，也就无法集中需求，无法从通信设备采购过程的较高购买力中受益（资金集中可以产生较高的购买力，在采购的过程中大批量的购买可以使购买者获得更多的优惠——译者注）。这种有限和分散的预算导致的后果是网络建设的延迟（一些欧洲国家现在部署的仍然是 TETRA 网络）和过长的设备生命周期（例如，10~15 年甚至更长），这显然增加了技术过时的风险。

与资金问题相关的，还有分配专用 PPDR 通信频谱的问题。PPDR 行业希望政府授予优先的资源，例如专用的频谱。然而，分配额外的专用频谱以应对日益增长的 PPDR 业务需求，对于公共管理来说肯定是一个具有挑战性的问题，因为最适合构建具备宽带能力且经济高效的 PPDR 网络的频谱带宽，也是商业无线通信市场所需的最有价值的带宽。

　　最后，还有一个重要的问题，这种基于专用产品、系统和频谱的提供模式没有在多个单独专用的系统（前面提到，这些单一专用的系统仅仅是为了满足特定机构或行政辖区需求而构建的，为各个机构或辖区自己所特有）之间促进对技术互操作性障碍的跨越。事实上，即使在已经明确要推动部署可以被多家 PPDR 机构所共享的大规模专用 PMR 网络的欧洲，互操作性的问题仍然是一项亟待解决的挑战，无论在国家的层面上（例如，一些乡村已经部署了无法达到互操作性要求的区域网络），还是在整个欧洲的层面上，在各个国家的 PPDR 组织之间。

　　在这种情况下，以下几种趋势正在推动目前 PPDR 通信在欧洲的发展[1]，其中大多数也同样适用于世界上的其他地区。

　　1）语音通信一直是主要的任务关键型应用，但数据通信正越来越多地被用来支持一些 PPDR 的富数据应用。而且，新型 PPDR 应用需要新的用途和新的电信支持方式。在这方面的一些例子，如 Ad hoc 网络、传感器网络和支持高数据传输速率的地面—空中链路。

　　2）各种安全挑战（例如，恐怖主义和环境灾难）已经引起了公众的共识，并促进了政府对 PPDR 组织能力和效率方面的政策支持。

　　3）政府部门、行业和监管机构正在倡导在公共安全和商业网络设施之间建立一种更加紧密的融合。

　　4）欧洲一体化进程是整个欧洲在 PPDR 组织之间加强合作的驱动力。因此，在政治层面上，欧盟正加大扶持力度去除（包括技术业务层面）全国性组织之间或欧盟成员国之间的互操作性障碍。

　　另一方面，一些保守因素可能会阻碍 PPDR 通信的发展：

　　1）PPDR 组织已经在专用网络方面投入了大量的资金。在不久的将来，这些设施不可能被新技术所取代。

　　2）在 PPDR 领域，安全和数据保护是最基本的需求。PPDR 组织担心他们的数据安全保护水平，不想数据被未授权的外人访问。如果不能提供足够的安全性，提供全面互操作性的方案可能不会被他们接受。

　　3）由于出现的服务日益增多，射频（Radio - Frequency，RF）频谱已经变得越来越拥挤，并且这种拥挤的频谱现状可能无法满足未来的技术方案。

　　从前面的讨论可以看到，人们显然需要新的 PPDR 通信服务手段，来满足人们对宽带和可互操作性 PPDR 通信日益增长的需求。因此，这种"专用技术/网络/频谱"的模式应当被重新审视，朝着新方法的方向发展，并且能够同以下原则相结合：

　　1）要追求与商用无线通信行业更高程度的融合。这是 PPDR 行业实现规模经济和跟上迅速被更为广泛的商用无线通信行业所证明的技术演进和创新步伐最基本的要求。

　　2）要在 PPDR 通信提供模式中嵌入商业可持续发展标准。人们发现协同合作和成本分摊方法可以利用公共部门、商业部门和私营部门在 PPDR 服务提供方面的共同努力和投资。在这方面，必须抓住网络和频谱共享原则的机会。

　　3）要在各国 PPDR 通信方面实现更高的合作和统一，促进跨境行动和灾难应急国际援助，以及涉及来自多国官员的安全行动。

　　4）以上提到的方面，不能影响到 PPDR 行业所需的高度控制、安全和弹性标准，目前正由在用的专用窄带通信系统提供。

3.2　驱动模式变革的技术经济因素

　　正如上一节中提到的，PPDR 通信的提供模式需要朝着更加有效且经济高效的方向发展，同时还要保持 PPDR 通信所需的高可靠性标准。需要密切跟踪 PPDR 通信在系统设计、管理和资助方式中的变革。同时，在市场结构和多元市场主体角色方面的变革也可以被预料到。

本节将确定在这种演进中具有关键作用的几种主要的技术经济驱动因素，并对它们进行讨论[2]。显然，利用主流的蜂窝技术是下一代 PPDR 移动宽带通信系统的重要基础之一。对于有效且经济高效地部署 PPDR 移动宽带服务来说，更重要的是在提供 PPDR 服务所需的两种关键资源的配置和使用方面，抓住 PPDR 与其他部门之间的协同合作。其中，两种关键资源指的是：网络基础设施和相应的无线电频谱。图 3.1 给出了“技术、网络和频谱”三个维度方面的关键技术经济驱动因素。接下来的几个小节将对这些驱动因素进行详细介绍，通过在一些相关的研究中引入一些具有说明性的估计，便于读者对其中可以实现的潜在经济利益进行了解。

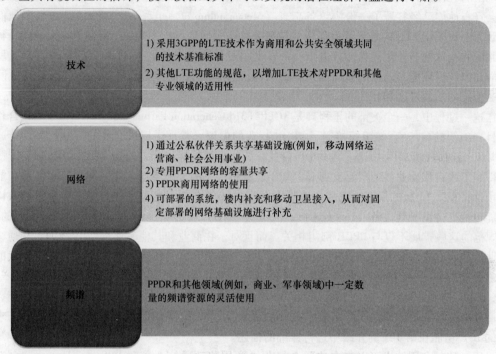

图 3.1　未来 PPDR 通信的技术经济驱动因素

3.2.1　技术维度

在商用领域的技术进步已经导致了顶级无线电技术的出现，可以实现逼近香农极限的性能水平。最新的商用无线通信技术的进展是长期演进（LTE）移动宽带技术，它已经成为领先的 4G 技术标准。2009 年，在挪威的奥斯陆和瑞典的斯德哥尔摩市 LTE 网络首次面向公众提供服务。如今，LTE 网络已经被全世界大多数的主流通信服务提供商进行广泛的部署，为用户提供基于消费者的数据和信息服务。在蜂窝通信的历史上，LTE 第一次将整个移动通信产业推到了单一的技术实现上，创造了前所未有的规模经济。

LTE 技术提供一种高比特率、低延时的 IP 连接服务，可以被很容易地用来提供很多新的 PPDR 视频和富数据服务需求⊖。有了这种强大的技术，却专门为 PPDR 数据中心通信设计全新的移动宽带通信标准的决定几乎是不合理的，并且由于现代通信技术的复杂性，这将需要投入太多的资源和时间。专用的公共安全和关键通信技术无法吸引进入商用蜂窝网络的投资和全球研发水平。

　⊖　有关 PPDR 行业需要的富数据应用的介绍请参阅第 2 章的内容。

在这种情况下，采用 LTE 技术作为下一代应急通信宽带网络的全球标准在全世界的 PPDR 行业中获得强大的动力。PPDR 行业将成为全球 LTE 生态体系的一部分看作是至关重要的，如此可以获得更多的优势，例如更多的终端选择、更低的价格、漫游到商用网络的可能性，以及在未来的发展中长期受益。在 PPDR 和关键通信业界中的很多组织，例如，美国国际公共安全通信官员协会［Association of Public – Safety Communications Officials（APCO）Global Alliance］[3]、国家公共安全电信委员会（National Public Safety Telecommunications Council，NPSTC）[4]与 TETRA 和关键通信协会（TETRA and Critical Communications Association，TCCA）[5]，已经明确批准将 LTE 标准作为提供未来关键通信宽带服务的基准技术。值得注意的是，这些努力并不是相互孤立的，而是寻求从广泛的合作和共同建设中受益。2012 年 6 月，TETRA 和关键通信协会与国家公共安全电信委员会宣布他们已经签署了一份协议备忘录（Memorandum of Agreement，MOA），以强调他们将共同致力于为基于 LTE 的技术开发任务关键型公共安全通信标准的需求。关键通信和 PPDR 行业采用共同的全球标准，预计将会打造出一个丰富的设备和应用的生态体系，而基于标准的设计、开放的知识产权环境、芯片制造商的承诺、大型开发者社区和消费电子制造商的兴趣将共同推动这一生态体系的发展和壮大。

在这一过程中，一个关键的里程碑是 3GPP（3rd Generation Partnership Project，第三代合作伙伴项目）组织的参与⊖，该组织接受了 PPDR 行业的倡议，并承诺提供必要的标准增强功能，从而使 LTE 更加适合 PPDR 用途。与 PPDR 行业有关的具体的标准化工作始于第 12 版的 LTE 规范，其中得到了来自移动业界的广泛支持和 PPDR 利益相关方的积极参与。第一批 PPDR 需求功能的标准预计将在第 13 版的规范中完成，该版本规范在 2016 年 3 月之前完成。标准中包含的关键的新功能包括支持设备到设备（Device – to – Device，D2D）通信和群组通信功能。值得强调的是，LTE 规范的这些扩展不仅与 PPDR 部门相关，而且对于在商业和其他专业部门（例如，交通、公用事业、政府）中增加新的商业机会也很重要。正如 3GPP 官员所表示的[6]，需要在定制化的多和少之间取得平衡，以便在满足 PPDR 和关键通信的特定要求的同时尽可能多地使用商用产品。因此，3GPP 遵循的方法是保持 LTE 在商用领域的优势，同时增加支持关键通信所需的功能，从而在商业和关键通信方面之间寻求技术共性的最大化。3GPP 组织为解决特定 PPDR 通信需求而制定的 LTE 功能在第 4 章的介绍中进行详细的描述。

采用一致的商用技术可以为在这两个行业（商用移动通信业界和 PPDR 行业）之间创造和利用协同合作提供巨大的机会，因为迄今为止，这两个行业几乎是完全分离的。显然，对商用蜂窝和 PPDR 来说，使用共同的技术标准可以为这两个行业带来巨大的优势。

1）PPDR 行业获得了由商用蜂窝网络规模产生的经济和技术优势。使用为大众市场开发的设备而不是利基产品，PPDR 行业将从规模经济、更快的创新和供应商之间的高度竞争中获益。这同样适用于终端用户和专用软件市场，这类市场中的竞争甚至更加激烈。

2）商用蜂窝通信业界有机会获得一部分的 PPDR 市场份额，增强他们的系统能力，从而为其消费者和企业提供一些有趣的应用。

支持关键应急服务的 LTE 设备需要支持当前在 PMR 产品中使用的许多功能和设计考虑，包括高性能电池、无线电、天线和音频、坚固的部件和外壳，以及基于"高速人为因素"的人体工程学设计。尽管在消费设备方面需要具有这种必要的定制水平，但是预期的规模经济可以降低设备和网络设备中由于增加额外的材料清单所带来的那部分成本。表 3.1 展示了 PPDR 设备组件相对于商用设备预期的共用性程度[7]。从表中可以看到，增加了最高定制成本的这些组件（操

⊖ 3GPP 是负责制定 LTE 标准的组织，其官方网站为 www.3gpp.org。

作系统、基带芯片组和射频芯片组），可以完全地被商用设备所利用。然而，这些预期效益仍然需要在实践中证明，并且它们已经被 PPDR 行业中的一些人所质疑[8]。实际上，对于 GSM – 铁路（GSM – R）技术，人们也提出了类似的质疑主张，GSM – R 技术是建立在成功的商业 GSM 标准之上的，并且旨在成为一种能够替代欧洲以前存在的不兼容的轨道内电缆和模拟铁路无线电网络的数字化通信方案。事实上，对 GSM – R 终端的要求与标准终端完全不同，并且销售量非常小，以至于它们最终制造的 GSM – R 终端的价格更加昂贵，甚至超过了为 TETRA 市场设计的同类终端的价格。这是因为与 TETRA 市场相比，利基市场的 GSM – R 市场终端数量少得多，竞争对手的供应商少得多。因此，从 GSM – R 案例中汲取的经验教训不应被忽视，并用于在未来的PPDR 级 LTE 设备中实现真正的成本优势。在这方面，一些制造商已经开始推出具有 LTE 能力的任务关键型手持设备（主要用于美国市场），其宣布的价格约为 1000 美元，这比高端商用智能手机的价格要高，但低于典型的高端 PMR 设备的价格（其价格在 2000 ~ 4000 欧元的范围内）。

表 3.1　PPDR 使用的 LTE 设备组件及定制对组件成本的影响

组件	硬件	软件/中间件	操作系统	基带芯片组	射频芯片组	射频前端
与商用设备的共用性程度	中	中	100%	100%	100%	低
定制对成本的影响	低	中	高	高	高	低

3.2.2　网络维度

PPDR 用户对需要专用网络基础设施提供任务关键型 PPDR 通信有着广泛的共识。这是 PP-DR 行业遵循的主要方法，因此到目前为止全球大多数的 PPDR 服务主要由 PMR 网络所提供。然而，考虑到数据服务的支持与当前的窄带网络覆盖区相比，显著增加了所需的小区站点的数量，需要巨大的投资来推出专用的移动宽带基础设施，这对一些政府公共管理部门来说，可能是不便实现，甚至是无法负担的。

一般来说，蜂窝移动无线网络的长期总拥有成本（Total Cost of Ownership，TCO），包括网络建设的成本［资本支出（Capital Expenditures，CAPEX）］、保持网络能够正常运行 10 ~ 20 年的运维成本［运营支出（Operational Expenditures，OPEX）］，以及资产的贬值部分。根据具体项目的不同，可采用 3 ~ 10 年摊销。在总拥有成本的分析中需要考虑的主要成本要素包括[9]资本支出要素和运营支出要素。

1. 资本支出要素

1）承载基站（BS）的网络站点、传输和交换设备、网络操作中心等，以及根据需要建设的备份站点。

2）网络要素：无线电和传输设备、网关、内部电缆等，以及两级制备份。

3）核心网络和回程网络的电缆铺设和相应的土建工程。

4）站点建设和天线塔架设等所需的土建工程。

5）供电设施与供暖、通风和空调（Heating、Ventilation and Air Conditioning，HVAC）系统移动终端（手机）和车载终端（专用或通用）。

6）带有备用路由选择的核心网络和回程网络管道的通道土地使用费用。

7）数据中心的基础设施、设备和软件许可费用。

8）频谱牌照（如果是按年度支付费用的，那么这项支出也可列为运营支出要素）。

9）网络管理和电信管理网络的运维支撑系统。

10）业务支持系统。

11）后台和前台中心及设备（法务、财会）。

2. 运营支出要素

1）7×24 小时的服务、维护和维修团队，设计和开发人员／人力（HR）成本。

2）电力供应设施和 HVAC 系统配有不间断电源（Uninterruptible Power Supply，UPS），其中 UPS 可以持续多天供电，并使用主电源为自己充电。

3）数据中心基础设施和操作系统、设备和软件的维护，电力成本和年度软件许可费用。

4）经营管理、后台（工资、法务、财会）和前台（销售等）费用支出，以及全体员工的成本。

5）硬件的运维成本，包括额外的安全性、功耗和设备维护，以及站点防护。

6）资本成本（指企业所支付的债务利息和股息等——译者注）。

无线接入网（Radio Access Network，RAN）约占各种蜂窝移动网络成本的（高达）70%。RAN 成本中的大部分并不是无线电和传输设备，而是站点所需的实际厂房（租赁或购买）。除此之外，是铺设回程管线和连接核心网络的线缆所需的通道土地使用成本。另一个 PPDR 网络成本高的原因是大量的冗余需求：需要额外的交换机保持在"待机"模式；在重要位置的 BS（基站）需要配备额外的收发器；布设多个回程线路可以绕过故障链路；配备电池和发电机在主电源无法供电时充当备用电源。还有一种形式的冗余（在 TETRA 中使用）是指通过多个 BS 提供重叠的服务区域覆盖，当其中一个 BS 故障时确保服务提供的连续性。所有这些冗余旨在使网络具有高度的弹性，在其他通信系统出现故障时实现高可用性并维持 PPDR 服务。对于使用 LTE 提供具有同样网络弹性级别的 PPDR 服务来说，也需要采用上述类似的措施。

对全国性 PPDR 移动宽带网络成本的量化研究，目前已经成为多家研究机构的研究项目，其中大多数来自于美国。本章参考文献［10］中设计了一个对这种网络的成本开展评估的参考模型。由于整个网络的成本被认为大体上与网络中小区站点的数量成正比，因此该模型主要是基于网络中所需小区的数量进行评估计算的。网络中小区的数量取决于小区覆盖范围的大小，反过来，小区大小又取决于诸如地形特征、服务区内用户密度、日常 PPDR 业务中每个用户的容量需求、应急响应所需总容量大小、小区边缘最小数据传输速率要求，以及其他重要的链路预算参数（例如，终端最大发射功率、可靠性覆盖范围）。本章参考文献［10］的作者使用这一模型对一个涵盖美国 99.998% 人口（大约相当于覆盖美国 83% 的国土区域面积）数量的网络成本进行评估，评估主要基于三种场景开展，场景之间的区分因素在于频段和可用频谱数量。其中考虑的三种场景是 700MHz 频段中的 10MHz 频谱、168MHz 频段中的 7.5MHz 频谱、414MHz 频段中的 7.5MHz 频谱；而每个场景基于三种不同的业务配置进行分析，即只提供语音业务、只提供数据业务及同时提供数据和语音业务。如果 PPDR 机构继续依靠其现有的语音通信无线系统，那么只提供数据业务的方案是适当的，但是同时提供语音和数据业务的方案要求 PPDR 最终需要逐步淘汰现有的系统，并依靠一个单一网络支持所有的通信方式。表 3.2 针对三种网络场景和目标业务，总结了所需的小区站点总数、前期部署成本、周期性年度成本，以及 10 年期间计算得到的总成本。

表 3.2 中得到的成本是基于下述估算得到的，即在前期部署成本（资本支出）中每个站点成本的估值为 50 万美元；在每年的运维成本（运营支出）中每个站点成本的估值为 7.5 万美元。该成本的估算仅考虑了与小区站点相关的安装和运维成本，而没有考虑骨干网部分的成本或网络规划和管理的成本。此外，手持设备的成本不是基础设施的一部分，因此也没有包括在内。表 3.2 中给出的成本估值主要是参考值，在实际的使用中，可以随着对几个关键输入参数（如覆盖区域的信号可靠性、建筑物渗透率、紧急情况所需的总容量、所需的最高用户数据传输速率和人

口/区域扩展要求）的调整产生显著的变化。事实上，PPDR 网络容量需求评估模式并没有被人们广泛接受，但这对于设计这些成本估算来说却是至关重要的。因此，需要在这一领域采取更多的工作来对这些关键的输入参数进行修复。实际上，表 3.2 中的总网络成本估算结果要比其他类似的估计结果[10,11]略低约 30% ~ 50%，出现这种差异的原因这里无法解释，因为其中涉及的很多假设并不是公开的。但不论怎样，从表 3.2 可以得到的结论是，频段的选择会对站点的总数以及网络的成本产生显著的影响。根据本章参考文献［10］的内容来看，在所有其他因素相同的情况下，工作在 168MHz 频段的网络要比工作在 414MHz 频段的网络在所需小区站点的数量上大约低 30% ~ 50%，因此在成本上大约要低 30% ~ 50%。此外，表 3.2 的结果还表明，从只提供语音业务的 PPDR 系统转变到只提供数据业务的系统，需要显著增加小区站点的数量。然而，从只提供数据业务的系统到同时提供数据和语音业务的系统，这种影响则要小得多。这可以促进传统 PMR 服务和新兴的数据密集型（例如，PPDR /多媒体）服务，在长期的发展中共同向移动宽带网络基础设施发展方向融合，从而避免在语音业务方面和数据业务方面出现重复的基础设施建设。

表 3.2　美国全国性 PPDR 网络建设成本分析

频段/带宽/MHz	700/10	168/7.5	414/7.5
只提供语音业务			
所需小区总数	3700	1000	1900
前期部署成本/百万美元	1900	500	950
运维成本/百万美元	280	75	140
十年期总成本/百万美元	3400	910	1700
所需小区总数	18 200	6200	10 700
前期部署成本/百万美元	9100	3100	5400
运维成本/百万美元	1400	470	800
十年期总成本/百万美元	16 600	5700	9800
同时提供数据和语音业务			
所需小区总数	22 200	12 300	18 400
前期部署成本/百万美元	11 100	6200	9200
运维成本/百万美元	1700	900	1400
十年期总成本/百万美元	20 300	11 200	16 800

注：经授权转载自参考文献［10］。

根据以前的成本估算，考虑到 PPDR 用户数量在 100 万 ~ 300 万之间时，在 700MHz 频段工作的网络每个用户每年的总拥有成本将在 600 ~ 2000 美元的范围内波动[11]。需要注意的是，这些估值大致上要比目前欧洲 TETRA 网络当前的每用户每年总拥有成本数值高得多，如表 3.3 所示。本节给出的成本估算结果仅作为相对于当前的窄带部署来说，部署新的专用宽带网络所需投资额度的参考值。正如最近欧盟委员会的相关研究报告[9]指出，目前窄带 PPDR 网络的准确成本估算与此有很大的不同，甚至有时相关报告的研究人员无法从政府或 PPDR 网络运营商公布的决算结果中准确地估计出所需成本。该研究给出了一个衡量参考，即欧盟成员国和挪威已经花费了超过 146 亿欧元部署 TETRA 和 TETRAPOL PPDR 网络。此外，还投入了约 40 亿欧元在移动和便携终端设备上，以及每年另外花费 13.5 亿欧元用在这些网络的运营维护上（该估值可能比实际值低）。在欧洲，约有 23 450 个基站为 150 多万用户服务，平均每个基站服务 64 个用户。然而，由于有近 500 万名警察、消防、EMS 和救援人员，因此必须有大量的设备共享这一网络（24h 三班不间断）或继续使用其他的移动网络。

表 3.3 当前专用 TETRA 网络成本

网络	资本支出/百万欧元	运营支出/百万欧元	总拥有成本/百万欧元	用户量	总拥有成本/每用户每年/欧元
Virve（芬兰）	134	222	356	50 000	475
ASTRID（比利时）	99	259	358	40 000	596
Airwave（英国）	52	2649	3601	200 000	1200

注：经授权转载自本章参考文献 [12]。

在过去，由于 PPDR 行业对任务关键型语音通信的迫切需求，相关国家和组织在这一领域投入了巨大的资金，尽管市场已经见证过这种水平的投资规模，但在当前（以及可预见的未来）的经济形势下，很多政府公共管理部门的预算有限，因此市场不太可能看到各国和各相关组织再次共同广泛采用同一种提供模式，即部署新的"独立"的 LTE 专用网络来应对数据密集型应用的需求。在此背景下，部署专用 PPDR 容量时需要遵循的四个关键的成本节约方案可以概括为：

1）通过公私合作关系共享基础设施，这可以充分利用向现有基础设施增加或投入新型终端的边际成本来部署专用 PPDR 网络，而不是部署一个完全独立的专用 PPDR 网络。

2）共享私有 PPDR 网络的容量，以便可以为 PPDR 机构以外的用户（例如，公用事业、交通运输等部门用户）提供服务并收取网络使用费用。

3）将商用网络的能力作为 PPDR 通信解决方案的一个组成部分，这可以有助于缓解专用能力部署中对覆盖范围和容量需求的压力。

4）使用可运输/快速的可部署设备，这是降低部署固定网络设施数量的关键，并且可以为缓解本地容量激增、在服务欠缺区域提高覆盖面积以及增加冗余，提供一种经济高效的解决方案。

下面将对上述四个成本节约方案做进一步的讨论。

3.2.2.1 通过公私合作关系共享基础设施

与私营合作伙伴［例如，移动网络运营商（Mobile Network Operator，MNO）、公用事业机构］共享基础设施逐渐成为一种主要的成本节约方案，特别是对成本中所占比重最大的站点采购成本的降低。在成熟的市场和发展中的市场中，人们都可以发现很多商用移动通信领域内基础设施共享的例子，这些例子可以成为 PPDR 领域中新型公私合作模式发展的坚实起点[13]。网络共享可以采取多种形式，涵盖的范围包括从小区站点和天线塔的被动共享到 RAN 和其他移动核心网的有源组件共享的各个方面⊖。已经部署了大量基础设施的移动网络运营商，显然是网络共享的最佳选择。此外，在任务关键型网络部署共享和使用方面，公用事业机构也被认为是一个潜在的有希望的合作伙伴，因为他们已经拥有大量的基础设施（例如，铁塔、电力、通信回程设施等），而这些恰恰可以被用来增加专用网络设备[14]。基础设施的共享可以让 PPDR 专用网络基于边际成本进行部署，而其中的边际成本是由用于 PPDR 对现有铁塔和站点（已经具备到功能核心网络的回程链路）访问的新型 RAN 的增加过程中产生的。因此，基础设施共享和站点功能强化的方法相比部署一套完全独立的网络来说，是一种具有高性价比的选择方案。

通过与私营实体共享基础设施实现成本节约情况的评估结果已经由美国联邦通信委员会（Federal Communications Commission，FCC）的一项研究报告所给出[11]。假定使用一种基于激励的伙伴关系模式用于此类评估，基于这种模式，公共安全网络运营将与商用运营商或系统集成

⊖ 有关 LTE 标准中用于 RAN 共享的技术能力的内容将在第 4 章内进行介绍。

商合作，一同构建和运营使用专用公共安全宽带频谱的网络。在这种模式下，绝大多数的站点由商用合作伙伴一方承建，他们可以是无线运营商、设备供应商，也可以是系统集成商。该模式假设构建一个 700MHz 的 LTE 网络。费用成本包括该 700MHz 专用 RAN 的安装和运营，以及回程和 IP 核心传输系统（包括辅助支持系统和服务）的共享。IP 网络架构使公共安全机构可以拥有自己的专用服务器，从而为具有高安全和保密等级要求的应用和服务提供支持。基于激励的伙伴关系模式部署公共安全网络的成本与建设一个完全独立的公共安全网络相比，当两种情况下小区站点总数接近 45 000 个且其中 80% 属于新建时，两种方法的技术要求和能力是相同的。在此基础上，基于激励的伙伴关系模式认为前面提到的边际成本增加了铁塔或站点的成本。相反，对于完全独立的网络来说，需要考虑公共安全能力的全部成本。因此，这两种模式的主要区别体现在资本支出和运营支出中单个小区站点的成本、区域划分和站点采购中的成本（由于需要很多新的小区站点，比公共安全窄带 PMR 网络所需的站点要多）、小区站点的回程成本，以及核心网络的成本上。表 3.4 给出了这两种方法在资本支出方面的成本对比结果。总体而言，在同时考虑资本支出和运营支出的情况下，前面提到的 FCC 给出的研究报告分析得出，10 年期的成本节约估计至少为 60%。

表 3.4　基于激励的伙伴关系网络部署模式和完全独立网络部署模式的成本对比

网　络	基于激励伙伴关系模式	完全独立模式
站点数量	44 800	44 800
城市站点升级成本/千美元	95	164
城市新建站点成本/千美元	N/A	223
郊区站点升级成本/千美元	95	213
郊区新建站点成本/千美元	N/A	288
乡村站点升级成本/千美元	216	247
乡村新建站点成本/千美元	363	394
站点总资本支出（包括功能增强）/十亿美元	6.3	12.6
核心光纤环回程安装，非乡村站点/十亿美元	0	2.1
IP 核心设备，网络运维中心/十亿美元	0	1.0
总资本支出/亿美元	63	157

注：经授权转载自本章参考文献 [11]。

贝尔实验室提出的类似研究报告[14]也指出，通过基础设施共享可节省40% ~ 50%的成本。在这方面，第一响应者网络管理局（First Responder Network Authority, FirstNet，该机构曾得到联邦政府 70 亿美元的捐赠，用于在美国部署全国性的 LTE 网络）很早就指出，从成本的角度来看，建设完全独立的网络很可能是不切实际的，而是应当通过与网络运营商的合作伙伴关系，利用美国现有的移动无线通信基础设施（美国无线网络基础设施的累计资金投入估计已经超过了3500 亿美元）[15]。第一响应者网络管理局的官员称，高达 70% 的网络成本可能投入到了小区站点部分。

3.2.2.2　共享私有 PPDR 网络的容量

建立专用的 PPDR 网络，同时允许 PPDR 机构以外的用户（如公用事业、交通运输等部门）使用过剩的容量，可以进一步节省公共预算的成本。由于 PPDR 用户不可能使用所有专用网络中的可用容量（PPDR 通信系统一般被设计用于应对最坏的网络容量假设情况，不过幸运的是，在大部分的时间中，那些能够导致网络容量处于此类假设情况的大规模事件不会发生），因此这被认为是一种可行的方法。

联合使用 PPDR 和其他任务关键型用户的网络是此类容量共享的一种可能的实现[9,16]。显然，与为不同类型的用户分别提供单独的网络相比，部署联合使用网络可以进一步地节省成本。然而，对不同用户（PPDR、公用事业、交通运输）可能具有的需求不对等的平衡和对同私营移动运营商（他们也可以争取到部分专用/商业用户）公平竞争的承诺，是这种方法得以实施的障碍。一个明显的例子是电力公司努力发展智能电网，通过对电网的升级实现供应商和消费者之间的双向数字通信，并提供智能电表和监控系统。在智能电网中，还没有一种统一的方法用来支持此类关键通信服务，因此基于共享平台基础实现 PMR 类型的网络仍然是一种潜在的解决方案之一（正如 2012 年 2 月欧盟委员会发布的关于"使用频谱进行更有效的发电与传输"公共咨询中指出的一样[17]）。

　　对于在 PPDR 和商用业务之间共享网络容量的情况，部署联合使用网络的经济预测是可行的，尽管当涉及平衡不一致的需求和 PPDR 与商用业务发生利益冲突时，这种方法会体现出更高的困难程度。在这种联合商用的 PPDR 网络中，大多数时候，总容量主要用于商用业务（其中除去 PPDR 日常行动所需的容量），而在突发事件响应中，PPDR 用户可以使用总容量中更多的部分来满足突发情况中可能出现的容量增加的需求。在美国，联邦通信委员会曾开展过一个项目，试图促进在相同的频谱和基础设施上部署一个网络，同时为 PPDR 人员和商业用户提供服务。早在 2007 年，联邦通信委员会就在 700MHz 频段上规划了一个 10MHz 的频谱部分专门用于公共安全宽带使用。而且，联邦通信委员会还在该公共安全频谱的附近划分了 10MHz 商用频谱，并制定了相应的商用频谱牌照，称为"D 区域"。2008 年"D 区域"频谱被拍卖，拍卖的条件是拍卖获胜者需要基于这 20MHz 的组合频谱建设一个全国范围的公共安全级别的网络，并且可以被公共安全用户和商业用户共享。这么做是为了既可以拥有商业实体投资，同时又可以建设公共安全级的网络，以换取对频谱使用的优惠。这场拍卖没有产生中标者，归其原因在于人们普遍认为建设此类 PPDR 级别的网络的要求存在相当大的不确定性。在这方面，本章参考文献［10］已经对这种使用 700MHz 频段 20MHz 频谱，同时为商业用户和 PPDR 人员提供服务的联合使用网络的成本进行了分析。表 3.5 对该分析结果进行了转载。在本分析中，联合使用网络的设计要求与只提供 PPDR 的网络的建设要求，在 PPDR 标准上是完全相同的。所进行的评估主要集中在 PPDR 网络和联合使用网络在小区数量和网络成本方面的估算上，这两种网络都同时提供数据和语音业务。如果市场的渗透率可以达到 10%，那么联合使用网络的站点数量就会比只提供 PPDR 服务的网络低 12%。这是因为联合使用网络拥有额外的频谱，导致其小区支持的总容量更高，因此，本章参考文献［10］的作者称，由于 PPDR 用户仅占一小部分，其余部分将由商业提供商承担，因此总成本可以降低接近 15%（从 203 亿美元降到 177 亿美元）。由 PPDR 机构和商业网络运营商之间的公私伙伴关系产生的这种联合使用网络的商业案例已经由本章参考文献［10］的作者在本章参考文献［18］中进行了分析。

表 3.5　PPDR 网络与联合使用网络在网络成本和小区数量上的对比

网络频段类型 /带宽/MHz	PPDR 网络 – 700/10	联合使用网络 – 700/20
所需小区总量	22 200	19 400
前期部署成本/百万美元	11 100	9700
运营成本/百万美元	1700	1500
10 年总成本/百万美元	20 300	17 700

注：经授权转载自参考文献［10］。

3.2.2.3　使用商用网络能力

　　前面两小节介绍的成本节约的方法，只有在和仅使用私营专用网络提供 PPDR 宽带通信支持的情况下相比才具有可行性（可以共享基础设施和/或允许其他用户访问），本小节将讨论一种完全不同的成本节约方法，即直接使用商用移动宽带网络的能力提供 PPDR 服务。虽然在概念上，使用商用和专用网络非常不同，但两者之间并不是相互排斥的，而应当是彼此互补的。事实上，依靠商用网络是缩短市场和投资时间的第一步，而专用网络可以在特定的领域逐步地进行部署，并长期地与商用网络能力一起使用[19]。

这种方法可以通过引入能够严格满足 PPDR 行业在监控和可靠性方面需求的商业协议和技术解决方案来实现。在这方面，由 PPDR 服务提供商采用移动虚拟网络运营商（Mobile Virtual Network Operator，MVNO）的模式（其中，重要监控功能保留在 MVNO 手中。例如，PPDR 用户管理、安全、策略控制等功能），构成了能够较好地利用商业能力的一种合理的解决方案，详情可参阅欧盟委员会在 FP7 HELP 项目中的研究内容[20,21]。对于这种解决方案来说，关键的组成部分在于能否在商用网络中实现对 PPDR 应用优先服务的支持。事实上，在 LTE 技术中已经制定了优先级功能，它可以在网络拥塞出现的情况下，提供强大的网络容量分配管理框架[22]，就像在大规模居住区内发生大型突发情况，此时商用网络能力处于饱和状态。与 MVNO 模式有关的详细内容将在第 5 章中进行介绍。

通过商用网络能力提供 PPDR 服务的成本，取决于移动运营商与 PPDR 组织（或 PPDR 服务提供商）之间签订的服务水平协议（Service - Level Agreement，SLA）的范围。服务水平协议在各方之间规定了移动运营商必须满足的功能和技术方面（例如，服务可用性、优先级功能等）以及服务成本。如果商定的服务水平协议与移动运营商提供给他的商业用户的协议类似，为 PPDR 服务提供容量将与其他商业用户（例如，企业、交通运输等机构）一样，成为一项新的移动运营商的收入来源。相反，如果服务水平协议的目的是提高 PPDR 用户依靠商用网络的程度（PPDR 必然会提出这样的要求），这将会对移动运营商的资本支出和运营支出产生一定的影响。例如，需要实现优先访问的能力在基于 LTE 的设备中属于可选的功能，因此它们的部署将会为网络设备的采购/升级带来额外的成本，同时还会增加对这些功能的运营管理成本。

在移动运营商的商业模式中需要考虑到优先级的实现成本，该成本最终会被转嫁给 PPDR 用户（例如，包含到服务费里）和/或政府部门（例如，用于在商用网络中部署优先级功能的公共资金）。除了要考虑到提供优先访问服务不能给移动运营商带来财务风险之外，还需要注意的是，在应急响应中激活优先访问服务会降低提供给民众通信的可用容量，而在这种情况下，基本的移动通信服务对民众来说应当是最有价值的。因此，可能需要在客户的合同中增加具体的条款，详细说明在突发情况下服务退化的可接受水平。此外，在突发情况下激活优先访问功能，可能会导致移动运营商从对民众提供服务中获得的收入出现损失，不过这可以通过购买保险的方式来弥补，以抵消为 PPDR 用户提供优先访问服务对移动运营商造成的经济影响。

本章参考文献 [23] 对在商用网络中部署优先访问的成本进行了评估。该分析以西班牙为例，假设在西班牙的四个商用网络中部署优先访问语音呼叫服务（而不是移动宽带）。估算的资本支出为 5000 万欧元，运营成本为 200 万～500 万欧元。在服务费方面，该西班牙案例中的参考值为每个用户每年的订阅费用约为 50 欧元，每次通话的固定费用低于 0.20 欧元。事实上，本章参考文献 [24] 对不同商业模式的分析结果主要取决于政府、PPDR 用户和移动运营商在提供优先访问服务中的参与情况：

1）"OnlyOp"模式。在该模式中，人们认为各国政府应当负责提供优先访问服务所需的基础设施，包括相应的资本支出，而网络运营商应当根据他们的市场地位来承担运营支出。国家中的所有移动运营商都应当开展这项服务，并通过竞争获得市场份额。移动网络运营商从 PPDR 用户得到的收入来源主要是激活/订阅费、呼叫费和功能费（每个用户每月）。PPDR 机构可以选择最有优势的运营商，因为他们可以同时得到所有的备选方案。

2）"3Shared" 模式。如前所述，所有的移动网络运营商都应当开展这项服务并通过竞争获得市场份额。但是，资本支出和运营支出现在可以由国家政府、PPDR 用户和移动网络运营商共同分担（例如，政府占 50% 的资本支出，PPDR 组织占 50% 的运营支出，而移动网络运营商承担剩下 50% 的资本支出和 50% 的运营支出）。在这种情况下，由于 PPDR 用户参与成本分摊，收取激活/订阅费用可能不再适用于这种情况，PPDR 机构应当支付相比 "OnlyOp" 模式较少的服务费率。

3）"Exc" 模式。该模式认为，应当使用公开竞争选择实现优先访问服务的移动网络运营商。因此，只有对部署此类服务感兴趣的移动网络运营商会在呼叫业务中发展这项业务，并且在中标标准中明确成本和相关的运营收益由三方共同分摊和分享。这种模式将大大减少政府用于启动此类服务的资金投入。

采用哪种最适合的模式，取决于所考虑国家的具体情况和适用的不同收入来源（订阅费、每分钟通话费、固定费率等）。如果政府公共管理部门选择使用公共资金提供优先访问服务，那么政府公共管理部门则应当有义务避免任何可能违反市场自由竞争的情况出现。

本章参考文献 [25] 对 PPDR 用户在商用网络上使用优先漫游服务的几种可能的定价方案进行了分析。该参考文献作者指出，启动优先漫游可能会导致很多问题的出现：如 PPDR 机构没有激励对商用网络容量进行高效的使用，或者在突发事件情况下，提供这种优先漫游业务导致成本远远超出年度预算，或者 PPDR 漫游业务因占用商业用户的使用和/或造成商业用户流失的增加，而导致商业收入降低。在这种情况下，本章参考文献 [25] 通过分析表明，这些风险出现的概率很小，或者可以通过选择合适的定价方案来减少此类风险。该分析得出的重要结论是，将基于使用量的和固定费率定价结合起来的混合定价方案被认为是最合适的方法。尤其是，预想的混合方案应当是，在正常运行时和本地突发情况期间，默认采用基于使用量的定价方法，而在严重灾难发生时，则启动固定费率定价方案。这可以减轻由基于使用量的定价机制带来的潜在危害（例如，在大规模灾难发生时实施有害的限额配给），同时仍然保留了基于使用量的定价方案在更多的日常使用中带来的激励机制，并且减轻了商业运营商失去基于使用量收入的风险。

在一些国家中，已经采用了对商用蜂窝网络优先访问的方案，但这种优先仅限于语音通信业务。例如，美国使用的无线优先服务（Wireless Priority Service，WPS）系统和英国部署的移动电信特许接入方案（Mobile Telecommunication Privileged Access Scheme，MTPAS）系统，关于这些系统的技术细节将在第 5 章中讨论。对于目前采用的商业模式，它们的主要特征有：

（1）美国的 WPS

1）在网络中实施此类服务所需的所有基础设施成本由政府支付。

2）移动网络运营商的参与是自愿的。

3）用户需要支付此类优先服务的费用（政府制定服务成本的上限和下限）。WPS 启用之后，它的费用包括一项高达 10 美元的激活费和一项不超过 4.5 美元的月功能费，再加上一项每分钟不超过 0.75 美元的使用费[26]。

（2）英国的 MTPAS

1）在网络中实施此类服务所需的所有基础设施成本由政府支付。

2）移动网络运营商的参与是强制性的。

3）用户不需要支付任何额外的费用。移动运营商不得从提供此类服务中获利。

3.2.2.4　使用可运输/快速的可部署设备

可部署系统（例如，可运输的无线电基站和网络设备）和建筑物内增补设备（例如，分布式天线系统）是对常设网络能力的一种有效的额外补充手段，它有助于降低固定部署网络设施的数量，并且提供一种经济高效的解决方案，以应对局部区域通信容量激增，改善服务欠缺区域的服务覆盖，以及增加冗余。

借助新网络组件的 Ad hoc（自组网）部署能力按照要求的覆盖范围和通信容量确定 PPDR 网络规模，可以有效地处理用户临时聚集带来的流量增长问题，还可以对用户很少到达的那些服务不足的区域提供服务覆盖。得益于移动自组网可部署网络组件的解决方案，网络运营商不必在没有或使用率非常低的区域内始终保持全部的业务网络，而是可以根据需要扩展容量或提供覆盖以满足 PPDR 的需求。这种方法可以显著降低网络的资本支出以及节省运营成本，因为只有在持续提供服务的基础上才可能产生回程费用。而且，可部署系统会在广域网（Wide Area Network，WAN）扩建的初期发挥核心的作用，因为此时固定基础设施很可能正处于参差不齐的建设初期阶段。第 5 章将从网络架构的角度对快速可部署设备类型和关键技术特性进行详细的介绍。

基于固定和移动基站（BS）组合的方式，建设一套经济实用的全国性公共安全宽带网络需要投入一定数量的基站。本章参考文献［27］对此类网络建设中可减少的投入基站数量进行了定量的分析。该网络中的无线接入点包括稀疏部署的固定基站，用于支持轻量级的日常行动，以及一组分布的移动基站，准备由车辆或直升机进行快速部署以应对各种突发事件现场情况。实现这种架构的前提是，移动基站可以像大量的人员一样，能够快速地调配到事件现场，并且可以快速搭建开设起来提供所需的无线服务。这增强了对移动基站密度和位置的要求，以及通过无线回程链路将移动基站与固定基础设施连接起来等技术方面的要求。本章参考文献［27］提出的架构与传统的架构相比，着重加强了对小区站点功能的设计，以满足由轻量级日常行动和繁重的事件现场业务共同带来的对吞吐量的严格要求。该参考文献分析表明，所提出的架构在基站需求总量上，减少投入的基站数量可以超过 75%。在这方面，LTE 技术中所谓的微小区（Small Cell）的优势无疑将受益于这种移动基站解决方案的设计。事实上，微小区正逐渐被人们视为将 LTE 引入到公共安全行业的关键推动因素。由于其虚拟化/嵌入式移动核心解决方案的便携性和可用性的特点，微小区可以帮助建立和维护通信保障，即使在无法接入核心通信基础设施的情况下。本章参考文献［28］预计，到 2020 年底，LTE 微小区在军事、战术和公共安全等领域出货量的收入将超过 3.5 亿美元，从 2014 年到 2020 年 6 年间的复合年增长率将达到 45%。

另一种可快速部署的设备是中继站（Relay Node，RN）。中继站作为一种低功耗的基站，通常部署在另一个基站（例如，高功率宏蜂窝小区基站）的覆盖范围之内，用来在小区边缘延伸信号覆盖范围，并且/或者增加局部区域的通信容量。中继站通过无线电接口与基站［称为施主基站（Donor BS）］连接，随后和往常一样向用户设备提供接入服务（即用户设备将中继站看作正常的基站）。人们期望中继站能够在下一代蜂窝网络（例如像 LTE 网络）中，成为一种能够经济高效的满足高数据传输速率和覆盖需求的方式。从成本的角度来看，中继站和基站之间的区别主要在于，中继站的设备成本和站点成本（例如，中继站的站点成本包括信号杆子的成本）一般会便宜一些，并且中继站不会产生额外的回程成本（回程主要使用施主基站的空中接口资源）。中继站的优势是可以部分由传统基站所替代，也就是说要想实现相同级别服务水平，往往需要多个中继站，而对于传统基站来说，只需要一个即可。本章参考文献［29］对商用 LTE 网络的情况下，使用和不使用中继站实现同等服务水平（也称为 isoperformance 场景）的商业网络场景案例进行了分析。其中所选的方法是，在信号覆盖有限的场景中，对使用和不使用 LTE 中继站的两种部署情况下的总拥有成本进行对比。分析结果表明，使用中高功率（33dBm 和 38dBm）的 LTE 中继站可以使运营商节省 30%、甚至更多的成本。该成本收益的原因在于站点相关的成本上，也就是说在部署传统基站的情况下，新站点的开设往往伴随着一定的土建工程成本的投入，从而构成站点相关的成本部分。

3.2.3　频谱维度

显然，部署基于 LTE 的专用系统会带来与频段和频谱管理模式选取相关的问题。尽管 LTE 技术内在的频谱灵活特性（例如，它可以支持不同的工作频段、1.4 ~ 20MHz 的传输带宽、载波聚合，以及频分双工和时分双工模式）对该技术的推广和普及起到很大的促进作用，但是政策、法规和经济方面的因素对最终方案的选取将具有更大的影响。

从技术和操作的角度来看，为 PPDR 分配独占专用的频谱是 PPDR 行业的最佳选择，因为这可以让他们实现对该频谱资源的完全控制。然而，为 PPDR 无线电通信分配足够专用的频谱对政府公共管理部门来说却是一项挑战：适合用来支持经济高效且具有宽带能力 PPDR 通信所需的频段，同样也是市场用来提供商用服务所需的极具价值的频段。

对于所有资源来说，包括无线电频谱，主要的经济目标是最大化资源所能带来的社会净收益。价格作为一种重要的机制，以确保用户对频谱资源的高效利用。因此，被人们广泛接受的频谱定价目标和宗旨是[30]：

1）涵盖由频谱管理机构或监管机构承担的频谱管理活动的成本。

2）通过投入足够的激励机制确保频谱资源的高效利用。

3）最大化从频谱资源使用中获得的国家经济利益。

4）确保从使用频谱资源中受益的用户支付频谱使用的成本。

5）将收入提供给政府或频谱监管机构。

人们期望为 PPDR 服务分配频谱能够改善 PPDR 组织的总体效率，并成为 PPDR 通信行业内经济增长、创新和生产力发展的一项主要的刺激因素。人们已经认识到，为 PPDR 分配额外专用或共享的频谱可以提高 PPDR 响应的总体效率，而对这种总体效率的提高所带来的社会经济效益的评估却是难以计算得出的：PPDR 频谱所带来的经济价值很难从纯市场的角度进行量化，主要是因为它被用于确保公民的生命财产安全[31]。本章参考文献［32，33］对英国以及其他一些欧盟国家在这方面的社会经济效益给出了一些评估。根据这些评估结果，所评估的一组 10 个欧洲国家，总计约 3 亿人口的年度综合社会经济价值约为 340 亿欧元。该数据的得出，考虑了安全（例如，事故数量的减少，以及事故对人民生命财产影响程度的降低）和 PPDR 力量效率的改善情况（例如，生产力的提高）。

在频谱方面，一项更加切合实际的经济价值指标是所谓的"机会成本"。一种评估机会成本的方法是，估计买方愿意支付多少费用来将该频谱用于其最希望的用途[34]。因此，考虑到最希望被用于宽带 PPDR 的频谱同样也是商用移动运营商最想要使用的频谱，所以好的机会成本评估可以从移动运营商在拍卖中愿意投入多少资金竞拍该频谱从而将其分配给移动通信中得出。表3.6 显示了移动运营商在德国和西班牙的拍卖会上拍得的价格，这几场拍卖会分别在 2010 年 5 月和 2011 年 7 月举办。表中给出了每 MHz 频谱的价格以及人均每 MHz（MHz/人）的价格，分别对应于拍卖频段中竞标者获得的最有价值的频谱块的竞标价。如表 3.6 所示，800MHz 频段的出价最高，在德国和西班牙的拍卖会上分别达到 0.73 欧元/MHz/人和 0.5 欧元/MHz/人。显然，1GHz 以下的频谱价格要比 2.6GHz 中的频谱价格高出 10 ~ 33 倍，这是由无线电的传播特性决定的，即频率较低频谱的传播特性较好，有利于在市区以外提供更为广泛的覆盖范围，并且在人口稠密的城区中提供更好的建筑物渗透能力。

表 3.6　德国和西班牙拍卖会中拍得 4G 频谱支付的价格

频段/MHz	每 MHz 的价格	
	2010 年 5 月德国拍卖会	2011 年 7 月西班牙拍卖会
800	5960 万欧元/MHz（0.73 欧元/MHz/人）	2300 万欧元/MHz（0.5 欧元/MHz/人）
900	—	1690 万欧元/MHz（0.367 欧元/MHz/人）
1800	210 万欧元/MHz（0.026 欧元/MHz/人）	—
2000	880 万欧元/MHz（0.108 欧元/MHz/人）	—
2600（对称）	180 万欧元/MHz（0.022 欧元/MHz/人）	230 万欧元/MHz（0.05 欧元/MHz/人）
2600（非对称）	170 万欧元/MHz（0.021 欧元/MHz/人）	无人中标

　　图 3.2 给出了不同国家和地区移动运营商支付的移动频谱价格对比数据，其中主要考虑的是前期用 2G 和 3G 网络的频谱分配情况。图中价格以"美元/MHz/人"的形式给出。如图 3.2 所示，最高价格是 2008 年美国 700MHz 频谱拍卖会中的中标价格，其中美国前 20 个地区（也就是美国前 20 个最大的城市）支付的价格达到 4.17 美元/MHz/人。尽管如此，当时美国在 700MHz 频谱的平均价格仅为 1.18 美元/MHz/人。第二个最高的支付价格出现在 2000 年早期举办的 3G 业务频谱拍卖会上。在德国的情况中，2GHz 下 3G 业务频谱的价格在当时相当于其近期为 800MHz 频谱支付价格的 4 倍。

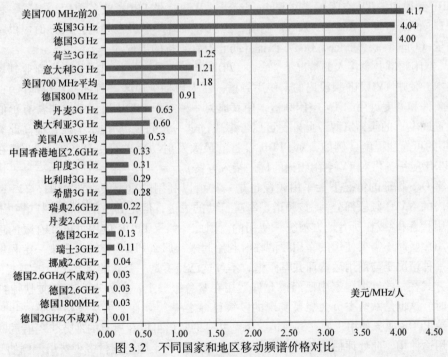

图 3.2　不同国家和地区移动频谱价格对比

　　反过来，本章参考文献［32，33］将 700MHz 频段上 2 × 10MHz 频谱销售的机会成本与得到的社会经济效益估值进行了逐个对比。尤其是，参考文献中评估的这 10 个国家的政府从频谱拍卖中得到的一次性经济收益预计约为 37 亿欧元（折合到 3 亿人口上相当于 0.61 欧元/MHz/人），明显低于所产生的社会经济效益，后者估值约为 340 亿欧元。

　　总的来说，相关部门分配给 PPDR 行业一定量的频谱，通常没有直接的成本，因此，可以在经济方面，通过适当的频谱经济估价来体现这些授予 PPDR 行业的频谱的价值。此外，在 PPDR 用户需要为这种频谱分配支付一定费用的情况下，这种估值也是十分必要的（例如，一些欧洲国家将 GSM - R 频谱用于铁路部门来支持它的任务关键型通信，其中就用到这类方法[9]）。需要注意的是，虽然到目前为止在大部分国家中这还不是一种普遍的做法，但是英国政府在提供下一代应急通信服务方面的政策是，出让自己的专用频谱并要求所有的用户（包括政府）为这些频谱按照市场费率支付相应的费用。

随着频谱方面竞争的不断增多以及更有效利用频谱需求的进一步发展[37]，引入基于频谱共享原则的频谱弹性使用模式在监管机构和行业中正在得到迅猛的发展[38]，并有可能成为探索 PP-DR 频谱分配与管理的实际解决方案工具。事实上，在 PPDR 通信的频谱需求方面，重大事故/事件所需的频谱数量与日常例行业务所需的频谱数量之间呈现出很大波动性。因此，分配专用 PP-DR 频谱最显著的风险就在于，无法在所有的时间内或所有的地方都能一直保持这种高效的频谱使用效率。因此，除了在公共行业内采取有效的激励机制，促进对频谱的高效使用之外（例如，行政激励定价法[30]），在 PPDR 和其他用户之间共享一定量的频谱也是一种现实而有效的做法，它有助于：保证峰值频谱的可用性，以满足重大突发情况下的特殊频谱需求；避免分配大量的 PPDR 频谱（例如，按照应对最坏事件场景下的频谱需求分配频谱），以防日常 PPDR 行动下多余的频谱闲置。

在 PPDR 和其他领域（例如，商业和军事领域）之间引入频谱共享方案，可以为经济和商业方面带来新的影响。正如第 6 章从技术角度所讨论的，主要有两种值得进行深入考虑的方法：允许接入 UHF 频段中的 TV 空闲频谱（White Spaces，WS），供 PPDR 业务使用；部署一种共享接入许可（Licenced Shared Access，LSA）制度，为所有频谱共享者在频谱接入方面提供一定程度的服务质量（Quality of Service，QoS）保证并防止有害干扰的出现。

在 TV 空闲频谱共享接入的情况下[39,40]，PPDR 产业能够追赶并利用这项在商业领域中发展不力的技术，使用 TV UHF 频段内的未使用频谱。在人口稀少地区（例如，乡村地区），这种较好的传播条件和高度可用的 TV 空闲频谱，使其成为一种对于 PPDR 通信来说非常有价值（不需要投入购置成本）的频谱资源。此外，可以考虑通过进一步的规范/技术扩展，提高此类频谱对 PPDR 使用的可靠性程度（例如，对 PPDR 设备的最大发射功率进行更高的授权和/或在紧急情况下为 PPDR 应用提供对 TV 空闲频谱的优先接入方案）。

在共享 QoS 保证的情况下，军用频段也是一种可以利用的重要资源（例如，225～380MHz 频率范围内的 NATO 频段部分）。该频谱是军事行动的关键，但是其中的大部分频谱并不是一直都处于使用状态和/或在所有地方被统一使用的。因此，如果 PPDR 应用可以在有限的地理区域内将军事用户暂时不需要使用的军用频谱临时利用起来，那么 PPDR 就可以实现一定程度的净收益。还有一种情况是与商用运营商共享频谱，不过这已经不是一个新的概念了。事实上，这种类型的共享方式在一些欧洲国家中已经被允许运用在紧急服务上，正如本章参考文献［41］所介绍的。同时，这也是欧盟委员会想要实现的政策目标之一[42]。在重大突发事件下，共享的频谱只能提供给 PPDR 业务使用，而在其他情况下，共享的频谱可以在所有的地方、所有的时间内提供给商业用途使用。此处评估的关键是商业运营商愿意为此类频谱支付多少费用。例如，在欧洲 2.3 GHz 频段上实施共享接入许可制度的倡议[43,44]，预计将揭示这种频谱可能给移动运营商带来的经济价值。正如全球移动通信系统协会（GSMA）的官员所说的[45]，一般来说，虽然移动运营商不能从根本上反对共享频谱接入的概念，但各国政府应继续考虑将专用使用授权许可的频谱作为移动宽带的主要频谱来源。

3.3 未来移动宽带 PPDR 通信系统视图

由上一节讨论的技术经济驱动力推动的模式变革，主张在 PPDR 生态体系中逐步引入 LTE 技术，让 PPDR 行业从商用领域的协同合作和新兴的无线通信技术概念中受益。在这一基础上，全世界 PPDR 机构和政府部门所面临的挑战是，寻找适当的部署方案和配套的商业模式，用于提供 PPDR 移动宽带通信。率先迈向这一理念并/或提供可靠的应急宽带通信服务，目前已经在全球范围内开展，尽管这些举措在入手点和关注领域方面彼此之间仍然存在着很大的差异。例如，2012 年 2 月美国颁布法案明确要建立一个单一的、全国性的治理机构（即 FirstNet，第一响应者网络管理局），在 700MHz 频段上分配 10 + 10MHz 频谱，并且提供 70 亿美元的资金，用于部署一套基于 LTE 技术的全国范围、可互操作的公共安全宽带网络。相比之下，欧洲电子通信委员会（ECC）仍然致力于对适合欧洲范围统一频谱的确定和评估工作。基于上述背景，英国已经开启应急通信提供模式变革进程，使用一种新型的全国性语音和宽带移动通信服务取代当前由 Airwave 通过 TETRA 网络提供的语音服务，尽管其他欧洲国家仍然在部署全国范围的窄带网络。3.4 节将对目前为发展 PPDR 移动宽带铺平道路的主要举措进行详细的介绍。

当然，最适合的 PPDR 移动宽带提供模式可能因国家和地区而异，以应对不同的地理和人口分布、对公共网络不同的依赖程度、不同的预算和私营参与者等相关的具体情况。然而，在上一节中确定的对技术经济驱动因素的分析以及在各种进行的举措下采取的方法，使我们可以得出一种顶级的全面系统结构图，从而部分形成或形成一种全新的应急服务移动宽带通信解决方案。图 3.3 对这种设想的系统结构图进行了描述，其中包含了其实现的基本原则和组成模块。有关图中各组成模块的说明如下。值得注意的是，尽管未来 PPDR 移动宽带通信系统的实现方式可能不同，但其整体的层次结构应当是类似的，即使最终实现的系统可能并不包括图中所有的部分。如图 3.3 所示，人们设想的多层次通信方法应当包含以下几个方面的内容：

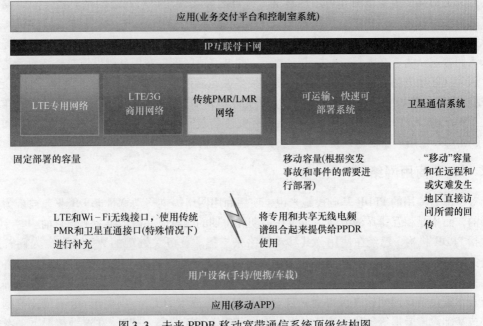

图 3.3　未来 PPDR 移动宽带通信系统顶级结构图

1）固定部署的广域网（WAN），主要由私有/专用和商用 LTE 网络组合构成，并将目前在用的窄带 PPDR 网络对其进行补充和扩展。

2）可运输、快速可部署基础设施，以 Ad hoc 局域网（Local Area Network，LAN）的形式或作为对固定基础设施进行扩展的形式，提供额外的容量和/或覆盖范围。

3）采用卫星接入方式，为移动容量部署提供支持，在没有可用的基础设施或无法承担部署基础设施费用的偏远地区，为便携 PPDR 用户设备的直通接入提供支持。

多层之间的互操作性是确保 PPDR 用户访问他们的服务和不论连接何种网络都能实现彼此交互的重要基础条件。在这方面，标准化的业务交付平台和应用是整个体系结构的核心要素。显然，这些业务交付平台和应用应当充分利用下一代网络传输和业务层之间建立的功能划分（例如，底层网络主要负责提供基于 IP 的连接，而业务和应用主要在该 IP 连接之上进行实现）。这种功能划分使得业务和网络层能够进行单独的配置和提供，更重要的是，各层之间可以独立地进行发展演进。此外，应当建立安全可靠的 IP 互联骨干网，以允许不同的接入网和控制中心实现彼此互连。

无线电接口主要基于 LTE 和 Wi－Fi[⊖]，以传统 PMR 技术（例如，TETRA、P25）以及用于特殊用户设备使用的卫星直通接口作为补充。专用频谱（即专门分配给 PPDR 业务使用）和共享频谱部分都是人们考虑的实现方案。接下来将对图 3.3 描述的主要组成部分进行简要的介绍，并指出本书中对相关内容做进一步详细介绍的章节。

3.3.1　LTE 专用网络

假设频谱和资金充足，部署专用的 PPDR LTE 网络基础设施可以获得最佳的可用性、控制性和安全性功能，从而实现对 PPDR 行业需求的最佳满足。然而，出于经济可承受性的原因，实际的专用 LTE 网络最有可能被很多 PPDR 机构（例如，警察、消防和 EMS 等部门）所共享，并且可能会向其他关键通信用户组织（例如，公用事业、交通运输等部门）所开放。建设专用网络的目的是满足所需的覆盖范围和可用性标准，并且能够实现用户对网络的绝对控制。建设中使用的可用弹性标准越高（例如，使用备用发电机强化网络，重要组件、设备和通信链路冗余备份，以及更具鲁棒性的安装），专用网络能够承受的由强风和低强度地震带来的物理破坏等级就越高。人们普遍认为，在大都市、城市，甚至一些城郊地区部署专用基础设施对经济而言是有意义的，因为这些地方的容量需求能够支撑建设很多彼此靠近且相对密集的小区站点。为满足 PP-DR 的通信需求，3GPP 组织制定了一些有针对性的 LTE 功能。有关这些 LTE 技术特性的详细内容将在第 4 章进行介绍。此外，第 5 章将给出有关"公共安全级"需求的定义，并就构建和运行 PPDR 专用 LTE 网络中所面对的挑战和解决方案展开分析和介绍。

3.3.2　LTE 商用网络

相对于部署专用的 PPDR 基础设施来说，使用商用网络提供移动宽带 PPDR 业务被认为是一种互补的，而不是相互排斥的方式，至少在近期和中期的一段时间内。事实上，目前一些专用用户，包括 PPDR 机构，已经在使用公共移动网络来支撑非任务关键型的数据应用。人们普遍认为，公共网络在常规条件下能够很好地处理大量的日常行动。而且，即使在专用 LTE 网络已经被推出并建成时，由于突发事件在时间、地点和规模上的不可预测性，实际上人们也无法确保第一响应者在紧急情况期间始终仅得到来自专用基础设施适当的支持（例如，由于覆盖范围、容量较小或基础设施受损等导致无法从专用设施中获得 PPDR 业务支持）。在这种情况下，考虑将公共移动网络作为提供 PPDR 服务的一个整体组成部分，可以带来很多现实的好处，包括提供总的通信容量、改善通信系统弹性，以及增加无线电的覆盖范围，等等。但事实上，在紧急情况下，

⊖　尽管工作在非保护频段，但 Wi－Fi 目前已经成为很多工业或物流环境中专业人员使用的主要的数据交换技术。Wi－Fi 技术具备如此重要的价值，得益于该技术的性能、合理的成本和易于实现的特点。

与目前用于任务关键型语音业务的 PMR 网络相比,公共蜂窝网络很容易产生拥塞,并最终崩溃导致无法使用[46,47]。不过,随着商用宽带网络正逐步成为社会基础设施的一个重要的组成部分,一项共识也在逐步达成,即这些商用设施无疑将在很多关键通信解决方案中发挥出重要的作用,使用户能够在较短的时间内在 PPDR 业务中体验到丰富的多媒体工具所带来的优势[15,48,49]。因此,人们预计使用公共移动宽带网络是提供新兴的数据密集型/多媒体 PPDR 业务的基石,然而对专用和/或商用网络的依赖程度和他们的使用水平,在各个国家和地区之间可能会出现较大的差异。从网络运营商的角度来看,这种方法可以带来不同的商业机会,为公共安全细分市场提供不同等级的服务。在使用公共移动宽带网络提供 PPDR 业务时所面对的挑战和解决方案将在第 5 章内容中进行详细深入的介绍,包括通过专用和商用网络以一致的方式提供 PPDR 移动宽带业务的混合解决方案。

3.3.3　传统 PMR/LMR 网络

引入 LTE 提供 PPDR 只是对现有的传统 PMR 网络(例如,TETRA/TETRAPOL/P25/模拟 PMR)进行补充,而不是用来取代它们,在不久的将来,这些传统的 PMR 网络很可能仍然是任务关键型语音业务的最佳选择。一个明显的原因在于诸如群组通信和直通模式等任务关键型语音业务的关键功能在 LTE 标准中仍然处于正在引入并研发的状态,并且在这些功能完全开发完成并通过测试以满足严格的 PPDR 业务要求之前,仍将需要几年的时间。而且,在新的移动宽带网络建成并能够提供等同、甚至好于现有 PMR 系统提供的覆盖范围之前,PPDR 用户仍然无法放弃他们的传统系统。因此,在移动宽带解决方案能够有效替代现有的 PMR 系统之前,LTE 网络及其相关的应用必须能够满足所有现有系统能够满足的需求(包括功能和覆盖范围)。在此背景下,可以将提供宽带任务关键型语音业务作为一项长期的目标,而不会妨碍或影响与部署移动宽带解决方案有关的短期利益,其中这种解决方案的最初目的在于提供以数据为中心的应用业务。因此,公共安全业界应当创建两条平行的发展路线,分别实现长期和短期的目标。这一观点也得到了相关组织,诸如国家公共安全电信委员会、国际公共安全通信官员协会和 TETRA 和关键通信协会的坚持[4,5,50]。在此背景下,与传统系统之间的互联互通业务和 PMR/LTE 多模式用户设备的采用预计将成为 PPDR 用户最基本的配备。在这方面,一些 LTE 与 PMR 系统(如 TETRA 和 P25)之间互联互通的解决方案将在第 5 章内展开详细的介绍。

3.3.4　可运输系统和卫星通信

可运输系统可以让 PPDR 第一响应者随身携带网络,以应对那些发生在几乎全天都没有通信站点提供覆盖的区域(例如,乡村和野外环境)内的事件。因此,可以在需要的地方和需要的时间内部署小范围的通信覆盖,取代部署永久的、固定的基础设施。可运输系统的使用预计将成为网络恢复、网络扩展和远程事件响应的核心要素。可运输系统的使用将并不局限于 PPDR 网络运营商。公共移动网络运营商也可以通过可运输基站为灾难救援行动提供支持。

可运输系统具有不同的类型,通常将它们分为两类:车载基站(Cell On Wheels,COW)和车载系统(System On Wheels,SOW)。一方面,车载基站通常包括带有一个或多个回程传输(像微波或卫星)的基站(例如,LTE eNodeB 基站)。车载基站需要连接到核心网(例如,LTE 演进型分组核心网),以提供对应用程序功能的支持。另一方面,车载系统属于全功能的系统,无需回程连接即可工作,不过,这种系统很可能要比车载基站更加昂贵。一般的做法是,在人口密集地区,如城市环境中,使用车载基站,因为在这样的环境下,与核心网的连接可以得到保证;而车载系统更多则是被应用在乡村环境和灾区,因为在这些环境下,宽带回程连接是一个比较大的问题。可部署的系统还可以利用 Wi – Fi 和 LTE 技术来支持混合方案（例如，可运输系统使用 Wi – Fi 接口创建热点，供 PPDR 第一响应者的设备实现本地接入，然后依靠 LTE 再为 PPDR 第一响应者提供远程连接）。

由于地面基础设施容易受到各种自然灾害和人为灾难的影响，因此可以将卫星通信和可部署系统配合使用，从而为 PPDR 业务提供一种独特且重要的方法，使人们能够围绕地面设施出现的各种危害制定出有效的应对方案。这使得卫星通信平台成为 PPDR 通信手段中的一个重要的组成部分。卫星服务可以在那些没有地面通信基础设施以及部署光纤或微波网络成本过高的地区内提供。它还可以在那些现有的通信基础设施老旧过时、服务能力不足或设施故障损坏的区域内提供服务支持。

尤其是，甚小孔径天线终端（Very Small Aperture Terminal，VSAT）解决方案可以被用来为可部署解决方案提供回程连接（例如，为车载基站提供回程连接）。通常，典型的甚小孔径天线终端可以拥有高达数 Mbit/s 的全双工连接链路，能够提供各种所需的语音、数据、视频和互联网服务能力以及它们的任意组合。动中通（Communications On – The – Move，COTM）也是一种重要的 PPDR 解决方案，可以支持诸如移动指挥控制类的应用，此类应用可以将行进中的车辆变成移动指挥所，以及为到达指定地点的人员在本地地面和无线通信基础设施不可用的情况下，充当固定的命令接入点。此外，移动卫星服务（Mobile Satellite Service，MSS）解决方案也可以用于 PPDR 用户，使用户可以使用便携式的卫星电话和终端。移动卫星服务终端可以安装在船舶、飞机、卡车或汽车上。移动卫星服务终端甚至还可以由个人随身携带。不过，发展前景最好的应用是便携式卫星电话和宽带终端，它们可以使用全球业务。此外，集成卫星和蜂窝技术的解决方案也非常适合于 PPDR 使用（例如，插入手持设备中的卫星芯片或能够将蜂窝设备转换成卫星设备的适配器）。第 5 章将进一步介绍有关使用卫星通信实现可部署系统互联和卫星直通接入方面的详细内容。

3.3.5　基于 IP 的互联骨干网

多个组件（例如，无线电站点、托管移动核心网络和业务交付平台的数据中心、PPDR 可部署系统、应急控制中心和公共安全响应点、区域/国家 PPDR 网络互联等）的互联实现主张采用基于 IP 的互联解决方案。由光纤、同轴电缆、微波、卫星，以及其他以冗余拓扑的方式部署的链路构成的 IP 骨干网是一个核心的网络组成部分。这种互联的基础设施可以完全或部分由政府部门所有，并且需要依赖于使用由私营运营商提供的互联服务。诸如由全球移动通信系统协会提出的 IP 分组交换（IP Packet Exchange，IPX）技术等互联框架，在商业行业内已经达成了一致的共识，并被公认为区域/国家 PPDR 网络实现互联的一种潜在的解决方案，可以在安全的框架下为人们提供漫游/迁移和可互操作的通信服务，以及相关的应用。第 5 章将进一步介绍有关基于 IP 的互联技术和框架内容。

3.3.6　应用和用户设备

总而言之，移动宽带连接所带来的多媒体和富数据应用（相关内容请参见第 2 章）对 PPDR 第一响应者来说都是现实可见的工具。智能手机与其他类型设备的引入以及通用标准的采用预计将为发展丰富的可互操作 PPDR 应用的生态体系奠定基础。到目前为止，PMR 业界商业模式内的应用和服务定制绝大多数仍需要基于供应商所提供的专用接口。因此，很多应用的开发和定制实际上是受限制的，需要使用昂贵的硬件并限制用户使其只能依赖单一的设备厂商或制造商。相反，在商业领域，软件主导且具有可更换外围设备能力产品的发展，已经为消费者和企业客户提供了一种个性化定制的能力，使他们能够自由定制接收媒体信息、与他人通信和配置其家庭、工作场所以及汽车的方式。其中，涉及的大部分设备都具备互操作能力，因为这些设备都使用开放的标准技术，像蓝牙、USB、Wi-Fi 和公开发布的软件开发工具包（Software Development Kit，SDK）。这些标准成功实现了对市场的扩展，吸引了成千上万的开发者，并极大地促进了专业产品和信息的发展。

ETSI 正与 3GPP 组织密切合作，努力制定基于 IP 连接的关键通信服务综合应用架构的标准化规范[51]。ETSI 制定了一个关键通信系统（Critical Communications System，CCS）的参考模型，定义了功能组件以及它们之间的接口和引用点。关键通信系统架构的核心要素是关键通信应用（Critical Communications Application，CCA），可以将其理解为向关键通信用户提供通信服务（例如，任务关键型一键通服务）的业务交付平台。关键通信应用包括终端侧的能力和通信基础设施侧的能力。有关 ETSI 关键通信系统参考模型的详细内容将在第 5 章进行介绍。

以一种安全可靠的方式，使尽可能多的利益相关者参与到应用的开发中，采用与当前移动宽带应用生态体系服务消费者相同的方式，发展公共安全通信市场。在这方面，美国国际公共安全通信官员协会提出的诸如"应用社区（Application Community，AppComm）[52]"的举措有助于促进 PPDR 行业应用生态体系的发展。"应用社区"提供了一组与公共安全和应急响应相关的应用，供公众和应急响应人员使用。"应用社区"还是一个论坛，公共安全方面的专业人士、公众和应用开发人员可以在这里讨论相关应用并对其进行打分，明确尚未满足的需求并提供他们想要实现的应用创意。基于这项举措，确立了美国国际公共安全通信官员协会在支持发展一个多元的、从业者驱动的公共安全应用生态体系（由公共安全方面的专业人士和应用开发者共同努力培育）中的领导地位。为了进一步培育这种 PPDR 应用的生态体系，还必须具备一种基于开放标准的终端客户端应用下载与安装解决方案（例如，在商业领域中目前比较流行的应用商店模式），以及通过移动设备管理（Mobile Device Management，MDM）软件实现的出厂后终端配置能力［例如，开放移动联盟终端管理（Open Mobile Alliance Device Management，OMA DM）协议标准，在商用网络中被广泛采用］。另一个 PPDR 应用生态体系中的核心要素，是用户设备使用的操作系统。这里不得不提的是令人瞩目的 Android 操作系统平台。目前，该系统平台的性能正在迅速增强（例如，支持 SELinux 内核安全模块、三星 Knox 安全软件），并被诸如美国联邦调查局（Federal Bureau of Investigation，FBI）等在安全方面以要求苛刻著称的众多用户所采用[53]。

另一个值得进一步考虑的领域是在新兴宽带无线技术的背景下调度中心控制系统的功能框架和接口的标准化。在这一背景下，连接到 LTE 网络的指挥控制台的功能和接口需求已经由国家公共安全电信委员会进行了开发[54]。这些"控制台"系统主要位于应急控制中心（Emergency Control Centre，ECC）和公共安全响应点（Public Safety Answering Points，PSAP），尽管它们也可以位于其他设施（例如，医院急诊部）内部，以及作为一种有线或无线的控制台设备，被用在重大事件的现场。相关文献给出的最佳做法和需求是对基于控制台涉及宽带业务的调度操作的特性和功能进行描述，旨在重点强调调度操作的要求和控制台操作员的职能，从而实现对 LTE 网络特性和功能的充分利用。

公共安全使用设备的商业可用性也是非常重要的。必须为用户提供用户友好且坚固耐用的设备，并且这类设备能够有效应对各种恶劣的环境。此外，还有一点非常重要的是，对于特殊的任务必须有相对应的适当类型的设备。为用户提供的设备应当具有不同的安全和坚固耐用级别（超过目前那些消费类电子的用户设备），以及 PPDR 专用配件（例如，可穿戴设备，像智能眼镜和智能头盔）和功能（例如，免提语音识别、紧急按钮功能，能够提供类似于 PMR 无线电中紧急按钮提供的服务）。在这方面，所要面对的一个重要的挑战是，如何将这些不同的组件整合到适当的装备中，使其能够最好地满足 PPDR 从业者的需求[55]。此外，这些设备必须支持所提供的频率，而这些频率是能够变化的。设备上的应用必须易于使用并能够支持一般的公共安全任务需求。例如，根据情况动态改变优先级别，具有灵活适应较低带宽的能力，从而确保在糟糕的无线电条件下保持服务的可用性。除了实现互操作性和通过认证之外，终端制造商还需要面对的一个主要的挑战是能够提供双模终端设备，使其既能够支持宽带 LTE，又能够支持窄带 PPDR 网络。

3.3.7　频谱

很多年来，人们就已经认识到对适合支持 PPDR 新兴宽带应用频谱的需求。目前，公共安全 PPDR 行业已经充分意识到了这些需求的必要性。许多研究表明，在世界各个国家和地区都存在这些需求[56-59]。一些国家（例如，美国、澳大利亚、加拿大等国）已经为宽带 PPDR 业务分配了专用的或主要⊖的频谱。一般在 700MHz 或 800MHz 频段上分配的频谱总量分别为 10 + 10MHz 或 5 + 5MHz。在欧洲，PPDR 机构和行业也确定了在 10 + 10MHz 范围内的频谱需求[60]，并且频谱监管部门已经开始寻找适当的频谱分配方式[61]，尽管在 2016 年以前，这种对现有 PPDR 频谱监管框架方面的改变预计还不会开始。在大多数的行动场景中，这种专用频谱的数量预计足以满足 PPDR 任务关键型通信业务的需求。然而，人们已经认识到了，传统蜂窝网络使用的频谱量很可能无法满足由重大事件（例如，中心商业区或大城市中心发生的恐怖袭击事件）导致的局部、短期的需求高峰。而且，如果围绕着那些可能百年一遇的事件制定频谱分配规则，那么在频谱利用方面，很可能导致极其低下的经济效率和频谱利用效率。由于这些原因，其他能够以更加有效的方式提高通信容量的方法，对于频谱分配来说将是至关重要的。在这方面，可以充分利用更高频段上的频谱（例如，4.9GHz 或 5GHz），以及采用动态的频谱共享方案（例如，伺机接入电视频谱，基于优先占用能力的授权次要接入模式），这些方法可以带来额外的通信容量，从而更好地应对 PPDR 业务流量需求激增，并且为局部热点地区（例如，事故现场周边）带来极高的数据传输速率（包括多个视频流）。除了提供专用 LTE 网络和可运输系统的频谱之外，还需要有额外的频谱需求来满足在 D2D（设备到设备）业务模式、空地空（Air – Ground – Air, AGA）链路和微波链路中 PPDR 系统回传所需的宽带传输。第 6 章将进一步介绍与 PPDR 专用频谱和动态共享频谱有关的监管和技术方面的详细内容。

3.4　当前举措

目前，全世界很多的政府部门已经认识到了提供可靠的应急服务宽带通信的需求，并且其中一些政府部门已经采取了各种行动来实现未来 PPDR 移动宽带通信系统。

美国国际公共安全通信官员协会全球联盟（澳大利亚、加拿大、新西兰、英国和美国）合作伙伴协会代表的一些国家正发挥着先锋作用[2]。特别是，早在 2007 年美国就率先为移动宽带 PPDR 分配了 5 + 5MHz 频谱，并首次尝试通过与 PPDR 分配的频谱相邻的拍卖频谱块（即 D 区域频谱）创建一个全国范围的公共安全级别的网络，从而在该领域树立了一个关键的里程碑。在 2012 年的后期，美国颁布了一项新的立法，旨在建立一个单独的、全国性的治理机构，即第一响应者网络管理局（FirstNet），并将 D 区域频谱也分配给了 PPDR 业务（从而产生总计 10 + 10MHz 频谱块，可供目前使用），同时提供高达 70 亿美元的资金发展全国性的可互操作的公共安

⊖　主要的频谱，指的是其他次要的用户可以被允许使用此类频谱，只要他们不会影响、干扰主要的 PPDR 业务对此类频谱的使用。

全宽带网络。在与美国的密切合作下，加拿大已经在 700MHz 频段中分配了 20MHz 频谱给了 PP-DR，以匹配美国分配方式。此外，澳大利亚还在 800MHz 频段内为公共安全机构保留了 10MHz 的频谱，以备后续分配所需。

在欧洲，当前主要的工作是发展欧洲统一的 PPDR 宽带通信解决方案，目前这项工作还停留在监管层面上，其主要的目标是对欧洲范围内适合实现频谱统一的频谱波段（低于和高于 1GHz）进行确定和评估。目前，该监管工作主要由欧洲邮电管理局会议下的电子通信委员会负责，它已经制定了未来欧洲宽带 PPDR 系统，并建立了欧洲宽带 PPDR 通信发展过渡路线图。与这些频谱统一项目开展的同时，一些欧洲国家已经发起了一些行动，朝着基于商用网络提供移动宽带 PPDR 服务的方向发展。例如，比利时的 PPDR 通信服务提供商 Astrid，已经推出了面向数据中心应用的移动虚拟网络运营商服务。除了比利时，其他的欧洲国家，例如芬兰和法国，也宣布了计划在初期阶段，考虑部署移动虚拟网络运营商的模式，来利用商用网络的能力，并逐步部署专用网络。与此同时，英国内政部（Home Office，HO）启动了一项采购流程，用一种新式的国家语音和宽带移动通信业务取代目前由 TETRA 网络提供的语音业务。另外需要注意的是，为应对建设"安全社会"[74]的挑战，欧盟研究与创新框架计划 HORIZON 2020 启动了一项行动，旨在制定一组核心的规范、研究路线图和招标文件，用来作为欧洲各地具有互操作性的下一代 PPDR 宽带通信系统的采购依据和基础。这一行动的预期影响是在 2025 年之前建立一个用于公共安全和安保的欧盟可互操作的宽带无线电通信系统。

一些中东国家也采取了相应的行动。例如，卡塔尔已经建立了一个功能齐全的 PPDR 专用 LTE 网络。在阿联酋，监管机构已经在 700MHz 频段内为宽带 PPDR 业务分配了特定的频谱。

在行业层面上，为了实现业界的凝聚力，促进采用共同的生态体系，诸如 TCCA（TETRA 和关键通信协会）等行业组织，已经建立了 LTE 作为 TETRA 和其他现有任务关键型系统技术演进的初步路线图。TCCA 设想的路线图主要基于对适合标准可以使用的预测时间框架和对 PPDR 行业可采用的不同服务方案进行的分析（例如，使用专用网络，还是公共网络）。TCCA 在协调参与这项标准化活动的不同 PPDR 终端用户组织（来自美国的 NIST、NPSTC 和 APCO，英国内政部，德国内政部，等等）之间发挥着积极主动的作用。他们以一致的方式共同推动 3GPP 组织和其他标准制定机构（ETSI 和 OMA）将这项工作引入到需求规范阶段。

接下来的几个小节的内容将对上述举措做进一步的深入介绍。

3.4.1　在美国部署全国性的专用 LTE 宽带网络

2012 年 2 月，美国国会颁布了第 112 – 96 号公共法案"2012 年《中产阶级减税和创业法案》"，旨在创建一个全国性的具备互操作性的公共安全宽带网络。该法案的主要内容包括如下：

1）公共安全宽带网络将采用基于 LTE 技术的单一的、全国性的体系结构。

2）新成立的第一响应者网络管理局（FirstNet）是负责部署和运营维护这种高速专用的公共安全网络治理框架的主体部门，它是美国商务部国家电信和信息管理局（National Telecommunications and Information Administration，NTIA）内部的一个独立的机构。

3）第一响应者网络管理局持有网络频谱许可证，负责与联邦、州、部落和地方公共安全机构，以及其他关键的利益相关者协商有关网络建设、部署和运营等一切必要的活动。

4）该法案将 700MHz D 区域内的 14 号波段（758～763MHz 和 788～793MHz）分配给了第一响应者网络管理局，用于创建一个单一的全国范围的无线公共安全宽带网络。

5）允许非公共安全机构对该频谱进行租用，但不能影响该频谱的主要使用用途。

第一响应者网络管理局[62]的任务是以一种经济高效的方式创建一个全国性的网络，并向全国的公共安全机构提供无线服务。第一响应者网络管理局让公共安全咨询委员会（Public Safety Advisory Committee，PSAC）对其工作进行协助。该公共安全咨询委员会可以访问 NPSTC、AP-CO，以及很多其他组织和地方的资源。第一响应者网络管理局还与公共安全通信研究（Public Safety Communications Research，PSCR）项目和标准化组织一同从事有关网络需求和标准制定方面的工作，并制定能够支持构建未来公共安全级别网络的相关标准。

美国国会为第一响应者网络管理局拨款 70 亿美元的资金用于部署此类网络，同时为美国商务部下属的国家电信和信息管理局管理的一项新的国家和地方实施拨款计划（State and Local Implementation Grant Program，SLIGP）划拨 13 500 万美元的资金，用于支持州、地区、部落和地方行政机构同第一响应者网络管理局一起规划和工作，确保此类网络能够满足他们的无线公共安全通信需求。为了控制成本，第一响应者网络管理局致力于利用现有的电信基础设施和资产，包括利用那些可以有助于支持和加速这种新型先进的无线网络建立的各种公私合作伙伴关系。此外，第一响应者网络管理局还表示，它将探索出一种新的运营方式，使 PPDR 频谱资源在存在过剩容量的时候，可以提供给其他的用户使用，但是仍然为第一响应者保留优先访问的权利。这项法案创建了第一响应者网络管理局，并规定第一响应者网络管理局是一个自我维持的机构，由该局收取的任何费用不得超过其收回成本所需的金额。第一响应者网络管理局致力于建立一个既可以吸引用户，又可以确保该网络能够实现资金上自我维持的定价模式。显然，公共安全 PP-DR 行业不需要向第一响应者网络管理局支付网络使用费用。第一响应者网络管理局必须产生足够的资金收入，以确保该组织能够实现对这一网络进行年度的运营、维护和改善。除了公共安全 PPDR 行业，其他的联邦机构［例如，美国国土安全部（Department of Homeland Security，DHS）］也将这一即将建成的宽带网络视为一种扩展其任务能力的方式。

在第一阶段，第一响应者网络管理局致力于通过 LTE 网络提供任务关键型、高速数据服务，以补充当前 LMR 网络的语音能力。随着时间的推移，第一响应者网络管理局计划为日常公共安全电话通信提供 LTE 语音业务（Voice over LTE，VoLTE），只要这项技术成熟。

第一响应者网络管理局使用宽带技术机会计划（Broadband Technology Opportunities Program，BTOP）资金已经签署了四项频谱管理租赁协议（Spectrum Manager Lease Agreements，SMLA）。宽带技术机会计划由美国国家电信和信息管理局负责管理，该计划在 2010 年为 7 个公共安全项目提供资金用于部署移动宽带。这些资金在 2 年后美国国会颁布方案创建第一响应者网络管理局之后部分暂停。这些资金的暂停是为了确保所有进一步的活动应符合这项新法案的授权。第一响应者网络管理局对之前的宽带技术机会计划项目进行审查，决定是否持续支持它们。其结果是，第一响应者网络管理局同洛杉矶区域可互操作通信系统（Los Angeles Regional Interoperable Communications System，LA–RICS）管理局、科罗拉多州的亚当斯县（ADCOM 911）、新泽西州和新墨西哥州达成了频谱管理租赁协议。在此背景下，多个公共安全 LTE 系统在 2015 年上马，例如洛杉矶区域可互操作通信系统管理局当时正在建设的 200 多个站点的网络。此外，第一响应者网络管理局还批准了一项类似的、同德克萨斯州签署的频谱管理租赁协议，用于建设哈里斯县 LTE 公共安全网络，该项目通过一项联邦口岸安全拨款予以资助，而并非宽带技术机会计划的资金。哈里斯县是 2012 年第一个使用私有 LTE 系统实现公共安全的县。在频谱管理租赁协议签署之前，哈里斯县网络使用的是联邦通信委员会（Federal Communications Commission，FCC）颁发的无线电台临时使用许可证（Special Temporary Authority，STA）。

2014 年 9 月，第一响应者网络管理局发布了一份包含目标声明（Statement Of Objectives，SOO）草案的信息需求（Request For Information，RFI），以寻求有关各方对特定主题的意见，旨在帮助第一响应者网络管理局制定全面的网络购置策略。该信息需求的内容涉及了与全国性网络的建设、部署、运营和维护相关的问题，加速实现市场化的方式，以及优先级和优先占用的实现。其中一些信息需求的主要目标是最小化公共安全用户的支付费用，提供先进、灵活的无线服务，以及最大化剩余网络容量的价值，以保持低廉的公共安全成本。这项市场调研的主要成果（指的是前面所述的"信息需求"）应该有助于制定最终的征求建议书（Request For Proposals，RFP），有望在 2015 年发布。此外，一旦信息需求过程结束，第一响应者网络管理局将开始选择加入、选择退出进程，这将决定是否选择加入并向第一响应者网络管理局的网络支付接入费用，或者选择退出并使用第一响应者网络管理局提供的 700MHz 频段内的第 14 号频谱建立他们自己的公共安全 LTE 网络，然后再与第一响应者网络管理局的核心网连接，或者直接单独运行，而不使用 700MHz 频段下的专用公共安全宽带网络。

第一响应者网络管理局是美国国土安全部发展公共安全通信愿景的重要一步[64]，因为它被用于主导从当前技术向期望中的任务关键型语音和数据业务融合方向进行过渡。图 3.4 描述了建设无线宽带通信，同时维持 LMR 网络，以支持任务关键型语音业务的概念框架。从图 3.4 中可以看到，LMR 网络、商用宽带网络和全国性公共安全无线宽带网络，目前正在同时进行发展演进。随着通信技术进一步的发展，公共安全将继续使用由传统 LMR 系统提供的可靠的任务关键型语音通信。与此同时，各机构开始实施新兴的无线宽带服务和应用。在过渡期间，公共安全开始建设专用的公共安全无线宽带网络，公共安全组织开始从商用宽带业务向公共安全专用网络过渡。如果当各项技术和非技术的要求（即图 3.4 中垂直方框内所列）可以被满足并且被证明能够实现任务关键型语音能力时，希望随着时间的推移，各机构可以完全地迁移到这种"融合的网络"上。然而，这种融合将是一个长期和渐进的过程，因为各个机构需要对新的技术进行整合，而不是简单地取代现有的系统。融合的速度将因机构而异，并受业务需求、现有系统和资金水平的影响。在此类迁移的过程中，用于将传统 LMR 与宽带系统进行连接的解决方案是必要的前提。即使在全国性公共安全网络能够满足公共安全需求时，一些机构也需要运营独立的 LMR 系统，直到公共安全无线宽带网络全面部署在他们的区域。因此，仍然需要同时向 LMR 网络和专用公共安全无线宽带网络继续投入额外的资金。

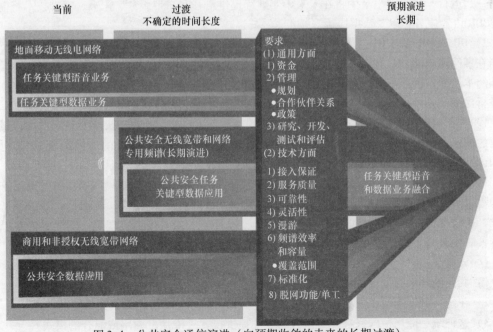

图 3.4　公共安全通信演进（向预期收敛的未来的长期过渡）

注：经授权转载自参考文献 [64]。

3.4.2　CEPT ECC 欧洲范围统一宽带 PPDR 活动

电子通信委员会（ECC）是欧洲邮电管理局会议（CEPT）的三个商业委员会之一，由来自整个欧洲范围内 48 个国家的专业政策制定者和监管机构组成，旨在合作创建一个更强大、更有活力的电子通信和邮政行业市场。电子通信委员会（ECC）的主要目标是统一欧洲范围的无线电频谱、卫星轨道和号码资源的高效使用。这需要在国际层面上的积极作用，在国际电信联盟（International Telecommunication Union，ITU）和其他国家组织内代表欧洲的利益准备欧洲共同提案。

在电子通信委员会内部，49 号频率管理项目组（Frequency Management Project Team 49，FM PT49）[61] 负责处理有关 PPDR 应用和场景的无线电频谱问题，特别是关于 PPDR 组织需要的高速宽带通信能力，其所面对的主要挑战是通过考虑跨境通信问题和 PPDR 应用需求，以及重点关注中长期（2025 年以前）频谱实现，来对面向整个欧洲范围频谱统一的适合频段（1GHz 以下和 1GHz 以上）进行确定和评估。49 号频率管理项目组目前正在与欧洲电信标准协会（ETSI）和其他的组织［例如，欧洲理事会执法工作组（Law Enforcement Working Party，LEWP）和欧洲公共安全通信（Public Safety Communications，PSC）］进行合作（通过联络）。

2013 年 5 月，49 号频率管理项目组发布了 199 号 CEPT 报告[57]，该报告重点是定义应用与网络相关的宽带 PPDR 网络需求，典型 PPDR 行动场景规范、BB PPDR 应用的使用以及无线广域网频谱需求评估。

199 号 CEPT 报告还详细阐述了未来欧洲宽带 PPDR 系统的概念。根据提出的概念，未来欧洲 BB PPDR 系统需要应对任务关键型行动场景，并在非任务关键型场景中，该系统将包含以下两个核心要素：

1）BB PPDR 广域网。BB PPDR 广域网应该提供一种能够满足全国性需求并能够支持高移动性 PPDR 用户的覆盖级别。最初，人们预计 BB PPDR 广域网系统将与窄带 TETRA 和 TETRAPOL 网络一起运行，这些网络至少将在未来十年继续提供语音和窄带服务。未来，宽带技术将能够支持 PPDR 语音服务，以及数据应用。

2）BB PPDR 临时增加容量。BB PPDR 临时增加容量［也称为"热点"或局域网（LAN）］应当在事件现场通过部署除那些基于广域网使用的设施之外的必要的通信基础设施，从而提供额外的本地通信覆盖。这种额外的通信容量应当通过诸如 Ad hoc 网络或额外的广域网的临时基站进行提供，并对具有较低移动性的 PPDR 用户提供支持。

199 号 CEPT 报告给出了 BB PPDR 广域网的频谱需求。相反，由于没有对临时增加容量达成一致的需求，因此该报告没有解决对通过使用不同于广域网中使用频率的 Ad hoc 网络实现的 BB PPDR 临时增加容量的频谱需求评估问题。

199 号 CEPT 报告明确承认，各国可能有广泛不同的 BB PPDR 广域网需求。为了满足这些不同的需求，该报告称，未来设备的工作频段应足够宽，以满足 BB PPDR 广域网计算的最低频谱需求，这将有利于跨境行动和其他国家的需求（如 DR）。为了找到实现统一问题的方案，同时保持各国根据国家需要选择最适合宽带 PPDR 解决方案的主权权利，引入了"灵活统一"的概念。这个概念包含三个主要要素：

1）共同的技术标准（如 LTE）。

2）在统一调谐的范围内，能够决定将多少频谱分配给 PPDR 的国家灵活性。

3）这种统一应当使国家选择最适合的服务提供模式（专用、商用或混合的模式）。

基于上述概念，为了建立泛欧洲跨边境的 BB PPDR 网络，并不需要为此目的分配相同的频段，而是在统一频率范围内选择合适的频段，并采用共同的技术。这可以让跨境的宽带 PPDR 终端在到访国内找到与其对应的 BB PPDR 网络。

　　假设将"灵活统一"的概念作为当前 PPDR 通信向未来宽带业务发展演进的基础，一个能够体现未来发展演进时间表的过渡路线图已经由 49 号频率管理项目组给出，该过渡路线图在时间轴上映射的时间可以持续到 2025 年以后[65]。如表 3.7 所示，该路线图可以帮助 CEPT 管理部门制定提供宽带 PPDR 服务的全国性规划。

表 3.7　欧洲朝着 BB PPDR 通信发展过渡路线图

时间	预 期 事 件
2014	欧洲 PPDR 组织基于商用网络试点开始，第一个由 PPDR 组织实施的移动虚拟网络运营商
	3GPP 标准第 12 版批准发布：ProSe（直通模式通信）、GCSE（移动用户动态群组），由欧洲和美国的利益相关方负责推动
	CEPT 700MHz 方面的技术工作（CEPT 报告的 A 部分响应了有关 700MHz、频段规划和块边缘掩码方面的欧盟委员会任务）完成（2014 年 7 月），除了对专用 PPDR 频谱 2 x 5MHz 可选部分的研究内容
	400MHz 专用 PPDR LTE 网络试点
2015	CEPT 400MHz 方面的技术工作完成
	有关"BB PPDR 统一条件和频段"的 ECC 报告 B 被批准，制定新的 ECC 决策或对 ECC/DEC/（08）05 进行修订
	ETSI 批准第 1 版关键通信标准
	OMA 实现"蜂窝网络一键通"标准化
	预计与商业运营商签署第一份全国性宽带 PPDR 服务合约
	WRC - 15：在 694 ~790MHz 频率范围内开展主要移动频谱分配
2016	CEPT 致力于完善 700MHz 频段的技术条件，以提高国际统一协调能力（例如，根据 WRC - 15 号决议）的相关工作完成
	欧盟和 ECC 关于统一 694 ~790MHz 频段的决定获得批准
	ECC 修订了有关基于 LTE 技术在 700MHz 频段内增加频谱作为新的统一宽带 PPDR 频率范围和"升级"部分 400MHz 频段作为宽带 PPDR 频率范围的监管框架（通过修订 ECC/DEC/（08）05 或制定新的 ECC 决策）
	3GPP 标准第 13 版批准发布：MCPTT（通过 LTE 实现任务关键型一键通功能）、分立的 E - UTRAN 业务（弹性）
	与 3GPP 标准第 12 版兼容的 LTE 设备面向市场
2017	对最初基于商用网络首次实现产生的结果进行检验和总结
	LTE - 700/TETRA 结合的基础设施解决方案面向市场
	将很多欧洲国家发布的 694 ~790MHz 频率范围授权给移动宽带业务使用，一些国家可能选择将其用于专用 PPDR 解决方案
	3GPP 组织预计将在 400MHz 频段内为 LTE 创建一个新的频段类别
2018 ~2020	在 700MHz 频段范围内推出首个商用 LTE 网络
	与 3GPP 标准第 13 版兼容且具有增强 PPDR 功能的 LTE 设备面向市场
	LTE/TRTRA 结合的终端设备面向市场
	首次在 700MHz 频率范围内实现基于商用 LTE 网络的混合解决方案
	可能在 400MHz 频率范围内首次实现专用的 PPDR LTE 网络
	3GPP 标准第 14 版批准发布：3GPP 标准第 12/13 版中 PPDR 功能的改进和增强
	逐步调整 PPDR 行动程序，使其包含宽带通信
	在 700MHz 频率范围内，根据灵活统一概念，首次在 PPDR 宽带 LTE 网络之间进行跨境互操作性和漫游功能试验

（续）

时间	预 期 事 件
	兼容 3GPP 标准第 14 版并具备全部 PPDR 功能的 LTE 设备面向市场
2020～2025	引入任务关键型宽带通信试点
	基于 LTE 网络整合语音（非任务关键型）和数据业务
	根据国家决策，基于商用、混合或专用方案通过 LTE 网络提供任务关键型语音和数据业务
2025 以后	TETRA/TETRAPOL 网络逐步被淘汰
	进行 DMO 试验

注：经授权转载自本章参考文献 [65]。

3.4.3　比利时与其他欧洲国家实施的混合方案

在比利时，ASTRID[66] 是全国性的提供应急与安全服务的无线电通信、寻呼和调度网络运营商。ASTRID 是一个政府拥有的公司，成立于 1998 年。ASTRID 无线电网络基于 TETRA 技术，该网络由比利时的应急与安全服务使用，其他负责提供援助（例如，医院、救护车）或将与公共安全相关问题的处理作为其业务一部分（例如，公共交通公司、水电输送公司、钞票押运公司、保安公司）的公共服务组织和公司也使用这一网络。

2014 年 4 月，ASTRID 启动了一项名为蓝光移动[67] 的宽带数据服务，该服务可以让其订阅用户将商用 3G 网络用于数据中心应用。为此，ASTRID 需要充当移动虚拟网络运营商的角色，并对其发布的 SIM 卡实施管理。在比利时的三个商用蜂窝网络内（Proximus、Mobistar 和 Base）和四个邻国（荷兰、德国、卢森堡和法国）的 11 个网络内，这些 SIM 卡可以为 ASTRID 的用户提供漫游功能。虽然 ASTRID 的 SIM 卡有一个"首选"网络，但是当没有信号覆盖时，它们将自动切换到其他的网络上。用户可以通过 VPN 客户端程序在移动终端和 ASTRID 数据中心之间，创建安全的连接（一种"隧道"），从而保证数据传输的保密性和完整性。在将该服务作为 TETRA 备用功能的情况下，终端需要兼容 3G/4G 和 TETRA。

蓝光移动被看作是为 PPDR 用户提供移动宽带的一个临时的解决方案。然而，这里的"临时"可能意味着 5～10 年的时间[9]。虽然在其他的国家中没有类似的服务在运行，但是在一些国家中，如芬兰和法国，也考虑了移动虚拟网络运营商模式。

在芬兰，TETRA 运营商 VIRVE 制定了一个实现政府控制的专用和商用 LTE 混合网络的发展路线图，目标是到 2030 年之前最终能够实现关键语音和宽带数据业务的提供[68]。VIRVE 目前的 TETRA 网络可以向从社会服务到国防力量的所有 PPDR 机构提供关键型语音和短信服务。在新的网络频谱需求方面，700MHz 频段内的一些专用频谱将被分配用于满足公共安全需求，这项分配预计将与其他欧盟国家保持一致。在引入商用网络方面，人们认为在事件多发和人口密集的区域（例如，城市地区以及主要高速公路沿线）使用专用网络，而在人口稀少地区依靠商用网络，这种做法被看作是最经济的方案。在这方面，应当确保商用网络能够满足最基本的政府部门要求，例如除了提高网络可用性和可靠性之外，政府部门很可能通过在商业频率许可条款中增加具体的要求，来寻求能够保证政府部门在任何时候都能优先接入的能力。在此基础上，对芬兰来说，从 TETRA 过渡到宽带的一个合理的时间窗口，应当从接下来的十年里基于 LTE 的关键型语音业务的使用开始，并到当前 TETRA 网络服役结束为止，即 21 世纪 30 年代上半部分的某个时候。建立全国性范围的 TETRA 覆盖需要几年的时间，甚至更长，直到所有单独的模拟系统关闭。因此，窄带 TETRA 业务和 LTE 宽带网络将长期并存，这种并存的网络应当被视为资产而不是负担。对于这种情况，人们设想了以下五个步骤[68]：

1）创建一个数据移动虚拟网络运营商，以满足日益增长的日常数据需求。该目标可通过扩展订阅用户和服务供应系统，使其基于宽带网络满足用户需求来实现。

2）对拥有的 LTE 核心网中的用户实施管控。在第二步中，关键型语音和短信业务将在窄带网络中运行，而高速非关键型（但安全）数据业务将在商用宽带网络中运行。

3）在选择地点内，将拥有的 LTE 核心网扩展成自有专用宽带无线电接入，提供关键级别的数据业务。

4）一旦基于 LTE 的关键型语音业务标准化就绪，并且 TETRA 供应商在 TETRA 侧，能够支持基于 LTE 的群组呼叫功能，那么就可以连接 TETRA 和 LTE 网络。以这种方式，大规模的开发投入将在 TETRA 群组通信功能方面展开，例如优先级实现。随后，将在窄带和宽带网络内同时实现相同的语音业务。不过，在专用网络中该业务可以达到关键型服务水平，而在商业运营商的网络中，它只能达到其所能提供的水平。

5）一旦宽带业务的可用性和可靠性能够满足公共安全需求，则终止 TETRA 无线电接入。在一些（大多数是乡村）地区，这可能率先发生在 TETRA 网络备用配件库存用完时。

在上述五个步骤中，窄带 TETRA 网络将转变为 TETRA 关键型语音业务服务器，运营商可以获得相关经验知识，掌握如何进行宽带网络运营。同时，用户将能够访问高速数据业务，使其从相应数据应用中获益并开始一种全新的以信息为中心的工作方式。

在法国，内政部还披露了一种基于下述模式部署移动宽带 PPDR 业务的混合策略[69]：

1）用于 PPDR 关键型通信的专用网络。

2）由移动虚拟网管理的用于非关键型和宽带传输的商用网络。

法国目前的情况是，有两个全国性的 TETRAPOL 网络，可以为多个 PPDR 机构提供服务，还有多个 TETRA 网络，被其他的关键型通信设施运营商使用（例如，机场、铁路），从现有情况入手，法国正抓紧这一时机发展唯一的专用宽带 PPDR 网络，以提供语音和数据通信业务。下述 6 项原因被认为可以有效证明，选择专用方案替代同移动网络运营商签订商业合同方案，实现 PPDR 业务的合理性[69]：

1）商用网络无法保持专用网络的可用性。

2）使用专用网络，可以保证即使在紧急情况下服务也能得以保证。

3）专用网络可以确保提供更高的安全级别。

4）移动网络运营商的法律义务有限。

5）商用网络无法提供全球性的通信覆盖。

6）商业服务水平协议（SLA）无法替代国家责任。

在此基础上，法国还计划为 PPDR 分配专用的频率。特别是，法国正考虑在 700MHz 频段范围内分配一定数量的频谱，以利用 LTE 商业生态体系的规模经济优势对这一频段开发的促进，并考虑在 400MHz 频段范围内另外分配一定数量的频谱，从而实现对现有部分通信基础设施的重新利用。为配合预期建设的 PPDR 关键型通信专用网络，商用网络也将被用于提供基于移动虚拟网络运营商的非关键型通信业务和宽带 PPDR 通信业务。

3.4.4　英国 LTE 应急服务网络

在英国，英国内政部已经启动了取代 TETRA 系统的进程，该系统主要为大不列颠（英格兰、苏格兰和威尔士）的公共安全机构和其他政府组织提供任务关键型通信业务。TETRA 系统是一个拥有专用频谱的私营网络，由 Airwave 负责运营。该系统覆盖了全英国 99% 的国土和 98% 的人口。它可以为三种应急服务（警察、消防和救护）以及国内其他付费用户提供服务。据英国内政部的官员称[70]：TETRA 系统的性能"非常出色"，但是对于用户来说也是"非常昂贵的"，尤其是当商用无线通话成本直线下降时与商用无线通信系统相比的情况下。出于对 Airwave 服务成本，以及对 Airwave 系统相关合同预计将在 2016～2020 间到期情况的考虑，英国内政部决定取代现有的关键型语音系统，并寻求一种经济高效的方式发展宽带数据业务。

应急服务移动通信计划（Emergency Services Mobile Communications Programme，ESMCP）[71] 是一项跨政府、多机构参与的计划，预计将向应急服务和其他公共安全用户提供未来的通信系统。该系统将命名为应急服务网络（Emergency Services Network，ESN），预计可以向前面提到的英国三种应急服务提供整合的关键型语音和宽带数据服务。这些服务要求移动通信网络能够为三种应急服务提供其所需的完整的覆盖、弹性、安保和公共安全功能。

应急服务网络将取代在现有服务合同下提供的这些服务。在这些服务合同中，很多内容都涉及为英国的三种服务和其他用户提供的服务。新的服务合同在 2015 年颁发，以便于从 2016 年年底开始提供服务，因为与 Airwave 现有的服务合同已经开始到期。

应急服务移动通信计划旨在最大限度地提高商用通信基础设施对应急服务的共享程度。该合同结构由英国内政部制定，内容涉及中央政府与商业供应商之间的四份子合约：

合约 1，应急服务网络交付合作伙伴（Delivery Partner，DP）——过渡支持，交叉合约整合与用户支持。交付合作伙伴可以提供用于交叉合约应急服务网络整合的计划管理服务、用于过渡的计划管理服务、培训支持服务、用于交叉合约整合测试保证和车载安装设计与保证。

合约 2，应急服务网络用户服务（User Services，US）——为应急服务网络提供端到端系统整合的技术服务整合机制。提供公共安全通信服务（包括公共安全应用的开发和运营），并提供必要的电信基础设施、用户设备管理、客户支持和服务管理。

合约 3，应急服务网络移动服务（Mobile Services，MS）——弹性移动网络。网络运营商，提供一种增强的移动通信服务，在合约 3 定义的区域内，具有高度可用的通信全覆盖能力，基于合约 4 的电信网络和提供给合约 2 和 4 的技术接口，具有高度可用的通信覆盖扩展能力。

合约 4，应急服务网络扩展服务（Extension Services，ES）——覆盖范围超出合约 3 网络的覆盖范围。中立主机可以在合约 4 定义的区域内提供高度可用的电信网络，使合约 3 的供应商能够扩大他们的通信覆盖范围。

这些合约的内容包括政府遇到系统故障、有关最低可用性的服务水平协议、协议转让的限制和不可抗力索赔范围等各个方面的条款。需要注意的是，参与该网络（合约 3）竞争的供应商主要是 Airwave Solutions、EE 公司、西班牙电信英国公司（Telefonica UK）、英国宽带网络公司（UK Broadband Networks）和沃达丰（Vodafone）公司。这反映了英国的移动网络运营商似乎在任务关键型市场中看到了一种商业模式，尤其是如果政府愿意加强网络满足 PPDR 标准支付费用的情况下 [9]。在该合约下，假设政府可以以低于个人订阅用户的批发价格购买其 PPDR 服务的容量。而且，招标框架要求投标者来自多家移动网络运营商，这样可以在竞价的环节中引入竞争。根据英国内政部的官员介绍 [72]，2016 年，将启动向应急服务网络的过渡，以便在 2020 年之前完成过渡。该服务合约估计价值将高达 12 亿英镑 [73]。

在频谱方面，英国政府的政策是出让自己的频谱，并要求用户（包括政府）为这些频谱按照市场费率支付相应的费用 [74]。因此，最佳的发展方向是尽可能减少对专用频谱的需求，并确保所有使用的频谱位于统一的频段内，以便用户可以直接使用现有的商用（Commercial Off - The - Shelf，COTS）设备。只有被证明，假如专用频谱作为唯一提供所需业务能力的方式，或作为可以实现更好的整体商业效益的情况下，才会考虑采用专用频谱。具体来说，对于直通模式类型的应用、空对地支援，可能会需要专用的频谱，或者在私营网络无法作为最佳方案的情况下。在这种方式中，英国的电子通信服务（Electronic Communications Services，ECS）很可能使用通过拍卖分配给商用移动网络运营商的 800MHz 波段的频率。

3.4.5　TCCA

TETRA MoU 协会公司（The TETRA MoU Association），目前称为 TCCA，成立于 1994 年 12 月，旨在创建一个能够代表所有利益相关方、代表用户、制造商、应用提供商、集成商、运营商、测试机构和电信部门的论坛。如今，TCCA 代表了来自全世界各国的 160 多个组织。欧洲所有的政府都是 TCCA 的成员。一半的 TCCA 委员会都是国家政府的代表。很多欧洲的 PPDR 运营商和其他关键用户在制定其未来发展路线图的过程中，都会考虑 TCCA 的意见。

TCCA 内部设立的关键通信宽带组（Critical Communications Broadband Group，CCBG）[75]致力于为关键通信用户、运营商和其他对实现任务关键型移动宽带服务感兴趣的各方提供支持信息和指导指南。显然，TCCA 的关键通信宽带组正在与全球的公共安全、交通、公用事业和其他重要的利益相关团体合作开展下述工作[76]：

1）推动共同的关键通信用户全球移动宽带技术方案的标准化。

2）为对部署关键通信宽带网络适合的（并尽可能统一）频谱进行游说。

在这种情况下，关键通信宽带组正在努力为 PPDR 和其他关键通信网络解决方案（最初用于数据服务）制定强大的 LTE 迁移路线图。TCCA 始终坚持这样一个事实，即标准化以及后续的一致性和互操作性测试，是 TETRA 取得全球性成功的一个重要的基础方面，因此 TCCA 强烈支持为未来全世界范围的关键通信，制定共同的基于 LTE 的全球性标准。根据 TCCA 预测，未来潜在的市场要比仅仅面向 PPDR 业务的单一市场大得多。TCCA 认为，各国最终将有一个或多个专用的公共关键型 LTE 网络，运行在专用的频谱上并通过公共移动网络运营商的业务进行补充。TCCA 的关键通信宽带组已经发布了很多白皮书和报告（参见本章参考文献[77－79]），它们主要研究与任务关键型宽带提供方案相关的问题，并讨论实际的标准化和相关路线图。

图 3.5 转载了 TCCA 制定的路线图，图中显示了从现有的任务关键型语音网络到任务关键型宽带之间的各个阶段[80]。该路线图指出，现有的 TETRA/TETRAPOL/P25/GSM－R 网络直到 2025～2030 年仍将用于任务关键型语音业务。这些技术还能够提供有限的任务关键型数据业务功能。目前，像 TETRA 增强型数据服务（TETRA Enhanced Data Services，TEDS）这种技术的增强和改进可以提供更大（宽带）的数据通信容量，从而使一些国家在一定程度上可能会引入 TETRA 增强型数据服务。因此，可以预见大多数国家将继续运营他们的 PMR 网络至少 10～15 年，并且与此同时，将开始（或者已经开始）通过商用网络提供绝大部分的宽带数据应用业务，其中的商用网络目前已经具备了数据宽带功能的服务能力。以这种方式，2020 年之前的这段时间将主要被用于准备任务关键型宽带解决方案（例如，统一的频段、技术成熟度）。当这项工作在 2020 年左右准备就绪时，可以实现专用网络。之后，该路线图表明在 2025～2030 年左右，宽带网络也可以提供任务关键型语言业务。不过，人们认为这一时间并不是十分确定的，因为语音业务从传统 PMR 网络到宽带网络的迁移，不仅取决于技术的成熟度（预计要想复制全部的 TETRA 功能，可能需要更长的时间），还取决于宽带的覆盖范围能否实现与现有的窄带网络类似或更好的覆盖情况。到那时，商用网络仍将使用（例如，用于非任务关键型业务）在混合模式中。

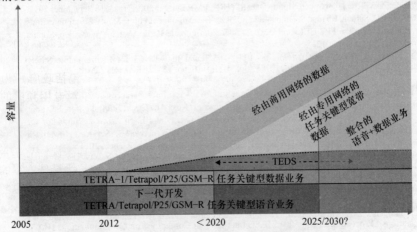

图 3.5　基于欧洲协调方案实际执行的路线图和时间段

注：经授权转载自本章参考文献[80]

参 考 文 献

[1] ETSI TR 103 064 V1.1.1, 'Business and Cost considerations of Software Defined Radio (SDR) and Cognitive Radio (CR) in the Public Safety domain', April 2011.

[2] R. Ferrús, R. Pisz, O. Sallent and G. Baldini, 'Public Safety Mobile Broadband: A Techno-Economic Perspective', Vehicular Technology Magazine, IEEE, vol. 8, no. 2, pp.28, 36, June 2013.

[3] APCO Global Alliance, 'Updated Policy Statement – 4th Generation (4G) Broadband Technologies for Emergency Services', October 2013. Available online at http://apcoalliance.org/4g.html (accessed 27 March 2015).

[4] NPSTC, 700 MHz Public Safety Broadband Task Force Report and Recommendations, September 2009.

[5] TETRA and Critical Communications Association (TCCA) Board, 'Statement to 3GPP and other interested parties regarding adoption of LTE', October 2012. Available online at http://www.tandcca.com/Library/Documents/LTEBoardstatement.pdf (accessed 27 March 2015).

[6] Balazs Bertenyi, 'LTE Standards for Public Safety – 3GPP view', Critical Communications World, 21–24 May 2013.

[7] Public Safety Homeland Security Bureau, Federal Communications Commission, 'The Public Safety Broadband Wireless Network: 21st Century Communications for First Responders', March 2010.

[8] TETRA + Critical Communications Association (TCCA), 'Mobile Broadband in a Mission Critical Environment', January 2012.

[9] Simon Forge, Robert Horvitz and Colin Blackman, 'Study on use of commercial mobile networks and equipment for "mission-critical" high-speed broadband communications in specific sectors', Final Report, December 2014.

[10] Ryan Hallahan and Jon M. Peha, 'Quantifying the Costs of a Nationwide Public Safety Wireless Network', Telecommunications Policy, Elsevier, vol. 34, no. 4, pp. 200–220, 2010.

[11] Federal Communications Commission, 'A broadband network cost model: a basis for public funding essential to bringing nationwide interoperable communications to America's first responders', OBI Technical Paper no. 2, May 2010.

[12] Francesco Pasquali, 'The TETRA business case', TETRA Association Board Member, March 2007.

[13] GSMA White Paper, 'Mobile infrastructure sharing'. Available online at http://www.gsma.com/publicpolicy/wp-content/uploads/2012/09/Mobile-Infrastructure-sharing.pdf.

[14] Alcatel Lucent, 'A How-to Guide – FirstNet Edition', 2012. Available online at http://enterprise.alcatel-lucent.com/private/images/public/si/pdf_publicSafety_howto.pdf (accessed 27 March 2015).

[15] F. Craig Farrill, 'FirstNet Nationwide Network (FNN) Proposal', First Responders Network Authority, Presentation to the Board, 25 September 2012. Available online at http://www.ntia.doc.gov/files/ntia/publications/firstnet_fnn_presentation_09-25-2012_final.pdf.

[16] R. Ferrús and O. Sallent, 'Extending the LTE/LTE-A Business Case: Mission- and Business-Critical Mobile Broadband Communications', Vehicular Technology Magazine, IEEE, vol. 9, no. 3, pp. 47, 55, September 2014.

[17] Radio Spectrum Committee (RSC), European Commission, 'Public consultation document on use of spectrum for more efficient energy production and distribution', May 2012.

[18] Ryan Herrallahan and Jon M. Peha, 'The business case of a network that serves both public safety and commercial subscribers', Telecommunications Policy, Elsevier, vol. 35, no. 3, pp. 250–268, April 2011.

[19] Christian Mouraux, 'ASTRID High Speed Mobile Data MVNO', PMR Summit, Barcelona, 18 September 2012.

[20] R. Baldini, R. Ferrús, O. Sallent, P. Hirst, S. Delmas and R. Pisz, 'The evolution of Public Safety Communications in Europe: the results from the FP7 HELP project', ETSI Reconfigurable Radio Systems Workshop, Sophia Antipolis, France, 12 December 2012.

[21] R. Ferrús, O. Sallent, G. Baldini and L. Goratti, 'LTE: The Technology Driver for Future Public Safety Communications', Communications Magazine, IEEE, vol. 51, no. 10, pp. 154, 161, October 2013.

[22] 3GPP TS 22.153 V11.1.0, 'Multimedia priority service (Release 11)', June 2011.

[23] PROSIMOS project public deliverables. Available online at http://www.prosimos.eu (accessed 27 March 2015).

[24] Roberto Gimenez, Inmaculada Luengo, Anna Mereu, Diego Gimenez, Rosa Ana Casar, Judith Pertejo, Salvador Díaz, Jose F. Monserrat, Vicente Osa, Javier Herrera, Maria Amor Ortega and Iñigo Arizaga, 'Simulator for PROSIMOS (PRiority communications for critical SItuations on MObile networkS) Service', Towards a Service-Based Internet. ServiceWave 2010 Workshops. Lecture Notes in Computer Science. 2011.

[25] Ryan Hallahan and Jon M. Peha, 'Compensating Commercial Carriers for Public Safety Use: Pricing Options and the Financial Benefits and Risks', 39th Telecommunications Policy Research Conference, September 2011.

[26] Ryan Hallahan and Jon M. Peha, 'Policies for Public Safety Use of Commercial Wireless Networks', 38th Telecommunications Policy Research Conference, October 2010.

[27] Xu Chen, Dongning Guo and J. Grosspietsch, 'The public safety broadband network: a novel architecture with mobile base stations', Proceedings of the 2013 IEEE International Conference on Communications (ICC), pp. 3328, 3332, 9–13 June 2013. http://ieeexplore.ieee.org/stamp/stamp.jsp?tp=&arnumber=6655060&isnumber=6654691 (accessed 27 March 2015).

[28] SNS Research Report, 'HetNet Bible (Small Cells, Carrier WiFi, DAS & C-RAN): 2014–2020 – Opportunities, Challenges, Strategies, & Forecasts'. Available online at http://www.snstelecom.com/hetnet (accessed 27 March

2015).

[29] E. Lang, S. Redana and B. Raaf, 'Business impact of relay deployment for coverage extension in 3GPP LTE-advanced', ICC Workshops 2009, IEEE International Conference on Communications (ICC), pp. 1, 5, 14–18 June 2009. Available online at http://ieeexplore.ieee.org/stamp/stamp.jsp?tp=&arnumber=5208000&isnumber=5207960 (accessed 27 March 2015).

[30] ICT Regulation Toolkit, Information for Development Program (infoDev) and International Telecommunication Union (ITU). Available online at http://www.ictregulationtoolkit.org/en/index.html (accessed 27 March 2015).

[31] ITU Telecommunication Development Sector, 'Exploring the value and economic valuation of spectrum', Broadband Series, April 2012.

[32] Alexander Grous, 'Socioeconomic Value of Mission Critical Mobile Applications for Public Safety in the UK: 2×10 MHz in 700 MHz', Centre for Economic Performance, London School of Economics and Political Science, November 2013. Available online at http://www.tandcca.com/Library/Documents/Broadband/LSE%20PPDR%20UK.pdf (accessed 27 March 2015).

[33] Alexander Grous, 'Socioeconomic Value of Mission Critical Mobile Applications for Public Safety in the UE: 2×10 MHz in 700 MHz in 10 European Countries', Centre for Economic Performance, London School of Economics and Political Science, December 2013. Available online at http://www.tandcca.com/Library/Documents/Broadband/LSE%20PPDR%20EU.PDF (accessed 27 March 2015).

[34] WIK-Consult, 'PS Spectrum harmonisation in Germany, Europe and Globally', Study for the German Federal Ministry of Economics and Technology, December 2010.

[35] Coleago Consulting, 'German Spectrum Auctions Results', August 2010. Available online at http://coleago.wordpress.com/2010/08/04/german-spectrum-auctions-results/ (accessed 27 March 2015).

[36] Bob Lovett, 'Emergency services mobile communications programme', BAPCO Update, November 2013.

[37] J.A. Hoffmeyer, 'Regulatory and Standardization Aspects of DSA Technologies – Global Requirements and Perspectives', in Proceedings of the First IEEE International Symposium, New Frontiers in Dynamic Spectrum Access Networks (DySPAN 2005), Baltimore, pp. 700–705, 2005.

[38] R. Ferrús, O. Sallent, G. Baldini and L. Goratti, 'Public Safety Communications: Enhancement Through Cognitive Radio and Spectrum Sharing Principles', Vehicular Technology Magazine, IEEE, vol. 7, no. 2, pp. 54–61, June 2012.

[39] Federal Communications Commission (FCC), 'Third memorandum opinion and order – unlicensed operation in the TV broadcast bands', Document FCC 12-36, April 2012.

[40] Ofcom, 'Implementing geolocation: summary of consultation responses and next steps', September 2011.

[41] ECC Report 169, Description of practices relative to trading of spectrum rights of use, Paris, May 2011.

[42] COM(2012) 478 Final, 'Promoting the shared use of radio spectrum resources in the internal market', European Commission, September 2012.

[43] CEPT ECC FM Project Team 53 on 'Reconfigurable Radio Systems (RRS) and Licensed Shared Access (LSA)'. Available online at http://www.cept.org/ecc/groups/ecc/wg-fm/fm-53/page/terms-of-reference (accessed 27 March 2015).

[44] New Work Item (NWI) in ETSI TC RRS, 'Mobile broadband services in the 2300 MHz – 2400 MHz frequency band under Licensed Shared Access regime', May 2012.

[45] Dawinderpal Sahota, 'Spectrum sharing could threaten operator investment says GSMA', Telecoms.com, 11 February 2014. Available online at http://www.telecoms.com/221681/spectrum-sharing-could-threaten-operator-investment-says-gsma/?utm_source=rss&utm_medium=rss&utm_campaign=spectrum-sharing-could-threaten-operator-investment-says-gsma (accessed 27 March 2015).

[46] Marguerite Reardon, 'Hurricane Sandy disrupts wireless and Internet services', CNET, October 2012. Available online at http://www.cnet.com/news/hurricane-sandy-disrupts-wireless-and-internet-services/ (accessed 27 March 2015).

[47] David Kahn, 'Will First Responders Be Able to Communicate When the Next Hurricane Sandy Hits?', HSToday.us, 12 March 2013. Available online at http://www.hstoday.us/blogs/best-practices/blog/will-first-responders-be-able-to-communicate-when-the-next-hurricane-sandy-hits/c5d9ae9cec463da2ed8b3de53dd67009.html (accessed 27 March 2015).

[48] TCCA, 'Mobile Broadband for Critical Communications Users: a review of options for delivering Mission Critical solutions', December 2013.

[49] Ericsson White Paper, 'Public safety mobile broadband', February 2014.

[50] NPSTC, position paper on 'Why can't public safety just use cell phones and smart phones for their mission critical voice communications?', April 2013. Available online at http://psc.apcointl.org/wp-content/uploads/Why-cant-PS-just-use-cell-phones-NPSTC-041513.pdf (accessed 27 March 2015).

[51] ETSI TR 103 269-1 V1.1.1, 'TETRA and Critical Communications Evolution (TCCE); Critical Communications Architecture; Part 1: Critical Communications Architecture Reference Model', July 2014.

[52] APCO International's online Application Community. Available online at http://appcomm.org/ (accessed 27 March 2015).

[53] Federal Manager's Daily Report, 'FBI Issues Solicitation for 26,500 Samsung KNOX Licenses', Federal

Manager's Daily Report, 23 June 2014. Available online at http://www.fedweek.com/federal-managers-daily-report/fbi-issues-solicitation-for-26500-samsung-knox-licenses/ (accessed 27 March 2015).

[54] National Public Safety Telecommunications Council (NPSTC), 'Public Safety Broadband Console Requirements', 30 September 2014.

[55] Donny Jackson, 'Integration of fire gear, communications needed, but it will take time', Urgent Communications, 16 July 2013.

[56] J. Scott Marcus, 'The need for PPDR Broadband Spectrum in the bands below 1 GHz for the TETRA + Critical Communication Association', October 2013.

[57] CEPT ECC Report 199, 'User requirements and spectrum needs for future European broadband PPDR systems (Wide Area Networks)', May 2013.

[58] John Ure, 'Public Protection and Disaster Relief (PPDR) Services and Broadband in Asia and the Pacific: A Study of Value and Opportunity Cost in the Assignment of Radio Spectrum', June 2013.

[59] US NPSTC, 'Public Safety Communications Assessment 2012–2022: Technology, Operations, & Spectrum Roadmap', Final Report, 5 June 2012.

[60] ETSI TR 102 628, 'Additional spectrum requirements for future Public Safety and Security (PSS) wireless communication systems in the UHF frequency', August 2010.

[61] CEPT ECC FM49 on 'Radio Spectrum for Public Protection and Disaster Relief (PPDR)', Working documents. Available online at http://www.cept.org/ecc/groups/ecc/wg-fm/fm-49/page/terms-of-reference (accessed 27 March 2015).

[62] FirstNet's. Available online at www.firstnet.gov (accessed 27 March 2015).

[63] Public Safety Communications Research (PSCR) Program, US Department of Commerce – Boulder Laboratories. Available online at http://www.pscr.gov/ (accessed 27 March 2015).

[64] US Department of Homeland Security, 'Public Safety Communications Evolution', November 2011.

[65] Draft ECC Report 218, 'Harmonised conditions and spectrum bands for the implementation of future European broadband PPDR systems', April 2014.

[66] ASTRID. Available online at http://www.astrid.be/ (accessed 27 March 2015).

[67] Blue Light Mobile Service. Available online at http://bluelightmobile.be/en/home (accessed 27 March 2015).

[68] Jarmo Vinkvist, Tero Pesonen and Matti Peltola, 'Finland's 5 steps to Critical Broadband', RadioResource International Magazine (RRImag.com), Quarter 4, 2014.

[69] Vincent Lemonnier, 'LTE for critical communications', ETSI Summit on Critical Communications, 20 November 2014.

[70] Donny Jackson, 'UK seeks to replace TETRA with LTE as early as 2016', Urgent Communications, 6 June 2013.

[71] UK Home Office, Promotional material on 'Emergency services mobile communications programme'. Available online at https://www.gov.uk/government/publications/the-emergency-services-mobile-communications-programme (accessed 27 March 2015).

[72] Gordon Shipley, 'UK Emergency Services Mobile Communications Programme (ESMCP)', PSCR Public Safety Broadband Stakeholder Conference, June 2013.

[73] Ian Weinfass, 'Airwave replacement on track for 2016', Police Oracle, 11 November 2014. Available online at http://www.policeoracle.com/news/Airwave-replacement-on-track-for-2016_86158.html (accessed 27 March 2015).

[74] HORIZON 2020 work programme 2014–2015, 'Secure societies – protecting freedom and security of Europe and its citizens', European Commission Decision C (2014)4995 of 22 July 2014.

[75] TCCA Broadband Group Page. Available online at http://www.tandcca.com/assoc/page/18100 (accessed 27 March 2015).

[76] Tony Gray (Chairman, TCCA Critical Communications Broadband Group (CCBG)), 'Assessing and Delivering the Fundamentals for Critical Communications Broadband Networks', LTE World Summit, 2014. Available online at http://www.gsacom.com/downloads/pdf/PSCCSzone_Tony_Gray_TCCA_June_2014.php4 (accessed 27 March 2015).

[77] TETRA and Critical Communications Association (TCCA), 'Mobile Broadband for Critical Communications Users: a review of options for delivering Mission Critical solutions', December 2013. Available online at http://www.tandcca.com/Library/Documents/Broadband/MCMBB%20Delivery%20Options%20v1.0.pdf (accessed 27 March 2015).

[78] TETRA and Critical Communications Association (TCCA), 'The Strategic Case for Mission Critical Broadband', December 2013. Available online at http://www.tandcca.com/Library/Documents/Broadband/MCMBB%20Strategic%20Case%20v1_0.pdf (accessed 27 March 2015).

[79] TETRA and Critical Communications Association (TCCA), 'Mission Critical Mobile Broadband: practical standardisation and roadmap considerations', February 2013. Available online at http://www.tandcca.com/Library/Documents/CCBGMissionCriticalMobileBroadbandwhitepaper2013.pdf (accessed 27 March 2015).

[80] Hans Borgonjen, 'European PPDR Broadband situation', CEPT/ECC CPG-PTA meeting, Mainz, January 2013.

第 4 章　面向 PPDR 通信的 LTE 技术

4.1　任务关键型 LTE 的标准化路线图

LTE[1]是第三代合作伙伴关系（3rd Generation Partnership Project，3GPP）组织制定的继 EDGE、UMTS、HSPA 和 HSPA 演进版（HSPA +）之后的 GSM 演进路线的一部分。3GPP 组织内的 LTE 标准化工作开始于 2004 年。2008 年 12 月，第 1 个规范（即 LTE 第 8 版）冻结，并作为 2009 年年底第一波进入市场的 LTE 设备的技术基础。从版本 8 开始，在后续的版本中不断引入新的改进和增强功能。新的 3GPP 标准版本发布需要的时间通常在 18 ~ 24 个月之间，并且将主要的新功能引入到这些标准中，一般需要跨越多个发行版本。在本书英文原版撰写期间，最新冻结的版本是版本 11（Release 11），其中核心网络协议于 2012 年 12 月定稿，无线接入网（Radio Access Network，RAN）协议于 2013 年 3 月定稿。当时进行的工作主要是制定 LTE 第 12 版（涉及功能冻结日期⊖设定在 2015 年 3 月）和 LTE 第 13 版（涉及功能冻结日期设定在 2016 年 3 月）。从 LTE 第 10 版开始，该技术被称作增强 LTE，因为它满足了 ITU 为增强 IMT（即 4G）系统设定的所有要求。LTE 第 10 版带来了一些新的功能，例如，在 2014 年已经进行商业部署的载波聚合（Carrier Aggregation，CA）技术。

3GPP 组织制定的这些标准目前正在发展为当今的移动宽带技术，旨在解决移动网络运营商所面临的巨大挑战，以应对未来几年移动数据业务流量持续增长和高增长预期[2]。尤其是，移动视频预计会造成大量的移动业务流量增长，与其他类型的移动内容相比，需要更高的比特速率。在这种情况下，LTE 技术的主要目标是实现更高的频谱效率和更高的峰值数据传输速率，以及频率和带宽的灵活性，使运营商能够在其各种频谱资源中部署 LTE。LTE 第 8 版包括的功能，可以在下行链路/上行链路中，让 20MHz 的带宽实现高达 300/75Mbit/s 的峰值数据速率，可以在 TDD 模式和 FDD 模式下工作，并且支持从 1.4MHz 到 20MHz 的可扩展带宽。增强 LTE 以一种经济高效的方式进一步地提高了支持的比特速率和频谱效率，在聚合的 100MHz 带宽上，达到的峰值数据传输速率可以高达 3/1.5Gbit/s。

LTE 被设计成可以提供高传输速率、极低延时的 IP 连接解决方案，重点明确面向商业企业和消费者市场提供服务。基于 LTE 接入提供 IP 连接服务，几乎可以为任何依赖 IP 通信的应用提供支持，使得通过 LTE 网络可以提供大量的服务。事实上，LTE 生态体系已经迅速成熟，并成为全球移动宽带通信的流行标准。然而，尽管前面提到的特性使得 LTE 成为部署大量 PPDR 移动宽带应用（包括视频传送）的适合技术，但是目前仍然缺乏能够将 LTE 标准完全转变成任务关键型技术[3,4]的重要特性，从长远来看，LTE 可以很好地替代当前的窄带 PMR 技术。为此，3GPP 组织正在开展的多项工作和研究项目，旨在扩展 LTE 规范，以增加对 PPDR 第一响应者以及其他任务关键型或业务关键型用户（例如，公用事业、交通运输）期望功能的支持。这些新特性包括：

⊖　这些都是 3GPP 组织（www.3gpp.org）提供的参考功能冻结日期。根据 3GPP 组织，"冻结"之后，相应版本规范中将不再增加额外的功能。不过，在功能冻结日期详细的协议规范可能还没有完成，仍然需要额外的时间。此外，预计在冻结日期之后至少 2 年的时间里仍然需要很多的修改和改进工作。

1）群组通信系统引擎，具备一键通（Push – To – Talk，PTT）语音应用以及向多媒体（语音、数据、视频等）群组通信发展。第 12 版规范定义了群组通信引擎，而第 13 版中包含了对任务关键型一键通（Mission – Critical Push – To – Talk，MCPTT）应用的支持。

2）邻近服务，使设备到设备通信无需依靠网络基础设施的通信覆盖（脱网操作）。计划在第 12 版规范中实现对 ProSe 的支持，但是一些功能需要在第 13 版中处理和解决。需要注意的是，设备到设备通信，以及群组通信和 PTT 是第 1 章讨论的"任务关键型语音"的关键要求之一。

3）孤网运行，使基站在现有仍能正常运行（例如，灾难导致一些网络设备故障）的设备之间，单独进行呼叫和短消息的路由工作。这些特性计划在第 13 版规范中实现。

4）大功率终端，在特定频段使用高发射功率，从而增大覆盖范围。第 11 版中已经定义了一种更高功率的发射类别。

5）优先级和服务质量（Quality of Service，QoS）控制功能。从第 8 版开始，LTE 技术就已经提供了一套优先级和 QoS 控制标准功能。在后续的版本直到第 11 版中，又增加了其他的优先级服务功能改进。

除了上述特性之外，LTE 技术还可以让多个运营商主动共享 RAN 设备（称为 RAN 共享），同时，这也适用于 PPDR 行业，只要他们按照说明与要求，基于商业运营商的网络共享方式，实现 PPDR 服务提供模式，正如第 6 章所讨论的。在这方面，目前正在 LTE RAN 共享中推进的技术改进，有望在共享网络资源中带来进一步的灵活性，以便允许部署的网络（或其中的一部分）能够在关键型和非关键型用户之间实现动态的共享。新的 RAN 共享功能被称为 RAN 共享增强，并有望成为第 13 版规范内容的一部分。

图 4.1 对前面提到的在 LTE 规范中已经得到支持或正被引入的功能列表进行了说明。4.2 节对 LTE 技术进行简要介绍之后，4.3 ~ 4.8 节将对图 4.1 中的各项功能做进一步的介绍。

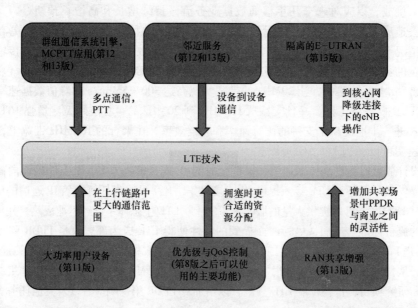

图 4.1　LTE 规范中支持的或正被引入的功能（尤其是与 PPDR 和关键型通信相关的功能）

诸如国家公共安全电信委员会（National Public Safety Telecommunications Council，NPSTC）、TETRA 和关键通信协会（TETRA and Critical Communications Association，TCCA）以及 ETSI 的 TETRA 与关键型通信演进技术委员会（ETSI Technical Committee on TETRA and Critical Communications Evolution，ETSI TC TCCE）等组织，正与 3GPP 组织密切合作，致力于提供相关需求和技术投入，从而实现对必要的 LTE 改进的规范进行指导[5]。作为对 3GPP 工作的补充，还有一些其他的标准开发组织（Standard Development Organizations，SDO），从事应用层标准（例如，在诸如 LTE 网络层之上的接入技术标准）的制定工作，他们主要关注的是 PPDR 通信在特定方面的扩展。其中一个标准开发组织是 ETSI TC TCCE，它已经制定了一个关键型通信架构参考模型[6]，并以此为基础，开发了一个等同于现有窄带技术的通用的任务关键型服务架构，该架构可在宽带 IP 承载上使用，且具体针对 LTE[7]。另一个标准开发组织在任务关键型通信解决方案的应用层规范制定中发挥了重要的作用，即开放移动联盟（Open Mobile Alliance，OMA）。开放移动联盟是一个全球性组织，负责提供开放的规范，用于创建可跨越所有地理边界并可在任何承载网络上工作的互操作服务。开放移动联盟最近推出了一种用于公共安全应用的一键通信（Push‑to‑Communicate for Public Safety，PCPS）规范，统一并增强了之前在商业领域中采用的称为"无线一键通（Push‑to‑Talk over Cellular，PoC）"的解决方案。目前，开放移动联盟正与 3GPP 组织合作，寻找能够有效地将此规范转移到 3GPP 相应规范的最佳方法，以便在 3GPP 相应规范中可以继续使用这一方案满足 PPDR 行业的相关要求[8]。在这方面，2014 年年底，3GPP 组织内部成立了一个新的工作组（WG SA6），具体承办任务关键型通信领域[9]中应用的标准化工作，这体现了整个行业共同的努力，即希望建立一个负责标准化关键型通信应用的全球公认机构。具体来说，WG SA6 负责应用层支持关键型通信的功能要素和接口技术规范的定义、演进和维护，其中 MCPTT 是其最初的工作重点。ETSI TC TCCE 和开放移动联盟，以及其他制定 PPDR 相关标准的标准开发组织［例如，负责 P25 的美国电信工业协会（Telecommunications Industry Association，TIA）］希望通过紧密的合作，来利用其他群体提供的专业知识，从而在 WG SA6 的职责范围内实现对相关规范开发的支持，以及对同其他关键型通信应用互通的支持。

需要强调的是，LTE 规范中引入的改进，特别是邻近服务和群组通信，不仅与 PPDR 行业相关，而且对在商业和其他专业部门（例如，交通、公用事业、政府等）创造新的商业机会具有重要的意义[10]。事实上，资本化和寻求与市场力量的协同作用推动标准的演进，是诸如 PPDR 等利基市场快速发展的一个重要的方面。正如 3GPP 组织官员所表示的[11]，需要在定制的程度上寻求一种平衡，从而在满足 PPDR 和关键型通信的具体要求时，能够实现对商业产品进行有效的利用。因此，3GPP 组织的做法是，保留 LTE 在商业领域中的优势，同时增加支持关键型通信所需要的功能，并在商业和关键型通信方面寻求技术共性的最大化。

标准化工作最终完成之后，直到满足标准的技术面向市场并达到足够成熟可供任务关键型通信期间仍然需要一段的时间。在商用 LTE 产品和其他 3GPP 标准方面，典型的时间一般是相应规范冻结日期之日起的 1~2 年之间。在这方面，根据公共安全通信研究（Public Safety Communications Research，PSCR）代表给出的一些初步时间框架预期，设计用于提供基于 LTE 的任务关键型语音业务的原型设备预计将在 2015 年在其实验室接受评估[12]。根据 TCCA 的意见[3]，适用于 PPDR 和其他关键数据通信使用的 LTE 技术最早面向市场提供采购的时间计划在 2018 年。

4.2　LTE 基础内容

LTE 是一种无线接入技术（Radio Access Technology，RAT），旨在提供一种高比特速率、极低延时的 IP 连接服务，供基于 IP 的分组数据网（Packet Data Networks，PDN）使用，例如由网络运营商或第三方管理的公共互联网或专用网络。LTE 技术将移动网络转变成一个多功能的通信平台，基于此，很多围绕着基于 IP 通信模型构建的应用和服务，包括实时视频和多媒体服务，可以通过在终端（例如，LTE 智能手机）、服务器和/或其他可从接入 PDN 访问的计算设备上运行软件的方式实现很容易地部署。LTE IP 连接服务被设计可为 IP 业务流提供差异化的服务，不同的 IP 业务流在所需比特率以及可接受的分组延时和分组丢失率方面具有不同的 QoS 要求。因此，可以说 LTE 能够提供具备 QoS 控制能力的 IP 连接服务。

在 3GPP 规范中，LTE 网络被称为演进分组系统（Evolved Packet System，EPS），它由两个主要部分构成[13]：基于正交频分多址（Orthogonal Frequency – Division Multiple Access，OFDMA）技术的 RAN，被称为演进型 UMTS 无线接入网（Evolved UMTS Radio Access Network，E – UTRAN），以及一个增强型分组交换核心网，被称为演进分组核心网（Evolved Packet Core，EPC）。E – UT-RAN 主要负责无线电传输功能，而会话和移动性管理功能主要由 EPC 进行处理。

E – UTRAN 由被称作演进节点（evolved Node B，eNB）的基站构成，用于提供对 UE 的无线接口，并直接与 EPC 连接。根据需要，eNB 可以与附近的其他 eNB 直接进行彼此相互连接，例如，出于切换优化的目的。与 UMTS 和 GSM 系统中无线电协议栈功能被拆分成基站和中央无线电控制器不同，LTE eNB 执行完整的无线电协议栈功能。该特性被用来证实，与先前技术中使用的控制器和基站的分层架构相反，LTE 遵循"扁平"的架构。作为嵌入在 eNB 的无线电协议栈的一部分，无线电资源控制（Radio Resource Control，RRC）协议被用在 UE 和 eNB 之间，用于控制无线电接口的操作（例如，向 UE 发送系统消息、激活/关闭承载服务、移动性控制等）。

EPC 包括一个被称作移动性管理实体（Mobility Management Entity，MME）的网络实体（Network Entity，NE），用于处理控制功能（例如，用户认证和位置管理）。此外，EPC 还包括另外两个实体：服务网关（Serving Gateway，S – GW）和 PDN 网关（PDN Gateway，P – GW）。其中，服务网关负责将从/到 E – UTRAN 的用户业务流量锚定到 EPC 的锚定点，而 PDN 网关负责提供到外部 IP 网络的 IP 连接。通过这两个实体，用户数据业务得以传送。在 UE 和 MME 之间有一组协议，称为非接入层（Non Access Stratum，NAS）协议，用于应对会话和移动性管理。EPC 的操作由归属用户服务器（Home Subscriber Server，HSS）进行辅助，该服务器是一个中央数据库，包含了用户相关的信息。

LTE IP 连接业务是通过建立所谓的 EPS 承载业务来实现的。EPS 承载业务体现了 E – UT-RAN/EPC 中 QoS 的粒度水平，并且在 UE 和 PDN 网关之间提供具有良好定义 QoS 属性的逻辑传输路径。诸如 3GPP IP 多媒体子系统（IP Multimedia Subsystem，IMS）和相关应用服务器的基于 IP 的服务控制平台，可以在 QoS 感知的 LTE 连接服务上使用，以支持各种服务（例如，电话、视频会议、视频流、消息传递等）。IMS，也被称作 IP 多媒体核心网（IP Multimedia Core Net-work，IM CN）子系统，它可以让移动网络运营商基于互联网应用、服务和协议的基础上，为他们的用户提供多媒体服务。IMS 主要基于 IETF 的"互联网标准"，实现接入的独立性（例如，可在任何 IP 连接的接入网上，提供 IMS 业务，其中 LTE 也是这些接入技术之一），并且保持与其他的互联网终端之间的互操作。3GPP 还制定了一种策略和计费控制（Policy and Charging Con-trol，PCC）系统，为运营商提供一种用于服务感知 QoS 和计费控制的先进工具。PCC 的体系结构，借助于一种名为策略和计费规则功能（Policy and Charging Rules Function，PCRF）的实体，实现对用于 IMS 和非 IMS 服务的 EPS 承载业务（例如，QoS 设置）的控制。图 4.2 描述了主要的 LTE 网络组件和它们之间的接口，以及 UE 和外部 IP 网络之间的 EPS 承载业务的概念。

接下来的几个小节将对 LTE 的几个主要方面进行简要的介绍，使读者对这些内容掌握一个基本的背景，从而有助于读者理解本章其余的内容（涵盖与 PPDR 相关的具体的 LTE 功能）。如果想更深入地了解 LTE 技术，请参阅本章参考文献 [13 – 17]。

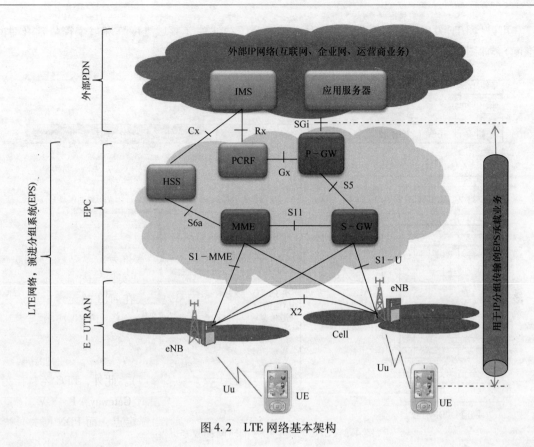

图 4.2　LTE 网络基本架构

4.2.1　无线接口

LTE 无线接口，在图 4.2 中被标识为 Uu，基于正交频分复用（Orthogonal Frequency Division Multiplexing，OFDM）传输技术实现。OFDM 可以在大量并行的、窄带子载波上发送数据。使用相对窄带的子载波（LTE 的子载波间隔是 15kHz）并结合循环前缀，能够让 OFDM 传输拥有天然的鲁棒性，可以有效应对无线电信道上的时间弥散特性，从而无需在接收机侧采用高级且复杂的信道均衡技术。

对于下行链路，OFDM 传输简化了接收机的基带处理过程，从而降低了终端成本和设备功耗。这对于较宽传输带宽的 LTE 来说是非常重要的，尤其在与高级多天线传输技术［例如，由多输入/多输出（Multiple - Input/Multiple - Output，MIMO）天线配置实现的空间复用技术］相结合使用的情况下，更是如此。在给定的时间，负责传输的子载波可以携带传输给不同用户的信息。这种基于 OFDM 的复用技术被称为 OFDMA。

对于上行链路，可用的发射功率明显低于下行链路，因此情况有所不同。在上行链路设计中，需要重点考虑的不是接收机处理能力的多少，而是如何能够实现具有极高功率利用效率的传输。使其既能够提高覆盖范围，又能够降低终端成本和发射机的功耗。为此，基于离散傅里叶变换（Discrete Fourier Transform，DFT）预编码 OFDM 的单载波传输技术被用在 LTE 的上行链路中。与常规的 OFDM 相比，DFT 预编码 OFDM 具有一个更小的峰值平均功率比，因此可以实现复杂性更低和/或更高功率的终端。与下行链路一样，在上行链路的频域上也可以支持用户复用。上行链路中使用的发送/复用技术，通常被称为单载波频分多址（Single - Carrier Frequency Division Multiple Access，SC - FDMA）。

可以将 LTE 发射的信号看作二维实体，即一个子载波轴（频域维度）和一个符号轴（时间维度），如图 4.3 所示。

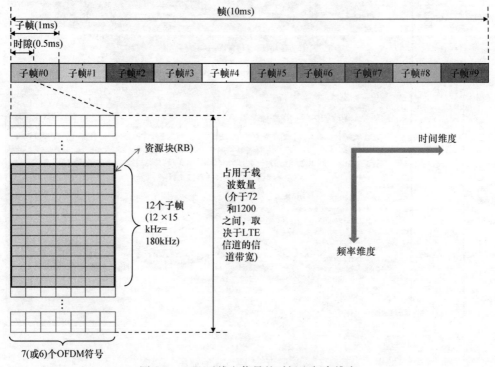

图 4.3　LTE 无线电信号的时间和频率维度

在时间维度，将发射的信号划分为多个帧，每个帧的持续时间为 10ms。每个帧又被分割成 10 个子帧，每个子帧的持续时间为 1ms。子帧是在 LTE 中安排用户进行发送/接收的时间粒度，因此将其称为传输时间间隔（Transmission Time Interval，TTI）。进一步地对子帧进行划分，可以得到时隙的定义，每一个时隙的持续时间为 0.5ms。在这个时间结构中，每个时隙可以传输 7 或 6 个 OFDM 符号，这取决于它使用的是标准循环前缀还是扩展的循环前缀（循环前缀是 OFDM 符号的一种时延扩展，有助于对抗无线电信道中的多径传播干扰）。标准循环前缀是 4.7μs，适用于大多数的部署情况，而扩展循环前缀则是 16.7μs，更加适合于高度分散的环境。因此，OFDM 符号的持续时间是 71.4μs 或 83.4μs，等于子载波间隔的倒数 $[1/(15\text{kHz})=66.7μs]$ 加上相应的循环前缀。

在频率维度，占用的子载波的总数取决于正在使用的 LTE 信道化。在这方面，LTE 定义了一组传输带宽：1.4MHz、3MHz、5MHz、10MHz、15MHz 和 20MHz，分别对应 72、180、300、600、900 和 1200 个占用子载波（即用于数据和参考信号的子载波，没有计入剩余的子载波，例如保护频段）。在一个时隙内，12 个子载波组成一个块，形成所谓的资源块（Resource Block，RB）。实际上，资源块是 LTE 中资源分配的中央单元（即 LTE 中的资源调度器以一个资源块的工作粒度，使资源以成倍的资源块的形式分配给用户）。

在时域和频域中的这种细粒度资源划分，让 LTE 能够充分利用两个维度中与信道相关的调度，并从由衰落导致的快速信道质量变化中受益，而不会受其抑制，最终对可用的无线电资源实现更有效的利用。LTE 传输还利用了链路自适应技术，该技术使用具有可变编码速率的 turbo 编码方案和不同的调制方式，例如，正交相移键控（Quadrature Phase – Shift Keying，QPSK）、16 –

QAM 或 64 - QAM。实际上，在 LTE 无线接口的操作中，无线电资源调度器是一个核心的功能，并且在很大程度上，它决定了整个系统的性能，尤其在高负载的网络中。需要注意的是，在 LTE 中，下行链路和上行链路传输是由 eNB 上实现的调度器控制的，并且在共享信道上得到支持，而不是使用专用的信道（即与之前的 GSM 和 UMTS 系统不同，LTE 没有增加对专用信道的支持）。

与 3G 技术相比（HSPA 使用的 TTI 为 2ms），LTE 支持更短的 TTI，直接导致用户面延时的降低，以及使无线接口中控制信令往返时间变得更短，从而实现对快速混合自动重传请求（Automatic Repeat reQuest，ARQ）过程和从终端到 eNB 的信道质量反馈快速传输的支持。

表 4.1 提供了所讨论的 LTE 无线接口相关参数的简要信息，以及在不同带宽下可以实现的原始峰值数据传输速率估值。

表 4.1　LTE 无线传输概述信息

接入方案	DL	OFDMA
	UL	SC - FDMA（DFT 扩展的 OFDM）
带宽/MHz		1.4、3、5、10、15、20
子载波间隔/kHz		15
占用子载波数量		72、180、300、600、900、1200
OFDM 符号持续时间/μs		71.4 或 83.4
子帧持续时间（即调度器 TTI）/ms		1
调制方式		QPSK，16 - QAM，64 - QAM
（原始）峰值比特率（针对每个信道带宽，假设使用 64 - QAM 调制方式且没有使用空间复用）/（Mbit/s）		6、15、25、50、75、100

LTE 无线接口的核心功能是在以下几个方面体现的高度频谱灵活性：

1）双工规划。LTE 可以使用成对和不成对的频谱。为此，LTE 同时支持频分双工（Frequency Division Duplex，FDD）和时分双工（Time Division Duplex，TDD）两种规划。与之前的技术不同（如 UMTS，也定义了对双工模式的支持），LTE 可以在单个 RAT 内利用最小的技术差别实现两种双工模式，从而便于制造能够同时支持 FDD 和 TDD 的设备。

2）工作频段。LTE 能够在较宽的频谱波段范围内工作，从低至 450MHz 频段直到 3.8GHz。第 12 版为 E - UTRA 分配的工作频段，如表 4.2 所示[18]。从无线接入功能的角度来看，该影响有限，LTE 的物理层规范没有采用具体的频段。在标准规范方面，可能存在的差异主要体现在由频谱规则带来的各种外部约束所产生的更为具体的射频要求（Radio Frequency，RF）（例如，允许的最大发射功率）和带外发射要求/限制等。

3）信道规划。在 LTE 技术中可以获得各种信道带宽（1.4MHz、3MHz、5MHz、10MHz、15MHz 和 20MHz），从而实现比较好的频谱灵活性。实际上，LTE 物理层规范是与带宽无关的，并且在所支持的传输带宽上不会做出超出最小值的任何特定的假设。LTE 规范允许传输带宽的范围，从大约 1MHz 开始直到超过 20MHz，步长为 180kHz（即 RB 的大小）。因此，到目前为止，尽管射频要求仅支持之前提到的这组传输带宽，但是只需通过对 RF 规范进行更新就可以很容易地实现对附加传输带宽的支持[13]。

4）载波聚合（Carrier Aggregation，CA）。CA 是在第 10 版中引入的首个针对增强 LTE 的功能，它可以让多个第 8 版中的分量载波在频段内聚合在一起，并且提供一种用于提高峰值数据传输速率和吞吐量的手段。在后续的版本中，还定义了频段间的载波聚合，其中分量载波可以分布在不同的频段内。载波聚合方案的数量从第 10 版中的 3 个增加到第 11 版中的 20 个以上，明显表明，规范制定者对开发这种功能的极大兴趣。在第 12 版中，3GPP 组织正在开发用于允许 UE 同时将 TDD 和 FDD 频谱进行联合聚合的功能[19]。

表 4.2　E‑UTRA 工作频段[18]

E‑UTRA 工作频段	上行链路（UL）工作频段 BS 接收 UE 发射 （$F_{UL\_low} \sim F_{UL\_high}$）/MHz	下行链路（DL）工作频段 BS 发射 UE 接收 （$F_{DL\_low} \sim F_{DL\_high}$）/MHz	双工模式
1	1920 ~ 1980	2110 ~ 2170	FDD
2	1850 ~ 1910	1930 ~ 1990	FDD
3	1710 ~ 1785	1805 ~ 1880	FDD
4	1710 ~ 1755	2110 ~ 2155	FDD
5	824 ~ 849	869 ~ 894	FDD
6	830 ~ 840	875 ~ 885	FDD
7	2500 ~ 2570	2620 ~ 2690	FDD
8	880 ~ 915	925 ~ 960	FDD
9	1749. 9 ~ 1784. 9	1844. 9 ~ 1879. 9	FDD
10	1710 ~ 1770	2110 ~ 2170	FDD
11	1427. 9 ~ 1447. 9	1475. 9 ~ 1495. 9	FDD
12	699 ~ 716	729 ~ 746	FDD
13	777 ~ 787	746 ~ 756	FDD
14	788 ~ 798	758 ~ 768	FDD
15	保留	保留	FDD
16	保留	保留	FDD
17	704 ~ 716	734 ~ 746	FDD
18	815 ~ 830	860 ~ 875	FDD
19	830 ~ 845	875 ~ 890	FDD
20	832 ~ 862	791 ~ 821	FDD
21	1447. 9 ~ 1462. 9	1495. 9 ~ 1510. 9	FDD
22	3410 ~ 3490	3510 ~ 3590	FDD
23	2000 ~ 2020	2180 ~ 2200	FDD
24	1626. 5 ~ 1660. 5	1525 ~ 1559	FDD
25	1850 ~ 1915	1930 ~ 1995	FDD
26	814 ~ 849	859 ~ 894	FDD
27	807 ~ 824	852 ~ 869	FDD
28	703 ~ 748	758 ~ 803	FDD
29	N/A	717 ~ 728	FDD
30	2305 ~ 2315	2350 ~ 2360	FDD
31	452. 5 ~ 457. 5	462. 5 ~ 467. 5	FDD
…			
33	1900 ~ 1920	1900 ~ 1920	TDD
34	2010 ~ 2025	2010 ~ 2025	TDD
35	1850 ~ 1910	1850 ~ 1910	TDD
36	1930 ~ 1990	1930 ~ 1990	TDD
37	1910 ~ 1930	1910 ~ 1930	TDD
38	2570 ~ 2620	2570 ~ 2620	TDD
39	1880 ~ 1920	1880 ~ 1920	TDD
40	2300 ~ 2400	2300 ~ 2400	TDD
41	2496 ~ 2690	2496 ~ 2690	TDD
42	3400 ~ 3600	3400 ~ 3600	TDD
43	3600 ~ 3800	3600 ~ 3800	TDD
44	703 ~ 803	703 ~ 803	TDD

LTE 无线接口的另一个功能是对中继的支持能力。E – UTRAN 通过中继节点 (Relay Node, RN) 实现对中继能力的支持,中继节点与为中继节点服务的 eNB 通过无线的方式、经由 Un 接口 (E – UTRA 无线接口的修订版本) 进行连接,该 eNB 被称作施主 eNB (Donor eNB, DeNB)。中继的主要好处之一,是以较低的成本在目标区域内扩展 LTE 的覆盖范围,如第 3 章内容所述。

一方面,中继节点支持 eNB 功能,意味着其无需执行 E – UTRA 无线接口的无线电协议,也无需执行将常规 eNB 连接到 EPC 或其他 eNB (例如,S1 和 X2 接口) 的协议。另一方面,中继节点还支持一部分的 UE 功能,使其能够将自己作为"特殊的" UE 通过无线的方式连接到 DeNB (例如,RRC 和 NAS 协议)。需要注意的是,当前的 LTE 规范不支持中继节点的小区间切换功能,因此中继节点主要用来满足固定或游牧性的需求,而无法提供满足移动性的需求。支持中继节点架构的简化结构如图 4.4 所示。

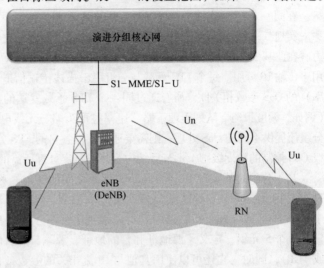

图 4.4 支持中继节点的 E – UTRAN 架构

中继节点可以使用带内或带外两种中继模式进行操作。在带内中继中,中继回程链路 (Uu 接口) 和中继接入链路 (Uu 接口) 共享相同的载波频率,而带外中继则在回程链路和接入链路中使用不同的载波频率。此外,中继节点有自己的物理小区标识 (即小区 ID),因此对于终端呈现出不同于常规的小区。这是非透明中继的情况,也称为第 3 层 (Layer 3) 中继。相反,中继节点可以不具有小区 ID,因此不会被其服务的 UE "看到"。这种情况称为透明中继或第 2 层中继。在此基础上,可将中继节点分类为 1 型 (Type 1)、1a 型 (Type 1a)、1b 型 (Type 1b) 和 2 型 (Type 2),其中前三个都属于第 3 层中继,最后一个属于第 2 层中继。1 型是带外中继,1a 型是带内中继,能进行全双工操作 (由于在接入和回程传输之间需要隔离,因此其变为最复杂的节点),1b 型是带内中继,使用时分复用 (Time Division Multiplexing, TDM) 支持在相同频率载波上的接入和回程链路。

4.2.2 服务模型:PDN 连接和 EPS 承载业务

由 LTE 在给定 UE 和给定外部 PDN 之间提供的带有 QoS 保证的 IP 连接服务被称为"PDN 连接"。LTE 网络运营商可以提供对不同类型 PDN 的接入,通过其可以实现不同类型的服务。例如,公共互联网就属于一种类型的 PDN,而移动网络运营商拥有的专用 IP 网络则属于另一种类型的 PDN,移动网络运营商可以通过 IMS 业务交付平台用其提供多媒体电话服务。一个 LTE 的 UE 一次可以接入单个 PDN,或者可以同时保持多个 PDN 连接。

每个 PDN 连接有其自己的 IP 地址 (一个 IPv4 和/或一个 IPv6 地址),使得属于同一个 PDN 的所有 IP 分组可以共享一个公共的地址 (或一对地址,如果 IPv4 和 IPv6 地址在同一个 PDN 上同时使用)。PDN 由名为接入点名称 (Access Point Name, APN) 的参数进行标识,该参数是一个字符串,被用在要选择哪一个 PDN 来建立 IP 连接时使用。当终端连接到 EPS 时,总是需要建立 PDN 连接。在网络连接过程中,终端可以设置 LTE 网络的 APN,选择用户想要接入的 PDN (即 PDN 的 APN)。当终端没有提供 APN 时,则使用用户订阅配置中的默认值。APN 还被网络用于选择提供接入 PDN 的 P‑GW（对于一个给定的 PDN，通常有多个 P‑GW 可以提供对其接入的服务，同样，对于一个给定的 P‑GW，通常可以提供对多个 PDN 的接入服务）。图 4.5 详细说明了 PDN 连接的概念以及相关参数（IP 地址、APN 等），同时，该图展示了一种特定的情况，即终端同时保持三个 PDN 连接。

在同一个 PDN 连接中，可以对不同的 IP 分组流执行不同的 QoS 处理：这可以通过 EPS 承载业务来实现。3GPP 规范将承载业务定义为一种电信服务，它可以在两个网络点之间提供信号传输能力。在此基础上，EPS 承载业务，或简称 EPS 承载，在 UE 和 PDN 之间提供了一种逻辑传输信道，用于传输 IP 分组。每个 EPS 承载与一组用于描述传输信道属性（例如，比特率、延迟和分组丢失率）的 QoS 参数相关联。所有通过同一个 EPS 承载发送的相同业务，将接受相同的分组转发处理（例如，调度策略、队列管理策略、速率整形策略、无线电协议栈配置等）。为了对两个不同的 IP 分组流提供不同的 QoS 处理，则需要通过它们各自的 EPS 分别发送。因此，EPS 承载是网络中承载级 QoS 控制的粒度级别。本节后续内容将对特定处理所需的 QoS 参数进行介绍。

基于分组过滤实现 IP 业务与不同承载之间的映射，称为业务流模板（Traffic Flow Template, TFT）。因此，每个 EPS 承载包括一组 QoS 参数，与分组过滤信息相关联，使 UE（在上行链路中）和 P‑GW（在下行链路中）可以识别出哪些分组属于某个 IP 分组流聚合。分组过滤信息通常是一个 5 元组，定义了源地址和目的地址、源端口和目的端口，以及协议标识符（例如，UDP 或 TCP），同时，它还可以使用其他与 IP 流相关的参数（例如，服务类型/业务类）。

EPS 承载业务总是在 UE 与 PDN 连接时建立，并且在 PDN 连接的整个持续期间保持连接建立状态，以向 UE 提供到 PDN 的所谓的"始终在线"IP 连接，该承载被称为默认承载。与同一个 PDN 建立的其他 EPS 承载业务，被称为专用承载。因此，如果需要对业务进行区分，那么每个 PDN 连接至少有一个默认的 EPS 承载业务建立和多个额外的专用 EPS 承载。与 EPS 承载业务相关的一些参数如图 4.5 所示，该图展示了一种特定的情况，即使用 APN A 的 PDN 连接采用了两个 EPS 承载，一个是默认的承载，一个是专用的承载，在 UE 和 PDN A 之间提供了两种不同的 QoS 处理，而在该例中，其他两个 PDN 连接仅依赖于默认的 EPS 承载，因此对通过这些连接传输的所有分组流聚合提供相同的处理。

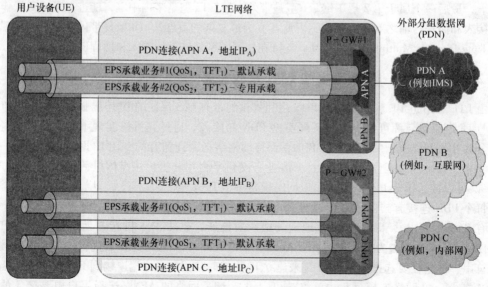

图 4.5　LTE 服务模型：PDN 连接和 EPS 承载业务

如前所述，一个 EPS 承载具有一个与其相关联的 QoS 配置，用于确定它的预期行为。LTE 中定义的 QoS 参数的相关说明如图 4.6 所示。EPS 承载可以分为保证比特率（Guaranteed Bit Rate，GBR）承载和非保证比特率（non-GBR）承载两类。在 GBR 承载中，承载建立/更改时，需要分配和预留（例如，通过 RAN 中的许可控制功能）足以传输给定 GBR 值的 GBR 资源。在 non-GBR 承载中，这种预留不是强制的。GBR 承载的特征主要通过四个参数来表征：QoS 类标识符（QoS Class Identifier，QCI）、分配和保留优先级（Allocation and Retention Priority，ARP）、GBR 和最大比特率（Maximum Bit Rate，MBR）。在 non-GBR 承载的情况下，只有 QCI 和 ARP 参数与承载相关联，并且两个附加参数，即 UE 聚合最大比特率（UE Aggregate Maximum Bit Rate，UE-AMBR）和接入点名称聚合最大比特率（Access Point Name Aggregate Maximum Bit Rate，APN-AMBR），用于表征 UE 已经建立的所有 non-GBR 承载的聚合行为。关于这些参数的详细内容，将在接下来的内容中给出。

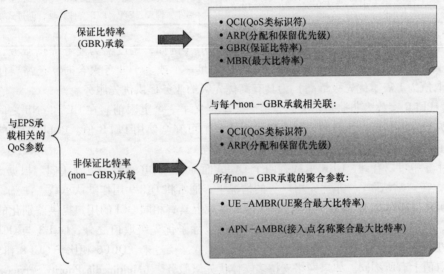

图 4.6　LTE 中的 QoS 参数

4.2.2.1　QCI

QCI 参数是一个标量值，用来作为建立与控制承载级分组转发处理相关的 eNB 具体参数（例如，调度权重、队列管理阈值和重传模式配置等参数）的参考。eNB 中的分组转发处理的具体配置由网络运营商负责管理，并且不会在任何控制接口上发出信令。相反，标准化 QCI 的目标是确保应用/服务映射到给定的 QCI 上，在多家供应商的网络部署中和漫游的情况下接受相同的处理。当前的标准化清单包括在 3GPPTS 23.203[21] 中规定的 9 个 QCI 值，如表 4.3 所示，它们主要根据以下几个性能特性来定义：资源类型（GBR 或 non-GBR）、优先级、分组延迟预算（Packet Delay Budget，PDB）和分组差错丢失率（Packet Error Loss Rate，PELR）。

PDB 定义了 UE 和 P-GW 之间分组可以延迟的时间上限。满足给定的 PDB，就可以确定调度和链路层功能的配置（例如，调度优先权重的设置）。PDB 主要与由无线接口引入的延迟相关联，尽管其中的部分 PDB 源自于网络中的延迟（3GPP TS 23.203[21] 指出，对于大多数情况，网络侧的延迟估计大约为 10ms，而在欧洲和美国西海岸之间漫游的情况下，可以达到 50ms 左右）。不论在何种情况下，表 4.3 中给出的值都是相当保守的。实际上的分组延迟，特别是对于 GBR 业务，通常远低于为 QCI 设定的 PDB，只要 UE 具有足够的无线信道质量。

表 4.3　标准化 QCI 特性[21]

QCI	资源类型	优先级	分组延迟预算 （PDB）/ms	分组差错丢失率 （PELR）	服务示例
1	GBR	2	100	10^{-2}	语音对话
2		4	150	10^{-3}	视频对话（实时流）
3		3	50	10^{-3}	即时游戏
4		5	300	10^{-6}	非对话视频（缓冲流）
5	non-GBR	1	100	10^{-6}	IMS 信令
6		6	300	10^{-6}	视频（缓冲流）、基于 TCP（例如，WWW、电子邮件、聊天、FTP、P2P 文件共享、渐进式视频等）
7		7	100	10^{-3}	语音、视频（实时流）、互动游戏
8		8	300	10^{-6}	视频（缓冲流）、基于 TCP（例如，WWW、电子邮件、聊天、FTP、P2P 文件共享、渐进式视频等）
9		9			

　　虽然在不同的分组聚合之间的调度主要基于 PDB（例如，调度器为业务提供服务，使得对应的 PDB 得以满足），但当 PDB 设置的目标无法满足一个或多个业务聚合时，还需要使用优先级参数（取值为 1 表示优先级最高）为具有高优先级的业务提供优先服务。

　　另外，PELR 参数为非拥塞相关的分组丢失率定义了一个上限值。在 UE 和 eNB 之间，由于其他的损失被认为是可以忽略的，因此在无线接口上可完全使用 PELR 值。PELR 的目的是允许采用适当的链路层配置协议（例如，重传模式的配置）。

　　从表 4.3 中可以看到，GBR 承载有四个 QCI，而 non-GBR 承载有 5 个 QCI。根据 3GPP TS 23.203[21]，在"默认"/"非优先用户"的情况下，通常将 QCI 9 用作默认承载。注意，在这种情况下，可将 AMBR 参数作为"工具"，为默认承载上具有相同 QCI 的用户提供差别化的用户服务（例如，针对每个用户实施不同的最大比特率）。除了优先级取值之外，QCI 8 与 QCI 9 具有类似的特性，QCI 8 可以用作"高端用户"的默认承载。反过来，QCI 6 相比于 QCI 8 和 9，只在优先级的取值上有所不同。如果网络支持多媒体优先级服务⊖（Multimedia Priority Service，MPS），那么 QCI 6 可以用于 MPS 用户非实时数据（最典型的是基于 TCP 的服务/应用）的优先级处理。因此，在拥塞的情况下，使用具有 QCI 6 默认 EPS 承载的 MPS 用户，将优先于"高端用户"和"默认用户"。其他 QCI（1、2、3、4、5 和 7）可以用于运营商控制的业务，即需要具有特定业务转发行为的专用 EPS 承载的业务。例如，在 LTE 语音（Voice over LTE，VoLTE）业务传输包含语音帧的 IP 分组，这时可以使用具有 QCI 1 的专用 EPS 承载。

4.2.2.2　ARP

　　ARP 参数用于在资源有限的情况下决定承载建立或修改的请求是否可以被接受，还是需要被拒绝。ARP 参数尤其与 GBR EPS 承载业务的许可控制决策相关，它还可以用来决定在资源有限期间哪些现有的承载被抢占。ARP 编码信息的内容包括：

　　1）优先等级（总共 15 个级别，1 代表优先的等级最高）。

　　2）抢占能力（标识为"是"或"否"）。

　　3）被抢占能力（标识为"是"或"否"）。

　　一旦成功建立，与 EPS 承载相关联的 ARP 值将对该承载级分组转发处理（例如，调度和速率控制）不产生任何影响。这种分组转发处理仅由其他 EPS 承载的 QoS 参数（QCI 和比特率参数）决定。

⊖　有关多媒体优先级服务的内容，将在 4.5.4 节中介绍。

3GPP 建议，应该将 ARP 优先等级 1 ~ 8 只分配给被授权在运营商域内接受优先处理服务的资源 [例如，由服务网络（Serving Network，SN）授权的资源，而不管它是用户的归属网络还是访问网络]。ARP 优先等级 9 ~ 15 可以分配给归属网络授权的资源，因此 UE 在漫游时可使用。这样，确保了未来 3GPP 规范版本可以以向后兼容的方式，使用 ARP 优先等级 1 ~ 8 在运营商域内表示诸如应急和其他优先级的服务。在存在适当的漫游协议的情况下，这不会妨碍在漫游情况下对 ARP 优先等级 1 ~ 8 的使用，从而确保对这些优先级的兼容使用。

值得一提的是，ARP 可用于在异常情况下释放容量，例如灾难情况[22]。在这种情况下，如果被抢占能力信息允许，LTE eNB 可以放弃具有较低 ARP 优先等级的承载来释放容量。

4.2.2.3　速率限制参数

对于 non – GBR 承载，可以通过聚合最大比特率（Aggregate Maximum Bit Rate，AMBR）参数实施速率限制。具体来说，可以使用 APN – AMBR 对一个 APN 上的所有的 UE 承载执行最大聚合比特率（即流过 UE 和特定外部 IP 网络的所有 non – GBR 带宽）。对于 non – GBR 承载，另一个速率限制控制参数是 UE – AMBR。这类速率限制控制可以在与 UE 相关的所有 non – GBR 上实施，并且独立于相应承载的端点（即流过 UE 和任意外部 IP 网络的所有 non – GBR 带宽）。LTE 网络允许 UE 的速率达到 APN – AMBR 和 UE – AMBR 两者之间的较小值，如果 UE 的速率超过该值，其数据传输速率将受到节制。一旦 UE 的聚合比特率降低到最大值以下，系统将不再调节数据。

对于 GBR 承载，所提供的比特率受到两个参数的控制：GBR 和与每个承载相关联的 MBR。承载使用的 GBR 值应当是网络提供的最小带宽。接纳过程需要分配足够的带宽，确保数据传输能够达到 GBR 值。UE 可以使用这一带宽，并且与网络拥塞程度无关。另外，MBR 是 GBR 承载可以利用的绝对最大带宽量，只要它已经被接纳。假设网络中存在可用资源，那么 MBR 要求额外带宽的利用率应当高于 GBR 值。一旦超过 MBR 带宽，网络即可抑制超出部分的带宽使用。GBR 和 MBR 基本限制了可用于给定 GBR 承载的最小带宽量和最大带宽量。

4.2.3　PCC 子系统

3GPP 为 PCC 制定了以下几项主要功能[21]：

1）策略控制，包括 QoS 控制（即 EPS 承载的 QoS 参数选择）和选通控制（即阻止或允许属于某个服务数据流/检测到的应用业务的分组通过网络的过程）。

2）对网络使用采取基于流的计费方式（包括计费控制和在线信用控制），主要用于业务数据流和应用业务。

PCC 子系统通过中央控制，确保 LTE 网络上运行的服务和应用能够使用适当的传输，即 EPS 承载的服务感知 QoS 配置，同时，还提供用于对基于每个服务计费进行控制的方式。实际上，PCC 子系统是一个与接入无关的架构，可应用于除 LTE 之外的很多接入技术中（例如，GPRS、UMTS 等非 3GPP 接入技术）。

用于 LTE 接入的 PCC 子系统参考网络架构如图 4.7 所示，该架构的中心网元是 PCRF。该网元包括策略控制决策和基于流的计费控制功能。由 PCRF 做出的决策以 PCC 规则的形式进行组织，再通过 Gx 接口发送到 LTE 网络，提供给位于 P – GW 内的策略和计费执行功能（Policy and Charging Enforcement Function，PCEF）予以实施。类似 QoS 订阅信息之类的规则可以和策略规则（例如，基于服务的、基于用户的或预定义的 PCRF 内部策略）一起使用，从而导出要为业务数据流执行的授权 QoS。Gx 接口还用于 PCEF，来为 PCRF 提供用户和接入的具体信息。对监视控制功能的支持，还可以用来实现基于网络使用总量的实时动态策略决策。还有一项重要的功能是应用检测和控制功能，它包括对特定应用业务的检测请求，向 PCRF 上报应用业务的开始或停止，以及实施特定的执行和计费动作。

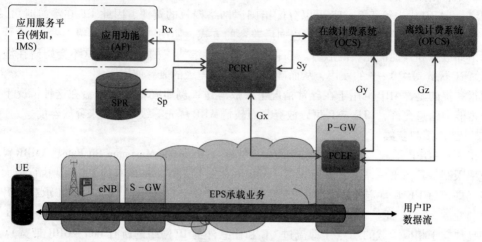

图 4.7　PCC 架构

PCRF 终止于名为 Rx 的接口，通过该接口外部应用服务器（即驻留在诸如 IMS 的业务交付平台上）可以发送业务相关的信息，包括与 IP 流相关联的资源需求。在这方面，术语"应用功能（Application Function，AF）"是一个通用术语，用于指代与需要动态 PCC 的应用或业务交互（或介入）的功能实体。通常，用于业务的应用级信令需要通过 AF 或终止于 AF（例如，在 IMS 平台内，担任 AF 角色的功能实体，需要处理 IMS 服务与 PCC 子系统之间的交互）。AF 还可以订阅业务面上的一些事件（例如，IP 会话终止、接入技术类型变更等）。PCRF 做出的决策还需要依赖与用户相关的信息，可通过 Sp 接口从用户属性存储器（Subscriber Profile Repository，SPR）中获得。

在计费相关的功能方面，在线计费系统（Online Charging System，OCS）是一个用于预付费计费的信用管理系统，而离线计费系统（Offline Charging System，OFCS）则用于后付费计费。PCEF 对用户数据面业务（例如，业务量和/或持续时间）进行测算，并通过 Gy 接口与 OCS 进行交互，以查询检测信用状态并报告信用状态。对于在线计费，在 PCRF 和 OCS 之间还有一个 Sy 参考点，用于传输与用户支出相关的策略计数器状态信息（例如，OCS 向 PCRF 报告的支出限制通知）。对于离线计费，PCEF 通过 Gz 参考点向 OFCS 报告计费事件。OFCS 使用该信息生成计费数据记录（Charging Data Records，CDR）并传送到收费系统。

使用 PCC 功能进行实时服务控制，可以实现对很多创新型服务的提供。常见的应用实例包括：公平使用服务，可以让运营商限制（调节）所提供的无限数据计划上的最重要用户的可用带宽；RAN 拥塞服务，可以让高端客户在 RAN 拥塞期间获得运营商保证的带宽；高额账单提醒服务，可以让运营商提醒用户他们已经超过他们的使用限额或他们的费用已经超过了特定的金额；"免费增值"服务，运营商可以通过这项服务为特定应用/网站（例如，Facebook、Twitter 等）的业务提供"免付增值费"的费率，从而根据时间段（例如，可以是按月、按周、按天、按小时，分为闲时或忙时采用差别化的计费）来提供打折或免费的数据使用（数据传输）；套餐服务，可以让运营商提供一系列带有访问速度、下载量上限和每天使用时段等限制的用户价格套餐[23]。

在 PPDR 通信的情况下，基于 PCC 子系统可以部署用于动态策略的强大框架，从而使其适应各种特定的事件需求，相关内容将在 4.5 节做进一步讨论。

4.2.4　安全

随着新系统和网络在复杂性方面的迅速演变和增长，加上各种不断变化的威胁呈现出的复杂性以及系统和网络固有漏洞的存在，对维持通信系统和网络的安全提出了艰巨的挑战。尤其对于像 LTE 这种移动网络的情况，因为终端接入网络使用的这些无线接口，使这些系统更容易且更多地暴露在各种攻击之下（例如，第三方对无线传输实施的窃听，甚至操纵；阻止合法用户访问系统的服务拒绝攻击，等等）。

LTE 规范继承了之前的 GSM 和 UMTS 系统，因此采用了一种安全架构，该安全架构可分为 5 个功能区域[24]，如图 4.8 所示：

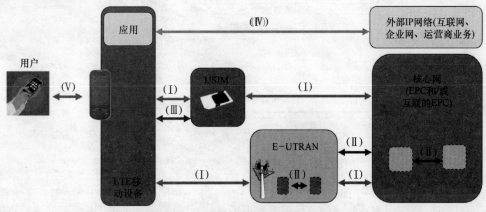

图 4.8　LTE 系统安全功能区域简介

1）网络接入安全（Ⅰ），为用户提供安全的接入服务，并防止对无线接入接口的攻击。

2）网络域安全（Ⅱ），使节点能够安全地交换信令数据和用户数据，并防止对内部网络接口的攻击。

3）用户域安全（Ⅲ），提供对终端的安全访问。通常通过使用用户访问网络的 PIN 码来实现这一功能。需要注意的是，LTE 没有制定新的用户识别模块（Subscriber Identity Module，SIM）卡类型，而是利用 UMTS 特定的 SIM 卡，即已知的 UMTS SIM 卡。

4）应用域安全（Ⅳ），使用户域和服务/应用提供商域中的应用能够安全地交换消息。用户面传输上的应用级安全遍历由 EPS 提供，因此对 LTE 网络是透明的。

5）安全性的可见与配置（Ⅴ），可以让用户了解安全功能是否运行，以及服务的使用与提供是否应当依赖安全功能（例如，在终端显示上使用特定符号，让用户知道是否正在应用加密功能）。

这些区域中的每一项都代表了一组所需的安全特性，用于应对特定的安全威胁并实现特定的安全目标。（Ⅰ）和（Ⅱ）中的安全特性是本概述的主题，因为它们是和 LTE 网络本身直接相关的特性。与其他安全域相关的详细内容可参阅 3GPP TS 33.401[24] 和 TS 33.102[25]。

4.2.4.1　网络接入安全

E – UTRAN 中的接入安全包括以下几个方面：

1）UE 和网络之间的相互认证。

2）用于建立加密和完整性保护所需密钥的导出。

3）UE 和 MME 之间 NAS 信令（例如，会话管理和移动性管理信令）的加密、完整性和重放保护。

4）UE 和 eNB 之间 RRC 信令的加密、完整性和重放保护。

5）UE 和 eNB 之间对用户面的加密。

6）使用临时 ID 来避免在无线链路上发送永久用户 ID，即国际移动用户识别码（International Mobile Subscriber Identity，IMSI）。

有关这些方面（除使用临时 ID 之外）的详细说明如图 4.9 所示。

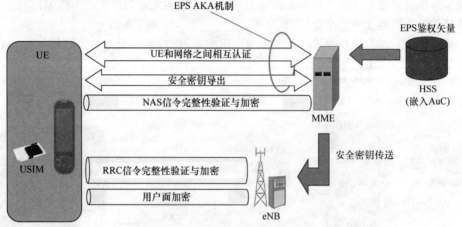

图 4.9　E - UTRAN 中的接入安全特性

相互认证包括用户认证（即通过 SN 证实用户的身份）和网络认证（即通过用户证实他/她所连接的 SN 已经过该用户的归属网络授权，其中用户的归属网络为用户提供服务）。E - UTRAN 中的相互认证主要基于这样一个前提，即 USIM 卡和网络［即嵌入在 HSS 中的认证中心（Authentication Centre，AuC）功能］可以访问同一个密钥 K。该密钥是一个永久的密钥，且永远不会离开 USIM 或 HSS/AuC，因此，不会被直接用来为业务提供保护。相反，在认证过程中，终端和网络中的其他密钥则通过密钥 K 产生，这些密钥主要用于提供加密和完整性保护服务。在 E - UTRAN 中的这种认证机制和密钥生成机制，被称作 EPS 认证和密钥协定（EPS Authentication and Key Agreement，EPS AKA）。当用户通过 E - UTRAN 访问附接到 EPS 时，就会执行 EPS AKA。该过程发生在 SN 中的 UE 和某个 MME 实体之间，其中需要从用户归属网络的 HSS/AuC 中接收与该特定用户相关的一个 EPS 鉴权矢量（Authentication Vector，AV）。该 AV 包括相互认证和加密与完整性密钥（这些密钥被用在 MME，用于 NAS 信令，以及服务 eNB 内，用于用户面和 RRC 信令）导出过程所需的参数（使用密钥 K 作为输入生成，但不明显地包含在 AV 中）。

对于熟悉 UMTS 的读者来说，EPS AKA 类似于 UMTS 中使用的被称作"UMTS AKA"的相关过程。但是，两者之间还是有一些需要强调的区别：

1）在 EPS AKA 中，归属网络的 HSS/AuC 内产生的密钥通过包含的服务网络标识（Serving Network Identity，SN ID）被绑定到给定的 SN，从而确保导出用于某个 SN 的密钥，不能被使用在不同的 SN 内。

2）密钥的大小更大。E - UTRAN 不仅支持 128 位的密钥，还可以支持 256 位的密钥。

3）为基站增加额外的防护机制。使用在空中接口的密钥会随着 UE 每次改变其附接点或当从空闲状态转换到活跃状态时，执行更新/刷新操作。

就信令/控制面的防护而言，通过完整性和机密性特性为 UE 和 MME 之间的 NAS 信令提供端到端的保护。此外，完整性和机密性特性还可以在 UE 和 eNB 之间的无线路径上，为无线网络信令（RRC 信令，还可用来封装 NAS 信令）提供保护。就用户面（即用户 IP 分组的传送）而言，可在 UE 和 eNB 之间提供机密性保护，但是与信令/控制面不同，完整性保护没有被支持。

LTE 标准允许使用不同的加密算法，用于加密和完整性保护。最初为 LTE 开发了两组安全算法：一组基于高级加密标准（Advanced Encryption Standard，AES），另一组基于 SNOW 3G。所采用的原则是，两组算法应当尽可能做到彼此不同，以防止类似的攻击能够同时攻破它们。ETSI 安全算法专家组（Security Algorithms Group of Experts，SAGE）负责制定算法。所设定的密钥长度为 128 位，如果需要，可以在将来引入长度为 256 位的密钥。2011 年，第三种算法 ZUC 被批准用于 LTE。2012 年，基于 ZUC 的加密算法 128 – EEA3 和完整性算法 128 – EIA3 最终完成。UE 和网络需要对选用哪种算法用于具体的连接达成一致。

最后，LTE 的身份保护能力同样值得关注。与 UMTS 网络一样，LTE 可以提供：

1）用户身份机密性。在提供服务的过程中，用户的永久用户身份（IMSI）在无线接入链路上不能被窃听。

2）用户位置机密性。在特定区域中，用户的出现与到达，不能通过在无线接入链路上的窃听被确定出来。

3）用户不可追踪性。入侵者不能通过在无线接入链路上的窃听，推断出同一个用户是否被提供了不同的服务。

为了实现上述身份保护目标，用户通常使用临时身份［例如，全球唯一临时标识（Globally Unique Temporary Identifier，GUTI）］来进行识别，通过该临时身份，用户被其访问的 SN 所知。为了避免用户可追踪性（这可能会导致对用户身份机密性的侵害），不应当长时间使用同一个临时身份标识用户。此外，在无线接入链路上还需要对任何可能暴露用户身份的信令或用户数据进行加密。只有当无法通过临时身份识别用户身份时，SN 才应当启动用户识别机制，来从连接的终端/用户中索取 IMSI。这种机制最初由 MME 发起，请求用户发送其永久身份。用户以包含 IMSI 的明文文本予以响应。不过，这体现了在提供用户身份机密性方面的一个漏洞。

更多有关 LTE 接入安全方面的内容，以及用于 E – UTRAN 与 UTRAN 和 GERAN 之间互联互通的安全规定，可参阅 3GPP TS 33.401[24]。此外，在从非 3GPP RAT 接入 EPS 的情况下的安全特性，可参阅 3GPP TS 33.402[26]。

4.2.4.2　网络域安全

在 2G 系统（例如，GSM）中，没有制定有关保护核心网中业务的解决方案。但这并不被认为是一个问题，因为用于电路交换（Circuit Switched，CS）业务的特定协议和接口，通常只能由大型电信运营商访问。随着在移动通信系统以及一般的 IP 传输中引入分组数据服务（例如，GPRS、EPS），3G/4G 网络的信令所运行的网络具备更多的开放性和可访问性。因此，3GPP 已经着手制定了在核心网以及核心网与其他互联网络（核心）之间确保 IP 业务安全的相关规范。这些规范被称为基于 IP 控制面的网络域安全（NDS/IP）[27]。

在 NDS/IP 规范中引入的核心理念是安全域的概念。安全域指的是一个网络或部分网络，由单独的管理机构负责管理。在安全域中，安全服务具有相同的安全和使用级别。通常，由单个网络运营商或单个中转运营商运营的网络构成一个安全域，但是从安全的角度来看，运营商可能会将它的网络组织成多个单独的子网络。安全域之间的边界由安全网关（Security Gateways，SEG）负责提供保护。安全网关负责对目的安全域中的其他安全网关实施该安全域的安全策略。网络运营商可以在其网络中配备多个安全网关，从而避免出现单点故障或出于对性能原因的考虑。可将安全网关定义用于所有可达的安全域目的地，也可以将其定义仅用于其中部分可达的安全域目的地。所有的 NDS/IP 业务流量在进入或离开安全域之前，都应当通过安全网关。NDS/IP 架构的基本思想是提供"逐跳安全性"。因此，链式隧道和中心辐射式连接模式，被用来在安全域内部或安全域之间实施基于逐跳的安全保护。通过逐跳安全性，可以很容易地在安全域的内部和针对其他外部的安全域分别运行单独的安全策略。

安全网关之间的业务数据流，在网络层使用 IPsec 协议进行保护。IPsec 协议是由 IETF 在 RFC – 4301 中制定的[28]。IPsec 提供了一组安全服务，这些服务通过协商的 IPsec 安全关联（Security Associations，SA）确定。安全关联被定义为一种单工的"连接"，为其承载的数据流提供安全服务。通过这种方式，IPsec 安全关联定义一个要使用的安全协议、安全关联的模式和端点。IPsec 框架构成部分的安全协议，包括认证首部（Authentication Header，AH）和封装安全负载（Encapsulating Security Payload，ESP）。这些协议可以工作在隧道模式下，也可以工作在传输模式下（隧道模式将要保护的全部 IP 分组封装到另一个 IP 分组中，而传输模式不封装）。对于 NDS/IP 网络，安全网关之间的 IPsec 协议在隧道模式下应始终为 ESP。在安全域内部，也可以使用传输模式。对于 NDS/IP 网络，还应当要求始终使用完整性保护/消息认证以及抗重放保护。因此，NDS/IP 提供的安全服务包括：

1）数据完整性。

2）数据源认证。

3）抗重放保护。

4）机密性（可选）。

5）在应用机密性时，提供有限的保护，以防止业务流分析。

在安全网关之间设置 IPsec 安全关联，需要在密钥管理和分发中使用互联网密钥交换协议版本 1（Internet Key Exchange 1，IKEv1）或互联网密钥交换协议版本 2（Internet Key Exchange 2，IKEv2）。IKEv1 和 IKEv2 的主要目的是在建立安全连接的各方之间协商、建立和维护安全关联（从第 11 版开始，就有了支持 IKEv2 的需求；因此，在未来的 3GPP 规范中，很可能不再强制要求在安全网关中支持 IKEv1）。因此，安全关联的概念是 IPsec 协议和 IKEv1/IKEv2 的核心。安全服务可通过使用 AH 或 ESP 协议（不能同时使用），提供给安全关联。如果同时将 AH 和 ESP 保护应用到同一个业务流，那么必须建立两个安全关联，并通过安全协议的迭代应用协调这两个安全关联，以实现有效的保护。为了在两个启用了 IPsec 的系统之间确保典型双向通信的安全，需要使用一对安全关联（每个方向一个）。IKE 通过显式地创建安全关联对，来确定这种常见的使用要求。

3GPP TS 33.210 中规定了用于 NDS/IP 应用的 ESP、IKEv1 和 IKEv2 协议的相关内容[27]。这些内容给出了必须支持和实现互联目的所需的最小功能集。

图 4.10 给出了一个使用 NDS/IP 架构的示例场景。在该情况下，在安全域 A 和 B 之间的数据流传输，由隧道模式中安全网关 A 和 B 之间的 ESP 安全关联提供安全保证。IKE 连接用于建立所需的 IPsec 安全关联。安全网关通常将与对端安全网关保持至少一个可用的 IPsec 隧道。在每个域内，NE 可以根据需要向一个安全网关或其他 NE 建立并维护 ESP 安全关联。从一个安全域中的 NE 到不同安全域中的 NE 的所有 NDS/IP 业务数据流都将经由对应的安全网关进行路由，并为其提供到最终的目的地的逐跳安全性保护。尽管 NDS/IP 最初目的主要是仅为控制面信令提供保护，但是也可以使用类似的机制为用户面业务提供保护。作为对 NDS/IP 框架的扩展，3GPP TS 33.310[29] 定义了一个基于证书的运营商间公钥基础设施（Public Key Infrastructure，PKI），用于在 NDS/IP 中对 IPsec 连接的建立提供支持。

NDS/IP 提供的策略控制粒度由 NE 和安全网关之间 ESP 安全关联的控制程度决定。常规操作模式下，在任意两个 NE 和安全网关之间只使用一个 ESP 安全关联，因此，NE 之间经过的所有安全业务数据流将具有相同的安全策略。这与整体 NDS/IP 安全域的概念相一致，即安全域中

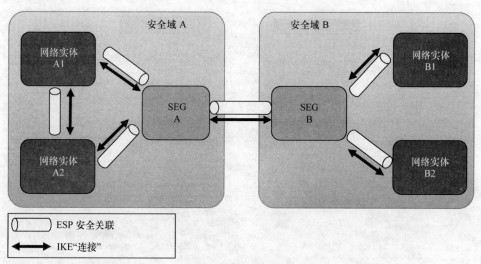

图 4.10　用于 IP 网络层安全的 3GPP NDS/IP 架构

的所有业务数据流应当具有相同的安全策略。不过，如果需要更细的安全粒度时，运营商可以在两个通信的安全域之间建立多个 ESP 安全关联。当安全域分属不同运营商且安全网关负责实施用于网络之间互通的安全策略时，实际的安全域间策略由漫游协议决定。除了 NDS/IP 安全服务之外，这种安全性还包括过滤策略和防火墙功能，而这些并没有规定在 3GPP NDS/IP 中。事实上，在安全网关功能之前，可能需要进行简单的过滤。过滤策略必须允许域名服务（Domain Name Service，DNS）和网络时间协议（Network Time Protocol，NTP），以及隧道模式中的 IKEv1/IKEv2 和 IPsec ESP 等关键协议通过。未经允许的业务数据流应当被拒绝。此外，安全网关应当是物理安全的，并且能够提供用于 IKE 认证的密钥安全长期存储的能力。

4.2.5　漫游支持

漫游指的是，使用其他运营商提供的移动服务，该运营商不是其归属运营商（即保持用户订阅信息的运营商）。在当前的移动通信网络中，漫游是一种关键的支持能力，该能力尤其被用于为国外的用户提供服务。

LTE 可以支持两种漫游架构[22,30]：

1）归属路由（Home - routed）漫游。在这种架构中，漫游者的业务被路由回其归属网络，以实现对其归属资源的使用。因此，这种 IP 连接服务由位于归属网络中的网关功能（即 P - GW）提供。

2）本地突破（Local Breakout）漫游。在这种架构中，IP 连接服务由位于受访网络中的 P - GW 提供。本地突破漫游架构允许为漫游用户服务的 AF，既可以在受访运营商网络上，又可以在其归属网络上。

两种架构的详细描述如图 4.11 所示。LTE 网络中漫游支持的三种相关的接口如下：

1）S6a 接口。该接口用于交换与移动站位置相关的数据，以及与在受访网络中 MME 和归属网络中 HSS 之间用户管理相关的数据。提供给移动用户的主要服务是在整个服务区内传送分组数据的能力。MME 将其管理的移动站的位置通知给 HSS。HSS 向 MME 发送支持移动用户服务需要的所有数据。数据交换可能出现在移动用户需要特定的服务时，即当他/她想要更改其订阅所附属的某些数据时，或者其订阅的某些参数通过管理手段被修改时。该接口同时适用于归属路由漫游和本地突破漫游两种架构。

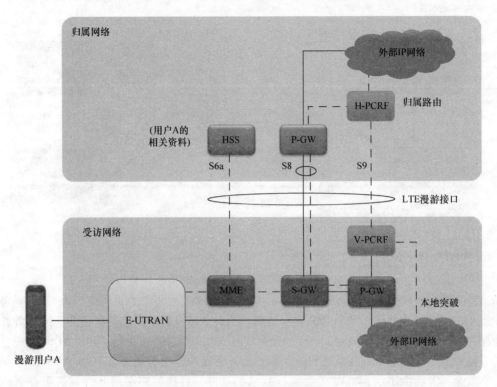

图 4.11　LTE 网络支持的漫游架构

2）S8 接口。该接口在位于受访网络的 S – GW 和位于归属网络中的 P – GW 之间，提供用户面和控制面。S8 是图 4.2 描述的 S5 接口的网络间变体。该接口只适用于归属路由漫游架构。

3）S9 接口。在 4.2.3 节描述的漫游场景中，需要使用该接口部署 PCC 功能。它在归属PCRF（Home PCRF，H – PCRF）和受访 PCRF（Visited PCRF，V – PCRF）之间提供 QoS PCC 信息的传输，以便支持本地突破功能。

4.2.6　LTE 语音业务

LTE 是一种完全 IP 化的技术，这使其提供语音业务的方式与之前基于 CS 技术的提供方式完全不同。事实上，GSM 和 UMTS RAN 支持通过专用的连接建立语音业务，而这种专用的连接主要通过单独的 CS 核心网［也就是由所谓的移动交换中心（Mobile Switching Centre，MSC）构成］提供。然而，LTE RAN（即 E – UTRAN）不需要使用任何的 CS 核心网，而是通过分组交换网（即 EPC）提供所有的服务。因此，LTE 网络中的语音业务将通过 IP 语音（Voice over IP，VoIP）的方法提供，为此 3GPP 组织建立了 IMS 平台，用来对这种 VoIP 解决方案提供支持。在这方面，3GPP 制定了实现基于 IMS 语音业务的所有"要素"，并将其提供给运营商和供应商，让他们来决定具体的实现方案。在此基础上，为了避免在 LTE 上提供语音业务时出现碎片化和不兼容的问题，以及为了保护移动运营商的营收尽可能地不受顶端（Over – The – Top，OTT）语音业务提供商（例如，Skype、Google Talk 等）的影响，商用无线行业已经采用了一种提供语音和 SMS 的标准化方案。该方案通常被称为 LTE 语音（Voice over LTE，VoLTE）业务。VoLTE 的实现可以为运营商提供很多的成本和运营效益，例如，不再需要在一个核心网上提供语音业务，而在另一个核心网上提供数据业务。VoLTE 预计还可能释放很多新的营收潜力：将 IMS 作为公共的服务平台，VoLTE 就可以与视频通话以及富通信套件（Rich Communications Suite，RCS）多媒体业务（包括视频共享、多媒体消息、聊天和文件传输等）同时部署。

目前，全球移动通信系统协会（Global System for Mobile Association，GSMA）已经为 UE、LTE 接入网、EPC 网和 VoLTE 的 IMS 功能制定了一组强制的功能集，并将其规定在永久参考文档（Permanent Reference Document，PRD）IR. 92[31] 中，该文档由 GSMA 对外发布并进行维护。GSMA IR. 92 中定义的内容包括以下几个方面：

1）IMS 电话基本能力和补充服务。

2）实时媒体协商、传输和编解码器。

3）LTE 无线电和 EPC 能力。

4）与跨协议栈和子系统相关的功能。

图 4. 12 详细描述了 VoLTE 解决方案中的 UE 和网络协议栈结构。在上层中，VoLTE 的实现依赖于一组互联网的协议，包括会话初始协议（Session Initiation Protocol，SIP）、可扩展标记语言（Extensible Markup Language，XML）配置接入协议（XML Configuration Access Protocol，XCAP）。SIP 是用于会话管理（例如，服务注册、激活等）的核心协议。XCAP 用于配置补充服务（例如，呼叫线路识别、转发、限制等）。对自适应多速率（Adaptive Multi‒Rate，AMR）编解码器的支持是 3GPP 强制要求的，该功能也被用在 GSM 和 UMTS 中，可以在与传统系统的互操作方面提供一定的优势（即不再需要代码转换器）。而且，在提供高清（High Definition，HD）语音业务时，也必须要使用 AMR 宽带编解码器（AMR WideBand，AMRWB）。语音帧被封装在实时传输协议（Real time Transport Protocol，RTP）中发送。UE 和网络必须为所有用于 VoLTE 应用的协议（例如，SIP、SDP、RTP、RTCP 和 XCAP/HTTP）支持 IPv4 和 IPv6。在网络层，VoLTE 利用了为 EPS 承载业务定义的 QoS 能力，规定了不同的 QoS 等级。LTE 中可用的优化特性，可以让语音操作更为高效，包括半持续调度（Semi‒Persistent Scheduling，SPS）和 TTI 绑定。SPS 减少了需要持续和周期性无线电资源分配的应用的控制信道开销。同时，TTI 绑定（在一组连续的 TTI 中传送）可以扩大上行链路的覆盖范围。优化还包括对声码器速率适配的支持，运营商可以根据网络负载来控制编解码器速率，从而根据容量来动态地调整话音质量的权衡机制。可靠首部压缩（Robust Header Compression，ROHC）也是被强制要求支持的，它可以减少与 IP 和传输层首部相关联的开销。VoLTE 解决方案还强制要求对单一无线语音呼叫连续性（Single Radio Voice Call Continuity，SRVCC）能力的支持，该能力能够提供从 VoLTE 到 2G/3G 接入的语音呼叫的无缝切换。作为对 PRD IR. 92 的补充，GSMA 还发布了 PRD IR. 94[32]，该文档在 GSMA PRD IR. 92 之上定义了一组最小的强制功能集，以实现对话式视频业务。

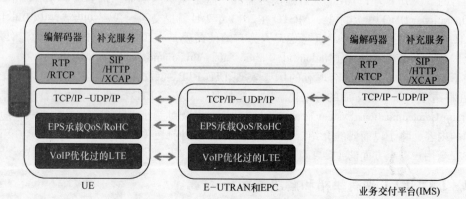

图 4. 12　VoLTE 中的 UE 和网络协议栈

有关 VoLTE 解决方案的详细内容，以及在无线电覆盖、无线电容量和端到端延迟方面与 VoLTE 性能相关的说明性图示请参阅本章参考文献［33］。关于无线电覆盖，本章参考文献［33］指出，与 UMTS 类似的语音覆盖可以通过使用 TTI 绑定和重传技术来实现。在无线电容量方面，使用首部压缩技术和 12.2kbit/s 语音编解码器，可以在 1MHz 的频谱上为 40～50 个并发用户提供服务，远远高于诸如 GSM 之类且具有类似语音编解码器的系统实现的每 MHz 10 个用户的效率。在延迟性能方面，可以实现在 160ms 范围内的口到耳朵的延迟预算，这要比目前 CS 语音呼叫具有的延迟低得多。

2014 年，北美和亚太地区就已经推出了 VoLTE 服务，2015 年及以后的部署进度加快。此外，消费级的 LTE 高清语音业务已经实现，显著提高了语音辨识度，对任务关键型语音业务来说，这将成为一项非常具有吸引力的特性，尤其是在与当前已有的 PMR 语音质量标准相比时。

4.3　群组通信和 PTT

具有 PTT 功能的群组通信是任务关键型语音业务的核心功能，正如第 1 章所述。在现有的 PMR 技术中，这些功能得到了很好的支持，但是到目前为止，这些功能还没有在商业领域得到广泛的关注。虽然人们认为 LTE 用于 PPDR 最初的目的是提供宽带数据应用，但是随着 VoLTE 技术的逐步成熟以及在 LTE 中引入任务关键型的语音功能，为向该技术的中长期迁移铺平了道路，未来的任务关键型语音和数据业务终将能够在共同的通信平台上得到支持。

事实上，将 LTE 作为 PPDR 业界的语音业务解决方案已经得到了全世界的关注，并对其产生浓厚的兴趣。一些相关的 PPDR 协会还公布了他们对基于 LTE 网络提供任务关键型语音业务的立场。特别是，在国际 APCO 发布的政策声明中，明确表示支持将 LTE 作为应急通信宽带网络的全球标准，该声明指出，"高级 4G 系统"蜂窝服务将为全球应急服务的无线数据、视频和语音通信，提供一个全面、安全的 IP 移动宽带解决方案[34]。此外，TCCA 的关键通信宽带组（Critical Communications Broadband Group，CCBG）已经认识到，群组通信和 PTT 将是未来 LTE 语音业务的关键通信应用[3]。

全球对 LTE 任务关键型语音业务的兴趣和重视，使 3GPP 组织正努力从事全球解决方案的标准化工作，该协议预计将在第 13 版中完成。与此同时，在市场上已经有很多的计划和专业产品，可以通过商用的 IP 连接网络（LTE、3G）提供群组通信和 PTT 能力。这些已经可用或正在开发的"LTE PTT"解决方案可以很好地服务相关行业和领域。不过，它正在成为一个分散的市场，并且现有的解决方案为 PPDR 响应者提供所需的一些最基本的功能，例如直通工作模式（Direct Mode Operation，DMO）。实际上，NPSTC 在 2013 年 7 月就提交了一份有关为满足 PPDR 用户需求建立 LTE PTT 的文件，供 FirstNet 考虑，因为它的使命就是在 3GPP 规范的工作中，部署美国第一个全国公共安全宽带网络（Nationwide Public Safety Broadband Network，NPSBN）。

在下一节里，将简要讨论现有的用于实现 LTE PTT 的举措和解决方案。之后，介绍有关 3GPP 在群组呼叫和 PTT 方面的标准化工作。尤其是，对正在 LTE 标准中增加的群组通信系统引擎（Group Communications System Enablers，GCSE），以及对基于 LTE 的标准化 MCPTT 应用的支持方面的内容，将予以简要的介绍。本节总结了 OMA 当前在进一步加强 OMA 的 PoC 引擎以满足公共安全用户需求方面的主要工作。

4.3.1　LTE PTT 现有举措和解决方案

如今，商业 PTT 服务已经面市，并且相关服务产品很可能继续增长。目前在这方面提供的三种主要方法如下[36]：

1）商业运营商将此项服务作为其网络的核心功能。

2）公司在传统网络或无法将该服务作为核心业务的网络上，提供具有 PTT 功能的软件或智能手机应用。

3）供应商面向特定用户群提供专用部署和操作的解决方案。

对于第一种方法，自从 Nextel 通信公司早在 1993 年推出它的直连（Direct Connect）服务以来，PTT 服务已经使用了很多年，主要是在美国市场。如今，在美国，多家领先的商业运营商已经提供了 PTT 语音业务，称为 PoC。实际上，AT&T 和 Verizon 无线公司的 PTT 服务也是基于他们的 LTE 网络提供的。然而，每个网络使用了不同的 PTT 技术，从而导致它们无法实现跨网兼容。

在第二种方法中，目前已经有很多智能手机应用，可以在使用 LTE 网络的设备上模拟 PTT 功能。几家公司已经开发了具有这种功能的企业级软件解决方案。例如，WAVE 和 Voxer Walkie‐Talkie PTT 应用，可以为移动人员通信提供 PTT 订购服务。

最后，对于第三种方法，PMR 行业领域中的制造商已经开发了利用 LTE PTT 的技术，以及用于与传统 PMR 网络互通的 PTT 网桥。实际上，自从 2012 年以来，像阿尔卡特朗讯、Cassidian、Harris、摩托罗拉、Thales 等公司一直在推出基于 LTE 和跨网络 LTE 的 PTT（例如，Harris 公司推出的 BeOn，摩托罗拉公司推出的宽带一键通等）。然而，各家供应商使用了不同的技术用于他们的 PTT 解决方案。这些解决方案彼此互不兼容，使得在共用接口确定之前，对 LTE PTT 的使用仍然是各家供应商所专有的。

4.3.2　3GPP 标准化工作

3GPP 已经确立了以下几个工作项（Work Item，WI），用于开发 LTE 上的群组通信和 PTT 应用的技术规范：

1）"LTE 群组通信系统引擎（Group Communication System Enablers for LTE，GCSE＿LTE）"[37]，发起于第 12 版。

2）"LTE 群组通信系统引擎的服务需求维护（Service Requirements Maintenance for Group Communication System Enablers for LTE，SRM＿GCSE＿LTE）"[38]，发起于第 13 版。

3）"基于 LTE 的任务关键型一键通话（Mission Critical Push to Talk over LTE，MCPTT）"[39]，发起于第 13 版。

表 4.4 列出了与上述 WI 相关的主要 3GPP 技术规范和报告。

表 4.4　涉及 LTE 上群组通信系统引擎和 MCPTT 内容的 3GPP 相关文档

工作项（WI）	相关技术规范/报告	说　明
GCSE＿LTE 和 SRM＿GCSE＿LTE	TS 22.468 – "LTE 群组通信系统引擎"	标准化需求文档（阶段1）
	TR 23.768 – "支持 LTE 群组通信系统引擎的架构增强研究"	包含 GCSE＿LTE 候选架构建议的信息技术报告
	TS 23.468 – "LTE 群组通信系统引擎"	功能架构的标准化规范工作（阶段2）
MCPTT	TS 22.179 – "基于 LTE 的任务关键型 PTT"	标准化需求文档（阶段1）
	TS 23.179 – "用于 LTE 上任务关键型 PTT 的系统架构增强"	功能架构的标准化规范工作（阶段2）
	TR 23.779 – "支持 LTE 任务关键型一键通（MCPTT）业务的架构增强研究"	支持阶段2架构定义规范的技术报告

注：3GPP 中的标准开发需要经过三个阶段：

1）"阶段 1" 是指从服务用户的角度来看的服务描述。

2）"阶段 2" 是一种逻辑分析，通过功能实体之间的参考点设计功能元素的抽象体系结构和信息流。

3）"阶段 3" 是已经映射到功能元素上的物理元素之间物理接口的功能和协议的具体实现。

此外，3GPP 经常会进行可行性研究，并将其结果以技术报告的形式呈现（通常是 3GPP 内部技术报告（TR），以 xx.7xx 或 xx.8xx 的格式进行编号）。

　　WI GCSE _ LTE 已经在使用 E – UTRAN 接入的 3GPP 系统群组通信服务（Group Communications Services，GCS）内，确立了需求并开发了相关的扩展功能，这些扩展被表示为 GCSE。值得注意的是，GCSE 不涵盖特定 GCS 的规范，而只涵盖了在 LTE 网络内对部署各种 GCS 的"支持"。从 GCSE 的角度来看，基本上将 GCS 设想为，以一种控制的方式将相同内容分发给多个用户的一种快速和有效的机制。GCS 预计能够提供不同类型的媒体。例如，会话型通信（语音，视频）、流媒体（视频）、数据（消息）或它们的组合。3GPP TS 22.468 中规定了为开发这些 GCSE 功能所确定的要求[40]。GCSE 的输入要求来源包括美国 NPSTC、TCCA、国际 APCO、国际铁路联合会（International Union of Railways，UIC）和 ETSI 特别委员会 EMTEL（应急通信特别委员会）与 MESA 项目。已经开发的 GCSE 要求，确保了一定的灵活性，以适应各种类型关键型通信用户群的操作要求。基于 TS 22.468[40] 确立的要求以及 3GPP TR 23.768 报告的 GCSE 的不同技术解决方案的分析，TS 23.468[41] 中详细描述了 3GPP 系统为支持 GCS 而实现的架构增强。值得注意的是，TS 22.468 中阶段 1 所需要的某些功能在第 12 版中没有得到处理，而是在第 13 版中得到了解决[38]。

　　虽然 GCSE 是在没有任何具体应用的情况下引入的，但是 WI MCPTT 仍然在 LTE 上利用支持 MCPTT 服务所需的其他功能来补充这项工作（也就是说，MCPTT 服务是 GCS 的一个特定实现）。因此，MCPTT 服务的主旨是，利用 GCSE 功能来提供具有与目前在 PMR/LMR 中可用的 PTT 功能性能相当的 PTT 语音通信。最终目标是，为 MCPTT 应用提供一个单一的、广泛采用的全球标准，从而尽可能避免当前的碎片化。

　　GCSE 和 MCPTT 扩展旨在补充与邻近服务（Proximity – based Services，ProSe）相关的功能和特性，稍后将在 4.4 节中进行说明。因此，当终端不在网络覆盖范围内时（脱网情况），甚至即便并非所有功能在这种情况下都可用时，类似 MCPTT 的应用也能够正常工作。在以下几个小节中，将对 GCSE 和 MCPTT 应用中的这些功能做进一步的介绍。

4.3.3　GCSE

　　3GPP 中开发的 GCSE 规范用于满足以下几种主要的要求[40]：

　　1）互操作性。被提供引擎的接口应当是开放的，以便来自不同地区不同机构的用户之间群组通信使用不同制造商提供的应用层客户端可以实现互操作。此外，网络应当提供用于群组通信的第三方接口和机制，利用这种机制可以让未通过 3GPP 网络连接的群组成员能够在其参与的群组通信中进行通信。

　　2）性能。系统应当提供一种机制，使群组通信端到端建立时间小于或等于 300ms。假设该值用于无争用网络，在这种网络中不存在检查，也不需要从接收方群组成员请求任何确认或应答。端到端建立时间被定义为，从某个群组成员通过 UE 发起群组通信请求到该群组成员可以开始发送语音或数据信息为止所经过的时间。从 UE 请求加入某个正在进行的群组通信直到它接收到群组通信所经过的时间，应当小于或等于 300ms。群组通信中媒体传输的端到端延迟应小于或等于 150ms。

　　3）优先级和抢占。系统应当提供一种机制，以支持用于群组通信的多个优先级。网络运营商应当能够配置每个群组通信的优先级，使其具有抢占较低优先级群组通信和非群组通信业务的能力。

　　4）适应不同操作要求的灵活性。该服务应当随着用户及其操作环境的发展与变化，提供灵活的操作模式。GCS 应当能够支持语音、视频或更一般的数据通信。此外，GCSE 应当能够让用户可以并行同时与多个群组进行通信（例如，与一个群组进行语音通信的同时，还可以与其他多个群组进行不同的视频流或数据通信）。

5）资源效率和可扩展性。系统应当提供一种用于群组通信有效分发数据的机制。区域中接收方群组成员的数量可能非常庞大（3GPP TS 22.468 采用真实场景作为说明性场景指出，可以预测在一个区域内至少有 36 个同时进行的语音群组通信，总共包含至少 2000 个参与的用户，并且其中有 500 多个用户参与同一个群组）。系统应当支持与任何一个 UE 并行进行多个不同的群组通信。这种定义的机制应允许进一步扩展所支持的并行群组数量。

6）与邻近服务（Proximity – based Services，ProSe）交互。如果 EPC 和 E – UTRAN 支持 ProSe，则 EPC 和 E – UTRAN 应能够将 "ProSe 群组通信" 和公共安全 "ProSe UE 到网络中继" 用于群组通信，服从于运营商的策略和 UE 的功能或设置（有关 ProSe 特性的更多细节将在 4.4 节中给出）。

7）群组通信高可用性。系统应当能够利用 GCSE 实现高水平可用性的群组通信，例如，通过设法避免 GCSE 架构中的单点故障和/或通过引入网络故障恢复过程，提供可用性水平。

图 4.13 展示了 3GPP EPS 上的群组通信系统整体架构的概要视图。该架构分为两个独立的层次[41]：

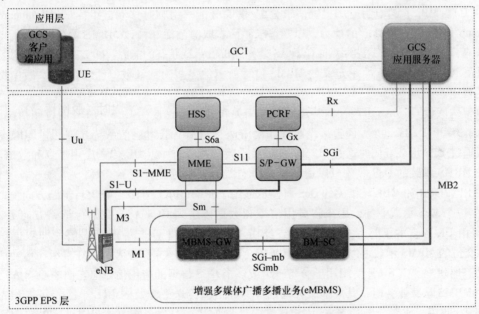

图 4.13　3GPP EPS 上群组通信系统的概要视图

1）应用层，包含群组通信服务的核心功能。该功能可以分布在网络侧的 GCS 应用服务器（GCS Application Server，GCS AS）和在终端上运行的 GCS 客户端应用（GCS Client Application，GCS CA）之间。应用层可以看作是 GCSE 功能的 "用户"。GCS CA 和 GCS AS 之间的应用级交互不在本 GCSE 规范的范围之内。

2）3GPP EPS 层，主要在应用层实体之间提供信息传送服务。这种由 3GPP EPS 层提供的传送服务包括单播和多播传送。因此，除了提供（单播）EPS 承载业务的核心实体（即 MME、S – GW、P – GW、HSS 和 PCRF）之外，3GPP EPS 层还包括为多媒体广播多播业务（Multimedia Broadcast Multicast Service，MBMS）制定的功能[42]。MBMS 是在 3GPP 内开发的解决方案，用来允许相同的内容可以被同时发送给大量的用户，从而与每个用户请求相同内容并通过单播传送到每一个用户相比，实现更加高效的网络资源使用效率。该方法可以让应用层能够组合使用单播 EPS 承载业务和 MBMS 承载业务来实现对 GCS 的支持。

对 MBMS 的支持需要对 3GPP 架构现有的功能实体添加新的能力，并且引入两个新的功能实体：广播多播业务中心（Broadcast Multicast Service Centre，BM - SC）和 MBMS 网关（MBMS - GW）。BM - SC 为 MBMS 用户服务提供配置和交付功能。BM - SC 作为内容提供商的入口点，允许其在网络内授权和发起 MBMS 承载业务，并且调度和交付 MBMS 传输。此外，MBMS - GW 为实际使用 MBMS 承载 [通过 SGi - mb（用户面）和 SGmb（控制面）参考点] 的实体提供接口，并且支持 MBMS 用户面数据到 eNB 的 IP 多播分发（图 4.13 所示的 M1 参考点）。

在此基础上，两个参考点是所提出的架构的核心。

1）GC1。它是 UE 中的 GCS CA 和网络侧上的 GCSE AS 之间的参考点。通过 GC1，交换应用域信令（例如，用于群组准入和发言权控制，诸如群组创建、删除、修改和群组成员控制等群组管理方面的信令）。应用信令可以基于 IMS 样式的信令（例如，VoLTE 业务中支持的 SIP 信令）。该接口规范保留在第 13 版 MCPTT 服务的相关内容中。

2）MB2。它是 GCS AS 和 3GPP EPS 层内 MBMS 功能之间的参考点。MB2 提供从 GCS AS 接入 MBMS 承载业务。MB2 在 GCS AS 和 BM - SC 之间携带控制面信令（MB2 - C）和用户面（MB2 - U）。MB2 参考点为应用提供请求分配/解除分配一组临时移动群组标识（Temporary Mobile Group Identity，TMGI）⊖的能力，以及请求激活、取消激活和修改 MBMS 承载的能力。同时，MB2 参考点还为 BM - SC 提供了向 GCS AS 通知 MBMS 承载状态的能力。MB2 - C/U 协议栈和安全要求以及 3GPP TS23.246[42] 中定义的 MBMS 过程所需的一些附加参数，已经在第 12 版中做出了相应的规定。

该架构假设 GCS AS 不与任何特定的网络相关联（不考虑使用 GCS 的 UE 的订阅情况）。在这方面，3GPP TS 23.246[42] 涵盖了漫游和非漫游两种情形。群组通信系统允许通过 MBMS 承载业务或通过 EPS 承载或同时通过 MBMS 和 EPS 承载业务，向一组 UE 传送应用信令和数据。EPS 承载和 MBMS 承载的 QoS 参数可以通过网络进行控制。实际上，与 GBR EPS 承载业务（例如，QCI、ARP、GBR 和 MBR）相关的 QoS 属性也适用于 MBMS 承载业务。在上行链路方向上，每个 UE 建立一个 EPS 承载业务，用来将应用信令和数据传送到 GCS AS。在下行链路方向上，GCS AS 可经由 UE 各自的 EPS 承载业务和/或经由 MBMS 承载业务来传送应用信令和数据。用于 MBMS 交付的 MBMS 承载可以在建立群组通信会话之前预先建立，或者可以在群组通信会话建立之后动态地建立。GCS UE 使用用于参与一个或多个 GCS 群组的应用信令向它们的 GCS AS 注册。当使用 MBMS 承载业务时，其广播服务区域（即在信息传送中涉及的 LTE 小区）可以预先配置供 GCS AS 使用。或者，当 GCS AS 确定区域内（例如，在一个小区内或一组小区内）GCS 群组的 UE 数量足够大时，GCS AS 可以动态地决定使用 MBMS 承载业务。当使用 MBMS 承载业务时，GCS AS 可以通过单个 MBMS 广播承载传送来自不同 GCS 群组的数据。经由 MBMS 承载传送的应用信令和数据对 BM - SC 和 MBMS 承载服务是透明的。GCS AS 通过 GCS 应用信令向 UE 提供所有配置信息，UE 使用这些配置信息接收经由 MBMS 承载业务的应用数据并对这些数据进行适当的处理。当使用 MBMS 承载业务的 GCS UE 移动到 MBMS 承载不可用的区域时，UE 会通过应用信令通知 GCS AS，它开始从 MBMS 广播承载接收状态变为不接收状态，并且 GCS AS 会在适当的时候经由 UE 自己的 EPS 承载激活下行链路应用信令和数据传送。为了以这两种方式，在 EPS 承载和 MBMS 承载之间的这种切换中，实现服务的连续性，UE 可以暂时并行地接收相同的 GCS 应用信令和数据。GCS UE 应用将丢弃所有接收的应用信令或数据副本。

⊖ TMGI 是一个分配给 MBMS 承载业务的标识符，可以使用 TMGI 来标识 LTE 网络内的 MBMS 承载业务。

　　图 4.14 展示了一种示例场景，GCS AS 在下行链路（DL）对不同的 UE 组合使用单播和 MBMS 业务。这里，UE-1～UE-3 通过单播接收 DL 数据流，而 UE-4～UE-6 则通过 eMBMS 接收 DL 数据流。对于特定的 GCSE 群组通信（或 UE/接收群组的成员）是正在使用单播传送还是多播传送，将由 GCS AS 决定。图 4.14 中并未标出上行链路（UL）中的数据流，对于 UL 数据流来说，则始终使用单播进行传送。

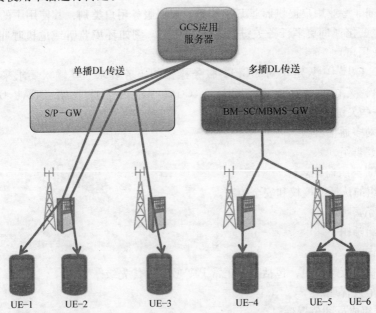

图 4.14　下行链路上单播和 MBMS 媒体数据流

4.3.4　基于 LTE 的 MCPTT

　　基于 LTE 的 MCPTT 服务旨在为增强的 PTT 服务提供支持，适合于多用户（群组呼叫）之间的任务关键型场景。其中，每个用户以仲裁的方式都有机会获得讲话的权限[44]。MCPTT 建立在由 EPS 架构提供的现有的 3GPP 传输通信机制上，通过 GCSE 和 ProSe 能力扩展，来建立、维护和终止用户之间的实际通信路径。在可行的情况下，期望终端用户的体验是类似的，而无论 MCPTT 服务是在 EPC 网络的覆盖下使用，还是基于没有网络覆盖的 ProSe 功能。

　　虽然 MCPTT 服务主要关注 LTE 的使用，但是可能存在通过非 3GPP 接入技术来访问 MCPTT 服务的用户。例如，调度员和管理员。这些特殊的用户通常具有普通用户可能没有的特定管理和呼叫管理的特权。在 MCPTT 中，调度员可以基于专门为此目的设计接口，使用 MCPTT UE（即通过 LTE 接入）或非 3GPP 接入，连接到 MCPTT 服务。

　　MCPTT 服务允许用户请求讲话的权限（传输语音/音频），并提供确定的机制在处于争用的请求之间进行仲裁（即发言权控制）。当出现多个请求时，确定哪一个用户的请求被接受以及哪些用户的请求被拒绝或进行排队，需要基于很多的特性（包括争用中的用户相应的优先级）进行决策。MCPTT 服务为具有较高优先级（例如，紧急情况）的用户提供了一种方法，来覆盖（中断）当前的讲话者。MCPTT 服务还支持一种机制，可以限制用户讲话（保持发言权）的时间，从而允许具有相同或较低优先级的用户有机会获得发言权。

　　MCPTT 服务为用户提供了一些方法，用于监视单独用户的活动，并且可以让用户将焦点切换到所选择的呼叫上。MCPTT 服务的用户可以加入一个已经建立的 MCPTT 群组呼叫（即延迟呼叫进入功能）。而且，MCPTT 服务还为用户提供了确定当前发言者用户身份和确定用户位置的功能。此外，MCPTT 用户还能够使用他们的 MCPTT UE 与非 MCPTT 用户进行通信，来使用正常的电话服务。

MCPTT 的主要目标是为公共安全、运输公司、公用事业或工业等用户提供专业的 PTT 服务，因为这些用户要比商业 PTT 服务的用户具有更加严格的性能需求预期。此外，本规范还设想使用 MCPTT 系统向非专业用户提供商业 PTT 服务。根据服务用户类别，其使用中的性能和 MCPTT 的功能可以随之变化（即更多任务关键型的特殊功能，例如环境监听或危机呼叫等功能，可能不会提供给商业用户）。

3GPP TS 22. 179[44] 中规定了对 MCPTT 服务操作的服务要求。其输入要求来源于多个组织（例如，FirstNet、英国内政部、NPSTC[35]、TCCA、APCO 全球联盟、TIA、OMA、ETSI TC TCCE）。其中一些关键的要求总结如下：

1）支持一对多通信群组。

2）动态创建群组。

3）多个 PTT 群组监控。

4）PTT 群组的认证、授权和安全控制。

5）一对多私密呼叫。

6）通告群组呼叫。

7）支持抢占。

8）支持危机和应急呼叫，包括高于正常 PTT 呼叫的优先级。

9）身份和个人管理。

10）PTT 群组成员的位置信息。

11）同时支持脱网 PTT 通信及其与在网 PTT 的操作。

当前 3GPP 的工作的中心主要是研究和评估可能的 3GPP 技术系统解决方案，用于基于上述要求支持 MCPTT 服务所需的架构增强。

在架构设计中遵循的一般原则是，网络运营商为需要类似功能的非公共安全客户复用 MCPTT 架构的可能性。这可以促使这些运营商将 MCPTT 解决方案的很多组件与其现有的网络架构进行集成整合。这种方法需要将 MCPTT 功能分解成少量不同的逻辑功能（例如，"群组管理功能"和"PTT 功能"）。

作为对这项工作的一个说明性的例子，图 4. 15 展示了本章参考文献［45］中所考虑的一些初步的示意图，即描述了在网和脱网场景中实现 MCPTT 服务的高级功能实体和主要参考点。在网行动场景中，MCPTT 服务器位于网络侧，在 EPS 层的顶部。实际上，MCPTT 服务器是 4. 3. 3 节中讨论的通用 GCS 的一个具体的实例。UE 通过经由 GC1 接口与 MCPTT 服务器通信来获得对 MCPTT 服务的访问，该操作被称为 MCPTT 网络模式操作（MCPTT Network Mode Operation，MCPTT NMO）。GC1 基于用于会话控制（建立、释放等）的 SIP。附加协议可以用于集中式发言权控制或 UE 配置。在网操作还考虑了 UE 不在网络覆盖范围内，但在支持 ProSe UE 到网络中继能力（ProSe 特性的相关内容将在 4. 4 节中进行介绍）的另一个 UE 的传输范围的情况。在这种情况下，PC5 是支持 UE 之间 ProSe 特性的功能架构。此外，在覆盖范围外的终端的 MCPTT 客户端和中继 UE 内的 MCPTT 代理功能之间，需要 GC1bis 接口。这种操作被称为通过中继的网络模式操作（Network Mode Operation via Relay，MCPTT NMO – R）。在脱网场景中，引入了 MCPTT DMO 客户端。该客户端运行在为 PC5 定义的 ProSe 一对多通信服务之上，它将具有完全分散式的发言权控制功能。它还可以支持阶段 1 需求中所确定的位置、呈现、群组管理和状态报告的功能。在这种情况下，GC - dmo 是连接用于 DMO 的 MCPTT 客户端的 UE 间的应用级接口。在本书英文原版撰写时，仍然没有 TS 23.179 规范性工作的版本。

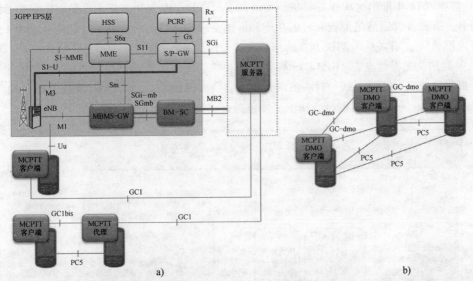

图 4.15 在网场景（a）和脱网场景（b）中用于实现 MCPTT 服务的高级功能实体和主要参考点

4.3.5 OMA PCPS

3GPP MCPTT 工作的目标在于在可能和合理的情况下复用现有的标准化功能。显然，OMA 定义的公共安全一键通（Push - to - Communicate for Public Safety，PCPS）规范的多个部分内容可以为 MCPTT 标准提供部分支持。如 4.1 节所述，目前 OMA 正在与 3GPP 合作寻找能够有效地将该规范迁移到 3GPP 的最佳方法，以便可以在 3GPP 中继续利用它来满足 PPDR 行业的需求并将此规范最终用于 MCPTT。

OMA 在通信、内容传送、设备管理（Device Management，DM）和位置等领域开发服务引擎和应用程序接口（Application Programming Interface，API）。OMA 服务引擎和 API 大多是网络独立的，这意味着它们可在各种类型的网络层上部署。通过 OMA API，当前通信系统中很多基本功能（例如 SMS、MMS、位置服务、呈现服务、支付和其他核心网资源）可以用一种标准化的方式提供给服务层。OMA 的主要规范之一是被广泛部署在商业手机中的 DM。OMA 与 3GPP 之类的标准组织之间实现互补并彼此协作。

近年来，OMA 已经看到政府机构越来越关注参与其通信系统服务层规范的制定过程[8]。2014 年，OMA 推出政府机构参与（Government Agency Participant，GAP）方案，允许各方在 OMA 的相关工作中发挥出积极的作用（通常，政府机构不能直接参与具有外国法律管辖权、严格的保密性限制或知识产权要求的组织）。FirstNet、英国内政部、英国气象局、新泽西州萨默塞特县和中国工业和信息化部（Ministry of Industry and Information Technology，MIIT）下属的中国电信研究院（China Academy of Telecommunication Research，CATR）是当前的一些参与者。

早在 2008 年，OMA 发布了第一个 PTT 应用服务引擎规范，命名为 PoC。OMA PoC 制定一种通信形式，允许用户以这样的方式加入与一个或多个用户（类似"对讲机"）的即时通信，即通过按压按钮，与单个用户的通话或一组参与者的广播就会建立。OMA PoC 版本 2.1（2011 年批准发布），允许与单个接收方（一对一）或在一个群组的多个接收方之间（一对多）传送音频

（例如，语音、音乐）、视频（不带音频）、静态图像、文本（格式化和非格式化的）和进行文件共享。这种 OMA PoC 解决方案已经由一些商业运营商［例如，AT&T 和加拿大贝尔公司（Bell Canada），都在 2012 年推出这项服务］进行商业部署。这种 PoC 解决方案主要是面向消费者提供的一种服务，并被开发以满足商业领域的功能和性能要求，这些要求远不如公共安全 PPDR 行业所需的要求严格[46]。有关这一解决方案的细节内容介绍如下。

OMA PoC 解决方案建立在 3GPP IMS 基础设施和移动网络运营商提供的 IP 连接服务的基础上，用于提供半双工、一对一或一对多的语音服务和数据通信[47]。OMA PoC 解决方案架构[48]简图如图 4.16 所示。其中，PoC 的核心功能实体包括：

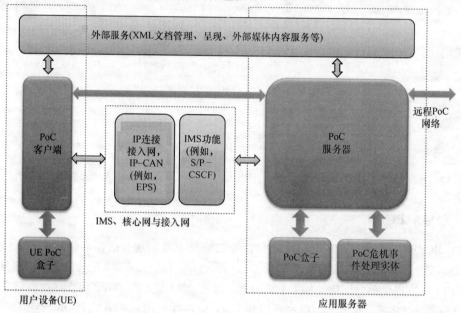

图 4.16　PoC 服务架构

1）PoC 服务器。一个网元，实现用于 PoC 服务的 IMS 应用级网络功能。从 IMS 的角度来看，它作为一个 SIP 应用服务器进行操作，负责管理 PoC 会话建立和拆除过程、通话控制（即发言权控制）和执行为 PoC 群组会话定义的策略。

2）PoC 客户端。一种驻留在支持 PoC 服务的 UE 上的功能实体。

3）PoC 盒子。PoC 功能实体，其中可以存储 PoC 会话数据和 PoC 会话控制数据。它可以是网络 PoC 盒子或 UE PoC 盒子。

4）PoC 危机事件处理实体。在 PoC 网络中的功能实体，用于授权 PoC 用户发起或加入危机 PoC 会话。PoC 危机事件处理实体在一个国家或国家的分部内执行用于国家安全、公共安全和私人安全应用的当地策略。PoC 危机事件处理实体对应急服务进行了有效的补充。

提供 PoC 服务的上述功能实体使用并与某些外部实体（例如，呈现服务器）进行交互，该呈现服务器可以向其他 PoC 用户或用于管理群组和列表（例如，联系人和访问列表）的 XML 文档管理服务器（XML Document Management Servers，XDMS）提供关于 PoC 用户可用性的信息。与 SIP/IP 核心合作提供发现/注册、认证/授权和安全功能。OMA PoC 解决方案利用现有的 IETF 协议套件。PoC 会话使用 SIP 进行管理，并且会话信令和承载传输通过 RTP/RTCP 来执行。在 RTCP 的顶部，PoC 已经为语音信道管理的目的定义了它自己的扩展，被称为通话突发控制协议（Talk Burst Control Protocol，TBCP）。从 IMS 和 PS 核心域的角度来看，PoC 会话被视为一种经典的 IMS 分组会话，使用用户当前注册 S – CSCF 的 SIP 信令来建立会话。为了支持会话数据和信令（包括 SIP 信令和 PoC 信令）传输，在 EPC 核心网的情况下，核心和接入网上建立了从终端到 P – GW 的 EPS 承载。OMA PoC 还定义了一种接口，可以通过与其他网络和系统的互通来实现超出 OMA 定义的 PoC 服务和 PoC 网络界限的 PoC 服务扩展，并且这种扩展的 PoC 服务不是 PoC 兼容的，但它能够提供一种合理可比的能力。

作为对 OMA PoC 解决方案的延续，PCPS 项目正在将 OMA PoC v1.0、v2.0 和 v2.1 要求整合到单个 PCPS v1.0 规范中。这项工作已经在公共安全机构的协作下完成。实质上，PCPS 共享了基本 PoC 技术平台属性，更新为基于 LTE 网络的操作。PCPS 支持大部分的 MCPTT 需求，尽管需要对 PCPS 的功能进行增强。需要注意的是，PCPS 版本 1.0 没有考虑在 GCSE 和 ProSe 通信中对 3GPP 层内新添加特性的利用。从对 PCPS 缺少的用于满足 3GPP MCPTT 服务要求的主要功能的相关分析报告中，可以确定以下方面[49]：

1）对 UE 和应用（用户）的授权；参与者的差异。

2）群组层次结构和群组隶属。

3）个人管理。

4）位置（可由 OMA LOC 引擎支持）。

5）脱网支持。

6）延迟呼叫进入性能。

7）能够促进对新的安全演进的支持。

8）与非 LTE MCPTT 系统互通（P25、TIA – 603 等）。

因此，需要进一步的工作来推进基准 OMA PCPS 的规范，并将其转化为预期的 3GPP 第 13 版 MCPTT 应用。在此基础上，如图 4.17 所示，预计将继续增加所得到的 MCPTT 核心规范，来逐步开发任务关键型通信（例如，任务关键型一键多媒体）所需的其他应用[8]。除了 PCPS 规范之外，还可以在未来关键型通信规范的版本中考虑由 OMA 为位置服务、呈现服务、DM 和其他服务所开发的服务引擎。

图 4.17 OMA PoC 向 3GPP 第 13 版 MCPTT 以及更新应用标准的演进图

4.4 设备到设备通信

当设备在网络覆盖的范围之外时，设备与设备之间直接通信的能力（即脱网通信）是 PPDR 用户的核心能力。如今，设备到设备通信（通常称为 DMO）是一种传输语音和数据的重要方式。在当前的窄带系统（如 TETRA）中，目前的 DMO 使用主要基于以下几种方式[50]：

1）当没有网络覆盖（例如，在建筑物内、隧道等）或存在失去地面网络覆盖的风险时，这对于警察和消防组织来说，尤其重要。

2）通过使用低功率的人工佩戴的便携式终端与更高功率的车载终端，扩展通信覆盖范围，其中车载终端的覆盖范围又能够覆盖到地面的基础设施。

3）作为额外容量（例如，在地面网络出现拥塞的情况下）。

4）当地面网络出现故障时，作为后备方案。

5）用于跨越边境的外国单位。

在此基础上，人们希望采用基于 LTE 的无线接口，继续为上述几种使用情况提供支持，不仅用于语音通信，而且还可以扩展到多媒体业务方面。

除了 PPDR 行业对此感兴趣之外，提供基于邻近的应用和服务也代表了商业领域中最近的巨大趋势。这些应用的原理是发现彼此邻近的设备中运行的应用，并且交换与应用相关的数据。这可以促使新应用/服务的出现，增强现有的应用/服务，例如，社交发现/匹配、推送/邻近广告、场地服务、地理围栏、凭证服务、接近触发自动化、结合现实世界元素的游戏以及很多其他的应用/服务[51,52]。此外，当信息仅仅用于局部共享时（例如，交通安全应用、自动化等）可以直接连接设备，而不需要通过网络，这样对网络运营商和用户来说都是有益的。在这种情况下，本地通信可以降低延迟、提高吞吐量、节能和提高资源的利用效率。

基于这种背景，3GPP 正在寻求机会，成为开发设备到设备通信的首选平台，并促进大量未来更先进的基于邻近应用的出现。向诸如 LTE 的全球标准中添加用于设备到设备通信的内置功能，可以很容易地在 PPDR 和非 PPDR 业务上获得规模经济的优势。实际上，设备到设备通信是 LTE 第 12 版关注的主要领域之一，在 3GPP 术语中被称为邻近服务（Proximity – based Services，ProSe）。ProSe 特性旨在发现彼此物理邻近的移动设备（即 ProSe 发现），以及实现它们之间通信的优化，包括在 UE 之间使用直接通信路径（即 ProSe 通信）。术语"LTE Direct"也经常在业内用于指代这些 3GPP ProSe 特性。

在某种程度上，上述提到的大部分 ProSe 的益处，也可以通过使用诸如 Wi – Fi Direct 和蓝牙（低功耗）之类的其他流行的设备到设备技术来实现，并且通过普遍的 OTT 解决方案来补充对设备的位置跟踪（例如，GPS 位置）功能。在已经存在这些替代技术的背景下，还要发展 ProSe 的一些主要原因如下：

1）ProSe 被认为是"网络控制"的设备到设备通信，因此完全集成在其他的 LTE 能力中。

2）ProSe 利用 LTE 网络基础设施。LTE 网络旨在帮助和监督 ProSe UE 用于各种功能，例如设备发现、无线电资源分配、同步和安全性等。

3）ProSe 旨在提供一种高功率效率、隐私敏感、频谱高效和可扩展的邻近发现平台。这可以让设备发现功能"始终开启"和自主运行，与替代解决方案相比可以延长电池寿命。

4）ProSe 依赖于 LTE/授权频谱的使用。授权频谱确保没有干扰和非常高的可靠性。使用控授权频谱是提供 QoS 保证的关键，但并未完全放弃可以在非授权频段中操作（即 ProSe 辅助 WLAN Direct 通信）。

下一个小节详述了如何在 3GPP 中进行 ProSe 的标准化工作。之后，对该技术的基本原理进行了概括，包括 ProSe 发现（ProSe Discovery）和 ProSe 通信（ProSe Communication）的要求和相关功能，并描述了为解决 PPDR 需求而专门引入的主要 ProSe 功能。

4.4.1　3GPP 标准化工作

在 3GPP 内已经建立下述工作项（WI），用来制定 ProSe 的规范：

1）"邻近服务研究（FS_ProSe）"[53]，发起于第 12 版。

2）"邻近服务（ProSe）"[54]，发起于第 12 版。

3）"LTE 设备到设备邻近服务可行性研究——无线电方面（FS_LTE_D2D_Prox）"[55]，发起于第 12 版。

4）"邻近服务增强（eProSe）"[56]和"邻近服务增强扩展（eProSe – Ext）"[57]，两者均发起于第 13 版。

5）"邻近服务安全研究（FS_ProSe_Sec）"[58]，发起于第 12 版并移至第 13 版。

表 4.5 列出了与上述工作项（WI）相关的主要 3GPP 技术规范和报告。

表 4.5　涉及 ProSe 的 3GPP 文档

工作项（WI）	相关技术规范/报告	说明
FS_ProSe	TR 22.803 - "邻近服务（ProSe）可行性研究"	制定 ProSe 使用案例的信息技术报告。在第 12 版下完成
ProSe（第 12 版）、eProSe（第 13 版）和 eProSe - Ext（第 13 版）	（对现有 TS 的修改）TS 22.115 - "服务方面；计费和收费"	为 ProSe 增加的标准化需求（阶段 1 和阶段 2）
	TS 22.278 - "演进分组系统（EPS）服务需求"	
	TS 23.401 - "用于 E - UTRAN 接入的 GPRS 增强"	
	（新的报告和规范）TR 23.703 - "邻近服务（ProSe）架构增强研究"	ProSe 信息技术报告和标准化规范（阶段 1 和阶段 2/3）
	TS 23.303 - "邻近服务（ProSe）架构增强" TS 33.303 - "邻近服务（ProSe）安全性"	
FS_LTE_D2D_Prox	TR 36.843 - "LTE 设备对设备邻近服务可行性研究 - 无线电方面"	关于无线电接入的可行性研究。第 12 版下完成
FS_ProSe_Sec	TR 33.833 - "邻近服务安全问题研究"	信息技术报告

最开始在 TR 22.803[59] 报告中提出的 ProSe 可行性研究确定了一些需求和服务，它们可以通过 3GPP 系统基于彼此邻近的 UE 来提供。这些需求被添加到为 EPS 建立的其余需求之中（主要是在 3GPP TS 22.115[60] 和 3GPP TS 22.278[61] 中）。3GPP TR 23.703[62] 报告提出了对支持所需架构增强的可行性研究，而 3GPP TS 23.303[63] 提供了 EPS 中 ProSe 特性的标准化阶段 2 规范（功能架构）。ProSe 安全方面的内容包含在 33 系列的 3GPP 规范中。同样，关于合法监听（Lawful Interception，LI）具体方面的内容也在第 12 版的一般 LI 活动下进行讨论。此外，还讨论了关于无线电方面 ProSe 特性的可行性研究。尤其是，该可行性研究评估了不同的场景（例如，网络覆盖内/网络覆盖外、仅 PPDR 或一般要求）下的 LTE 设备到设备的邻近服务；定义了一种用于 LTE 设备到设备邻近服务的评估方法和信道模型；在网络覆盖方面纳入到 LTE 设备能力中的物理层方案和增强功能；考虑了终端和频谱的具体方面，例如，源自直接设备到设备发现和通信的电池影响和要求；针对非公共安全使用情况，相比于现有的设备到设备机制（例如，Wi - Fi Direct、蓝牙）和现有的用于邻近设备发现的定位技术，评估了 LTE 设备到设备直接发现所能带来的效益（例如，在功耗方面和信令开销方面的效益）；以及研究了对现有运营商业务（例如，语音呼叫）和运营商资源的可能影响。此外，为了制定公共安全需求，该研究还涉及了在网络覆盖范围外实现发现和通信功能所需的附加增强和控制机制。在 LTE FDD 和 LTE TDD 的操作中，考虑了单个和多个运营商场景，包括载波由多个运营商共享的频谱共享情况。并且，3GPP TR 36.843 给出了相应的可行性研究报告[64]。

4.4.2　ProSe 功能

ProSe 主要围绕着两个能力进行组织和实现[61]：

1）ProSe 发现。在一个启用了 ProSe 功能的 UE 附近识别正在使用 LTE 无线接口（具有或不具有基础设施网络）或 EPC 的另一个也启用了 ProSe 功能的 UE 的过程。前者被称为 ProSe Direct 发现，而后者被称为 ProSe EPC 级发现。

　　2）ProSe 通信。通过 ProSe 通信路径在两个或多个启用了 ProSe 功能的 UE 之间的通信。该路径可以直接在启用 ProSe 的 UE 之间通过 LTE 无线接口建立，或者经由本地 eNB 路由建立（即 ProSe E – UTRA 通信）。该路径也可以通过 Wi – Fi Direct 建立（即 ProSe 辅助 WLAN Direct 通信）。直接在设备之间建立路径的操作被称为 ProSe Direct 通信。

　　启用 ProSe 的 UE 是指满足 ProSe 发现和/或 ProSe 通信的 ProSe 要求的 UE。类似地，启用 ProSe 的网络是指能够支持上述任意一种能力或同时支持两种能力的网络。这些能力和配置方案如图 4.18 所示。

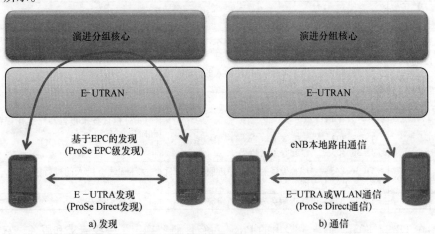

图 4.18　ProSe 组成能力（发现和通信）和配置方案说明

　　除了 PPDR 情况，基于 LTE 无线接口的 ProSe 发现和 ProSe 通信可以在网络覆盖范围内和在持续的运营商网络控制下使用。而且，要求运营商具有根据地区法规提供满足监管要求的手段，包括 LI。这体现了一种完全的"以运营商为中心"的方法，预计可以让移动网络运营商提供利用 ProSe 功能的新服务，并且使其能够从这种新服务中获利。实际上，运营商的网络和启用 ProSe 的 UE，提供了一种识别、认证和授权（第三方）应用使用 ProSe 能力特性的机制。运营商的网络可以存储执行安全和计费功能所需的第三方应用的信息。事实上，运营商可以通过应用对 ProSe 发现和/或通信的使用收费。

　　对 PPDR 专用用途来说，启用 ProSe 的 UE 可以在两个或多个 UE 之间直接建立通信路径，而不管 UE 是否由 LTE 网络服务（即不需要终端处于网络覆盖下）。为了在 UE 之间，区分哪些 UE 旨在用于商业领域，而哪些 UE 旨在用于 PPDR 领域，根据 3GPP 规范将用于 PPDR 领域的 UE 明确地称为"面向公共安全启用 ProSe 的 UE"。在"面向公共安全启用 ProSe 的 UE"中，专门引入的其他 ProSe 能力包括：

　　1）支持在很多面向公共安全启用 ProSe 的 UE 之间的 ProSe 群组通信和 ProSe 广播通信（这些功能依赖于对共同 ProSe E – UTRA 通信路径的使用）。

　　2）UE 能够在 E – UTRAN 和没有被 E – UTRAN 服务的 UE 之间，用作 ProSe UE 到网络中继的功能。该功能可以让覆盖范围以外区域的面向公共安全启用 ProSe 的 UE 通过另一个支持 ProSe UE 到网络中继功能的面向公共安全启用 ProSe 的 UE，访问网络服务和应用。

　　3）UE 能够在彼此无法直接通信的两个 UE 之间用作 ProSe UE 到 UE 中继的功能。该中继功能可以让这些面向公共安全启用 ProSe 的 UE 实现彼此之间的通信，而无需经由 PPDR 网络基础设施传输通信媒体（例如，语音、数据）。

　　对上述两种中继功能的支持，以及 ProSe Direct 通信会话的服务连续性和 QoS 优先级/抢占相关的要求没有在第 12 版中做出相应的规定，但预计可以在第 13 版中完成。下面将进一步讨论有关 ProSe 发现和 ProSe 通信特性的细节。

4.4.2.1　ProSe 发现

当权限、授权和邻近标准得到满足时，ProSe 发现可以识别出使用 E – UTRA（具有或不具有 E – UTRAN）或 EPC 且彼此邻近的启用 ProSe 的 UE。邻近标准可以由运营商进行配置。

使用 ProSe 发现必须得到运营商的授权，并且该授权可以基于"每个 UE"或"每个 UE 每个应用"。得到授权的应用可以与 ProSe 发现功能进行交互，以请求使用某些 ProSe 发现功能和结果。

网络可以控制对用于 ProSe 发现的 E – UTRAN 资源的使用，这些资源可用于被 E – UTRAN 服务的启用 ProSe 的 UE。

一种合理 ProSe Direct 发现功能实现如图 4.19 所示。这种实现主要基于以下几个前提条件：

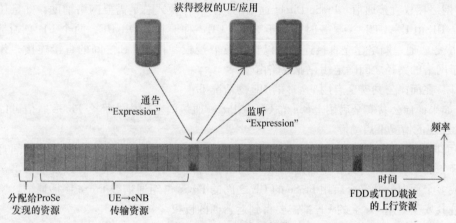

图 4.19　ProSe 发现操作

1）ProSe 在上行链路频谱（在 FDD 的情况下）或提供覆盖小区的上行链路子帧（在 TDD 的情况下）下操作。

2）ProSe 发现资源由 RAN 配置。资源被半静态地分配，并且它们的数量实际上不会影响 LTE 的容量（即容量降低率 < 1%）。eNB 通过广播控制信令［即系统信息块（System Information Block，SIB）］将一部分发现资源分配给获得授权的 ProSe 发现设备。

3）所有 UE 均可以使用分配的资源来广播其需求/服务或监听其他 UE。为此，UE 为其提供的每个"服务"广播名为"表达式"（Expression）的 64 位或 128 位的服务标识符。表达式被邻近端用来发现邻近的服务、应用和上下文。表达式可以被邻近端用来建立直接通信。运营商或其他实体必须管理表达式及其代表的服务的数据库。UE 在发现资源内发送和接收表达式。

4）邻近的 UE 读取"表达式"来确定相关性。UE 定期且同步地苏醒，来发现范围内的所有 UE。

ProSe 发现可以作为一个独立的进程（即它不一定跟随 ProSe 通信）或作为其他服务的启动器。用于 ProSe Direct 发现（以及用于 ProSe Direct 通信）的 UE 到 UE 接口被表示为"sidelink（侧向链路）"，相关内容在 3GPP TS 36.300[20] 中规定。

4.4.2.2　ProSe 通信

ProSe 通信使得可以在 ProSe 通信范围内的两个或多个启用 ProSe 的 UE 之间建立新的通信路径。ProSe 通信路径可以使用 E – UTRA 或 WLAN。

在 WLAN 的情况下，只有 ProSe 辅助 WLAN Direct 通信（即当 ProSe 为连接建立管理和服务连续性提供辅助时）被认为是 ProSe 通信的一部分。实际上，WLAN 链路的直接控制超出了 3GPP 相关工作范围。然而，当前的 3GPP 解决方案解决了使 3GPP EPC 为 WLAN Direct 通信的连接建立、维护和服务连续性提供网络支持的服务要求。

在 E - UTRA 的情况下，网络控制了与 E - UTRA ProSe 通信路径相关联的无线电资源。使用 ProSe 通信必须得到运营商的授权。运营商应能够动态地控制 ProSe 通信的邻近标准。例如，该标准包括范围、信道条件和可实现的 QoS。根据运营商的策略，UE 的通信路径可以在 EPC 路径和 ProSe 通信路径之间切换，并且 UE 还可以具有并行的 EPC 通信路径和 ProSe 通信路径。

ProSe Direct 通信支持两种不同的模式：

1）网络无关直接通信。ProSe Direct 通信的这种操作模式不需要任何网络协助来对连接进行授权，并且仅通过使用 UE 本地的功能和信息来执行通信。该模式仅适用于预授权的面向公共安全启用 ProSe 的 UE，而不管 UE 是否由 E - UTRAN 服务。

2）网络授权直接通信。ProSe Direct 通信的这种操作模式总是需要网络辅助，并且还可以在只有一个 UE 由 E - UTRAN 服务时适用于 PPDR UE。对于非 PPDR UE，两个 UE 必须都由 E - UTRAN 服务。通过网络建立直接连接可以让运营商授权和控制 UE 之间的直接连接，并且在直接和基于网络的路径之间确定用户业务路由。

此外，在面向公共安全启用 ProSe 的 UE 的情况下：

1）如果面向公共安全启用 ProSe 的 UE 在 ProSe 通信的范围内，那么 ProSe 通信可以在不使用 ProSe 发现的情况下启动。

2）面向公共安全启用 ProSe 的 UE 必须能够在面向公共安全启用 ProSe 的 UE 之间直接建立通信路径，而不管面向公共安全启用 ProSe 的 UE 是否由 E - UTRAN 服务，以及能够参与在邻近的两个或多个面向公共安全启用 ProSe 的 UE 之间的 ProSe 群组通信或 ProSe 广播通信。所有涉及的面向公共安全启用 ProSe 的 UE 都需要得到运营商的授权。

3）还可以通过使用 ProSe UE 到网络的中继来促进 ProSe 通信，ProSe UE 到网络的中继充当 E - UTRAN 和不由 E - UTRAN 服务的 UE 之间的中继。该中继功能的使用由运营商进行控制。

4）此外，ProSe 通信还可以通过 ProSe UE 到 UE 的中继（一种中继形式，其中面向公共安全启用 ProSe 的 UE 作为其他两个面向公共安全启用 ProSe 的 UE 之间的 ProSe E - UTRA 通信中继）进行。

图 4.20 概括描述了面向 PPDR 用户和非 PPDR 用户的 ProSe 通信的配置。

1）在网络覆盖和控制下直连配置。适用于 PPDR 使用情况和非 PPDR 使用情况。ProSe 数据面直接在通信设备之间建立，而控制信令的一部分仍然通过网络的参与来执行。

2）本地路由配置。适用于 PPDR 使用情况和非 PPDR 使用情况。与在 LTE 网络的 P - GW 处终止每个终端数据面的常见情况相比，在设备之间既不直接支持数据面，也不直接支持控制面，而是在 eNB 处本地路由数据业务。

3）脱网操作。仅适用于 PPDR 业务。在没有 E - UTRAN 覆盖的情况下，面向公共安全启用 ProSe 的 UE 可以进行通信，不过该功能应当服从区域规定和运营商的策略，并且仅限于为公共安全分配的专门的频段和终端。

4）ProSe UE 到网络的中继。仅适用于 PPDR 业务，在网络控制下工作或脱网情况下工作。

5）ProSe UE 到 UE 的中继。仅适用于 PPDR 业务，在网络控制下工作或脱网情况下工作。

6）ProSe 群组通信（一对多）和 ProSe 广播通信（一对所有）。仅适用于 PPDR 业务，在网络控制下工作或脱网情况下工作。通过在面向公共安全启用 ProSe 的 UE 之间建立的共用 ProSe E - UTRA 通信路径来实现通信。

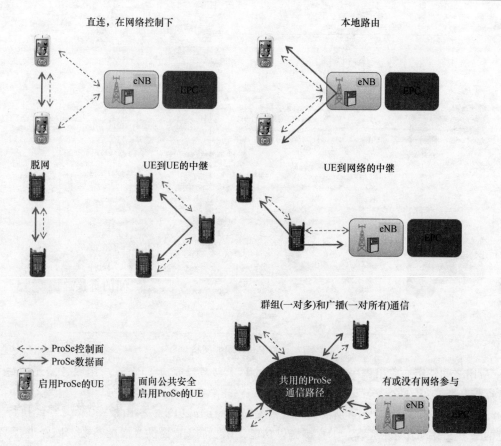

图 4.20　面向 PPDR 用户和非 PPDR 用户 ProSe 通信配置

　　假设在给定载波上 ProSe 通信的发送/接收不使用全双工。从个体 UE 的角度来看，在给定的载波上，ProSe 通信信号的接收和蜂窝上行链路的传输不使用全双工，但是可以使用 TDM。这体现了一种用于处理/避免碰撞冲突的机制。假定所有承载数据的物理信道使用 SC - FDMA 进行通信。在很多设备到设备通信链路并存的情况下，分布式链路调度可以根据干扰环境实现最大的空间复用来提高资源的利用效率。也可以采用优先级机制，使得当该动作（指发射机发射）将导致较高优先级调度链路的优先级降级时，则发射机将不会发射[52]。

4.4.3　ProSe 功能架构

　　用于支持 EPS 中 ProSe 功能的功能架构如图 4.21 所示。其中，引入的新功能元和参考点如下：

　　1）ProSe 应用是在 UE 侧使用 ProSe 功能的应用程序。每个 ProSe 应用被赋予一个全局唯一的标识符（即应用程序 ID）。托管 ProSe 应用的 UE 需要支持用于发现其他启用 ProSe 的 UE 的 ProSe Direct 发现过程（通过 PC5 参考点），以及启用 ProSe 的 UE 和 ProSe 功能之间通过用户面交换 ProSe 控制信息的过程（通过 PC3 参考点）。在面向公共安全启用 ProSe 的 UE 的情况下，可以引入附加功能来支持与一对多 ProSe Direct 通信和 UE 到网络中继相关联的过程。参数配置（例如，包括 IP 地址、群组安全资料、无线电资源参数等）可以在 UE 中预先配置，或者如果在覆盖范围内，则可通过信令来进行配置（通过 PC3 参考点）。

　　2）ProSe 应用服务器支持存储和映射应用程序与用户标识符的功能。ProSe 应用服务器和

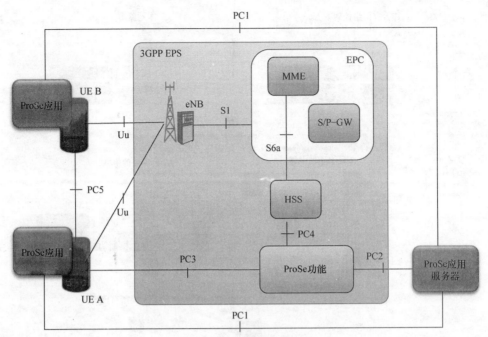

图 4.21 ProSe 功能架构

ProSe 应用之间特定的应用程序级信令传输通过 PC1 参考点完成。ProSe 应用服务器还通过 PC2 参考点与 ProSe 功能进行交互。

3）ProSe 功能是用于 ProSe 所需的网络相关操作的逻辑功能。它由根据 ProSe 功能执行不同角色的三个主要的子功能组成：①直接提供功能，用于向 UE 提供必要的参数，以便进行 ProSe Direct 发现和 ProSe Direct 通信。②直接发现名称管理功能，用于开启 ProSe Direct 发现，以分配和处理 ProSe 应用程序 ID 和在 ProSe Direct 发现中使用的其他标识符的映射。它使用存储在 HSS 中的 ProSe 相关用户数据，来为每个发现请求进行授权（通过 PC4 参考点检索）。它还向 UE 提供必要的安全材料，以便保护通过空中接口发送的发现消息。③EPC 级发现的 ProSe 功能，包括存储 ProSe 相关的用户数据和/或从 HSS 检索 ProSe 相关的用户数据，存储被授权使用 ProSe EPC 级发现和 EPC 辅助 WLAN Direct 发现和通信的应用程序列表等。

图 4.22 描述了启用 ProSe 的 UE 之间的 PC5 参考点中使用的协议栈，该协议栈用于 ProSe Di-

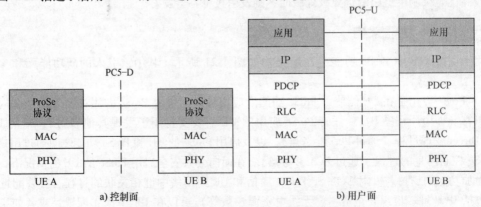

a) 控制面　　　　　　　　　　　　　　b) 用户面

图 4.22 ProSe 终端之间的 PC5 参考点的协议栈

注：分组数据汇聚协议（Packet Data Convergence Protocol，PDCP）；无线链路控制（Radio Link Control，RLC）；媒介接入控制（Medium Access Control，MAC）；物理层（Physical layer，PHY）。

rect 发现、ProSe Direct 通信和 ProSe UE 到网络中继的控制面和用户面。在用户面中，来自上层应用程序的 IP 分组在 ProSe UE 之间进行交换。其中，这些 ProSe UE 位于由 TS 36.300[20]中定义的"sidelink（侧向链路）"特性增强的传统 PDCP/RLC/MAC/PHY 层之上。在控制面上，定义了一个新的"ProSe 协议"，以支持 ProSe 服务授权、ProSe Direct 发现和 ProSe EPC 级发现的相关过程[65]。有关该功能架构和相关过程的更多细节，请参阅 3GPP TS 23.303[63]。

4.5　PPDR 优先化和 QoS 控制

优先化功能是在紧急情况下和网络拥塞时任务关键型系统的基本要素。优先化是网络确定哪些连接相对于其他连接具有优先顺序并相应地分配网络资源的能力。

每当用户尝试在蜂窝移动网络中建立连接时，都需要产生相应的管理操作。除了认证、授权和一些其他的管理程序之外，网络还应当通过准入控制功能来确定其是否具有足够的资源来接受新的连接。这些资源包括系统内的带宽、处理能力和其他操作要素。蜂窝网络中的优先级确保了"高优先级"的用户可以相对于"低优先级"的用户，以更高的确定性建立连接。因此，当多个连接请求需要被服务时，具有优先化功能的网络将以由优先化级别指示的顺序向连接分配资源。优先化功能还可以包括对正在进行的连接的抢占，以便网络可以终止或降级低优先级连接，从而释放资源并分配一个更高优先级的连接。除了准入控制之外，当处理网络过载情况时（例如，负载/拥塞控制机制），其他资源管理功能也可以考虑使用优先化等级。

通常，可以基于包括用户角色（或用户优先级）、用户应用类型、在紧急触发的优先化方案中的事件类型等各种标准，来定义和分配连接的优先级。原则上，对于给定的相同应用类型，由具有较高用户优先级的用户发起的连接，优先于由具有较低用户优先级的用户发起的连接。但是，如果应用程序类型不同，则此优先级顺序不成立。例如，优先级方案可以选择不向具有更高优先级的视频应用用户提供优先级连接服务，而是向具有较低优先级的语音应用用户提供有限连接服务。确定连接优先级及其到用户优先级、应用类型和其他属性的映射是一个需要考虑的问题，这取决于公共安全需求和支持它的技术。还可以通过设置网络中使用的优先化方案，来区分归属用户和漫游用户。为了让优先化方案有效，在提供"端到端"呼叫或会话中涉及的任何网络或系统必须知道优先化方案，或者不能变成通信瓶颈。

在 LTE 网络中，优先化能力与 QoS 控制能力密切相关，两者都是任务关键型系统的关键属性[66,67]。实际上，QoS 控制是网络基于某些性能属性和目标将类别分配给不同应用并且将应用的网络性能（例如，分组丢失、延迟和吞吐量）保持在可接受范围内的能力。另外，优先化能力与建立、修改或释放连接时所接受的处理的关系更为密切。因此，在网络拥塞期间，具有高优先级的用户应当能够访问他/她的应用且 QoS 没有降级，而具有较低接入优先级的用户可能无法被服务或只能体验其 QoS 降级后的应用。需要注意的是，优先级机制应当仅在需求带宽超过可用带宽期间发挥作用。其他时间内，优先级机制不应干扰信息的传输或对网络资源的访问。

在用于 PPDR 应用的网络中，可以利用优先化和 QoS 控制来区分：

1）公共或专用 LTE 网络中的 PPDR 业务。

2）共享公共 LTE 网络的商业业务和 PPDR 业务。

3）共享专用 LTE 网络的 PPDR 用户和其他潜在（次要的）的用户。

LTE 网络中的优先化和 QoS 控制管理可以通过三个组成特性来实现，这三个组成特性早在第 1 版的 LTE 规范（第 8 版）中就已经引入了，并且通过随后的版本（如图 4.23 所示）得到了不断的改进。这三个组成特性的内容如下：

1）接入优先级。LTE 提供了很多用于网络接入的无线电信令信道过载控制的功能。这对于保护网络免受来自尝试接入网络的大量设备的信令来说是非常必要的。需要注意的是，接入优先级是在此阶段避免高优先级连接被阻止的关键，此时尚未向网络指示此通信的重要性。通过接入控制功能和 RRC 协议内的优先级信令字段，来管理接入优先级。

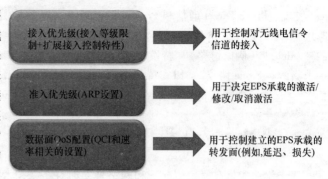

图 4.23　LTE 中优先化和 QoS 控制的组成特性

2）准入优先级。这指的是关于 EPS 承载业务激活/修改/取消激活的决定。准入优先级通过 ARP 设备进行管理。

3）数据面 QoS 配置。这指的是在诸如吞吐量、延迟和分组丢失等方面建立承载的用户面配置。它通过 QCI、GBR/MBR 和 AMBR 设置进行管理。

LTE 优先级和 QoS 控制能力中最能满足 PPDR 需求的方式，最终应当由 PPDR 用户决定。在这方面，诸如 NPSTC 等组织已经概括了在美国全国范围的 PPDR LTE 网络中部署这些能力要求[66]。

接下来的几个小节将对 LTE 中的优先化和 QoS 控制的各个组成特性进行详细的介绍。此外，最后一个小节介绍了 MPS。MPS 是 3GPP 制定的，它是在前面讨论的优先化特性之上实现的一种服务。

4.5.1　接入优先级

接入优先级涉及对系统的初始接入。接入优先级可以让网络运营商阻止常规用户在特定的小区中进行连接尝试或减少其发起连接的频率，以便优先用户的连接在能够发起控制过程建立优先呼叫/会话之前不被阻塞。一般来说，3GPP 网络和 LTE 支持两种机制，可以让运营商加强小区预留或接入限制，这两种机制内容如下：

1）第一种机制使用小区状态和专门预留的指示来控制 UE 小区选择和重选过程。这种机制允许小区限制，使得用户不被允许驻留在该小区上。小区预留还考虑了一种情况，即仅允许运营商 UE 在小区上驻留[68]。

2）第二种机制称为接入等级限制（Access Class Barring, ACB），不影响选择要驻留的小区，但是当 UE 发起各种接入尝试时，UE 会检查相关小区的接入限制（即 RRC 连接建立过程）。

接入控制可以让运营商在紧急情况下防止接入信道过载，尽管在常规操作情况下运营商不打算使用接入控制[69]。在 3GPP 网络中，所有的 UE 都是 10 种随机分配移动人群中的 1 种成员，定义为接入等级（Access Class, AC）0~9。此外，UE 还可以是 5 个特殊类别（AC 11~15）中一个或多个类别的成员：

1）等级 15：公共陆地移动网络（Public Land Mobile Network, PLMN）工作人员。

2）等级 14：应急服务。

3）等级 13：公用事业（例如，自来水/燃气供应商）。

4）等级 12：安保服务。

5）等级 11：供 PLMN 使用。

AC 10 也被定义，但它的用途仅限于控制尝试的紧急呼叫（例如，在美国的 911，在欧洲的

112）。AC 信息存储在 UE 的 SIM/USIM 中，以及网络中的用户资料内。支持 AC 设置的空中修改。

与允许的 AC 有关的信息在空中接口通过广播信道在逐个小区上进行通知。如果 UE 至少是一个允许等级的成员，并且 AC 适用于服务网络（Serving Network，SN），则在该小区内允许该 UE 的接入尝试。可以在任何时候禁止这些等级中的一部分或者全部。AC 0～9 有效用于归属和受访 PLMN 中，而 AC 12、13 和 14 仅对归属国⊖的网络有效，并且 AC 11 和 15 仅可在 HPLMN 或任何等效 HPLMN（Equivalent HPLMN，EHPLMN)⊖中使用有效。对于 RRC 连接的建立，当使用 AC 11～15 时，RRC 的 "establishmentCause（建立原因）" 字段可以用于指示 "highPriorityAccess（高优先级接入）"[70]。

补充和/或扩展 E – UTRAN 中的基本接入控制能力的附加特性如下[69]：

1）增强的接入控制。限制状态不限于 "限制/不限制"。SN 广播 "限制速率"（例如，百分比值）和 "平均接入控制持续时间" 信息参数。为不同类型的接入尝试（即移动发起数据或移动发起信令）提供这些参数。利用这些信息，UE 通过在 0 和 1 之间得出均匀随机数来确定限制状态。当均匀随机数小于当前限制速率时，允许接入。否则，不允许接入尝试，并且在随后基于 "平均接入控制持续时间" 计算的时间段内禁止相同类型的进一步接入尝试。

2）特定服务接入控制（Service Specific Access Control，SSAC）。SSAC 可以让 E – UTRAN 对用于移动发起会话请求的多媒体电话服务（例如，为语音和视频服务广播 "限制速率" 和 "平均接入控制持续时间"）采用独立的接入控制。

3）电路交换回落（Circuit – Switched Fallback，CSFB）的接入控制。与 SSAC 类似，对 CSFB 的接入控制支持提供了调节 E – UTRAN 以执行 CSFB 呼叫的机制。它可以最小化由大量同时移动针对 CSFB 发起请求引起的服务可用性降级（例如，无线电资源短缺、回退网络拥塞）情况的出现，并且增加用于接入其他服务的 UE 的 E – UTRAN 资源的可用性。

4）扩展接入限制（Extended Access Barring，EAB）。它是一种限制低优先级设备网络接入的机制。第 10 版中引入了低优先级接入配置，以便在大量设备可以连接到 eNB 用于容忍延迟的低比特率数据服务的场景［例如，机器对机器（Machine – to – Machine，M2M）场景］中，辅助拥塞和过载控制。当网络拥塞时，除了常见的接入控制和特定域的接入控制之外，网络运营商还可以限制为 EAB 配置的 UE 的网络接入，同时允许其他 UE 的接入。UE 可以被配置用于 USIM 或移动设备中的 EAB。当连接到 eNB 的 MME 请求限制配置为低接入优先级的 UE 负载时，或者假如网络管理系统发出请求时，可以启动 EAB。当 EAB 激活并且 UE 配置为 EAB 时，该 UE 不允许接入网络。当 UE 正在接入具有特殊 AC（AC 11～15）的网络，并且该 AC 并未被限制时，该 UE 可以忽略 EAB。此外，如果 UE 正在发起紧急呼叫并且该小区允许紧急呼叫，则该 UE 可以忽略 EAB。在 3GPP 从事关于机器类型通信系统改进（System Improvements to Machine – Type Communication，SIMTC）的第 11 版工作期间，还引入了双重优先级接入，从而可以让设备保存除 "低优先级/延迟容忍" 接入（例如，那将被用于其大多数的连接建立）之外且还需要 "常规"（默认）优先级接入（例如，为了发送不频繁的服务警报/警报）的双重优先级应用。除了接入限制之外，在从设备到 RAN 和到核心网的信令中还包含了一个 "低接入优先级" 指示符。在 LTE 和 UMTS RAN 规范中，该指示符被称为 "延迟容忍"。

⊖　归属国被定义为 IMSI 的移动国家码（Mobile Country Code，MCC）字段所代表的国家。

⊖　等效 HPLMN（Equivalent HPLMN，EHPLMN）是需要被声明为关于 PLMN 选择的 HPLMN 的任何 PLMN。EHPLMN 的列表可以存储在 UE 中。

3GPP TS 36. 331[70] 和 TS 22. 011[69] 中分别规定了在空中接口广播接入控制信息和 UE 预期行为方面的内容。在多个核心网共享相同接入网的情况下，接入网应能够分别对不同的核心网应用 ACB。

通过使用管理终端或空中配置机制，PPDR 运营商应该能够将 UE 分配给一个或多个优先化的 AC，这将确定对网络的优先初始接入。同样，PPDR 运营商应该能够在网络拥塞的情况下动态地控制哪些 AC 能够利用网络。应当强调的是，一旦 UE 被允许进入网络并且 UE 在系统上仍然处于活跃状态（即 RRC 连接状态），则响应者 AC 中的变化将不会中断（抢占）该 UE 的服务。然而，如果 UE 变为空闲状态，则该 UE 将需要再次通过 AC 标准验证。同样，因为 AC 的值（0～15）存储在 UE 的 USIM 中，所以 UE 被分配的 AC 将具有相同的数值，而不管 UE 正试图接入哪些网络（例如，专用网络或商用网络）。因此，在支持 PPDR 用户漫游到商用网络的情况下，由于大多数"平均"商业用户将被分配 AC 0～9，所以关键型 PPDR UE 应当只需要避免 0～9 之间的 AC 即可。

4.5.2　准入优先级

准入决定基于 ARP 参数（15 个优先级＋抢占和抢占标志）给出。这是由每个 eNB 基于从核心网获得的用于激活默认和专用 EPS 承载业务的 ARP 设置来实施的。

3GPP 规范[22] 指出，ARP 优先级 1～8 应当仅被分配给被授权在运营商域内（即由 SN 授权）接受优先处理服务的资源。ARP 优先级 9～15 可以被分配给由归属网络授权的资源，因此可在 UE 正在漫游时应用。这确保了今后版本可以使用 ARP 优先级 1～8，以向后兼容的方式，来表示运营商的应急和其他优先业务。在存在适当的漫游协议确保对这些优先级兼容使用的情况下，这并不妨碍在漫游情况下对 ARP 优先级 1～8 的使用。

在使用商用网络提供 PPDR 通信时，对抢占功能的支持对 PPDR 从业者来说是特别感兴趣的。抢占功能可以在无线电资源存在竞争并且 PPDR 用户/应用请求的资源不可用的情况下应用。在这种情况下，网络可以抢占商业用户，直到有足够的资源可以让 PPDR 响应者使用其应用。在任何情况下，都需要适当地设计抢占能力的使用规则。例如，一个进行中的"911"或"112"会话不应被抢占。此外，抢占机制应当首先通过限制商业用户应用的选择和 QoS（例如，调低已建立的 EPS 承载的 AMBR 或 GBR 参数）来释放资源，同时并不剥夺这些用户的最小连接（例如，语音呼叫、SMS）。在 R. Hallahan 和 J. M. Peha[71] 的研究中，提出了一种将商业服务和 PPDR 服务映射到一组 ARP 值的提议。

ARP 的分配必须由系统管理员定义为订阅配置文件和/或 PCC 规则的一部分。LTE 网络可以支持：

1）默认准入优先级设置。默认优先级属于日常优先化设置，网络在大部分时间内自动使用这种设置，但特殊事件或需求除外。因为在任何时刻都可能发生拥塞，因此默认的优先级框架必须仔细设计，以适应最广泛的应急活动。默认的优先等级可以在用户配置文件中进行设置。

2）动态准入优先级设置。动态优先级指的是授权响应者或管理员超越由网络自动分配的默认优先级并且能够动态设置或修改分配给用户的优先级的能力。通常，需要人为干预来触发动态优先级改变，例如，按下 UE 的紧急按钮。同样，用户的优先级可以由事件指挥人员实时分配（例如，事件指挥人员应当具有支持影响网络优先级的能力，而不是将这种责任推卸给不堪重负的公共安全调度人员或个人无线电用户）。用户可以通过 UE 人机接口了解其接入优先级的默认设置或事件专用设置。

在定义优先级时，应考虑以下参数[66,72]：

1）根据事件管理系统或事件指挥系统参与事件相应的用户的角色。

2）用户的操作状态（例如，危机情况、应急人员紧急情况等）。

3）用户的位置（距离事件太远的用户或无法有效介入事件的用户，应该被分配较低的优先级）。

4）应用类别（例如，任务关键型/非任务关键型类别）。

5）应用类型（例如，延迟敏感实时的、视频流、延迟容忍 M2M、客户端 - 服务器数据库查询、网络浏览等）。

R. Hallahan 和 J. M. Peha[71] 的研究提出在公共接入蜂窝网络上，考虑部署 PPDR 优先级接入的操作策略。最近，为信息和通信技术行业制定标准的美国 TIA，发布了 TIA - 4973.211 号文件，该文件描述了对无线宽带网络的任务关键型优先级和 QoS 控制服务的要求。其内容包括确定宽带网络上用户默认优先级的要求，并提出了通过动态优先级更改来满足情境需求的要求。这些要求可以让运营商定义一致和确定性的策略，以减少对共享无线宽带网络的使用。

4.5.3　数据面 QoS 配置

用户面的处理（例如，延迟、分组丢失、调度器优先级）是基于 QCI 参数进行的，并且以用于 GBR 承载的 GBR/MBR 参数进行补充。

与准入优先级一样，数据面 QoS 配置通常由授权的管理员分配，并且在每个 eNB 的基础上执行。此外，在定义准入优先级时考虑的所有围绕默认/动态设置和参数类型的讨论，都可以扩展到用户面的配置内容上。

关于 QCI，如 4.2.2 节所述，标准 QCI 值可以适用于 PPDR 应用，只要它们已经考虑了可能在 PPDR 场景中使用的一些值。采用行业标准 QCI 定义在互操作性方面可能是有益的（例如，PPDR 场景具有为商业 LTE 系统增加覆盖范围和容量而漫游的能力）。如果需要，LTE 允许创建定制 QCI。

与 QCI 互补，用于 GBR 承载的 GBR/MBR 参数和用于非 GBR 承载的 AMBR，向 LTE 提供了对给定用户可用的无线电资源的速率限制和带宽控制的能力。有关不同速率相关参数的详细信息请参见 4.2.2 节。例如，这些参数将允许限制诸如使用互联网接入的一般数据服务的最大比特速率，从而防止用户在 eNB 处支配非 GBR 资源。可以通过创建标准/配置文件，以在整个网络上一致地应用每个 UE 的速率限制。在存在拥塞的情况下，网络可以进一步地为 UE 的非 GBR 业务提供保证的最小带宽，以防止带宽不足。

当配置新的流式语音或视频应用以供使用时，应用的最小和最大带宽需求通常是众所周知的（例如，编解码器带宽需求）。实时语音和视频应用通常需要专用的资源。因此，当调试新应用以便在网络上使用时，用户实体可以具有配置应用最小和最大带宽需求的能力。在任何情况下，由于涉及高度的复杂性，对于 UE 和应用来说，强烈建议应避免对网络带宽控制的实时调整[66]。

4.5.4　MPS

MPS[73] 是 3GPP 内已经标准化的服务，通过前面几节介绍的接入控制、准入优先级和数据面 QoS 配置特性来实现。

MPS 旨在用于 3GPP 网络分组交换域和 IMS 中的语音、视频和数据承载业务。MPS 对名为"优先级服务[74]"的另一个服务予以补充，将其用于 3GPP CS 域语音呼叫的建立。

MPS 用户是已经从地区/国家部门（即被授权发放优先级分配的机构）接收到分配优先级并

且从支持 MPS 功能的移动网络运营商订阅了服务（即 MPS 服务订阅）的个体。在 MPS 调用时，使用 MPS 用户的优先级来确定正被建立的会话优先级。需要同时考虑按需的 MPS 调用（即优先级处理由 MPS 用户明确请求）和始终在线的 MPS 订阅（默认向所有分组交换会话提供优先级处理）。对活跃会话的抢占应当遵守地区/国家的监管要求。此外，根据地区/国家监管政策，移动网络运营商应当具有将公共接入作为基本功能的能力。因此，应当限制 MPS 业务量［例如，不超过地区/国家规定的所有集中网络资源（如 eNB 容量）的百分比］，以便不损害这一功能。

第 7 版[75]首次提出了在 3GPP 网络上支持 MPS 的可行性研究。为此，在第 8 版内的 TS 22.153[73]中开发了 MPS 阶段 1 的要求。在第 10 版中，TR 23.854[76]对 MPS 做了一些改进和增强，这些改进和增强与 EPS 分组承载业务的优先级方面内容相关，同时还与 IMS 和 EPS 分组承载业务之间优先级相关的互通有关。这些增强使网络能够支持用于 MPS 呼叫/会话发起/终止的端到端优先级处理，包括在发起/终止网络侧的 NAS 和接入层（Access-Stratum，AS）信令建立过程以及在核心网和无线网络中用于承载的资源分配。在第 10 版中，完成了基于 IMS 多媒体服务的优先级处理、EPS 承载业务和 CSFB 等基本的 MPS 工作。在第 11 版中，基于第 10 版 SRVCC 规范[76]还解决了从 LTE 到 UTRAN/GERAN/1xCS 的 SRVCC 问题。

因此，MPS 处理可应用于：

1）基于 IMS 的多媒体服务。IMS 会话（例如，具有优先级处理的语音/视频呼叫）可以通过 IP 多媒体子系统（IP Multimedia Subsystem，IMS）来激活。会话请求应包括 MPS 代码/标识符，后跟目的地址（如 SIP URI、TEL URI）。在 IMS 服务层与通过移动网络建立的信令和数据承载之间，优先级指示和处理的一致性是通过策略控制和计费功能来实现的[21]。因此，PCC 功能决定了要分配给相应承载业务的 QoS 配置信息（即 ARP 和 QCI 参数）。除了用户优先级，服务优先级也可以使用此模型。

2）优先 EPS 承载业务。激活 MPS 不需要使用 IMS。因此，当不使用 IMS 时，也可以通过例如与运营商 PCC 基础设施交互的 HTTPS 服务器（HTTPS 服务器将充当 PCC 模型内的 AF），来激活/取消激活按需 MPS。

3）电路交换回落（Circuit-Switched Fallback，CSFB）。当 UE 连接到不提供直接接入 CS 服务的 E-UTRAN 时，需要使用该功能来允许从/向 UE 发起或终止 CS 服务（例如，语音服务）。CSFB 指示终端移动到 GERAN/UTRAN 来处理该服务。在这种情况下，也允许优先处理使用 CSFB 功能发起/终止的呼叫。

4.6 隔离的 E-UTRAN 操作

高可用性网络应当能够实现多种功能，从而在一个或多个基础设施节点或网络连接故障而导致网络功能退化的情况下，提供增强的鲁棒性和备选的无线电路径。在很多关键事件的情况下，确保地面 PPDR 官员之间的通信能力将是至关重要的，即使他们可能已经移入或移出 LTE 网络，或者在已经失去了回程通信的情况下。

支持 4.4 节中描述的 ProSe 功能，已经成为确保 PPDR 通信服务高可用性的核心，因为它们可以在网络完全故障的情况下提供脱网操作。然而，即使在重大灾难的情况下，可能的情况通常是，基站的回程连接可能丢失，但基站本身仍然可工作。在这种情况下，任何使基站能够与网络隔离、单独工作的特性，都可以极大地提升受影响区域中 PPDR 通信的弹性。

商业系统和 PPDR 系统都需要能够承受网络设备故障和网络过载的情况，不过公共安全类系统的要求更为严格。2013 年 6 月，3GPP 同意研究有关如何增强 LTE 网络对公共安全应用的恢复能力方面的问题。在这种情况下，3GPP 制定了工作项（WI）"用于公共安全的隔离 E - UTRAN 操作的可行性研究（FS_IOPS）"，并将其作为第 13 版的一部分[77]。WI FS_IOPS 旨在解决一项可行性研究，以定义用例并确定隔离的 E - UTRAN 操作的潜在需求，从而支持 3GPP TR 22.897[78] 报告中所指的任务关键型网络操作。在本章参考文献［79］的报告中已经制定了阶段 1 规范，并且有关用于支持这些特性的架构增强方面的研究已经启动（在 3GPP TR 23.797 中报告）。

对隔离 E - UTRAN 操作特性的增加，有利于图 4.24 描述的两种主要的场景：

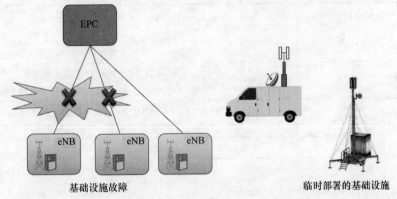

图 4.24　隔离 E - UTRAN 操作特性范围下的场景

1）基础设施故障。在正常回程连接中断的情况下，隔离的 E - UTRAN 操作的目标在于适应故障并在隔离的 E - UTRAN 中维持一种可接受的网络操作水平。服务恢复是最终的目标。

2）部署没有连接到网络核心的基础设置。为了向 LTE 网络覆盖之外的 PPDR 人员提供语音、视频和数据通信服务，PPDR 主管部门可以部署配备一个或一组游牧式 eNB（Nomadic eNB，NeNB）的移动设施。NeNB 可以包括基站、天线、微波回程和对本地服务的支持。NeNB 可以在任何不存在网络覆盖的地方（例如，森林火灾或地下救援）或任何不再存在网络覆盖的地方（例如，由于自然灾害导致网络被破坏），提供网络覆盖或额外的通信容量。

在以下几种情况中，可以创建隔离的 E - UTRAN：

1）事件将 E - UTRAN 与 EPC 的正常连接切断之后。

2）独立的 E - UTRAN NeNB 部署之后。

隔离的 E - UTRAN 可以包括：

1）没有与 EPC 连接的操作。

2）一个或多个 eNB。

3）eNB 之间互连。

4）到 EPC 有限的回程能力。

5）支持本地操作所需的服务（例如，群组通信）。

为 E - UTRAN 开发的功能与 ProSe 和 GCSE 功能密切相关。正如前面几节所描述的，ProSe 和 GCSE 在没有网络覆盖和完整（E - UTRAN 和 EPC）网络覆盖的情况下，分别为公共安全发现和公共安全通信（包括群组通信）定义了相关的要求。因此，在隔离的 E - UTRAN 的情况下，必须要考虑对发现和群组通信的需求。隔离的 eNB 可以利用 PPDR UE 的本地路由通信，例如以下方面：

1）与使用 ProSe 的直接通信相比，可以扩大 PPDR UE 之间的通信范围。

2）永久或临时不具有回程链路的 PPDR eNB 可以充当 PPDR UE 之间 ProSe 通信的无线电资源管理器，从而减少干扰并增加系统容量。

3）隔离的 eNB 可以通过扩展网络架构带来其他的好处，例如，使用本地 IP 接入（Local IP Access，LIPA）类的特性，可以让具有 IP 能力的 UE 通过隔离的 eNB 接入到其他与该 eNB 连接的且支持 IP 功能的实体（例如，应用服务器）上。

表 4.6 描述了在不同回程限制的情况下期望 eNB 支持的特性。

表 4.6　隔离 E–UTRAN 应用场景[78]

IOPS 场景	信令回程状态	用户数据回程状态	说明
无回程	无	无	完全隔离的 E–UTRAN 操作，使用本地路由 UE 到 UE 的数据业务，并且支持通过本地网关接入公共互联网
仅限信令的回程	有限	无	在 E–UTRAN 上的用户数据业务负载，使用本地路由 UE 到 UE 的数据业务，并且支持通过本地网关接入公共互联网
有限的回程	有限	有限	E–UTRAN 上的部分用户数据业务负载，使用本地路由 UE 到 UE 的数据业务，支持通过本地网关接入公共互联网
正常回程	正常	正常	正常 EPC 连接的操作

4.7　大功率 UE

在覆盖范围有限的网络部署中，设备的最大发射功率（即上行链路最大发射功率）是在距离 eNB 很远的距离处实现高数据传输速率的瓶颈。在开始阶段，LTE 规范仅考虑了支持一种 UE 功率等级（等级 3），即在所有支持的工作频段上的最大发射功率为 23dBm。在第 11 版中，定义了一种额外的功率等级（等级 1），该功率等级仅针对波段 14 的设备，也就是在美国专门为 PPDR 分配的频段。因此，目前 LTE 规定了以下几种 UE 功率等级[18]：

1）等级 3（Class 3）。被定义用于所有支持的波段，最大发射功率为 23dBm，尽管所有频段的容差并不完全相同。

2）等级 1（Class 1）。被定义仅用于波段 14（Band 14），最大发射功率为 31dBm。

在 PPDR 网络中，等级 1 设备的规范可以提供比商用系统更好的覆盖范围和可用性/吞吐量性能，特别是在乡村地区。这可以通过使用用于车载移动应用的更大功率的 UE 来实现。在下文中，相比于等级 3 设备，给出了通过等级 1 设备实现覆盖范围扩大的一个说明性的示例。假设 Hata 村路径损耗模型[18]如下：载波频率为 790MHz，位于波段 14 的范围内，并且 eNB 天线的高度为 45m。等级 1 与等级 3 之间的最大发射功率相差 8dB，由此带来的补偿传播损耗相差 8dB，从而导致等级 1 的小区半径相比于等级 3 增加了约 70%，并且小区覆盖范围增加超过了 180%。

对大功率等级设备的支持，主要受到相邻频段中工作系统的共存要求的限制。用于波段 14 等级 1 的规范采取的方法是，在适用的情况下，通过采用更为严苛的大功率 UE RF 要求，在从波段 14 中等级 1 的 UE 到波段 13 内的基站接收机的吞吐量/吞吐外发射方面，保持与常规等级设备相同的共存影响。TR 36.837[80]报告中对这些共存方面的问题进行了相关的研究。

4.8　RAN 共享增强

3GPP 规范增加了对在多个核心网运营商之间共享 RAN 的支持。通过这种方式，可以让不同的核心网运营商连接到共享的 RAN 中。运营商不仅可以共享无线电网元，还可以共享无线电资源本身（即无线电频谱）。

在商业领域，RAN 共享被认为是一种在拥塞区域改善 QoS 的方法，从而降低支持或提高覆盖范围。RAN 共享预计可以让运营商在追求不同的网络部署策略方面，获得更大的灵活性[81,82]：

1）全新部署。两家运营商一致同意建立一种新的技术。首先，这种全新的网络基础设施和运营，可以基于两家运营商的容量和覆盖方面的要求。运营商可以按照 1:1 的比例出资，或是根据他们的预期需求提供资金。

2）买入。其中一家参与共享的运营商已经建立了一个 RAN，并且正在寻找另一家运营商来共享它的网络。在这种情况下，第二家运营商将支付容量使用费或预付费，从而获得对网络的使用。

3）合并。已经由各家参与共享的运营商建立的 2G、3G 或 4G 网络，需要被合并成一个联合网络。这种类型的网络共享通常有着显著的成本优势，但是在网络设计和规划方面，也带来了实质性的挑战。

在 PPDR 领域，可以将 RAN 共享作为一种方式，即通过与商用网络运营商合作共享 RAN 设备，来减少与部署独立的专用 PPDR 网络相关的高额前期成本。实际上，大部分的前期成本与建立覆盖面有关，约 70% 的支出资本（Capital Expenditure，CAPEX）涉及了站点采购、接入设备、基建工程（例如，现场建设、设备安装等）和电气电缆与回程链路等线路的铺设。

目前，现有的兼容 LTE 3GPP 的技术使在技术上提供不同的 RAN 共享方案成为可能。有关对这些方案的分析将在第 6 章给出，而本节中的描述主要集中在 LTE 规范支持的关于 RAN 共享实现的技术特性。

在 3GPP 的第 6 版中，已经引入了对 RAN 共享的支持，主要用于 GERAN 和 UMTS，后来针对 LTE 进行了更新。有关 GERAN、UTRAN 和 E - UTRAN 网络共享的详细内容，已经在 3GPP TS 23.251[82] 中进行了描述。所涉实体之间的网络共享规划，随业务、技术、网络部署和监管条件等多方面因素的影响而变化。在所有的这些变化中，存在一组共同的角色，主要集中在参与网络共享协议各方之间的网络设施方面：

1）托管 RAN 提供商。托管 RAN 提供商被看作是与一个或多个参与运营商共享托管 RAN 的一方。托管 RAN 提供商已经在网络共享规划下覆盖的特定地理区域内，部署了 RAN 并对其进行运营。它具有对作为网络共享规划内的一部分授权频谱进行主要操作接入的权利，尽管它不一定拥有该授权频谱，但是通过协议可以对其进行操作。托管 RAN 提供商可以是移动网络运营商，而其他实体可以通过外包、合资或租赁协议，来参与对 RAN 基础设施的运营和拥有或是对共享协议的管理。

2）参与运营商。参与运营商被看作是可与其他参与运营商一起使用托管 RAN 提供商提供的共享 RAN 设施的一方。参与运营商使用部分专门用于共享的授权频谱，在其自己的控制下对其订阅用户提供通信服务。托管 RAN 提供商和参与运营商之间的共享协议，既可以包括也可以不包括对托管 RAN 提供商的部分无线电频谱的共享。例如，在移动虚拟网络运营商（Mobile Virtual Network Operator，MVNO）作为参与运营商的情况下，将需要使用托管 RAN 提供商提供的频谱。移动网络运营商可以像其他实体一样，通过外包、合资或租赁协议的方式，来运营或拥有这种服务基础设施。

网络共享可以支持两种已经确定的架构（对于 LTE 网络的情况，如图 4.25 所示）：

1）多运营商核心网（Multi - Operator Core Network，MOCN）。多个核心网节点连接到同一个 RAN 节点（即 UTRAN 中的 RNC、GERAN 中的 BSC 和 LTE 中的 eNB）。核心网节点由不同的参

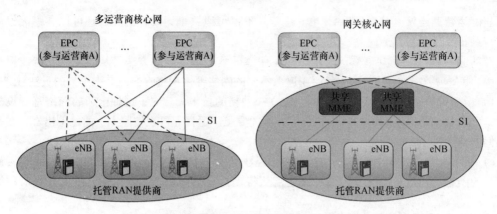

图 4.25　RAN 共享架构：多运营商核心网和网关核心网

与运营商操作。

2）网关核心网（Gateway Core Network，GWCN）。除了共享 RAN 节点之外，参与运营商还共享一些核心网节点（即用于 GSM 和 UMTS 的 MSC/SGSN 和用于 LTE 的 MME）。

在这两种配置中，UE 的行为应当是相同的。不应向 UE 指示任何有关共享网络的配置信息。最后，网络共享是运营商之间的协议，并且对用户应当是透明的。这意味着 UE 需要能够区分共享 RAN 中可用的核心网运营商，并且这些运营商可以与非共享网络中的运营商以相同的方式来处理。为此，共享 RAN 中的每个 LTE 小区应当在广播系统信息中包含有关可用的核心网运营商的信息，以便 LTE UE 可以在网络和小区（重）选择过程中考虑这一信息。

第 6 版规范中规定的场景相当有限，并且没有涵盖由于近年来需要在运营商之间开展更有活力的合作而产生的更加复杂的情况。重要的是，当前的 3GPP RAN 共享规范没有涵盖，在核心网运营商之间用于参与某些特定需求/情况，而对无线电接入容量进行分配的具体机制。在实际情况下，这种功能是基于运营商之间的合作来实现的，并且需要大量的网络重新配置工作。

3GPP 已经制定两个主要的工作项（WI），用于改进对 RAN 共享的支持：

1）"关于 RAN 共享增强的研究"[83]，发起于第 12 版。

2）"RAN 共享增强（RAN Sharing Enhancement，RSE）"[84]，发起于第 13 版。

表 4.7 列出了与这两个 WI 相关的主要 3GPP 技术规范和报告。

表 4.7　关于 RAN 共享增强的 3GPP 文档

工作项（WI）	相关技术规范/报告	说　明
WI FS_RSE（RAN 共享增强研究）	TR 22.852 – "RAN 共享增强研究"	分析了关于在运营商之间就 RAN 共享开展更具活力的合作所面临挑战的使用案例和潜在需求方面的可行性研究
WI RSE（RAN 共享增强）	变更为 TS 22.101 – "要求支持增强 RAN 共享的服务原则和服务方面"	RSE 标准化需求文档。TR 22.852 是该标准化工作的基础

对于 RAN 共享的更高级应用场景，3GPP TR 22.852[85] 提供了关于多个运营商共享无线网络资源方面的研究，并且创建了针对公共 E – UTRAN 资源共享补充现有系统能力方面的潜在需求。有关这些场景的说明如下：

1）根据已确定的 RAN 共享场景，有效共享公共 E – UTRAN 资源的方法（例如，未分配的无线电资源池）。

2）验证共享网元根据共享协议/策略提供所分配的 E – UTRAN 资源的方法。

3）根据共享协议/策略，在过载情况下的指示和潜在措施。

4）在比现在所支持的更小的时间尺度内，根据需要灵活且动态地分配 RAN 资源的方法。

通过对新场景的分析，第 13 版已经制定了针对公共 RAN 资源共享，补充现有系统能力的方法：

1）灵活分配共享 RAN 资源。托管 RAN 应当能够通过诸如固定分配（即保证最小分配并限制最大分配）、在特定时间段和/或特定小区/扇区的固定分配，以及先到/先服务分配（即按需）等方法，为每个参与运营商分配 RAN 资源容量。托管 RAN 提供商应当能够在托管 RAN 中为每个参与运营商定义 RAN 容量分配份额，并能够区分与各个参与运营商相关联的业务。应当基于为每个参与运营商分配的 RAN 使用比例，进行准入控制，并且共享的 RAN 应当能够针对每个参与运营商采用差异化的 QoS 属性。

2）按需容量协商。托管 RAN 应当能够以自动的方式提供可共享的 E – UTRAN 资源，作为参与运营商网络的按需容量。参与运营商网络应可以请求被提供按需资源。托管 RAN 提供商应允许参与运营商请求对已授予的按需请求进行取消。托管 RAN 提供商还应当能够撤回授予的请求（在 SLA/业务协议中）。

3）选择性的操作、管理和维护（Operation，Administration and Maintenance，OAM）访问功能。托管 RAN 应当能够为每个参与运营商提供和控制选择性的 OAM 访问（例如，允许在基站中进行链路测试并提供故障报告），从而执行支持参与运营商对托管 RAN 使用的 OAM 任务。托管 RAN 应能够允许参与运营商检索选择性 OAM 的状态信息，该信息应当与从非共享 E – UTRAN 中获得的状态信息具有相同的详细程度。

4）负载平衡，同时遵守商定的 RAN 资源份额。托管 RAN 应能够在共享 RAN 中支持负载平衡，同时基于整个小区的负载水平和每个参与运营商的负载水平，来遵守商定的 RAN 资源份额。托管 RAN 还应当能够对每个参与运营商执行负载平衡。

5）使用信息和计费信息的生成与检索。托管 RAN 应为每个参与运营商分别报告网络资源使用的计费事件。

6）根据动态 RAN 共享协议实现的切换功能。在 RAN 共享开始时，参与运营商应能够将连接的和空闲的 UE 都引导到托管 RAN 上，并且托管 RAN 提供商应能够在 RAN 共享结束时，引导连接的和空闲的 UE 脱离托管 RAN。如果授予的 RAN 共享协议需要，参与运营商应在 RAN 共享期结束且具有多个方案可选时，参与决定将连接的和空闲的 UE 引导到什么地方。

7）共享 RAN 中的公共警报系统（Public Warning System，PWS）。托管 RAN 应能够广播源自所有参与运营商的核心网的 PWS 消息。

虽然第 13 版中对于 RAN 共享增强的工作，最初主要关注的是 E – UTRAN，但是这项工作即将扩展到 GERAN 和 UMTS。其主要动机在于，很多运营商已经在 GERAN 和 UMTS 上开始共享 RAN 资源，并且这对同样使用那些 RAT 提供类似的共享增强，在效率和成本方面将是有益的。此外，尤其对于 GERAN 来说，一些运营商很可能使用单一的网络（2G GSM），来支持特定国家/地区内所有运营商的传统业务。因此，重要的是确保基于 GERAN 的网络可以有效地被共享，以降低成本。虚拟化技术作为实现上述 RAN 共享能力的潜在手段，目前正在得到业界的兴趣和关注[86]。

参 考 文 献

[1] 3rd Generation Partnership Project (3GPP) official website. Available online at http://www.3gpp.org/LTE (accessed 28 March 2015).

[2] Cisco Visual Networking Index: Global Mobile Data Traffic Forecast Update, 2013–2018.

[3] TCCA Critical Communications Broadband Group, 'Mission Critical Mobile Broadband: practical standardisation and roadmap considerations', White Paper, February 2013.

[4] Iain Sharp (Netovate), 'Delivering public safety communications with LTE', White Paper on behalf of 3GPP, September 2013. Available online at http://www.3gpp.org/IMG/pdf/130902_lte_for_public_safety_rev2_1.pdf (accessed 28 March 2015).

[5] Balazs Bertenyi, Chairman of 3GPP TSG-SA, 'Developments in 3GPP – Release 12 and beyond', 20 May 2014. Available online at http://www.3gpp.org/ftp/Information/presentations/presentations_2014/2014_05_bertenyi_3GPP_Rel12_beyond.pdf (accessed 28 March 2015).

[6] ETSI TR 103 269-1 V1.1.1, 'TETRA and Critical Communications Evolution (TCCE); Critical Communications Architecture; Part 1: Critical Communications architecture reference model', July 2014.

[7] Draft TS 103 269-2 V0.0.2, 'TETRA and Critical Communications Evolution (TCCE); Critical Communications Architecture; Part 2: Critical Communications application mobile to network interface architecture', December 2014.

[8] Open Mobile Alliance, 'OMA overview', NPSTC Governing Board Meeting, San Antonio, TX, November 2014.

[9] 3GPP SA6 Working Group, 'Mission critical applications'. Available online at http://www.3gpp.org/specifications-groups/sa-plenary/sa6-mission-critical-applications (accessed 28 March 2015).

[10] R. Ferrús and O. Sallent, 'Extending the LTE/LTE-A Business Case: Mission- and Business-Critical Mobile Broadband Communications', Vehicular Technology Magazine, IEEE, vol.9, no.3, pp.47, 55, September 2014.

[11] Balazs Bertenyi, 'LTE Standards for Public Safety – 3GPP view', Critical Communications World, 21–24 May 2013.

[12] Donny Jackson, 'Congress told of "significant progress" toward mission-critical voice over LTE', Urgent Communications, December 2013.

[13] Erik Dahlman, Stefan Parkvall, Johan Skold and Per Beming, '3G Evolution: HSPA and LTE for Mobile Broadband', Amsterdam: Academic Press, 2009.

[14] Erik Dahlman, Stefan Parkvall and Johan Sköld, '4G: LTE/LTE-Advanced for Mobile Broadband', Amsterdam: Academic Press, 2013.

[15] Magnus Olsson, Stefan Rommer, Catherine Mulligan, Shabnam Sultana and Lars Frid, 'SAE and the Evolved Packet Core', Amsterdam: Academic Press, 2009.

[16] Stefania Sesia, Issam Toufik and Matthew Baker, 'LTE – The UMTS Long Term Evolution: From Theory to Practice', Chichester: John Wiley & Sons, Ltd, 2009.

[17] Gonzalo Camarillo and Miguel-Angel Garcia-Martin, 'The 3G IP Multimedia Subsystem (IMS): Merging the Internet and the Cellular Worlds', 3rd Edition, Chichester: John Wiley & Sons, Ltd, September 2008.

[18] 3GPP TS 36.101, 'User Equipment (UE) radio transmission and reception (Release 12)', March 2014.

[19] 4G Americas, '4G mobile broadband evolution: 3GPP Release 11 & Release 12 and beyond', White Paper, February 2014.

[20] 3GPP TS 36.300, 'Evolved Universal Terrestrial Radio Access (E-UTRA) and Evolved Universal Terrestrial Radio Access Network (E-UTRAN); Overall description; Stage 2 (Release 12)', December 2014.

[21] 3GPP TS 23.203, 'Policy and charging control architecture'. Available online at http://www.3gpp.org/DynaReport/23203.htm (accessed 18 April 2015).

[22] 3GPP TS 23.401, 'General Packet Radio Service (GPRS) enhancements for Evolved Universal Terrestrial Radio Access Network (E-UTRAN) access'.

[23] Analysis Mason, 'Creating a real-time infrastructure for BSS and revenue management', November 2013.

[24] 3GPP TS 33.401, '3GPP System Architecture Evolution (SAE); Security architecture'.

[25] 3GPP TS 33.102, '3G Security; Security architecture'.

[26] 3GPP TS 33.402, '3GPP System Architecture Evolution (SAE); Security aspects of non-3GPP accesses'.

[27] 3GPP TS 33.210, '3G security; Network Domain Security (NDS); IP network layer security'.

[28] IETF RFC-4301, 'Security Architecture for the Internet Protocol', December 2005.

[29] 3GPP TS 33.310, 'Network Domain Security (NDS); Authentication Framework (AF)'.

[30] GSMA IR.88, 'LTE and EPC roaming guidelines', Version 10.0, July 2013.

[31] GSM Association, 'Official Document IR.92 – IMS profile for voice and SMS', Version 7.0, 3 March 2013.

[32] GSM Association, 'Official Document IR.94 – IMS profile for conversational video service', Version 5.0, 4 March 2013.

[33] Miikka Poikselkä, Harri Holma, Jukka Hongisto, Juha Kallio and Antti Toskala, 'Voice over LTE (VoLTE)', Chichester: John Wiley & Sons, Ltd, February 2012.

[34] APCO Global Alliance, 'Updated Policy Statement – 4th Generation (4G) Broadband Technologies for Emergency Services', October 2013. Available online at http://www.apcoglobalalliance.org/4g.html (accessed 28 March 2015).

[35] NPSTC Public Safety Communications Report, 'Push-to-Talk over Long Term Evolution Requirements', July 2013. Available online at http://pdf.911dispatch.com.s3.amazonaws.com/npstc_push-to-talk_report_july2013.pdf (accessed 28 March 2015).

[36] Andrew M. Seybold, 'Voice over Public Safety Broadband', Public Safety Advocate e-newsletter, October 2012.

[37] 3GPP SP-130326, 'Revised WID on Group Communication System Enablers for LTE (GCSE_LTE)', 3GPP TSG SA Meeting #60, Oranjestad, Aruba, 17–19 June 2013.

[38] 3GPP TD SP-140228, 'New WID on Service Requirements Maintenance for Group Communication System Enablers for LTE (SRM_GCSE_LTE)', 3GPP TSG SA Meeting #64, Sophia-Antipolis, France, 16–18 June 2014.

[39] 3GPP SP-130728, 'New WID on Mission Critical Push To Talk over LTE (MCPTT)', 3GPP TSG SA Meeting #62, Busan, Korea, 9–11 December 2013.

[40] 3GPP TS 22.468, 'Group Communication System Enablers for LTE (GCSE_LTE)'.

[41] 3GPP TS 23.468 V12.0.0, 'Group Communication System Enablers for LTE (GCSE_LTE); Stage 2 (Release 12)', February 2012.

[42] 3GPP TS 23.246, 'Multimedia Broadcast/Multicast Service (MBMS); Architecture and functional description'.

[43] D. Lecompte and F. Gabin, 'Evolved Multimedia Broadcast/Multicast Service (eMBMS) in LTE-Advanced: Overview and Rel-11 Enhancements', Communications Magazine, IEEE, vol.50, no.11, pp.68, 74, November 2012.

[44] 3GPP TS 22.179, 'Mission Critical Push to Talk (MCPTT) (Release 13)', December 2014.

[45] 3GPP TS 22.779, 'Study on architectural enhancements to support Mission Critical Push To Talk over LTE (MCPTT) services (Release 13)', November 2014.

[46] Open Mobile Alliance, 'Push to talk over Cellular 2.1 Requirements', OMA-RD-PoC-V2_1-20110802-A, Version 2.1, August 2011.

[47] 3GPP TR 23.979, '3GPP enablers for Open Mobile Alliance (OMA) Push-to-talk over Cellular (PoC) services; Stage 2 (Release 7)', June 2007.

[48] Open Mobile Alliance, 'Push to talk over Cellular (PoC) – Architecture', OMA-AD-PoC-V2_1-20110802-A, Version 2.1, August 2011.

[49] Jerry Shih and Bryan Sullivan (AT&T), 'Comparison of MCPTT Requirements and PCPS 1.0', OMA-TP-2014-0177, Critical Communications Workshop, 15 August 2014.

[50] CEPT ECC Report 199, 'User requirements and spectrum needs for future European broadband PPDR systems (Wide Area Networks)', May 2013.

[51] Qualcomm, 'LTE Direct: operator enabled proximity services', March 2013.

[52] Sajith Balraj (Qualcomm Research), 'LTE Direct overview', 2012. Available online at http://s3.amazonaws.com/sdieee/205-LTE+Direct+IEEE+VTC+San+Diego.pdf (accessed 28 March 2015).

[53] 3GPP SP-110638, 'WID on Proposal for a study on Proximity-based Services', 3GPP TSG SA Plenary Meeting #53, Fukuoka, Japan, 19–21 September 2011.

[54] 3GPP TD SP-130605, 'Update of ProSe WID to get SA2 TS and SA3 TR numbers', 3GPP TSG SA Meeting #62, Busan, Korea, 9–11 December 2013.

[55] 3GPP RP-122009, 'Study on LTE device to device proximity services', 3GPP TSG RAN Meeting #58, Barcelona, Spain, December 2012.

[56] 3GPP SP-140386, 'Editorial update of SA1 ProSe phase 2 WID', 3GPP TSG SA Meeting #64, Sophia Antipolis, France, 16–18 June 2014.

[57] 3GPP TD SP-140573, 'Revised Rel-13 WID for Proximity-based Services', 3GPP TSG SA Meeting #65, Edinburgh, Scotland, 15–17 September 2014.

[58] 3GPP SP-140629, 'New Study to create a dedicated SA3 TR on Security for Proximity-based Services', 3GPP TSG SA Meeting #65, Edinburgh, Scotland, 15–17 September 2014.

[59] 3GPP TR 22.803 V12.2.0 (2013-06), 'Feasibility study for proximity services (ProSe) (Release 12)', June 2013.

[60] 3GPP TS 22.115, 'Service aspects; Charging and billing'.

[61] 3GPP TS 22.278, 'Service requirements for the Evolved Packet System (EPS)'.

[62] 3GPP TR 23.703, 'Study on architecture enhancements to support proximity services (ProSe) (Release 12)', February 2014.

[63] 3GPP TS 23.303 V12.3.0, 'Proximity-based Services (ProSe); Stage 2 (Release 12)', December 2014.

[64] 3GPP TR 36.843 V12.0.1, 'Feasibility Study on LTE device to device proximity services; Radio aspects', March 2014.

[65] 3GPP TS 24.334, 'Proximity-services (ProSe) User Equipment (UE) to ProSe Function protocol aspects; Stage

3 (Release 12)', December 2014.

[66] NPSTC Broadband Working Group, 'Priority and QoS in the Nationwide Public Safety Broadband Network, Rev 1.0', April 2012. Available online at http://www.npstc.org/download.jsp?tableId=37&column=217&id=2304&file=PriorityAndQoSDefinition_v1_0_clean.pdf (accessed 28 March 2015).

[67] National Public Safety Telecommunications Council (NPSTC), Broadband Working Group, 'Mission critical voice communications requirements for public safety', September 2011. Available online at http://npstc.org/download.jsp?tableId=37&column=217&id=1911&file=FunctionalDescripton (accessed 28 March 2015).

[68] 3GPP TS 36. 304, 'User Equipment (UE) procedures in idle mode'.

[69] 3GPP TS 22.011, 'Service accessibility'.

[70] 3GPP TS 36.331, 'Radio Resource Control (RRC); Protocol specification'.

[71] Ryan Hallahan and Jon M. Peha, 'Policies for public safety use of commercial wireless networks', 38th Telecommunications Policy Research Conference, October 2010.

[72] Mobile Broadband for Public Safety – Technology Advisory Group Public Security Science and Technology, 'Public Safety 700 MHz Mobile Broadband Communications Network: Operational Requirements', February 2012.

[73] 3GPP TS 22.153, 'Multimedia priority service'.

[74] 3GPP TR 22.950, 'Priority service feasibility study'.

[75] 3GPP TR 22.953, 'Multimedia priority service feasibility study'.

[76] 3GPP TR 23.854, 'Enhancements for Multimedia Priority Service'.

[77] 3GPP SP-130596, 'Updates to the WID on Feasibility Study on Study on Isolated (was "Resilient") E-UTRAN Operation for Public Safety (FS_IOPS, was FS_REOPS)', Busan, Korea, 9–11 December 2013.

[78] 3GPP TR 22.897 V13.0.0, 'Study on Isolated E-UTRAN operation for public safety', June 2014.

[79] 3GPP TS 22.346 V13.0.0, 'Isolated Evolved Universal Terrestrial Radio Access Network (E-UTRAN) operation for public safety; Stage 1 (Release 13)', September 2009.

[80] 3GPP TR 36.837 V11.0.0 (2012-12), 'Public safety broadband high power User Equipment (UE) for band 14 (Release 11)', December 2012.

[81] GSMA White Paper, 'Mobile infrastructure sharing'. Available online at http://www.gsma.com/publicpolicy/wp-content/uploads/2012/09/Mobile-Infrastructure-sharing.pdf (accessed 18 April 2015).

[82] 3GPP TS 23.251, 'Network sharing; Architecture and functional description'.

[83] SP-110820, 'Proposed WID on Study on RAN Sharing Enhancements', 3GPP TSG SA Plenary Meeting #54, Berlin, Germany, 12–14 December 2011.

[84] TD SP-130330, 'Proposed update to New WID on RAN Sharing Enhancements (RSE)', 3GPP TSG SA Meeting #60, Oranjestad, Aruba, 17–19 June 2013.

[85] 3GPP TR 22.852 V13.1.0 (2014-09), 'Study on Radio Access Network (RAN) sharing enhancements (Release 13)', September 2014.

[86] X. Costa-Perez, J. Swetina, T. Guo, R. Mahindra and S. Rangarajan, 'Radio Access Network Virtualization for Future Mobile Carrier Networks', Communications Magazine, IEEE, vol.**51**, no.7, pp.27, 35, July 2013.

第 5 章　面向 PPDR 通信的 LTE 网络

5.1　引言

目前，各国政府和 PPDR 组织采用多种协议在专用窄带 PMR 网络上购买 PPDR 通信服务。通常用来描述此类协议的特征所定义的要素包括：

1）基础设施的所有权。用于 PPDR 通信的网络在系统仅由 PPDR 机构使用的情况下，通常由 PPDR 机构所拥有。在网络由多个 PPDR 组织共享的情况下，网络资产可由政府本身拥有或由政府为此目的而创建的公共实体或部门所拥有。通常将这些所有权属的方案称为政府所有（Government – Owned，GO）方案。此外，在一些方案中，诸如移动网络运营商（Mobile Network Operator，MNO）之类的商业服务提供商、基础设施供应商或系统集成商，也可以成为此类网络资产的所有者。通常将这种情况称为承包商所有方案（Contractor Owned，CO）或商业所有（Commercial Owned，CO）方案。

2）基础设施的运营商。网络的运行和维护可以由所有者自己进行或外包给提供专门管理网络服务的第三方公司。所有权和网络运营的组合主要产生三种不同的模式：政府所有和政府运营（Government Owned and Government Operated，GO – GO）、承包商所有和承包商运营（Contractor Owned and Contractor Operated，CO – CO），以及政府所有和承包商运营（Government Owned and Contractor Operated，GO – CO）。

3）在网络中允许的用户。网络可专门用于服务 PPDR 机构或由其他用户共享。在采用 GO – GO 和 GO – CO 方案的情况下，共享 PPDR GO 网络的用户被限定为需要将安全相关问题的处理作为其运营的一部分的公共或私有组织，例如，医院、救护车组、公共交通公司、水电分销公司、运钞公司、安保公司等。在采用 CO – CO 方案的情况下，根据政府和/或 PPDR 机构与提供 PPDR 网络和服务的商业实体之间达成的合同条件，共享的方案可以更加多样化。

4）分配 PPDR 使用的频谱。PPDR 通信中使用的频谱可以根据该目的进行专门分配（即分配专用的频谱供 PPDR 使用）。或者，可以选择从 MNO 购买商业服务，来提供 PPDR 服务，而无需分配专用的 PPDR 频谱。还可以选择折中方案，例如，为 PPDR 预留一些频谱，但将此频谱资源以混合方案的方式共享给 MNO。

在欧洲国家，GO – GO 和 GO – CO 模式以及为 PPDR 分配一些数量的专用频谱，是当前以语音为主的 PPDR 网络的最常见的方案。在这些方案中，政府直接或通过受控实体采购设备，部署和运营一种专用于 PPDR 用户的封闭网络。这些网络一般由多个 PPDR 组织，例如警察、消防、医疗服务和同一国家或地区的民防组织所共享。在很多国家，政府建立一个 "伪独立" 的运营商，通常是国有的，以便负责网络的建设、管理和融资。GO – GO 模式的案例包括比利时的 A-STRID 网络和芬兰的 VIRVE 网络。GO – CO 网络的案例包括德国的 BDBOS 和奥地利的 BOS。在较小的范围上，CO – CO 模式也部署在一些欧洲国家。与 GO – GO 和 GO – CO 模式的情况类似，在这些 CO – CO 方案中，为 PPDR 分配专用频谱是一种普遍的做法。CO – CO 网络的案例包括英国的 Airwave 和奥地利的 SINE。

在美国，虽然目前主流的模式仍然是基于由单个 PPDR 机构所有和运营的模拟或 P25 无线电通信系统，但在过去的几年中相关机构已经进行了很多努力，以实现地区（多个县）或全州范围的共享网络，从而为多个机构提供服务。在这方面，这些共享网络的治理结构可以遵循不同的模式，范围涵盖了从参与的 PPDR 机构之间直接达成合同到由（州）立法行为制定的治理模式的各个方面，通常还包括用于建设的资金机制[1]。这些方案的共同点是，网络仍然属于政府实体所有。不过，还有一种 PPDR 通信提供模式，即服务由私有公司提供（例如，电信运营商），并且这种模式在美国也获得了较好的发展势头。通常将这种模式称为载波托管的"P25 即服务"，它与前面讨论的 CO - CO 概念有很多相似之处。这种服务模式已经由加拿大的贝尔（Bell Canada）公司提供了多年，但在美国仍处于起步阶段[2]。

5.1.1　PPDR 通信提供中的服务和网络层分离

对于当前窄带语音为主的 PMR 系统来说，LTE 标准的采用在 PPDR 服务提供的方式上带来了重大的变化。LTE 的使用可以让包括 PPDR 所需的特性应用和业务交付平台（Service Delivery Platform，SDP）的服务层从底层网络层去耦合，底层网络层的主要任务变为向服务层组件提供基于 IP 的连接。如图 5.1 所示，这种方法遵循用于下一代网络（Next Generation Network，NGN）的原则和通用参考模型，建立了下述功能划分[3]：

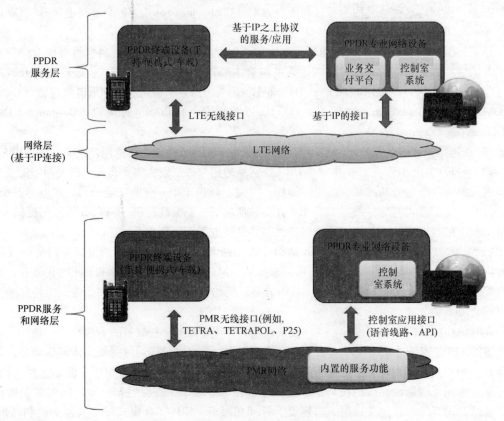

图 5.1　PPDR 服务层与底层 IP 网络层分离

1）传输功能。这些仅与单独网络点之间传送的各种类型的数字信息有关。传输功能主要包括开放系统互联（Open Systems Interconnection，OSI）7 层基本参考模型的网络层和更底层。传输层可以提供用户到用户的连接、用户到 SDP 的连接和 SDP 到 SDP 的连接。

2）服务功能。这些为用户提供各种服务，例如语音、数据和视频服务，以及它们之间的某种组合。可将服务功能组织在一种复杂的集合中，该集合包含在地理上分布的各种 SDP 和应用。或者，在简单的情况下，可以让服务功能仅涉及位于两个终端实体中的一组服务功能和应用。

根据该模型，可将"PPDR 服务层"主要实现为 PPDR 终端内的应用客户端和 PPDR SDP 与控制室系统（Control Room System，CRS）内的应用服务器。然后，将"PPDR 服务层"部署在 LTE 连接服务上，包括单独的 EPS 承载业务、MBMS 承载业务和 ProSe 通信服务。需要强调的是，在当前的窄带网络架构中，不存在这种去耦合，其中的服务功能（例如，用于支持语音基本和补充服务的协议和控制功能）与传输功能一起嵌入在同一个 PMR 网络平台中，详见图 5.1。

这种去耦合可以带来重大益处。显然，这可以让服务和网络层被单独地配置和提供，并且重要的是，可以让它们独立地进行演进（例如，应用技术的生命周期可以更长，并且不受底层通信技术中的后续变化的影响）。此外，这种方法有助于独立于网络和接入技术（LTE/HSPA/Wi-Fi 以及固定接入技术）以及基于 IP 连接网络的运营商（可能与负责 PPDR SDP 的运营商不同），来提供 PPDR 服务。实际上，由相同或不同运营商运行的多个基于 IP 连接的网络都可以用来为 PPDR SDP 提供接入服务。具体来说，这些基于 IP 连接的网络可以是由 PPDR 运营商或任何其他专业方（例如，负责机场中专用通信基础设施的专业运营商）运行的专用网络，以及由 MNO 运行的公共接入网。

5.1.2　"公共安全级"网络设计

旨在支持 PPDR 通信的 LTE 网络应当设计为，尽可能地防止由人为或自然事件而导致的故障出现。为了面向任务关键型移动宽带 PPDR 解决方案，建立所需的可靠性和性能水平，国家公共安全电信委员会（National Public Safety Telecommunications Council，NPSTC）已经定义了"公共安全级（Public Safety Grade，PSG）"这一术语，并且提出了一些建议，以指导第一响应者网络管理局（First Responder Network Authority，FirstNet）来构建和实现美国全国性的 PPDR LTE 网络[4]。定性地说，PSG 通信被简单定义为通信系统可靠性特征和弹性特征的效果。在此基础上，NPSTC 的报告提供了用于区分任务关键型通信系统与标准或商业级网络的一些可衡量的特征。该报告详细介绍了环境因素、服务水平协议（Service Level Agreement，SLA）、可靠性和弹性因素、覆盖设计细节、一键通（Push-To-Talk，PTT）支持、应用程序、站点强化、安装和操作以及维护方面的内容。被认为是 PSG 的网络或系统，必须在其设计期间及以后的实现中，解决这些方面的问题。

除了 NPSTC 的建议，还有其他的一些文件，也制定了一些网络相关需求，并确定了 LTE 网络提供移动宽带 PPDR 通信的关键特性[5-13]。基于这些，表 5.1 整理了一些关键的特性，用于说明为 PPDR 使用而设计的 LTE 网络的预期性能和能力。

表 5.1　为 PPDR 使用而设计的 LTE 网络的预期关键特性

领域	特性
覆盖范围和通信容量	1）基于地理的覆盖规划，而不是基于人口的覆盖规划 2）对称的 UL/DL 使用模式，而不是用于商业用户的那种以 DL 为主的业务模式 3）小区负载变化巨大，负载预测能力有限（几乎是随机的） 4）无处不在的覆盖，不仅包括室外，还包括室内，以及其他难以覆盖到的位置（例如，地铁） 5）脱网操作，以便实现网络覆盖范围之外的 PPDR 用户之间的直接通信 6）可部署的系统，以确保广域 PPDR 通信的实现，即便当用户处于常规的网络覆盖范围之外 7）支持空地空（Air Ground Air，AGA）通信

（续）

领域	特　　性
网络可用性和弹性	1）强大的网络站点，具有增强的物理保护和电池备份（站点强化） 2）地理冗余的网络功能（网络内冗余） 3）在网络故障时回退到其他网络（网络间冗余） 4）多个备份方案 5）不应当采取一刀切的强化方法，而是根据特定的站点条件和设施位置制定强化方案 6）至少应达到 99.99% 时间的网络可用性（即计划外中断应达到 <50min/年）
安全性	1）端到端用户数据加密 2）改进的链路安全性，同时保护用户面和控制面 3）改进的 O&M 安全性，确保节点和网络配置以及存储的用户数据的安全性 4）增强的身份管理，为用户提供网络资源的"使用权限" 5）基础设施和终端之间的相互认证 6）临时和永久禁用终端和智能卡的方法 7）用于检测和补偿空中接口处干扰的功能
优先级控制	1）区分的优先级类别，以便高优先级通信永远不会被阻止 2）动态控制（实时）优先级和资源管理，同样适用于受访网络 3）紧急呼叫
责任和服务保证	1）实时 KPI 监控，以确保 PPDR 用户与网络运营商（PPDR 运营商和/或 MNO）之间服务水平协议（SLA）的实施 2）基于 QoS 的计费，可以让 PPDR 服务能够根据优先级和 QoS 进行计费
功能和性能	1）PPDR 行动所需的数据、语音服务和特性（例如，群组通信、PTT），最开始部署时，可以仅用于数据服务 2）不受位置影响的可靠性和足够的 QoS（快速呼叫建立、可靠的数据传输）
互操作性	1）通信设备能够符合相同的技术标准，并且能够在这些系统共同使用频段的调谐范围内工作（这与欧洲 PPDR 组织尤其相关） 2）在欧洲各国范围内，能够实现宽带设备的无缝运行，包括在需要的时间和地点部署用于增加额外容量和覆盖的 Ad hoc 网络设施
多管辖共享网络中的分层控制级别	1）位于不同管辖级别（例如，国家/地区/地方）的运营中心能够对网络使用进行控制的能力 2）PPDR 机构能够进行局部网络控制，以确保其所需容量和公共安全优先级得以满足的能力

5.2　移动宽带 PPDR 网络和服务的提供方案

为提供移动宽带 PPDR 通信定义适合的部署场景和相关的商业模型，是目前世界各地 PPDR 机构和政府关注的焦点。如上一节所述，新基础设施的所有权、此类基础设施的管理模式、符合条件的服务用户以及一定数量专用频谱分配方案，是几个必须确定的核心定义要素。此外，制定基于 LTE 技术移动宽带通信的服务提供模式，必须考虑以下几个要素：

1）商业 MNO 的角色。由于在制定当前语音为主的服务提供模式时，在 PPDR 和商业领域中分别使用了不同的技术平台，因此诸如漫游到商用网络等方案，在实际的使用中并不具有可行性。然而，随着采用公共无线接入技术（例如，LTE，如第 4 章所述）和 PPDR 服务提供中网络层和服务层之间去耦合，这种情况出现了根本性的转变。在这种情况下，PPDR 和商业领域之间的协同合作和成本分摊办法预计将成为下一代移动宽带 PPDR 通信网络提供方案的核心。实际上，依靠商用网络容量提供 PPDR 数据服务是在可承担投资程度上减少上市时间的第一步，而专用 PPDR 的容量可以在特定的领域和较长的时间框架内逐步地进行部署。

2）与窄带系统共存路线图。虽然 LTE 有望在长期时间内完全取代当前语音为主的网络，但是对这两种类型网络的整合仍被视为，在短期至中期时间内，提供具有任务关键型数据能力的任务关键型语音业务的一种最有可能的方案。扩大当前的基础设施以支持移动宽带，被很多主管部门看作是在中短期内 PPDR 工作的起点。

3）PPDR 部门与其他任务/业务关键型用户之间的共同努力和协同合作。随着公用事业和交通运输等其他部门对移动宽带需求的日益增长，极大地促进了部门的需要共同努力和协同合作，开展对共同或互补的任务关键型通信交付平台的共享工作。

基于上述考虑，表 5.2 整理了到目前为止经过分析的用于移动宽带 PPDR 通信的各种服务提供方案[14-20]。

表 5.2　有关移动宽带 PPDR 网络与服务提供方案分析的研究

相关研究	移动宽带 PPDR 网络与服务提供方案⊖
TCCA "任务关键型业务提供方案综述"[14]	1）（方案 A）从标准的商用网络中获取服务 2）（方案 B）作为移动虚拟网络运营商（MVNO）开展运营 3）（方案 C）从商业专用网络中获取服务 4）（方案 D）构建自己的专用网络 5）（方案 E）对上述模式进行组合（例如，解决专用网络可用性相关的时间问题和/或互补的覆盖和功能问题） 6）其他混合方法： ①（方案 F.1）从标准的商用网络中获取服务，但对网络覆盖和弹性方面的增强提供资金资助 ②（方案 F.2）从商业专用网络中获取服务，但允许运营商使用剩余的容量从商业用户中盈利 ③（方案 F.3）构建自己的专用网络，但将网络的运营外包出去 ④（方案 F.4）构建专用网络，但与商业运营商共享网元
CEPT ECC 218 号报告[15]	1）PPDR 专用网络基础设施 ①（方案 A.1）移动宽带网络由政府部门规划、建造、运行和拥有 ②（方案 A.2）通过服务方案提供移动宽带服务 2）为 PPDR 用户提供宽带服务的商用网络基础设施 ①（方案 B.1）为 PPDR 提供与公共客户相同的移动宽带服务 ②（方案 B.2）为 PPDR 提供具有特殊要求的移动宽带服务 3）具有部分专用网络和部分商用网络的混合解决方案 ①（方案 C.1）地理分割专用网络基础设施和商用网络基础设施 ②（方案 C.2）采用 MVNO 模式，其中 PPDR 用户与公共用户共享 RAN ③（方案 C.3）采用具有部分专用/部分共享 RAN 网络的 MVNO 模式 ④（方案 C.4）采用扩展的 MVNO 模式，其中 PPDR 在商用移动宽带网络的 RAN 部分具有专用的无线电发射机/接收机载波，以及专用的核心节点和服务节点

⊖　表中所示方案序号在相应参考研究中不代表任何先后顺序，在此仅用于清楚区分而添加。

（续）

相关研究	移动宽带 PPDR 网络与服务交付方案[⊖]
Simon SCF 协会 "在特定领域使用商用移动网络和设备用于'任务关键型'高速宽带通信的研究"[16]	1）（方案 A）仅使用专业设备的专用专业网络。在专用频段用于语音和窄带数据业务的 TETRA，政府拥有／政府运营（GO－GO）。在欧洲大多数国家中，该方案实际上是对这些国家中当前模式的延续，并且在研究中主要考虑与其他方案进行比较 2）（方案 B）仅使用商用设备的商用网络。在一个或多个商用网络上采用弹性的 LTE，没有额外的频谱，并且由 MNO 所有／运营（CO－CO 模式） 3）（方案 C）使用商用设备的专用专业网络。由政府、公共企业或公私合作关系（GO－GO 或 GO－CO 模式），所有／运营的专用／强化的 LTE 网络，工作在专用频谱上 4）（方案 D）涉及专用的专业网络和商用网络的混合解决方案。基于 TETRA（GO－GO）的语音业务加上基于弹性 LTE 的数据业务（GO－CO 或 CO－CO），提供宽带能力 5）（方案 E）由 PPDR、交通运输和能源部门同时使用的多用途通用网络。基于一个或多个商用网络的弹性 LTE，具有额外的频谱，由政府拥有，MNO 负责运营（GO－CO）
德国联邦内政部 "任务关键型移动宽带 PPDR 网络的未来架构"[17]	1）（方案 A）服务提供商方案。该方案源于商用移动无线电网络运营商为商业客户提供的服务。为了采用这些服务，可在 PPDR 终端设备中配置一种特殊的接入点名称（Access Point Name，APN） 2）（方案 B）MVNO 方案。该方案基于漫游功能。如果 PPDR 组织拥有自己的宽带任务关键型网络，并且使用该方案在其他的区域内提供网络覆盖，那么该方案就类似于两个商用移动无线网络之间达成的一种全国性的漫游协议。如果 PPDR 组织没有宽带网络，那么该方案就类似于一种商用移动无线网络的 MVNO 3）（方案 C）无线接入网（Radio Access Network，RAN）共享方案。该方案假设用户拥有的任务关键型移动宽带 PPDR 核心网已经建立。对于 RAN，与商用移动网络运营商达成的 RAN 共享协议，可以减少投资和运营成本 4）（方案 D）专用 RAN 方案。这种方案假设用户拥有的任务关键型移动宽带 PPDR RAN 基于 LTE，并且用户拥有的任务关键型移动宽带 PPDR 核心网已经建立
APT 关于 "使用基于 IMT 的技术和网络的 PPDR 应用" 的报告[18]	1）（方案 A）基于 IMT 技术部署专用的 PPDR 网络，并由 PPDR 机构或控制实体所有和运营 2）（方案 B）基于共同的 IMT 技术，组合使用由 PPDR 机构（或实体）所有和运营的专用 PPDR 网络服务和商用网络服务，从而在商定的合同协议下促使 PPDR 机构成为具有适当分配优先级的优先用户 3）（方案 C）与上述两种方案类似，但专用 PPDR 网络根据商定的合同协议，由商业实体所有并运营 4）（方案 D）根据特定的合同协议［例如，虚拟专用网（Virtual Private Network，VPN）］或具有适当分配优先级的优先用户，将商用 IMT 网络运营商的 IMT 基础设施共享为一种封闭／专用的子网

　　虽然不同研究在侧重点和术语上可能略有差异，但是这里主要关注上述研究中所考虑的潜在提供模式，因此可将其大致分为以下几类：

　　1）以构建专业的任务关键型服务为目标，将部署全新的移动宽带专用网络（GO 或 CO）作为中心的方案。

　　2）以使用（增强型）公共接入商业网络，提供任务关键型服务（基于一般的或特定的 PPDR 合同实现，其中特定的合同指的是内容涵盖了提供 PPDR 服务的特殊要求）为中心的方案。

　　3）基于对专用和商业基础设施采用某种组合模式制定的方案。

　　有关上述不同方案的描述，以及对其优点的分析、局限性和需要考虑的具体因素，将在以下各节中进行介绍和讨论。

5.3　专用网络

专用 PPDR 移动宽带网络可以专门设计和构建，以满足 PPDR 用户的要求。从 PPDR 用户的角度来说，该方法通常被认为是最佳的解决方案。专用网络的主要优势是，政府和 PPDR 用户部署和管理自己的宽带网络，在关键任务的情况下具有完全控制和有保证的网络接入，并且商业用户在事件期间没有占用网络容量。这种方法是对欧洲当前的专用 TETRA 和 TETRAPOL 网络方案的一种逻辑延续。显然，这种方法的主要缺点是要承担这种全新的专用基础设施的高昂成本（资本支出和运营支出）。此外，采购过程和网络扩建通常可能需要 3 ~ 5 年的时间来首次向用户提供服务，从而延缓了此类网络为用户提供宽带服务的进程。所分配的专用频谱是政府能够为专用网络资助计划提供的宝贵资源。然而，为移动宽带 PPDR 分配和授权新的专用频谱，在那些尚未启动这一过程的国家中，可能也需要几年的时间才能实现。

在专用网络方案中，对于网络所有权来说，可以区分出两个主要的选择。

1）GO 网络。在这种情况下，政府机构拥有并资助设备和配套的基础设施，运营和维护支持系统，并支付运行成本。该方案可以让政府和 PPDR 用户完全控制采购过程、网络采购和运营资产。通过网络管理子系统，将这种控制保持在 PPDR 用户的手中，从而使网络容量能够适应不断变化的需求和环境。网络操作可以由政府机构本身来承担（即 GO – GO 模式），或者外包给外部更加专业且有能力的组织来执行（即 GO – CO 模式）。

2）CO 网络。在这种情况下，网络由商业公司或投资者/工业合作伙伴的联营企业（例如，MNO）来部署和运营。该网络旨在为 PPDR 用户提供服务。因此，这是 CO – CO 模式，其中政府根据一组商定的技术要求，从商业公司订购移动宽带服务。PPDR 要求（例如，在覆盖范围、可用性和弹性方面）在合同以及对网络提供商有约束力的义务和 SLA 中规定。可能需要至少 10 ~ 15 年的长期合同，以确保业务的可行性。在这一方案中，网络提供商投入了大部分的前期成本，包括设备和配套的基础设施。另外，政府为对 PPDR 用户提供的移动宽带服务支付商定的月租费用。

高昂的成本和庞大的资金计划，很可能是实现各种专用网络需要克服的最大障碍，因此需要专门针对满足 PPDR 特定需求，设计一种经济有效的网络覆盖（即专用网络的设计无需一定要模仿商业网络的发展轨迹）。此外，通过专用基础设施扩大用户基数，并寻找使剩余带宽获利的方法，是一些值得仔细考虑的重要方面。接下来的几个小节将就这些方面的内容做进一步的讨论。

5.3.1　经济有效的网络覆盖

PPDR 无线通信网络中的业务需求，在地理和时间上比商业网络中的业务需求更加难以预测。重大事件可以随时随地发生。当发生这种事件时，对通信的需求是巨大的，并且集中在相对较小的区域。基于这种事件发生的偶然性规划常规的无线网络，无论在经济方面还是在工程方面，都是非常不切实际的，因为大多数容量将永远不会被使用。

更加经济有效的方法是，规划一种网络，在所有位置处提供最小程度的无线连接，使其可以在 Ad hoc 的基础上迅速扩大，以提供额外的容量应对意外事件。采用这种方法的理由是，PPDR 网络中的业务可以区分为两种业务类型：由日常行动（例如，巡逻和监视）产生的轻型业务流量，以及由事件现场大量 PPDR 人员所带来的重度业务流量。这种网络架构必须被设计能够满足由这两种类型业务流量的总和所带来的峰值容量要求。

在商用网络中采用的常规架构中，无线电接入基础设施主要由在本地固定位置处连接的固定基站（Base Station，BS）组成。如果采用这种传统架构来部署广域 PPDR 网络，则需要足够密集地部署 BS 以满足峰值要求。一种替代的方法是，基于较小数量且稀疏部署的固定 BS 来设计无线电接入基础设施，以支持轻型的日常业务，并且采用一组随时准备通过车辆或直升机进行快速部署的分布式移动 BS，对固定 BS 予以补充[21]。这种更为轻型架构的前提是，移动 BS 可以被分派到事件现场且可以在非常短的时间内建立和操作。这将对移动 BS 的密度和布置以及用于将移动 BS 与固定基础设施操作进行链接和集成的技术，提出了更高的要求（例如，可快速设置的无线回程解决方案、用于自动配置 BS 设置的自组织功能等）。本章参考文献［21］就上述问题给出了相应的分析，表明采用部分基于移动 BS 的架构可能会减少超过 75% 的需要应对同样业务需求所需的固定 BS 的数量。此外，美国的 FirstNet 也对从传统基于蜂窝的解决方案到更加依赖于移动部署的解决方案等一系列的方案进行了分析[22]。考虑使用 35 000、24 000 和 14 000 个网站的三种蜂窝设计，其中后者是一种混合设计，网络构成单薄，并且更多地依赖于便携式系统，这种形式的设计可以让 PPDR 人员在应对那些发生在没有必要设置固定站点区域的事件时，可以自带网络前去处置事件。目前，美国正在对完全基于可部署的公共安全 LTE 网络的解决方案进行试验。

还有一种比较有吸引力的方法是，使用扩展小区覆盖范围的解决方案，也称为大小区模式（Boomer Cell），以减少专用 PPDR 移动宽带网络的持久覆盖时间[24]。传统观点认为，PPDR LTE 在大城市、普通城市，甚至在一些郊区中，都可以具有一定的经济意义，其中容量需求证明了很多站点的部署需要彼此相对靠近，因为其覆盖范围通常最大仅能从站点向外延伸约 4 ~ 5km。但是，对于乡村的情况来说，人们更关注的是经济方面的因素。为此，在乡村和偏远地区使用具有更大小区覆盖半径的小区，在专用 PPDR 网络的设计中是一项相当重要的考虑因素。

扩展小区范围或大小区模式在各种用于提供广域覆盖的蜂窝技术中，已经使用了很多年。自 2014 年以来，美国公共安全通信研究（Public Safety Communications Research，PSCR）机构就已经对能够将 LTE 小区半径扩展到数十千米的大小区模式进行了测试和评估[25]。具体来说，首次试验考虑将 LTE eNB 的天线部署在 85m 的高度处，将 eNB 的发射功率设置为 40W，该功率值属于典型的宏小区发射功率。通过使用 PRACH 前导码[⊖]格式 1，将小区范围最大扩展到 77km（48 英里）。在终端侧，对具有 200mW（23dBm）发射功率（即与商用蜂窝移动电话相同）和两个外部天线的 LTE 车载调制解调器进行了测试，其中在两个外部天线中，一个是具有 3dB 增益的全向车顶天线，供移动实际使用；另一个是具有 16dB 增益的定向天线，实际应用于固定情况。对于车顶天线，其展示的覆盖范围可达约 40km。对于定向天线，在距离天线 77km 处仍可进行数据传输，并且实现的数据传输速率可以达到几 Mbit/s。计划在 2015 年开展相关的试验，即考虑将 eNB 天线部署在 280m 的高度，并且采用 PRACH 前导码格式 3，此次试验的目标是将覆盖范围扩展到 100km。除了增加覆盖范围，提高天线高度也可以改善固定位置站点的性能。这将特别有利于上行链路，因为其通常是链路预算中的限制因素。已经被 3GPP 分配了波段 14 的高功率设备，尤其适用于这种情况。

PPDR 通信的另一个巨大挑战是在大型结构建筑物（例如，办公楼、公寓楼、仓库、停车场、隧道和地下室等）中提供建筑物内的通信覆盖，这可能会严重影响网络站点的布局和密度。在这些情况下，分布式天线系统（Distributed Antenna System，DAS）和信号增强器，通常被用于

⊖ 3GPP 在 TS 36.211 中规定了四种 FDD 随机接入前导码格式，可以在大小区中允许不同的最大往返传播延迟。具体来说，格式 0 允许最多 14km，格式 1 最多 77km，格式 2 最多 29km，以及格式 3 最多可达 100km。

增强商业移动通信中的信号覆盖。在一些关键位置，部署此类解决方案可以改善室内信号的覆盖效果，并最终减少户外宏小区的部署数量。通过颁布强制规定进行相应的监管，是促进此类方案实现的关键因素。例如，在新建建筑物内装配用于公共安全的室内 DAS 的相关监管规定。实际上，为蜂窝移动用户安装室内系统以提供良好的通信连接，对于当今环境中建筑物的拥有者来说，几乎已经成为一种必备的标准配置。由于向市场所需的蜂窝移动网络中增加面向公共安全的且支持具有较低成本的，以及目前 700/800 MHz DAS 具有较好的技术成熟度，使得这一方案得到了业界极大的关注并成为一种极具吸引力的应用方法[26,27]。但是，在采用该方法的过程中，还应特别注意有关 PPDR DAS 的具体要求（例如，UPS 要求、关键区域内覆盖比例、组件封装要求、认证和定期测试等）。与运营商级 DAS 相比，PPDR DAS 的要求要更为严格，从而有可能会阻碍在这两个领域中采用共同的解决方案[28,29]。

最后且同样重要的是，采用小型蜂窝移动小区（Cell）预计将会对下一代移动宽带 PPDR 网络的架构产生巨大的影响[30]。随着移动运营商推出小型小区（Cell）来扩大 LTE 的覆盖范围，该技术很可能会扩展到任务关键型的宽带网络中。"小型小区（Small Cell）"是对运营商控制的低功率无线接入节点的总称，包括那些在授权频段和非授权频段中工作的电信级 Wi－Fi。小型小区的覆盖范围通常介于 10m 到数百米之间[31]。小型小区的类别包括飞蜂窝小区（femtocell）、皮蜂窝小区（picocell）和微蜂窝小区（microcell），小区大小从飞小区（最小）到微小区（最大）大体呈增加趋势。这些小型小区，以及主要的宏蜂窝铁塔和屋顶天线，共同组成了所谓的异构网络（Heterogeneous Network，HetNet）。在关键位置（如警察局、消防局和主要的政府建筑物）安装小型小区，将为公共安全提供一种经济有效地增加所需覆盖和容量的机会。此外毫无疑问，小型小区技术的发展，也将有利于本小节前面讨论的移动 BS 解决方案的发展。

5.3.2　超越 PPDR 响应者范围扩大用户群

扩大专用基础设施的用户群（用户基数），可以极大地促进其经济的可持续性。超越 PPDR 响应者范围扩大用户群，将有助于实现更高的规模经济，并且可以让仅为 PPDR 业务提供服务的专用 LTE 网络的剩余容量实现潜在的货币价值。在日常行动的基础上，并不是所有在专用网络上的宽带容量都一定会被使用。因此，利用 LTE 标准支持的优先级特性，可将部分网络容量与非应急响应用户进行共享，用以获取一定的收益，从而为宽带网络的运营和升级提供资金支持。

除了 PPDR 行业，专门用于支持任务关键型通信的专用网络，对于那些需要依赖有效移动通信的特定用户来说，也是一种极具吸引力的商业方案。这些用户可以基于此类网络开展他们的工作，并且他们的日常活动也是保障民众健康、安全和福祉的基础[20]。这些用户包括开展各种关键基础设施业务的公私实体，例如[14,16]：

1）公用事业机构（电力、燃气、自来水等）。如今，公用事业机构使用无线电通信，主要用于管理其分销网络和供应链等看似常规但又具有业务关键性质的需求。维修和监控是典型的任务。然而，当其管理的供应中出现严重中断时，考虑其可能造成经济影响的规模，可将其对无线电通信系统的使用定性为"任务关键型"业务。随着公用事业对传感器、自动交换和自动化计量以及考虑实施的其他智能电网功能依赖的日益加深，对可靠性、低延迟数据连接的要求正在变得越来越重要。公用事业尤其对部署传感器技术特别感兴趣，该技术可以让公用事业基础设施中的故障在暴露给客户之前提醒相关的公用事业部门。公用事业中使用的很多关键技术并不需要很多的带宽，但它们不能受到延迟问题的阻碍，并且必须是可靠的。例如，电力公司日常的远方保护需要服务连续的可靠性达到 99.999%，并且延迟不能高于 5ms。另外，远程站点的视频监控等应用的使用，可能会带来更高的带宽需求。此外，该领域的工作人员正越来越多地配备了嵌入专业应用的便携式数据设备，因此宽带连接的使用在日常工作（例如，车队管理、损伤评估、客户关系、故障映射和诊断等）的很多阶段中，已经成为一种新兴的要求。尽管公用事业机构目前依靠商业 MNO 为其在现场的工作人员提供支持，但是拥有自己的专用通信网络对于大部分的重大业务操作来说仍将是一种最佳的选择，因为部分服务的中断可能会让公用事业机构承担相应的法律责任。专门从事公用事业部门服务的电信服务提供商，已经开始宣布部署专用 LTE 网络，以满足其公用事业和商业客户日益增长的数据需求[32]。

2）交通运输业（公共汽车和电车、火车和地铁、港口和机场）。目前，在交通运输部门中，有很多应用在某种程度上依赖于无线电通信（交通信号、可变信息交通标志、车辆检测系统、访问控制系统、安全摄像头、实时乘客信息等）。虽然大多数属于短距离通信或不需要太多的带宽，但对于像将实时视频传输到监控和评估中心等类似的应用来说，宽带仍是一种基本的必要条件。例如，用于交通流量监视的路边摄像机，对于事故和延迟的早期检测，实施速度限制、车道进入限制等来说是至关重要的。而且，来自公共汽车和火车的实时视频，增强了公共安全和保障，并且确保了对紧急情况的快速有效的处理。此外，获取关于公共汽车和火车位置的最新信息，使乘客能够被告知所需等待的时间，也可以让监管人员在必要时分配额外的运力。在欧洲铁路部门，需要找到一种能够在可接受的演进过渡时间内替代现有 GSM - R 的新通信保障方案。预计在未来的 10 年中，GSM 设备将停止生产，届时现有的 GSM - R 维护成本将随之增长，基于这一考虑，需要寻找一种可替代现有 GSM - R 的新方案。而且到那个时候，铁路部门将更加需要诸如列车控制、线路侧信令等其他日益复杂的应用。在机场和港口部门中，也需要使用快速和可靠的通信，以便处理飞机和船舶的快速周转，并确保各项相关业务操作能够以安全和可靠的方式进行。

3）其他潜在用户，如海关、海岸和边防卫队、军事和准军事以及政府及其行政部门，包括负责维护城市基础设施（例如，雨水收集系统、街道、树木和公园等）的公共作业部门。商业部门、采矿、燃料和石化、制造业以及其他形式的工业部门，需要基于群组的弹性通信，并且所有这些部门都有可能需要利用到宽带服务。

有关公用事业和交通运输部门的相关要求、操作流程、功能和安全需求内容的详细整理，以及对当前在这些部门中使用的无线设备和网络的详细描述，可参阅本章参考文献[16]。

对于这些潜在用户来说，同样需要访问与 PPDR 业务具有相同可靠性的网络，主要原因如下：

1）应急响应中的操作效益。诸如公用事业和交通运输等类似部门的用户能够有效履行其职能的能力，对公共安全方面来说将具有重大的影响。电力的损失是灾难最具破坏性的副作用之一，通常会连锁影响导致正常生活所需其他服务的故障（例如，通信网络即使在没有被灾害本身破坏的情况下，也有可能被电力中断所影响）。当发生重大事故时，必须确定的第一批后勤问题之一就是这些关键基础设施能否正常运行。事实上，在某些情况下，传统的公共安全无助于解决关键基础设施运转恢复问题，只能依靠公用事业部门来解决现场的问题。例如，与燃气泄漏相关联的火灾事件：第一响应者和燃气公司工作人员之间的协调，可能是关闭泄漏并允许消防员完成他们工作的关键[33]。如果电力和燃气可以使用，并且自来水供应也可正常获得，那么对灾难情况的应急处置工作将要比这些关键部分中任意一个无法工作或遭到损坏的情况简单得多。因此，PPDR 和关键基础设施服务之间的紧密协调是必不可少的，并且可以通过使用相同高可靠程度的通信基础设施来促进。

2）商业机会。除了增加用户基数并因此为网络的自我维持带来新的收入之外，这些用户群还可能带来各种可用于 PPDR 网络的有价值的资源。例如，电力公司具有穿过乡村、偏远地区、森林、山区以及其他类似地区的高压电线和铁塔。这种线路还可以承载光纤电缆，并且这样的铁塔还可以用来支持网络站点。同样，铁路通常需要穿越乡村或山区，因此也可以用来提供资源和潜在的用户。

然而，如果下述问题没有得到适当的解决，也可能会阻碍各种关键通信对公共专用基础设施的共享：

1）与商业提供商的竞争。前面列出的关键基础设施实体以及其他类型的用户群，通常也是大多数商业网络运营商的主要企业客户。与 PPDR 行业不同，PPDR 行业主要由政府机构和非营利性公司组成，而诸如公用事业公司则属于营利性企业，并且商业提供商希望将其作为自己的客户。因此，商业服务提供商可能会反对由政府资助的基础设施和资源（专用频谱）被用来参与竞争市场服务。在这方面，确定哪些群体是此类基础设施用户群体的规定，是确保所有相关参与方公平竞争的关键。实际上，政府与商业企业竞争始终是一个有争议的问题，在法律、经济和政治方面具有巨大的潜在影响。

2）在特定部门要求方面具有较低的通用性。例如，不同类型的用户之间在覆盖和功能要求方面存在的差异，可能使利用公共专用基础设施满足所有关键用户需求的方案变得无法使用。举例来说，公用事业部门可能不需要从 LTE 中寻求大多数专用于 PPDR 业务的功能，即使他们的维修人员在团队中工作时。在智能交通应用的情况下，很多只需要具有本地连接的需求（例如，车对道路侧、车辆对接近的车辆），因此对于这些应用来说，蜂窝移动网络基础设施是没有必要的。

3）拥塞时的优先访问。在危机或重大事件发生时，网络运营商可以确保最需要服务的用户不会被过度阻塞。尽管 PPDR 应具有对可用容量优先接入或抢占接入的能力和权利，任何人都无权质疑，但只要与其他用户群（例如，公用事业部门）进行谈判协商时，这些用户都想为自己的少数关键应用争夺优先接入的权利，因此这也成为所有类似谈判协商中双方争议的一个关键点[33]。在日常操作情况下，公用事业部门希望使用尽可能大的剩余通信容量，但是在紧急情况下这种使用将显著减少，此时可以下调时间敏感性不强的应用的占用容量或直接将这类应用关闭。例如，可以关闭自动抄表功能，以便将更多的带宽提供给 PPDR 业务。然而，对于让公用事业部门掌握其系统运转情况的某些应用，则在任何时间都不应该被关闭。如果这不能被确保，公用事业部门将失去投资专用网络的动力。幸运的是，这些最关键应用往往需要相对较少的带宽。

在美国，正在考虑与公用事业和交通运输机构合作建立 FirstNet 宽带网络的可行性[33,34]。实际上，在 2012 年 2 月颁布的创建 FirstNet 的法律中，包括了对第一响应者的含义进行更为广泛定义的内容，为关键基础设施用户敞开了大门。出于说明的目的，假设美国商业运营商（例如，Verizon 和 AT&T）能够将其全国网络的资金成本平摊到 1 亿多的用户上。相比之下，FirstNet 所追求的专用宽带系统，预计要比其商业对应系统更加可靠、覆盖范围也更大，但如果只允许第一响应者接入，粗略估计其用户基数仅可以达到 500 万。

同样，加拿大的公用电信委员会（Utilities Telecom Council，UTC）也要求加拿大工业部对某些公用事业机构，在使用已经被分配用于部署专用网络的 PPDR 频谱的资格和优先权方面，进行重新分类。在加拿大，公共安全等级体系被定义为三类。第一类用户是传统的第一响应者，例如警察、消防和医疗服务。第二类用户包括林业、公共工程、公共交通、有害物质清理、边境保护和"为公共安全做出贡献的其他机构"。第三类用户包括"其他政府机构和某些非政府机构或实体"。目前，水电和燃气公司被分类为第三类用户，因此他们只能在紧急情况下才能获得这种通信容量。根据加拿大 UTC，为了让公用事业机构看到此类网络的价值，应当赋予他们的某些任务关键型应用在日常业务接入此类频谱的权利。

除了扩大为关键通信用户服务的专用网络的用户群之外，还有一些其他更具争议的提议，例如考虑在专用网络上为一些民众的通信提供服务。这些提议之一是所谓的动态频谱套利（Dynamic Spectrum Arbitrage，DSA）概念，由美国私人公司提出，作为一种在任何时间或任何地点对 FirstNet 网络中产生剩余吞吐量的带宽进行实时拍卖的方式[35]。这种方法背后的理由是，FirstNet 系统在日常情况下预计会有大量的剩余可用带宽，因此可以将这些剩余带宽提供给运营商以产生一定的收入，从而将其用来为 FirstNet 今后的部署和运营提供资金。根据 DSA 概念，DSA 提供商为 PSG 宽带网络的建设提供资金，并且有权向运营商销售额外的带宽，但是所有的这些务必遵守一个前提，即第一响应者在紧急响应期间应获得所有的带宽。为此，动态频谱套利分层优先接入（Dynamic Spectrum Arbitrage Tiered Priority Access，DSATPA）引擎已经设计完成（并获得了专利）。该引擎旨在让网络运营商几乎实时地对 FirstNet 系统上未使用的宽带容量进行投标，类似于能源市场中的公用事业公司所采用的方法。通过对网络运营商用户数据库的实时修改、调整配置（例如，用户 QoS 配置文件、对允许无线设备连接的漫游和分组数据网的接入限制），来实现对此类容量的使用。通过这种方式，MNO 的用户可以在网络之间被适当地引导。在剩余容量管理方面的这种灵活性，预计对于那些可以容忍延迟并且可以随时容易开展的业务（例如，软件升级、M2M 业务、海量数据备份等）来说将具有一定的价值。

另一个有争议的提议是使用 PPDR 专用基础设施来支持与民众的紧急通信，特别是用来部署可靠的警报系统[36]。通过这种方式，可授权每个商业设备使用为 PPDR 分配的频段，从而使其具有这种告警能力。根据本章参考文献［36］，一方面，这种方法可以使支持 PPDR 频谱波段的芯片由于规模经济而变得更加便宜；另一方面，可以从使用这种警报功能的消费者和商业用户中收取额外的费用（例如，如果在美国 3 亿商业设备的基数上收取每月 50 美分的费用，则每年可为 FirstNet 网络带来约 20 亿美元收入，从而为网络的维护和可持续性提供足够的资金）。

5.4　商用网络

随着商用宽带网络正成为社会基础设施的重要组成部分，人们逐渐地认识到，这些基础设施无疑将在关键通信提供方案中发挥出重要的作用。然而，在评估商用网络在整体移动宽带 PPDR 通信提供方案中的具体作用时，应充分考虑 PPDR 和商用网络模式之间的重要差异。表 5.3 整理了其中的一些关键差异[16]，这些差异主要是一些基本方面的差异，例如目标、容量和覆盖规划方法、可用性标准、需求中的通信服务类型，以及对用户信息的控制等。

表 5.3　PPDR 网络和商用网络模式的主要差异

项目	商用网络运营商模式	PPDR 网络模式
目标	最大限度地提高收入和利润	保护生命、财产和国家安全
容量	以"忙时"来定义	以"最坏情况"来定义
覆盖范围	人口密度	地域，侧重于国家地域上所有 可能需要保护的地区
可用性	不希望发生中断（收入损失/客户流失）	不能发生中断（生命危险）
通信	一对一	动态的群组，一对多， 现场人员/控制中心
宽带数据业务	互联网访问（主要是下载）	业务主要集中在机构内部 （上传比下载用得多）

（续）

项目	商用网络运营商模式	PPDR 网络模式
用户信息	由运营商拥有	由相关机构拥有
优先性	区分最小，通过不同层次的服务和应用订阅来实现	区分显著，通过角色和事件程度（动态）来实现
验证	运营商控制，只进行设备验证	机构控制，对用户进行验证
首选计费方法	语音业务按每分钟，数据业务按每 GB，短消息按每条来进行计费	按季度或按年订阅计费，使用不限量

注：转自本章参考文献 [16]。

通过商用网络提供的 PPDR 移动宽带服务必须通过特定的合同协议来制定，该合同协议由各个单独的 PPDR 机构或代表一组 PPDR 机构的公共实体与一个或多个 MNO 之间进行签订。在一些国家，还可能有一个国家漫游协议，该协议可以让单独使用特定 MNO 服务的 PPDR 用户，在该特定网络故障或用户离开当前使用网络的覆盖范围时，可以从其他网络中获得服务。

基于商用移动宽带网络的 PPDR 服务提供模式的主要优点之一是，3G 和 4G 数据网络已经部署并无处不在。因此，PPDR 机构可以较早地实现移动宽带解决方案，无需大量的前期投资，即可获得宽带数据服务。虽然这种早期实现可能仅限于数据业务，包括视频传送，但是一旦 3GPP 为关键通信开发的特性（例如，ProSe、群组通信系统引擎）对外发布并被 MNO 部署，PPDR 机构就能获得新的能力。显然，使用商业网络可以获得经济有效的解决方案，因为 PPDR 组织的基础设施资本支出能力有限（主要限于具体的 PPDR SDP），并且这种网络除了持续支持 PPDR 用户之外，还要为更多的商业用户提供服务，因此具有显著的规模经济。毫无疑问，服务被视为非关键业务的应用（例如，管理应用）始终可以通过商用基础设施进行处理。

不足的是，与专用 PPDR 网络相比，这种模式的主要缺点之一是，PPDR 机构对网络的覆盖区域和性能的控制能力较弱（例如，低人口密度区域的覆盖、网络干扰情况下公共运营商的响应时间、PPDR 用户的优先性、安全性，以及对用户配置信息的控制等方面，PPDR 都难以根据自己的需求直接进行控制）。需要注意的是，应当特别考虑商业网络中通常存在的可用性标准较低的问题。对于这方面，事实上在紧急情况下，公共移动网络更容易出现拥塞，并且在灾难、断电以及其他事件发生时，甚至会出现网络中断等重大问题。相反，如今已经建立的很多窄带 PPDR 网络，可以提供的服务可用性接近 99.999%，这意味着每年不到 5 分钟的停机时间[4]。在当前的 PPDR 网络中，采用了各种系统设计网元来实现这一性能标准，包括冗余无线电 BS、使用自愈合回程传输网络、备用电源供应以及故障时自动转移到冗余关键组件等。显然，这种服务可用性水平的实现将直接导致网络成本的增加，因此商用网络运营商很可能认为其不具有经济方面的可行性。出于对危机期间拥塞可能导致网络故障情况的担忧，紧急事件应对者一般不会考虑依靠商用网络满足他们的通信需求。同样，这通常也被看作是最令人信服的理由[16]。由欧盟网络与信息安全署（European Union Agency for Network and Information Security，ENISA）发布的 2013 年主要通信网络中断年度报告指出，"过载是影响大多数用户连接问题的原因，平均每个事件中的连接高达 900 万次以上"。即使假如商用网络没有出现故障，除非 PPDR 用户可以通过协商获得保证的网络容量，否则在网络需求高峰期间，仍然存在接入受限或无法接入的危险。经验表明，在重大事件发生期间，也是关键通信用户最需要服务的时候，通常会出现这样的峰值使用情况[14]。

这些缺点在一定程度上取决于 PPDR 实体和 MNO 之间建立合同的性质。这一观点导致了两种主要类型方案的定义，用于向 PPDR 用户提供移动宽带服务：

1）常规合同，与其他公司和企业用户建立的合同类似。在这种情况下，PPDR 用户获得与一般公众相同的服务。对服务提供和服务优先级没有特殊的要求，除了已经商定的国内漫游。政府或 PPDR 机构（每月）需要为移动宽带服务支付商定的费用。目前，很多 PPDR 机构正在使用这一方案，这些机构在智能手机/平板电脑/笔记本电脑中使用移动数据通信进行常规和主要的管理任务。不过，人们并不将此看作是任务关键型活动的可选方案。

2）特殊的 PPDR 合同，涵盖了提供 PPDR 服务的特殊要求。这些特殊要求通过特定的 SLA 进行协商和正式实施，包括在关键事件中使用优先访问的条件、网络中断的响应时间、覆盖目标和延迟目标等[14]。除了支付服务的经常性费用外，还可能有特定的公共自主计划，用来应对 MNO 为履行特殊 PPDR 合同而产生的（部分）额外费用。

对于特殊的 PPDR 合同来说，用于提高快速恢复能力的补充内容和灾难恢复计划，很可能是产生最关键的额外成本的原因之一。在这方面，可将政府为提高快速恢复能力支付一定的费用作为一种方案，尽管这被归类为国家援助，只要可以将其转变成 MNO 的竞争优势即可。另一个关键的额外成本与覆盖扩大要求相关，包括对特定区域的扩大覆盖，例如隧道或地下设施。这可以通过公共资金或 MNO 在实现大面积地理覆盖、数据传输速度和建筑渗透方面的覆盖建设义务来实现。

即使需要考虑实现快速恢复能力和扩大覆盖范围所需增加的成本，但是从最近关于"使用商用移动网络和设备提供任务关键型高速宽带通信"的一项研究[16]中可以发现，基于商用 LTE 运营的 PPDR 通信提供模式在单一财务条款方面，仍然是最经济的方案。不过，这一研究还指出，该方案的主要问题不是建立一个具有快速恢复能力的网络所要面对的技术挑战，而是监管、法律与合同方面的问题。

在这方面，下一小节将就 PPDR 用户和 MNO 在基于商用网络提供任务关键型通信的组织和合同方面所需考虑的一些问题进行介绍。之后，研究[16]中与实际情况和监管相呼应的一些重要的结论，将有助于消除使用商业移动宽带网络提供任务关键型业务的障碍。在最后一个小节中，将对一些商业网络中支持且被当前 PPDR 用户在优先访问语音通信服务中使用的现有优先级系统的运行和状态进行介绍。

5.4.1　组织和合同方面

成立一个专门的中央公共实体作为与 MNO 的签约机构，而不是让各个单独的 PPDR 机构同 MNO 进行订约，通过将需求集中在一个或多个合同并与 MNO 保持长期服务采购的方式，有助于无法利用整个 PPDR 部门的购买力。

基于此目的成立的实体可以发挥这一中心作用。该实体可以是英国提供 ECS 的合同结构中所设想的一种"交付伙伴"或"项目经理"（如第 3 章所述）。另一种方法是建立一个 MVNO，作为负责提供移动宽带 PPDR 服务的实体，对一些网络和服务方面进行管理，并且负责同 MNO 和系统集成商的合作。例如，比利时的网络运营商 ASTRID 面向数据通信的蓝光移动 MVNO 业务（有关 ASTRID 的更多细节，请参阅第 3 章。此外，有关 MVNO 模式对 PPDR 通信适用性方面的详细描述，将在 5.5.2 节中进行介绍）。

同多个 MNO 签定合同也会带来一些优势。最明显的是能够增加可用性的水平，因为所有的网络不可能同时出现故障。此外，在多个 MNO 上漫游的能力还可以让 PPDR 用户在任何情况下都能够通过最适合的网络获取连接。因此，PPDR 终端将可以连接到多个服务提供商中最近的 BS 上，从而利用 BS 站点和频率的多样性（多频段和多运营商站点多样性）。该能力有望为 PPDR 用户带来更好的频谱效率和更高的数据传输速率。此外，涉及多个 MNO 还可以基于多个运营商有选择性地强化站点，从而确保每个位置获得所需的网络覆盖。这可以显著降低强化的成本，因为只有部分 MNO 的站点需要进行强化处理。这种方法还可通过向所有 MNO 提供同等的有利条件来满足国家的援助规定。

当将商用网络用于任务关键型业务时，政府应该在合同中为运营商制定具体的法律要求。这些合同可以包括政府在难以应对时的措施、最低可用性的 SLA、合同转让限制、对不可抗力赔偿限制等一切相关的条款。虽然这些条件对于确保适当的服务保障至关重要，但是仍然存在这样的风险，即严格的 SLA 要求（例如，非常高的可用性水平、对由于服务中断造成损害责任相关的 SLA 违约的处罚）可能降低移动运营商向任务关键型部门，特别是 PPDR 部门提供此类专业服务的积极性。本章参考文献［15］提供了与政府机构为运营商制定各种法律要求相关的一些例子，表 5.4 摘取了其中的一部分。因此，制定适当的合同和/或经济措施的能力，对于 PPDR 行业和 MNO 来说，都是至关重要的。不管怎样，与政府控制的网络相比，合同并不总是 100% 可靠的（例如，在极端的情况下，运营商企业可能破产或被出售）。

表 5.4　政府部门通过合同为运营商规定的法律要求示例

要求程度	政府部门在 PPDR 服务合同中对 MNO 规定的法律要求
最严格	1）母公司担保（Parent Company Guarantee, PCG）/履约保证金（Performance Bond, PB）：PCG——如果供应商没有履约，则供应商的母公司愿意履行相关义务。PB——供应商通常向政府客户提供合同金额的 5% ~ 10% 的履约保证金。如果供应商不能履行合同义务（即使无法履约的财务成本比保证金少），则政府客户可以扣掉该保证金。这两种方法都属于政府客户合同的标准内容 2）知识产权：政府客户拥有供应商开发项目的相关知识产权。通常，这属于客户不可能用来协商的要求。该内容属于标准内容 3）责任：政府客户的合同可以明确排除对间接损害的免责条款，并且总的责任限额可以超过合同金额。对违反保密规定造成的损失不设上限。在一些国家中，轻微违约将导致 5 亿欧元的罚款，甚至在一些情况下，对违约金额不设上限。很多司法管辖区域内的政府部门将其作为合同内的标准条款 4）公开财务明细：政府客户可以查看供应商的财务记录，以便核查供应商在履行合同过程中其履约成本的变化情况。如果成本降低，供应商和政府客户将分割"利润"。有时，这种分割率可以达到 1:1，不过政府客户获得大部分此类利润的情况并不常见。该条款在目前的此类合同中，正逐渐变得越来越常见 5）最受优惠的客户：必须为政府客户提供最优惠的价格。供应商不能以低于政府支付的价格向其他客户销售相同（或相似）的产品和服务。该条款存在合理性且在政府客户的合同中比较常见，但不属于标准条款
适中	1）介入：在某些情况下，政府客户有权接管合同的履行。例如，供应商遭遇破产事件（例如，破产、与债权人签署特定协议等），或者严重违反合同的情况。在介入期间，供应商不得被支付任何款项，并且还必须承担政府客户与介入相关的额外成本。政府客户可以将合同业务交回给供应商，也可以终止合同。目前在此类合同中，此类条款正变得越来越常见 2）终止：政府客户有权终止合同，通常包括为方便而终止。而供应商只能在非常有限的情况下才有权终止合同（例如，买方长期未支付无争议的费用）。该条款属于标准条款 3）控制权转移：供应商控制权的转移应当得到政府客户的批准，客户通常拥有绝对决定权来决定是否同意其转移控制权。在某些情况下，控制权的转移被完全禁止。该条款属于标准条款 4）资金实力：供应商需要持续展示其资金实力。如果供应商的资金实力减弱，则政府客户可以终止合同。此项条款在相应合同内容中正变得越来越常见 5）执行控制：这在政府合同中通常非常严格——政府客户通常会参与合同的执行过程，例如参与测试和验收过程。根据经验，政府客户对项目内容的批准和接受速度要比商业客户慢得多，以至于导向供应商支付款项的延迟。此项内容在此类合同中属于标准条款 6）违约金/业务赔偿金（Liquidated Damages/Service Credits, LD/SC）：尽管不同合同的具体情况不同，但根据经验，LD/SC 制度对于政府合同来说往往更加麻烦并且政府不希望使用到这种制度，因为政府不允许或无法承担项目的失败或延误，或者相关合同业务受到损害。还请参阅有关不可抗力事件的条款。此项内容属于标准条款 7）不可抗力：与商业合同相比，政府客户合同中对不可抗力事件的定义往往更加狭窄，这是出于对此类合同目的的考虑（即公共安全）。如果援引该事件的一方在合同签署时本应当对这一事件进行合理考虑但没有这么做，那么这种情形将不会被视为不可抗力事件。此项内容在政府客户合同中属于标准条款 8）出口管制：美国公司有责任确保其产品不被出口到禁止的国家。这一责任延伸到公司客户的进一步销售活动中，也就是说，购买美国公司产品或服务的客户，在进行该产品或服务的进一步销售过程中，也同样受到这一责任的约束。不过，政府客户不会接受其他政府对相关产品或服务所施加的这种限制。因此，标准的出口管制条款通常会被排除在政府客户的合同之外。此项内容属于标准条款 9）源代码托管：供应商必须把系统源代码托管到第三方机构，相关费用由供应商支付。源代码可以在特定事件（如供应商破产、供应商违约等）下向政府客户发布。此项内容属于标准条款

（续）

要求程度	政府部门在 PPDR 服务合同中对 MNO 规定的法律要求
宽松	1）转包：通常在没有政府事先同意的前提下，供应商不得转让合同，这可由客户自行决定。属于标准条款 2）安全审查：政府客户可以要求某些供应商的员工（例如，有访问某些政府客户网站权限的人员）接受国家安全审查。属于标准条款 3）数据：政府客户合同下的数据记录和保留，应遵守特定的数据保护法规，这是相当繁重的工作。此项条款正变得越来越常见 4）持续改进：供应商必须随着时间的推移持续改进系统的操作和运行，并且不向政府客户收取额外的费用。该条款存在合理性且在此类合同中比较常见，但不属于标准条款 5）纳税：供应商应履行定期缴纳税款的合同义务，否则将等同于供应商违约。该内容属于标准条款 6）保密性：政府客户通常不愿意使用标准的保密条款，而更愿意使用他们自己制定的保密条款。该内容属于标准条款

注：转自本章参考文献 [15]。

5.4.2　商用网络对提供任务关键型 PPDR 服务的准备

虽然公共移动网络尚未被设计用于提供关键通信用户所需的弹性和高级语音功能，但是 MNO 仍然需要考虑这样的问题，即相比于他们的消费者客户群业务，他们能否从对利基市场的投入中收回这些额外的投资。在公共预算的压力日益增大和引入新一代更高效的移动宽带技术的背景下，欧洲研究项目 HELP[37] 考虑通过利用网络和频谱共享的理念，加强商用无线基础设施在提供 PPDR 通信中的作用和承诺（有关 HELP 项目中制定的 PPDR 通信框架的更多细节，将在 5.6.7 节中进行介绍）。最近，欧洲委员会要求对使用商用网络实现任务关键型目的的成本和收益进行独立深入的研究[16]。该研究探讨了三个部门（PPDR、公用事业和交通运输）中的通信需求和方案，并对五种网络部署方案的成本进行了分析。在这些分析的方案（在表 5.2 中列出）中，使用商用 LTE 网络是在经济价值方面最具吸引力的方案。该研究结论认为，商业移动宽带网络可以用于任务关键型目的，但必须满足以下五个条件：

1）商业移动网络运营商的行为必须限于提供任务关键型用户所需的服务，同时防止使用"锁定效应"技术对移动网络运营商的市场力量和社会责任进行不公平的利用。这些变化不仅包括更强的网络弹性承诺，而且还包括对价格上涨和合同条件修订的限制、所有权连续性的保证，以及对确保任务关键型业务优先的 QoS 保证等其他方面条款的接受。与保持长期关系同样重要的是，任务关键型业务需要感知并了解 MNO 的行为和性能。为此，需要引入 SLA 之外的商业合同措施，并且关于商业 MNO 业务的新规定必须由国家监管机构来执行。

2）商用网络从无线接入网（Radio Access Network，RAN）到核心网的各个部分都要进行"强化"和改进，使其能够提供超过 99% 的可用性水平——目标是实现"5 个 9"，即 99.999%。必须能够根据需要将地理覆盖范围扩大到能够满足任务关键型业务的目的，并在商定的地点改善室内信号穿透能力。

3）所有的这些网络强化和覆盖范围扩大，以及必要的任务关键型功能和弹性能力增强的实现，都必须以合理的成本来完成。选择扩展和强化商用网络来实现任务关键型业务，不应该比为此目的建立专用的国家 LTE 网络所花费的费用成本更多。

4）强化的 LTE 网络必须能够提供前面提到的三个部门所需的不同类型的服务。每个部门使用宽带的方式不同。也就是说，不仅可用于 PPDR 中的流式视频、图像业务和数据库访问，还可用于公用事业和交通运输部门中具有极低延时要求的遥测和实时控制。

5）改变一些国家更愿意使用国家控制的网络来提供 PPDR 相关应用的观念。这不仅仅是一个法律、监管或经济方面的问题。一些国家有将国家控制作为其文化、传统和政治的一部分的历史，更不用说投资具有长回收周期的当前技术。因此，一些国家可能希望在中短期内继续使用专用网络，即使它们的成本更高（例如，德国、意大利和法国 PPDR 业务的网络）。

Forge 等指出了一个使用商用网络的关键障碍[16]，即商用网络使用的是当前 MNO 的大众市场商业模式，需要进行适当的修改，才可以为具有特殊需求的优先客户提供适当的服务水平。在这方面，该研究结论认为，可能需要特定的监管措施来让三个部门（尤其是那些对服务连续性具有监管责任的部门，例如公用事业部门）消除疑虑，并确保 MNO 的性能水平能够保持数十年。有必要通过这些措施来获得用户的信任，使用户相信 MNO 的商业行为永远不会影响到任务关键型业务。具体来说，建立这种信任的措施包括以下几个方面：

1）始终准备尽快地升级到高标准的可靠性和纠正服务故障，并且保证这一承诺几十年内不会出现任何折扣。

2）接受对任务关键型客户的长期（15~30 年）的合同承诺，条件稳定并达成一致。

3）提供对任务关键型业务的优先访问，尤其是在紧急情况导致网络过载风险出现时。

4）提供地理覆盖以满足任务关键型用户的需求。

5）愿意与其他 MNO 和 MVNO 合作。例如，将任务关键型呼叫切换到另一个具有更好本地信号的运营商处。

6）遵守任务关键型服务合同的精神和内容，而不会随意更改技术特性、收费标准和服务条件。

7）始终准备向国家监管部门（National Regulatory Authoritie，NRA）和政府客户完全开放账务记录并提供基于成本的收费标准定价分析。

8）愿意提供新的计费方式和计量程序。

9）取消欧盟（European Union，EU）区过高的国际漫游费用，并避免对以前商定的服务进行"突然收费"。

在这方面，提出了以下一些措施，为 NRA 赋予了新的权利来代表任务关键型业务处理各种情况[16]：

1）MNO 应当被授权支持任务关键型业务。有两种方式，一种是作为 MNO 或 MVNO 来运营，被授权者必须同意提供任务关键型业务。这可能需要扩大网络的地理覆盖范围，加以强化以满足任务关键型业务所需的最小可用性和弹性标准，并为任务关键型业务指派一个总体的项目管理者。实际上，这是运营公共移动服务的一组附加的授权条件。另一种是，任何购买或行使移动频谱授权的机构，只要授权有效，就有义务支持任务关键型业务。需要注意的是，以提供任务关键型业务为条件的频谱授权，给 NRA 提供了将频谱重新分配给新运营商的权利，如果原来的运营商不能执行这一条件。这种机制通过频谱重新分配的方法为 NRA 提供了有效控制频谱的手段和方法，使得频谱资源不会流失和浪费。第一种方式从新的授权许可开始；第二种方式从现有授权许可的转让开始。这不是一种普遍服务义务，而是一种特定服务义务，它可以延长 MNO/MVNO 的长期责任。从积极的一面来看，它将带来一种新的收入来源，随着政府对网络弹性建设的投资，这将使网络的所有用户受益。

2）NRA 应有权制定条例，支持和执行 MNO 与任务关键型用户签订的长期合同条款。

3）当情况合理时（包括在需要时 MNO 之间的呼叫切换），应当授权 NRA 对提供任务关键型通信的商用移动网络服务给予优先接入。这可能需要修改现有的准则、法规或规章。

4）NRA 应支持政府通过 MNO 运营的真实成本，来设定任务关键型业务的收费标准。这可能需要法务会计对 MNO 声明成本的基数进行统计。

5.4.3 当前商用网络对优先服务的支持

用户优先的能力是在商用网络上提供任务关键型通信的各种模式中的关键组成部分。优先级还需要在紧急情况下具有抢占或降级其他用户或服务的能力。

虽然优先级能力是 LTE 标准的一部分（有关详细描述请参阅第 4 章），但迄今为止人们还没有在实际环境中对它们进行大规模的测试。在 FirstNet 在美国建立专用网络的背景下，测试活动正由美国国土安全部和 NTIA/FirstNet 联合主导的 PSCR 项目负责，该项目旨在推进公共安全通信互操作性。目标是在第一响应者在真实的情况下使用 QoS、优先级和抢占特性之前，验证它们能否正常地运行[38]。这可以为网络设备和 UE 供应商提供一种机会，来对这些特性进行调试并验证来自各个供应商的设备能否正常实现互操作。早期报告[39]表明，PSCR 项目测试已经验证了一些基本的特性，例如承载的优先级抢占、ARP 和 QCI 配置、准入控制和分组调度。此外，在多媒体优先级服务（Multimedia Priority Service，MPS）、RRC 建立原因支持和 SIP 优先级等高级特性方面，仍然需要进一步的开发和测试。虽然 PSCR 的工作主要集中在专用 LTE 网络的优先级和抢占能力的支持上，但是 LTE 特性的测试也同样适用于商用网络。除了验证技术能力之外，在 LTE 商用网络中部署优先级和抢占能力，需要明确的建立和验证策略，以确保此类行动不会产生不良的非预期后果。在商用网络中抢占功能适用性方面经常引用的一个例子是，在医疗人员正与为心脏骤停治疗提供建议的专业人员进行"普通"呼叫的情况下，碰巧在这一地区具有更高优先级的 PPDR 业务突然增加，对于这种情况如何进行处理。

到目前为止，在一些国家，用于优先访问商业移动网络的方案仅被用在语音通信中。目前的情况是，虽然 ITU – T 等国际组织已经制定了在紧急情况下、救灾和减灾行动中促进公共电信服务使用的建议（例如，ITU – T Rec. E. 106[40]），但目前仍没有一个全球性的优先级系统提供给客户使用。

美国一直是这种类型系统开发的先驱，率先在有线网络中实现语音呼叫的优先级，称为政府应急电信服务（Government Emergency Telecommunications Service，GETS）[41]，然后将其扩展到商业移动网络，称为无线优先服务（Wireless Priority Service，WPS）[42]。该系统可以为订阅了 WPS 的电话在拨打特定前缀之后，提供优先呼叫的服务。加拿大和澳大利亚也实现了基于美国 WPS 的系统[43]。

在欧盟，只有英国拥有优先级系统，称为移动电信优先接入计划（Mobile Telecommunication Privileged Access Scheme，MTPAS），它取代了旧的接入过载控制（Access Overload Control，AC-COLC）系统[44]。根据警察部门事件指挥人员的请求，MTPAS 将限制对已宣布进入紧急情况的地区内站点的访问。反过来，瑞典正在制定实现优先服务的标准，但目前缺乏相应的系统[45]。

在简要讨论了商用网络中语音业务优先级的技术基础之后，接下来的各个小节将介绍公共移动电话网络中用于优先服务的两个代表性举措（即在美国使用的 WPS 和在英国使用的 MT-PAS）的范围和能力。在商用网络上与提供优先服务相关的其他举措的信息可参阅本章参考文献[46]。最近，有关启用优先级和授权用户抢占方面的一些专利空白已经被填补[47]。

5.4.3.1 技术基础：优先服务

优先服务[48]最先在 3GPP 第 6 版规范中引入，并且适用于通过 GERAN 和 UTRAN 提供的语音呼叫。优先服务的用户被分配在 11 ~ 15 的接入等级中，以接受对网络的优先接入。除了由接入控制机制提供的接入尝试优先级之外，优先服务呼叫还接受端到端的优先处理，包括优先接入业务信道、优先呼叫进展和呼叫接通。优先服务在每个呼叫的基础上使用特定的拨号流程进行激活：用户在目的地号码之后拨打特定的服务码（Service Code，SC）。需要注意的是，3GPP 系统支持的优先服务是从移动台到移动网络、移动台到固定网络和固定台到移动网络中，提供高优先级性质呼叫能力中的一个要素。因此，为了有效地提供"端到端"的解决方案，所有的优先服务提供商（移动网络、转接网络、固定网络）都应遵守统一的全国性接入流程操作。

3GPP 技术报告 TR 22.950 [48] 制定了优先服务的高级要求，TR 22.952 [49] 提供了一个"指南"，描述了现有的 3GPP 规范如何对这些要求提供支持。实际上，通过依赖于已经在 GSM 第 98 版中制定并且在 GSM/UMTS 第 6 版中改进的增强型多优先级及抢占（Enhanced Multi – Level Precedence and Pre – emption，eMLPP）服务，来支持优先服务并与优先服务的要求相兼容。有关 eMLPP 服务的内容在本章参考文献 [50–52] 中规定。

eMLPP 服务可作为网络运营商用于被订阅的所有基本服务的方案提供给用户，并且 eMLPP 服务适用于这些服务。eMLPP 服务支持两种能力：优先和抢占。优先包括为呼叫分配优先级。eMLPP 最多支持 7 个优先级，如本章参考文献 [50] 所述。最高级别（A）被保留用于网络内部使用。第二高级别（B）可以用于网络内部使用，或者作为可选项，可根据地区要求提供给用户进行订制申请。这两个级别（A 和 B）可以仅在本地使用，即在一个移动交换中心（Mobile Switching Centre，MSC）域内使用。其他 5 个优先等级（0~4）用于订阅，并且可以全局应用。例如，在交换机之间的中继上，如果所有相关网元支持，还可用于与提供 MLPP 服务的 ISDN 网络互通。在应用它们的 MSC 区域之外，级别 A 和 B 应当被映射到级别 0，用于优先处理。对于 7 个优先等级中的每一个，网络运营商都可以对其域内控制优先处理的参数进行管理。该处理包括选择目标呼叫建立时间和是否允许每个优先等级的抢占。本章参考文献 [50] 给出了一个 eMLPP 配置的示例。3GPP 规范没有定义具体的机制，用来实现由服务提供商定义的目标建立时间。运营商可以选择是否使用抢占特性。在未提供抢占特性的情况下，优先等级可以与用于呼叫建立的排队优先级相关联。

给定呼叫的 eMLPP 优先等级取决于主叫用户。在订阅时设置每个用户的最大优先等级。用户在呼叫建立时需要使用的最大优先等级信息被存储在归属用户服务器（Home Subscriber Server，HSS）内。在 UE 侧，SIM/通用用户识别模块（Universal Subscriber Identity Module，USIM）也存储了 eMLPP 订阅等级和相关数据（例如，快速呼叫建立条件）。用户可以在每个呼叫的基础上选择优先级等级（达到并包括他们被授权的最大优先等级）。在 eMLPP 订阅包括的优先等级高于 4 的情况下，可以通过 UE 处的人机接口（Man – Machine Interface，MMI）来选择优先等级。对于移动呼叫来说，优先等级基于呼叫方的优先级建立，并且将其应用在终止端（假设呼叫的优先级是通过发起和终止网络之间的信令进行传递的）。需要与 ISDN MLPP 互通，如果相关网络支持 eMLPP，则 eMLPP 服务也适用于漫游场景。

eMLPP 还支持自动应答或被叫方抢占功能。因此，如果被叫移动用户话务正忙且自动应答适用于具有足够优先等级的呼叫，则现有呼叫可以被释放（如果抢占适用）或者可以被置于呼叫保持以便接受更高优先级的呼入。

有了上述定义的机制，但是目前正在进行的 3GPP 版本规范中，并没有进一步地制定 eMLPP 服务。

5.4.3.2　WPS

WPS[42] 是一种改善商用无线网络上有限数量的授权国家安全和应急准备（National Security and Emergency Preparedness，NS/EP）蜂窝移动电话用户连接能力的一种方法。WPS 由美国 FCC 授权。在商用网络拥塞的情况下，使用 WPS 的紧急呼叫将排队等待下一个可用的信道。WPS 不能抢占正在进行的呼叫或拒绝一般公众对无线电频谱的使用。WPS 可用于联邦、州、地方和部落各级政府以及重要的专业部门（例如，金融、电信、能源、交通运输等）中具有领导责任的关键 NS/EP 人员。这些用户包含了从总统办公厅的高级官员到地方一级的应急管理人员、消防和警察局长，以及有线和无线运营商、银行、核设施和其他重要的国家基础设施的关键技术人员。

在商业 3GPP 网络中实现 WPS 需要基于上一小节中介绍的优先服务。实际上，WPS 使用了 5 个优先等级，并且通过拨打 *SC + 目的地号码（其中，SC 为 "272"），来调用优先服务呼叫。在美国网络中，除了分配 0 ~ 9 范围内的接入等级之外，可为 WPS 用户分配 12 ~ 14 范围内的一个或多个接入等级，以接受对网络的优先接入。WPS 不需要抢占能力。有关美国网络中实现 WPS 的其他细节可参阅本章参考文献 [49]。WPS 系统可以在任意给定时间对用于优先呼叫的语音信道的数量设置限制（如每个小区站点上语音信道数量的 25%[53]）。这可以确保商业用户不会完全失去对网络的接入。

5.4.3.3 MTPAS

MTPAS[44]是英国在 2009 年 9 月推出的一项服务，旨在通过移动电话中安装的特殊 SIM 卡，提供对移动网络的优先接入。

该服务仅适用于有权在其员工移动电话中获得优先接入 SIM 卡的某些类别的紧急事件应对者。对 SIM 卡中优先接入能力的激活，不一定需要更换或获取 SIM 卡。移动运营商可以使用 SIM 空中下载（Over – The – Air，OTA）技术远程改变 SIM 卡的接入能力（从常规公共接入能力转换到优先接入能力，反之亦然）。

在紧急情况下，MTPAS 可根据需要激活。因此，通过商定协议，负责对重大事件进行响应的"金"级警察指挥人员，将向所有 MNO 通知已经宣布的重大事件。在这种情况下，如果网络变得拥塞，安装有优先接入 SIM 卡的移动电话将比其他客户具有更高的可能性连接到网络。

MTPAS 取代了 ACCOLC，前者是用于管理移动优先接入的方案。在旧方案下发行的 SIM 卡可以在 MTPAS 下继续工作。

5.5 混合解决方案

混合解决方案是对基于不同程度的专用和商业移动宽带网络基础设施组合的那些 PPDR 服务提供方案的总称，是对前面几节介绍的方法、折中和平衡。在某些情况下，混合解决方案可以被视为中期实施的临时解决方案，可以为顺利过渡到理想的长期解决方案铺平道路。例如，可以暂时利用商用网络，直到专用网络成熟可用。在其他情况下，从经济有效的角度来看，混合解决方案可以被视为最有价值的方案，即使将其用作长期方案。

混合解决方案可以围绕以下一个或一组方法进行制定。

1）通过商用网络支持 PPDR 用户的国内漫游。当一个国家的某些地区（例如，在人口最密集的地区或最重要的道路上）建立了专用 PPDR 移动宽带网络，同时在该国家的其他地区依靠一个或多个商用 MNO 来提供宽带服务时，可以实现这种模式。因此，专用网络的 PPDR 运营商需要与国家的商业运营商建立漫游协议，以便接入他们的网络，从而对专用网络的覆盖范围和通信容量进行补充。

2）部署 PPDR MVNO。在这种模式中，将设立一个 PPDR MVNO 作为全局的提供商，从而为多个 PPDR 机构提供 PPDR 通信服务，避免每个单独的 PPDR 组织与商业 MNO 建立特定的协议。PPDR MVNO 没有自己的 RAN，而是只依赖于 MNO 部署的 RAN。这种集中式的方法有助于为 PPDR 用户建立专用的核心和服务基础设施，使 PPDR MVNO 代替 MNO 对 PPDR 用户的关键功能

（例如，订阅、服务配置和服务产品）进行完全控制。

3）与 MNO 共享 RAN。在这种模式中，通过基础设施共享协议或与 MNO 的合作伙伴关系部署专用的 RAN。这种方法可以极大地减少服务启动所需的初期投资，同时为 PPDR 用户提供基于现有 3G/4G 商用覆盖区域广泛的地理服务可用性。

4）关键和专业网络的网络共享。在这种模式中，可以利用其他公共或私营公司在特定区域或设施中部署的专用通信系统，或将其整合到全局可互操作的 PPDR 通信系统。例如，诸如机场和交通枢纽的关键设施，通常具有适于其具体行业和专业环境的专用通信系统，用于支持其各种日常活动（维护、诊断、安全、危机情况的处置）。这些网络中的优先级管理可以允许在同一网络上共享关键和非关键服务，包括在需要时提供给 PPDR 团队运营。实现此类模式的重要条件是，在所有情况下都可以引入高度安全的网络，包括在用户之间开发的仲裁系统。该方案将使安全力量所需的服务得到绝对的接入保证并确保优先服务的实现，尤其在危机时期，同时通过商业用途找到一种可以实现的经济平衡方式[54]。

以下几个小节将对上述混合解决方案做进一步的介绍。

5.5.1 PPDR 用户国内漫游

漫游被定义为使用来自另一个运营商的移动服务，而不是归属运营提供的服务。最知名的漫游形式是国际漫游，允许用户在国外使用他们的移动设备。不过，国内漫游也很常见。国内漫游关注的是同一国家内的运营商网络。在一些国家，国家监管部门强制实施国内漫游，目的是通过促进新的实体进入市场，促进和刺激竞争。有时，国内漫游在提供商之间自愿实施（作为商业协议的一部分），没有受到国家监管部门的干预或请求。以下是现有不同类型的国内漫游方案[55]。

1）新进入者。这种国内漫游方案旨在激励市场上的新进入者，目的是提高市场竞争力。新进入者可以通过签订国内漫游协议，立即实现完整的地理网络覆盖，无需高昂的初期投入。这种协议通常是临时的。

2）乡村地区覆盖。在这种方案中，提供商通过使用国内漫游协议，将其网络覆盖范围扩展到人口稀少的（乡村）地区。国内漫游方案旨在为较小的运营商提供便利，因为他们可能无法承担对大片人口密度较低地区提供网络覆盖的费用。

3）地区牌照。在具有地区频谱牌照的国家，运营商可以使用国内漫游在其他的地区提供服务。这可以让较小的运营商提供全国性的服务。

4）空中/海上移动服务。一些运营商提供的漫游服务，可以让客户在飞行中或在海上使用到移动服务。例如，使用与卫星通信提供商的漫游协议。

5）紧急漫游。这种漫游协议可以用于快速恢复性目的，为受到中断影响的客户业务提供支持。这种情况已经被 ENISA 作为一种解决方案进行研究，以减少中断，从而提升欧洲通信网络的安全性和弹性，并确保欧洲民众可以在重大网络中断的情况下进行通信[55]。

需要 PPDR 的国内漫游来将 PPDR 服务的覆盖范围扩展到专用网络没有覆盖的区域。利用与多个 MNO 的国内漫游，能够实现更高的通信覆盖和容量，以及改善的快速恢复能力，因为大多数区域往往有多个运营商的 BS 覆盖。

服务网络的选择由 PPDR 网络运营商进行控制。实际上，在当前的商业解决方案中，网络选择依赖于直接存储在移动终端 SIM 卡中的信息：

1）按优先级顺序排列的归属网络和等效归属网络列表（等效归属网络指的是被视为归属网络的网络）。

2）运营商控制的网络列表，包括运营商按照优先级顺序排序的网络代码，以及每个网络的接入技术。

3）用户控制的网络列表，包括用户按照优先级顺序排序的网络代码，以及每个网络的接入技术。

4）禁用网络列表，包括使用拒绝消息拒绝访问设备的网络代码。

5）等效网络列表，包括由实际注册网络下载的等效网络代码列表，此列表被用于取代每个新位置注册过程。这些网络与网络选择中的当前网络相同或等效。

基于之前的信息，网络选择可以是自动的，也可以是手动的。在自动模式下，移动设备扫描频谱并找到所有可用的网络。然后，UE 基于以下列表按照优先级顺序选择网络：

1）归属网络或同等优先级列表。

2）用户控制的网络列表，按优先级顺序排列。

3）运营商控制的网络列表，按优先级顺序排列。

4）以随机顺序选取具有高质量接收信号的网络。

5）按照信号质量降低顺序排列的网络。

通过这种方式，UE 首先向第一个列表中的归属网络或同等优先级的网络发出请求。如果它们中一个都没有被发现，则设备将在下一个列表中选择网络，以此类推。在手动模式下，设备搜索并显示所有可用的网络，包括禁止网络列表中的网络（与自动模式相反）。网络以和自动模式相同的优先级顺序呈现给用户。然后，用户从网络列表中选择任意的网络。

目前，由 MNO 或漫游中心运营商使用的，在具有多个候选网络的场景下控制漫游者分布（即动态漫游导向）的解决方案，同样可以在 PPDR 国内漫游场景中找到其适用性。例如，用于提供 SIM 卡设置的 OTA 解决方案[56]，可以用于组织 PPDR SIM 卡内的漫游优先级列表，并且根据特定的 PPDR 需求，以动态的方式设定所需的漫游行为。

5.5.2　部署 PPDR MVNO

MVNO 模式在商业领域内已经存在了 10 多年，因此，这些原则已经确立。然而，根据 MVNO 想要控制其业务的程度以及 MNO 愿意提供多少控制比例的情况来看，实现 MVNO 模式有许多不同的方法。

MVNO 并没有标准的定义。英国通信管理局（Ofcom）、英国监管机构，给出了一个最为通用的 MVNO 定义，即"MVNO 是为其客户提供移动（有时称为无线或蜂窝）服务，但没有频谱分配功能的组织"。实际上，MVNO 是由 MNO 的传统移动价值链断裂而出现的一种商业模式。这可以让新的参与者能够参与移动价值链，并利用其宝贵的资源获取价值。传统的移动价值链可以分为两个主要领域[57]：

1）RAN，仅由 MNO 利用，需要监管机构授予频谱使用的牌照。

2）向客户提供服务的其余网元。如图 5.2 上半部分所示，价值链中这一领域包括核心网（例如，交换网、骨干网、传输网等）的运营，业务平台和增值服务（例如，SMS、语音邮件等）的运营、支持业务过程（例如，用户注册、手机和 SIM 卡保障、计费、余额查询、客户关怀等）后台处理的运营、移动增值产品的提供以及通过分销渠道最终向客户交付的产品和服务。

在价值链的第二个领域内，其他参与方可以通过创新、运营或出售移动服务参与价值链。MNO 和 MVNO 都可以利用这种商业模式。MNO 可以利用它的网络容量、IT 基础设施和服务与产品的组合来抢占非目标领域，从批发业务增加新的收入流，并减少为每个用户服务时剩余的容量和成本。反过来，MVNO 可以利用其品牌的知名度、分销渠道和客户群，为客户提供定制的价

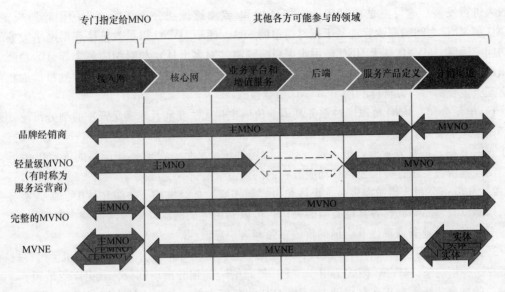

图 5.2 不同的 MVNO 商业模式

值主张和互补的产品和服务。MVNO 企业给公司带来了多种好处，例如，新的收入流、对移动市场的低成本入门策略、用于增强价值主张的新工具，以及增加客户获取和/或保留的机会。

基于 MNO 和 MVNO 之间价值链重组的方式，图 5.2 描述了四个已经在 MVNO 市场出现的主要商业模式：

1）品牌经销商是最轻量级的 MVNO 商业模式，其中企业只提供它的品牌，有时也提供它的分销渠道。MNO 提供其余的业务部分，从接入网到移动服务产品的定义。对一个新企业来说，这种模式需要的投资最少，并且实施起来也最快。但是，大多数业务仍然保留在 MNO 手中。因此，新企业对业务和服务价值主张的控制非常有限。

2）完整的 MVNO 是一个新企业最全面的模式，其中 MNO 仅提供接入网基础设施，有时是核心网的一部分，而新企业提供价值链的其他网元。这种 MVNO 商业模式通常被电信运营商所采用，可以在其当前业务运营中开展协同合作。

3）轻量级 MVNO，有时称为服务运营商，是介于品牌经销商和完整 MVNO 之间的中间模式。这种模式可以让新企业控制市场和销售领域，并在某些情况下，提高对后台处理和增值服务定义与运营的控制水平。

4）移动虚拟网络引擎（Mobile Virtual Network Enabler，MVNE）是第三方提供商，专门提供有助于 MVNO 运营的基础设施。MVNE 可以位于主 MNO 和 MVNO 企业之间，提供从增值服务和后台处理到产品定义范围的服务。MVNE 可以减少 MVNO 企业的进入壁垒，因为 MVNE 聚合了多个小型运营商的需求，便于同主 MNO 针对更好的条款和条件开展协商。他们可以将部分优惠传递给其 MVNO 合作伙伴。此外，通过 MVNE 推出 MVNO 的一站式方法，已经加速了 MVNO 市场的爆发性增长。有些 MVNE 模式也被称为移动虚拟网络聚合器（Mobile Virtual Network Aggregator，MVNA），这取决于其提供的服务范围，或者是否他们聚合了不同的主 MNO，还是仅聚合了一个。MVNE 模式的范围包括从电信公司一站式产品（其中 MVNE 只提供核心网）、增值服务和后台服务到完整的 MVNE 的各个方面，如图 5.2 所示。

这种商业模式的成功取决于在 MVNO 和 MNO 之间创建一种双赢的局面，其中 MVNO 在专业细分市场具有比 MNO 更多的知识，而 MNO 在这一市场细分领域可能不希望仅依靠自己的力量和投入进行发展。这可能是由特定的市场环境和/或渗透该细分市场所面临的困难所决定的。MVNO 和 MNO 之间的商业管理基于相对简单的 SLA，便于 MVNO 以批发价格获得网络服务的批量访问。通常，MVNO 基于 MNO 使用水平粗略预测（对多个月）和对相应剩余容量的预测，来批量购买服务时长或数据。在 RAN 上，MVNO 和 MNO 用户之间一般没有区别。到目前为止，已经有三类主要的参与方群体利用了 MVNO 商业模式：

1）电信公司。MNO 可以通过服务其当前价值主张无法获利且未满足开发的细分市场，来从 MVNO 模式中受益。此外，一般的电信运营商（固定和/或移动）可以使用 MVNO 带来的机会，基于 MVNE 模式的批发业务，进入这一细分市场领域。最后，没有移动产品的固定电信运营商可以加强其价值主张，提供包括移动服务在内的四方（4 - play）服务。

2）非电信公司，诸如零售商、媒体和内容制作商、金融机构、旅游和休闲、邮政服务、体育俱乐部以及食品和饮料等其他类型的公司，可以利用他们的流动资源（品牌、客户群、渠道、内容等）开发新业务或加强其当前的价值主张和客户忠诚度。

3）投资者，可以利用 MVNO 模式，通过参与电信行业对能够创造价值的新机会进行投资。

在这种情况下，MVNO 模式适用于"PPDR 通信"的细分市场部分，或更广泛地说，"关键通信"的细分市场部分正在获得动力。从 MNO 的角度来看，与主流的大型消费者市场相比，这个市场可以被认为是一个小众但却非常苛刻的市场。这也正是 MVNO 模式预期填补空白和带来价值的地方。

在将 MVNO 模式用于提供 PPDR 通信的情况下，MVNO 的目标是利用现有的商业移动宽带无线电基础设施，为关键用户创建和运营专用服务。MVNO 位于用户组织和 MNO 之间，并且管理用户的所有服务，例如配置、监控和管理所有操作过程，包括事件、问题、变更、配置和发布管理，这些都是在控制服务质量时所需要的。因此，在图 5.2 所示的 MVNO 商业模式中，完整的 MVNO 是最适合的方法[58]。或者，没有核心网设备（即 P - GW 和/或 GGSN）但至少在业务平台和用户管理上拥有控制能力的轻量级 MVNO，也是可行的方案。显然，专用业务可以提供增值服务，包括更好的可用性、安全性、质量控制和更好的客户关怀，而不是由商业 MNO 单独提供。

MVNO 需要在相关移动通信技术方面具有深厚的专业知识，以及对关键型用户需求的透彻理解，以便在创建和运营专用于关键型用户的服务时，能够最好地利用现有的商业蜂窝无线电基础设施。MVNO 必须与 MNO 进行特殊合同内容的协商以及敲定详细的 SLA，才能实现它的目标。MVNO 还需要对项目的资金和财务方面进行管理。为了分散网络故障和异常业务情况的风险，以及改进网络覆盖能力，对 MVNO 来说最有利的做法，是与多个 MNO 进行网络容量的协商。

通过允许漫游到其他国家的 MNO，可以实现更好的可用性。即使无法共享基础设施，也可以实现最佳的覆盖可能性以及改进的网络弹性。然而，如果不是因为其他目的已经建立了国内漫游的做法，那么实施国内漫游可能需要提供商进行大规模的投资。作为该问题的一种解决方式，PPDR MVNO 运营商可以在最开始时利用现有的国际漫游基础设施（即使用国际漫游枢纽中心）。

通过通信与 MNO 的协议，授予更高的商用基础设施接入优先级，可以提高 PPDR 用户的通信可靠性和服务可用性。数据流的安全性和保密性可以由 MVNO 管理（例如，PPDR 终端设备和 MVNO 业务平台之间的端到端安全机制）。PPDR 移动宽带通信的 MVNO 模式示意图如图 5.3 所示。

MVNO 模式的主要优点是，它代表一个相对较低风险和有限的投资方案，允许 PPDR 机构在短期内将移动宽带数据纳入其日常行动，保留对关键方面的控制，例如用户管理、服务配置和服务产品。实现 MVNO 模式可以让用户获得使用移动宽带数据的体验，并协助制定未来计划。此

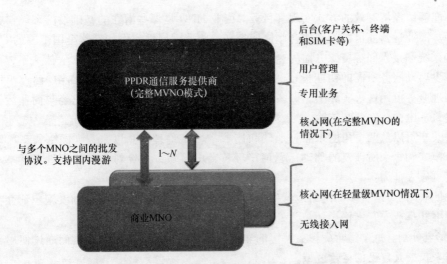

图 5.3　PPDR 移动宽带通信的 MVNO 模式

外，MVNO 模式可以变得非常高效，特别是在不同关键型用户组织之间寻求"共享"网络/解决方案时，因为它可以让不同关键型用户组织通过共同的方法实现规模经济，而不是每个组织和 MNO 建立自己的 MVNO。实际上，采用 PPDR MVNO 模式最重要的原因是对需求和服务承诺的统一协商和跟进，而不需要所有单独的 PPDR 组织都与商业运营商亲自签订合同。通过 MVNO 的共享解决方案还能创建一个环境，以便在需要时促进用户组织之间信息的交换。

　　MVNO 还可以作为 PPDR 应用早期阶段的创新平台，帮助服务适应用户移动数据应用不断变化的需求。关键通信用户现在处于移动数据应用新时代的早期阶段，他们将面临对移动数据服务不断增长和不断变化的期望。对于现有的 PMR 运营商（即 TETRA、TETRAPOL 等），MVNO 模式可以帮助它们在专用宽带网络的发展方向上迈出第一步，同时使运营商和用户能够更好地了解移动宽带的优势。它还具有实现不同类型通信"一站式"服务的优点（即 PPDR 用户可以在同一个实体内使用语音 + 数据业务）。采用这种模式也为 MNO 提供了一个重要的机会，来建立 PPDR 用户在 MNO 内作为提供任务关键型数据服务的可靠和必要参与者的信心。

　　不利的是，这种模式的缺点主要来自于商业 MNO 基础设施覆盖特性和性能方面的局限性，如 5.4 节中所讨论的。因此，与标准的商业网络情况类似，MVNO 解决方案将仅用于在运营商已经部署了网络覆盖并且只需要具有商业提供商提供的网络弹性水平的情况下提供服务。然而，如 5.4 节所述，可以在 PPDR MVNO 和 MNO 之间建立特殊协议，通过提高网络设计的鲁棒性、扩大覆盖范围和 PPDR 用户的优先访问权限提高可用性水平，特别是在紧急情况下和灾难事件中。

　　PPDR 采用 MVNO 模式来使用商业网络容量，不会阻碍未来专用 LTE 网络的部署。事实上，MVNO 和专用网络模式被认为是可以互补的[58,59]。这种模式在欧洲已经由比利时的 PPDR 国家网络运营商（ASTRID）部署实施，该运营商在比利时的国家商业网络上提供用于数据通信的蓝光移动 MVNO 服务。瑞典的 MSB 也计划部署一种类似的模式，为他们的 PPDR 用户提供移动宽带服务，目前正使用 TETRA 网络提供任务关键型语音业务。MVNO 模式也是欧洲研究项目 HELP 开发的 PPDR 通信框架的核心[37]，相关内容将在 5.6.7 节做进一步的详细阐述。

5.5.3　与 MNO 共享 RAN

　　部署专用网络可能需要通过公对公和公私合作伙伴关系建立广泛的基础设施和频谱共享机

制，以便能够以经济有效的方式实现其目标。商业 MNO 是那些潜在的基础设施和频谱共享合作伙伴之一。商业运营商可以为其他合作伙伴带来一些关键属性，例如部署全国范围的 LTE 网络、后台支持系统和接入回程资源方面的专业知识。与 MNO 的共享协议或合作伙伴关系，可以最大限度地减少启动服务所需的初期投资，同时为 PPDR 用户提供基于现有 3G/4G 商业小区站点的广泛的地理服务可用性。实际上，许多欧洲的 TETRA 和 TETRAPOL 网络已经与商业运营商共享了一些建筑、电力、空调和传输[16,13]设施。

网络共享可以从两个角度来看：地理和技术[60]。从地理的角度来看，网络共享可以根据预期的商业模式和每个所涉及的移动运营商已经覆盖的区域，来针对各种方面进行共享。网络共享的维度可以表征为：

1）独立。两个或更多的网络运营商拥有并控制其各自的物理网络基础设施。不存在运营商之间的网络共享或交互（漫游协议之外）。

2）完全分割。每个运营商覆盖特定的非重叠地理区域，并且每个运营商通过使用其他运营商的网络来扩展其自己的运营区域。

3）单边共享区域。一个移动运营商完全控制一个地区的网络基础设施，新来的运营商通过利用现有的基础设施进入市场。这种模式降低了新企业进入市场的障碍，并可以让现有运营商更好地利用其已经建立的资源。

4）公共共享区域。两个类似规模的运营商希望在相同的地区提供服务，因此他们决定共享基础设施。这种情况在乡村地区尤其具有吸引力，在这种地区预计收益较低，因此运营商需要对他们的投资进行精细的计划。

5）完全共享。两个或更多的移动运营商决定完全共享他们的网络：接入网、核心网或两者同时共享，以便更加高效地提供网络运营和管理。

从技术的角度来看，解决方案的范围包括：

1）被动 RAN 共享。这通常被定义为不需要网络运营商之间的主动操作协调，共享空间和基础设施。因此，不同移动运营商的设备安装在同一站点，运营商共同分摊站点建设和租赁的成本。铁塔和站点的建设及其运营可以外包给第三方公司。站点和天线塔是被动共享的两种主要形式。站点共享，包括站点并址，或许是最简单和最常见的共享实现形式。运营商共享相同的物理实体，但安装单独的站点天线塔、天线、机柜和回程。天线塔共享，或铁塔共享，是对运营商简单并址他们站点的升级，包括对同一个天线塔、天线框架或屋顶的共享。

2）主动 RAN 共享。这意味着两个或更多的 MNO 共享一个或多个网元，例如天线、无线电设备（例如，LTE eNB）和/或回程传输设备。MNO 可以使用单独的频率信道或将其频谱资源汇集在一起，并根据预定义的资源分配协议并行地对它们进行操作。尽管主动共享可以限于单个网元，但是诸如 LTE 的 3GPP 网络可以提供对（完整）RAN 共享的支持。这是最全面的接入网共享形式：将每个单独的 RAN 接入网合并到单个网络中，然后在与核心网的连接点处将其分成单独的网络。MNO 继续保持单独的逻辑网络和频谱，并且操作协调的程度小于其他类型的主动共享。3GPP 对（完整）RAN 共享所需过程进行了标准化。存在两种支持的体系结构：多运营商核心网（Multi - Operator Core Network，MOCN）和网关核心网（Gateway Core Network，GWCN）。有关 3GPP 中 LTE RAN 共享的进一步细节请参阅第 4 章。

3）核心网共享。核心网可以在两个基本层级中的任意一个上共享，即传输网络骨干和核心网逻辑实体。对于传输网络，可以将一个运营商的剩余容量共享给另一个运营商。这种情况对于缺少时间或资源建立自己环境的新进入者来说，可能特别有吸引力。因此，他们通常采用租赁线路的形式，从已经建立的 MNO 购买网络容量。另外，核心网逻辑实体共享代表了一种更加深入的基础设施共享形式，它指的是合作运营商可以访问核心网的某些部分或所有部分。这可以根据 MNO 希望共享的平台（例如，业务平台和增值系统）在不同级别上实现。

4）网络漫游和 MVNO$^{\ominus}$。有时，网络漫游和 MVNO 也被认为是一种网络共享的形式。不过，对于产生这些类型的共享中的任何公共网元来说并没有制定具体的要求。只要两个运营商之间存在漫游和/或批发协议，那么就可以使用受访网络（在漫游的情况下）或主机网络（在 MVNO 的情况下）来为其他运营商的业务提供服务。因此，一些运营商可能不会将漫游归类为共享形式，因为它不需要在基础设施上的任何共享投资[61]。在这一点上，需要注意的是，漫游和前面讨论的（完整）RAN 共享方案之间的差异。基本上，漫游提供了与 RAN 共享类似的能力，其中归属网络的用户在漫游到受访网络中时，可以获得服务。这可以被看作是一种共享的形式，其中受访网络与漫游到其中的每个用户的归属网络共享其 RAN 的使用。但是，在这两种情况之间，还有一个区别。在漫游时，用户在归属网络地理覆盖范围之外和在受访网络地理覆盖范围之内时，均使用受访网络。相反，在 RAN 共享协议中，所有参与者（托管 RAN 提供商和一个或多个参与运营商）通过托管 RAN 提供相同的地理覆盖[62]。

除了网络共享和 MNO 方案，如今的网络共享解决方案主要集中在接入网，接入网是 MNO 网络中最为昂贵的部分。共享核心网元的益处不如共享接入网的益处更加清晰明了。虽然在运营和维护方面可能会降低一些成本，但这些规模和实用性仍然更加不确定。共享解决方案可能需要双方都信任的第三方的参与，由第三方安装和运营共享的基础设施，并且在共享运营商之间充当代理。这种解决方案的代价是，使网络运营商失去了一定的运营控制并需要对涉及的部门进行重组。有关被动/主动 RAN 和核心网共享解决方案及其相关特征的详细内容参见表 5.5。虽然需要克服可能存在的重大商业和实践障碍，但并没有什么根本原因，可以阻止多个运营商实现对网络的共享。协议可能涉及单个站点、许多站点或特定地区。被动共享和 RAN 共享不需要完全整合的网络架构，并且在这方面有很多单边、双边（相互访问）或多边协议的案例。有关网络共享的商业驱动因素、法规以及技术和环境问题的进一步考虑可以参阅本章参考文献[61]。

表 5.5　MNO 之间的网络共享解决方案

共享解决方案	共享类型	特　　征
站点共享	被动	1）运营商对他们自己的设备进行配置。非常简单，不需要操作协调 2）支持设备可以共享，也可以不共享
铁塔共享	被动	1）运营商共享相同的天线塔或屋顶 2）运营商拥有自己的天线，减少了巨大的成本支出并带来了一定的环境效益
频谱共享	主动	频谱部可在运营商之间进行租赁。提供频谱效率，以解决频谱稀缺问题
天线共享	主动	1）共享天线和所有相关的连接部分 2）被动站点网元也是共享的
基站共享	主动	运营商保持对逻辑 eNB 的控制。可以在不同的频率下工作，完全独立
（完整）RAN 共享	主动	RAN 资源组合：天线、线缆、BS 和传输设备。分离的逻辑网络和频谱
核心网元共享	主动	很少被支持。优势不如那些共享接入网的优势明显
传输网络共享 （回程网、骨干网）	主动	共享传输，例如，光纤接入和骨干网络共享

$\ominus$　此处增加这些方案的目的是确保分类的完整性。关于这两种方法的更多细节已经在前面的小节中讨论过了。

　　虽然前面所有的共享方案在技术上是可行的，但是在确定最合适的共享形式时遇到的细节和复杂性问题，则在很大程度上可能取决于诸多因素（例如，相关运营商的网络发展路线图、商业激励、成本、相关合作伙伴要求的控制水平、共享无线站点的物理安全性、强化要求等）。重要的是，共享引发了对共享资源治理（谁来管理和控制）的关键问题，需要以双赢解决方案的形式进行解决。在所有共享模式中，PPDR 运营商或 PPDR 通信的政府负责实体，可能需要与商业合作伙伴签订 SLA 和/或漫游协议。这种商务谈判对任何潜在的 RAN 共享解决方案的成功至关重要。因此，解决方案可能因地区/国家而异。对于美国的 FirstNet 来说，除了使用被动 RAN 共享，这还可以让集成方面的复杂性变得更低，目前已经确定了以下范围的解决方案和相关技术问题[63]：

　　1）全新 RAN 共享。该方案基于同时支持专用频谱（例如，美国的波段 14）和商用频谱的"双频段"eNB，以及天线基础设施、回程和铁塔的部署。这种类型的共享特别适合于在乡村部署，其中商业网络通常被设计用于提供网络覆盖，满足类似于 PPDR 网络的需求。图 5.4 中的"共享 RAN A"对这种全新的 RAN 共享形式进行了描述。全新 RAN 共享的另一种实现情况是，共享 eNB 站点仅在专用 PPDR 频谱上工作，使得 MNO 需要在次要用户的基础上针对其整个 LTE 服务需求专门使用这一频谱。这种情况如图 5.4 中的"共享 RAN B"所示。

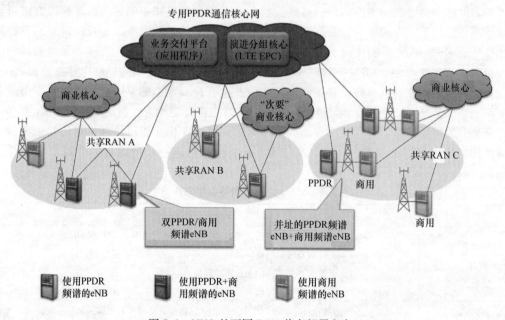

图 5.4　MNO 的不同 RAN 共享部署方案

　　2）将 PPDR eNB 部署到现有的 LTE RAN。该方案基于与现有的 MNO 站点一起部署新的 PP-DR eNB。这种情况如图 5.4 中的"共享 RAN C"所示，利用商业运营商已经部署的部分或所有现有的基础设施（例如，天线、铁塔、机房、机柜、回程等）。不过，这带来了各种技术和服务相关的问题，值得仔细地考虑。例如，商业运营商通常设计 RAN 以满足一些地区的容量需求，有可能要比 PPDR 用户提供服务所需的小区数量多很多。此时，PPDR 运营商有两个选择：在每个商业站点部署一个 PPDR 专用频谱 eNB（即 1:1 覆盖）或部署较少的站点，使其足以满足特定 PPDR 覆盖和容量需求即可。在部署 1:1 覆盖时，部署 PPDR 专用频谱 eNB 需要在商业运营商现有无线电设备和天线之间，插入额外的无线电组件（双工器），不过，MNO 可能对这种方法并不感兴趣。此外，由于插入新的共享组件而产生的无源互调（信号交叉混合）干扰风险，还需要在每个受影响的站点上进行评估。如果不使用 1:1 覆盖来降低 RAN 成本，则现有的商用天线很可能无法共享，因为与商业站点相比，支持 PPDR 的小区站点需要不同的垂直和水平调整。

　　除了商业移动运营商之外，可能需要部署专用网络，以便与愿意开发更为广泛的基础设施的实体建立合作伙伴关系。例如，在 CO 专用网络模式的情况下，可以根据联合参与和合同，以及用户组织向移动宽带网络提供商提供租赁或共享其自己现有网元的可能性，来获取 LTE 基础设施关键（昂贵）组件的共享机会。在这方面，APCO 宽带委员会已经提供了一份白皮书[64]，该白皮书探讨了在美国 FirstNet 的建设和运营中，将对利用公共和商业资产起到促进和支持作用的商业工具、方法和技术。该文件主要关注于资产标准化和评估方法，可以大大简化谈判、成本建模、评估，以及在网络建立准备、部署和持续维持中所需的最终资源的使用。这份文件介绍了潜在的 LTE PPDR 网络利益相关者的建议、见解和开放性的问题，例如，希望向网络提供实物捐赠的国家和地方部门。

5.5.4　关键网络和专业网络的网络共享

　　这种混合模式涉及了在某些敏感区域具有部署本地专用、冗余和极密集网络需求和可能性的各方。这可以是针对关键型基础设施的情况，例如机场和其他交通运输设施。此外，也可以考虑诸如商场、体育场、音乐会场所等位置，只要特定设施场所需要部署专用的专业网络或设施（例如，针对复杂建筑设施提供信号覆盖能力的 DAS）。在这种模式下，部署在特定区域或设施中的这些专用通信系统，将被利用或整合作为全局可互操作的 PPDR 通信系统中的一部分，如图 5.5 所示。

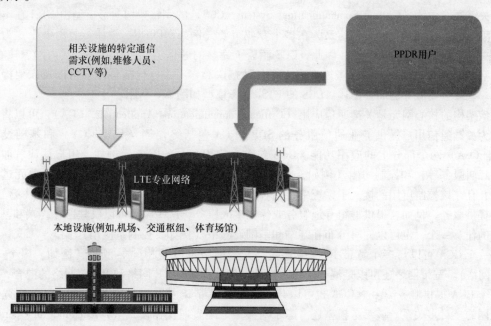

图 5.5　在特定区域或设施内的专业网络共享

　　这种模式是由法国的一家大型机场通信运营商提出的[54]。机场属于敏感环境，其核心是无线电服务，以确保信息实时交换、服务性能和人员安全的可靠性。在危急情况下，机场运行需要安全和冗余的无线电网络、极高的可用性水平以及对适当的建筑物、技术通道和跑道的网络覆盖。各种风险是导致机场方开发专用的专业无线电网络的主要原因。在这方面，人们提出了一种共享服务模式[54]，通过该模式，专用机场网络可以与 PPDR 通信的整体政府解决方案进行整合。所提出的经济模式可以让政府和机场 PPDR 对网络的使用绝对优先于专业和潜在的商业用途对网络的使用。这种模式还可以将大部分的投资投向专业的参与方。就其而言，政府可以保持对战术网络的管理，并且一般来说，保持对整个服务（网络、终端、安全应用等）的管理。参与各方的互操作性和协调性是该模式成功的主要条件。商业运营商也可以从这些专用网络中受益，即限制了对实现这些区域覆盖的投资，并且无需与这些专业参与方竞争。

5.6　网络架构设计和实现方面

本节描述了一些网络架构设计和实现方面的内容，这些是实现之前介绍的用于提供移动宽带 PPDR 通信方案的核心。为此，首先介绍 ETSI 制定的参考架构，该架构为移动宽带任务关键型通信提供了一种概要系统结构。在此基础上，随后几节将介绍从商业网络接入到专用 PPDR 网络和 SDP 的互联方案；用于宽带和窄带传统 PMR 服务整合的互通解决方案；可部署系统的互连；卫星通信的使用；确定不同类型的连接服务和框架，以建立基于 IP 的骨干网，并促进单独的 PPDR 网络互连。最后，基于前面介绍的内容，本节对用于移动宽带 PPDR 通信的 MVNO 解决方案进行了总结，即该方案是目前发展势头非常好的方法之一，因此可以作为一种可行的短期解决方案。

5.6.1　关键通信系统参考模型

关键通信系统（Critical Communications System，CCS）的完整架构参考模型由 ETSI 在本章参考文献 [65] 中给出。CCS 被定义为在多个专业市场（例如，PPDR、铁路、公用事业）为用户提供关键通信服务的整体系统。因此，CCS 涵盖了完整的通信链，包括终端、接入网、核心网、控制室和应用。ETSI 制定的参考模型建立了各种接口和参考点，包括整体架构以及该架构所支持的一些最重要服务的简要描述。CCS 的 ETSI 参考模型如图 5.6 所示。

该架构的核心网元是关键通信应用（Critical Communications Application，CCA），可以将其看作是为关键通信用户提供专业通信服务的 SDP。CCA 包括终端侧（移动 CCA）和基础设施侧（基础 CCA）两个部分上的应用功能。CCA 包含与应用相关的服务（例如，用户注册、加入群组、呼叫服务等）和控制功能（例如，能够建立具有所需特性的承载，以便与终端单元进行通信，并且在该控制可用的接入子系统中控制各种承载的优先等级）。CCA 可以向其他（第三方）应用提供服务，例如，提供群组寻址服务或优先接入服务。这些应用可以仅驻留在终端和基础设施中的任意一个，也可以同时分布在终端和基础设施中（例如，控制室应用）。

一个 CCA 可以与多个宽带 IP 网络连接。宽带网络可以是相同类型的（例如，多个 3GPP LTE 网络）。宽带网络还可以是混合网络类型的，例如 3GPP LTE 网络和 Wi-Fi 网络的混合，可为同一个 CCA 提供服务。多个 CCA 也可以共享相同的宽带 IP 接入网。因此，存在 CCA 和宽带 IP 接入网的多对多关系。该参考模型还考虑了对终端之间直通操作模式（Direct Mode of Operation，DMO）的支持。相关接口如图 5.6 所示。

1）IP 核心网到 IP 终端接口（1）。该接口根据底层 IP 网络的网络协议制定。如果底层网络是 LTE，则其由 3GPP 规定的 LTE UE 到 EPC 接口组成。

2）基础 CCA 到 IP 核心网接口（2）。该接口的目的是允许来自不同制造商的基础 CCA 和 IP 核心网之间互通。该接口根据底层 IP 网络的网络协议制定。如果底层网络是 LTE EPC，则它包

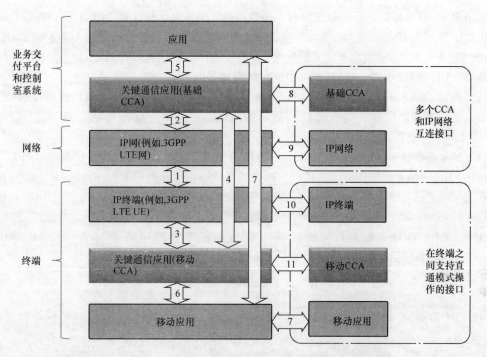

图 5.6　ETSI 制定的关键通信系统参考模型

括现有的 Rx 和 SGi 接口，以及在 LTE 群组通信系统引擎（Group Communication System Enablers，GCSE）中制定的 MB2 接口，用以允许对 LTE 广播承载的使用和控制（详见第 4 章）。该接口还可以提供来自 IP 网络的附加报告信息（例如，位置、计费或一些其他功能）。

3）IP 终端到移动 CCA 接口（3）。该接口依赖于来自 IP 网络终端的可用服务。在 LTE 环境中，利用 UE 向任意应用提供接口，并且可以向包括 LTE GCSE 功能（用于群组通信）和 ProSe 功能（用于设备到设备通信）在内的多种功能发展方向进行演进。该接口本身并没有完全标准化，因为它依赖于终端实现和操作系统。

4）基础 CCA 到移动 CCA 接口（4）。该接口的目的是实现 CCA 基础设施和不同制造商终端之间的互操作性。该接口提供与现有的数字 PMR 第 3 层空中接口消息类似的功能（例如，TET-RA 空中接口第 3 层[66]），支持用户注册、个人或群组通信的建立和控制，媒体传输和管理，以及短数据传输等功能。

5）基础 CCA 到应用接口（5）。该接口的目的是让应用便于在 CCA 环境中进行整合，并且允许不同厂商的应用移植到 CCA。该接口可支持诸如调度器等功能，并且与现有 PMR 系统中的调度接口类似，并对其进行了扩展，实现了对多媒体能力的支持。

6）移动 CCA 到移动应用接口（6）。该接口的目的是让移动应用便于在 CCA 环境中进行整合，并且允许这些应用在不同制造商的终端之间进行移植。

7）应用到应用接口（7）。该接口的部分组件可以通过特定应用标准进行定义，其中这些特定的应用需要采用通用的格式来确保移动应用和控制室应用之间的互操作性（例如，地理位置表示、视频格式、声码器等）。

8）基础 CCA 接口（8）。该接口的目的是允许实现 CCS 之间的互操作性和互通。该接口支持在不同 CCS 操作用户之间的通信互连。该接口还应当支持用户在不同 CCS 之间的移动性。

9）核心网到核心网接口（9）。该接口由底层核心 IP 网络决定。如果底层网络是 LTE EPC，则其使用 3GPP 标准接口。该接口提供对不同核心网之间终端移动性和漫游的支持和控制。

10）IP 终端到 IP 终端接口（10）。该接口由终端技术决定。如果终端是 LTE UE，该接口将是 3GPP 第 12 版中 ProSe 规范下定义的标准 3GPP 接口。该接口支持终端之间以及终端和中继之间（例如，UE 到 UE 中继、UE 到网络中继）的直接通信。

11）移动 CCA 到移动 CCA 接口（11）。该接口的目的是在没有任何基础设施路径的情况下，在两个或更多终端之间提供对直通 CCA 服务的控制。如果终端是 LTE UE，则其依赖于 3GPP ProSe 定义的底层服务。

CCS 参考模型还通过定义 CCS 与现有的传统系统之间的接口（图 5.7 所示的接口 8b），来考虑与传统 PMR 网络互通的支持。该接口旨在支持在 CCS 上操作的用户和在传统 PMR 系统上操作的用户之间的通信互通。该接口预计至少能够支持一组最少的用于 TETRA、TETRAPOL 和 P25 系统互联的功能，即个人呼叫、群组呼叫和短数据服务。这些接口可以基于一些已经为 PMR 技术（例如，ETSI TETRA ISI、P25 ISSI）制定的现有的系统间接口（Inter-System Interfaces，ISI）。有关这些 ISI 的详细信息，请参见 5.6.3 节。

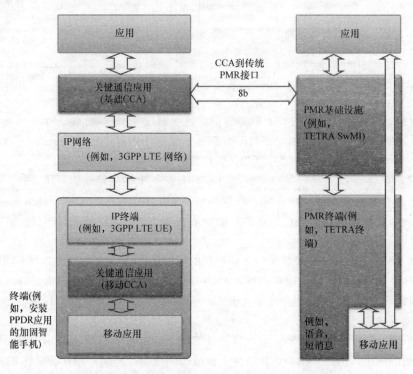

图 5.7 ETSI CCS 和传统 PMR 系统之间的互通方法

本章参考文献［65］进一步介绍了有关 CCS 参考模型的详细内容。除了这个参考模型，ET-SI 还对移动 CCA 和基础 CCA 之间接口（4）的架构和协议进行了标准化，旨在支持与 LTE 中现有窄带技术相当的通用任务关键型业务[67]。

5.6.2 与商业网络互联

商业网络与专用 PPDR SDP 的互联，是实现 5.5 节中描述的混合解决方案的核心网元。本节将从网络架构的角度，描述不同的互联方案，并说明主要涉及的网元和接口。此外，本节还将给出对支持关键通信的不同互联方法在适用性方面的一些相关考虑。根据 MNO 通过互联提供的服务，可以将互联方案分为三种不同的方法。

5.6.2.1　基于私有连接服务的互联

　　基于私有连接服务的方法可以利用当前 MNO 使用的解决方案，向商业和公司客户提供私有内部网络服务。通过该解决方案，（专用/私有）PPDR SDP 可以到达通过商业网络获得 IP 连接的移动终端，而无需通过公共互联网。私有连接服务的提供通常通过专用接入点名称（Access Point Name，APN）的分配和配置来完成。APN 是在 LTE（以及 UMTS/GPRS）中使用的参数，用于标识 UE 正在尝试 IP 连接接入的外部网络（有关 LTE 服务模型的详细信息，请参见 4.2.2 节）。通过使用专用 APN，离开 UE 的所有 3G/4G 业务可以被路由到私有/公司网络（而不是公共互联网）处的 IP 端点。对私有网络的访问仅限于对相应 APN 进行订阅的用户。如今，专用 APN 是大多数移动运营商的常见产品。专用 APN 的替代方法是使用公共互联网上的虚拟专用网（Virtual Private Network，VPN）方案（即安装在移动设备中的 VPN 客户端和公司/组织网络内的 VPN 服务器之间的安全通信）。不过，使用与移动蜂窝设备接触的专用 APN 有几个优势[68]：

　　1）外部公司/组织基础设施仅暴露给被提供的设备，对公共互联网不可见。

　　2）来自/到设备的所有数据流均可以被强制穿过公司网络，避免 VPN 缺陷或 VPN 允许分离隧道（例如，部分数据流不通过 VPN 路由）或不提供始终在线 VPN 问题的出现。

　　3）设备本身受到保护，不受蜂窝网络上其他用户的攻击，因为只有 VPN 上的设备可以将数据流路由到该设备。

　　4）可绕过 VPN 的底层恶意软件（如 rootkit）无法绕过 APN，因此这可以让公司使用企业监控服务更加容易地检测出此类恶意软件。

　　为了部署专用 APN，有需求的组织应从移动运营商采购和配置 APN，并获得专用的 SIM 卡，此类 SIM 卡被专门配置通过专用 APN 进行移动数据连接。图 5.8 展示了一种网络架构示意图，该架构在 MNO 的基础设施和 PPDR 服务提供商的专用/私有基础设施之间使用了一种专用的 APN，其中 PPDR 服务提供商托管了一个 PPDR SDP 和提供 PPDR 通信服务所需的其他网元。商业 MNO 和 PPDR 运营商之间的互联基于专用资源（例如，租用的线路），从而防止与安全威胁和/或业务拥塞相关的风险。端到端安全服务（例如，端到端加密）仍然由控制终端和 SDP 中 PPDR 应用的 PPDR 组织负责。然而，认证和移动性管理则由 MNO 完全负责，MNO 拥有并管理 HSS 和 SIM 卡。因此，PPDR 组织必须在网络接入安全方面信任 MNO。考虑到 MNO 是承担认证和移动性管理的一方，该方法好的方面在于，PPDR 服务提供商可以利用 MNO 的所有漫游协议访问其提供的专用 APN 服务，即使在 PPDR 终端通过其他移动网络获得连接时。尤其对于 PPDR 服务提供商在国内漫游协议的情况，能够使用与特定 MNO 达成的单个专用 APN 合同来获得对多个网络的访问。即使在国内漫游不到位的情况下，PPDR 服务提供商也可以与外国的 MNO，或直接与持有同 PPDR 服务提供商所在国的所有 MNO 达成国际漫游协议的国际漫游中心服务提供商，签订专用 APN 服务协议。

　　除了提供私有连接之外，这种互联解决方案还可以通过 PPDR 服务提供商的用户/用户订阅管理、QoS 控制和网络监控的接口进行扩展，如图 5.8 所示。在这方面，现有的技术解决方案和 MNO 与其经销商和销售合作伙伴合作使用的接口，可用于用户订阅管理。这可以让控制室中的 PPDR 人员检查状态，例如，在遭窃或丢失的情况下禁用或修改订阅。关于 QoS 控制，MNO 可以提供对其策略和计费控制（Policy and Charging Control，PCC）平台 Rx 接口的访问（参见 4.2.3 节），使 PPDR SDP 可以使用 PCC 功能，发送与服务相关的信息，包括资源需求，以在 IP 连接服务中实施（例如，激活具有由 PPDR 应用服务器指示的特定 QoS 参数的专用 EPS 承载）。

不过，这并不是现在常见的 MNO 提议，因此在 MNO 和 PPDR 服务提供商之间，需要特殊的协议来部署这样的接口。类似地，监视 MNO 网络终端或其他事件的能力，并不是与私有连接服务相关联的典型服务产品。因此，在这种情况下，还需要与 MNO 达成特殊协议，以便在其网络监控系统内访问相关的信息。

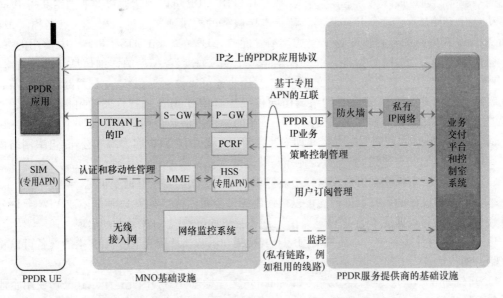

图 5.8　基于私有连接服务（专用 APN）的互联解决方案

5.6.2.2　基于漫游服务的互联

　　另一种互联方法是基于漫游服务实现的。与专用 APN 解决方案相反，在这种情况下，PPDR 服务提供商在其基础设施中部署一些 LTE 核心网元，如图 5.9 所示。具体来说，P – GW 和 HSS，以及 PPDR 终端使用的 SIM 卡，都处于 PPDR 服务提供商的控制之下。在这种方法中，标准化的 LTE 漫游接口可以用于两个基础设施（即 S6a 和 S8 接口，如第 4 章所述）的互联。利用该解决方案，虽然 MNO 不在 HSS 和 SIM 卡内保存永久密钥，但是可以通过协作来执行认证和移动性管理。该解决方案有助于驻留在 PPDR 服务提供商基础设施内的用户/用户订阅管理和 QoS 控制接口的部署。然而，与专用 APN 服务的情况一样，基于漫游互联的协议中，通常也不包含对受访网络监控的能力。因此，如果 PPDR 组织将其作为一项强制要求，则需要与 MNO 达成一项特殊的协议。此外，PPDR 服务提供商必须管理自己的国内和国际漫游协议，因为无法利用 MNO 的漫游协议。

5.6.2.3　基于主动 RAN 共享服务的互联

　　最后，第三种互联方法，如图 5.10 所示，是基于对 RAN 共享服务的利用。假设 PPDR 服务提供商已经部署了完整的 EPC，并使用一个或多个 MNO 部署的 LTE RAN 网络容量。具体来说，图 5.10 中描述的互联解决方案对应于 3GPP 规范中支持的 MOCN 解决方案，如 4.8 节所述。在这种情况下，互联是基于两个基础设施（即用于用户面的 S1 – U 和用于数据面的 S1 – MME，由 NDS/IP 进行适当的安全保护）之间的 LTE S1 接口的部署。通过这一解决方案，认证和移动性管理完全由 PPDR 服务提供商在其自己的 EPC 内进行处理。与前一种情况一样，PPDR 服务提供商必须管理自己的漫游协议。另外，这种互联方案允许利用在 3GPP 规范中引入的 RAN 共享增强（参见 4.8 节）。具体来说，托管 RAN 提供商可以向参与运营商（即它们之中的 PPDR 服务提供

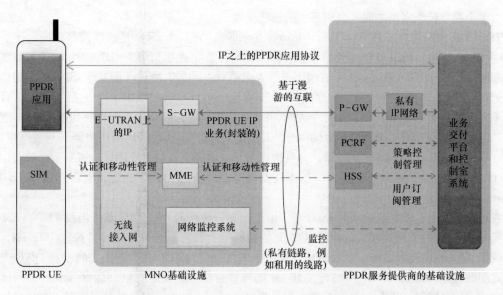

图 5.9　基于漫游服务的互联解决方案

商）提供对操作、管理和维护（Operations，Administration and Maintenance，OAM）功能的选择性访问，以便用于网络监控，以及其他的增强 RAN 共享功能，例如，共享 RAN 资源的灵活分配和按需容量协商（例如，可以调整提供给 PPDR 服务提供商的峰值容量，以便更好地适应特定紧急响应的需要）。

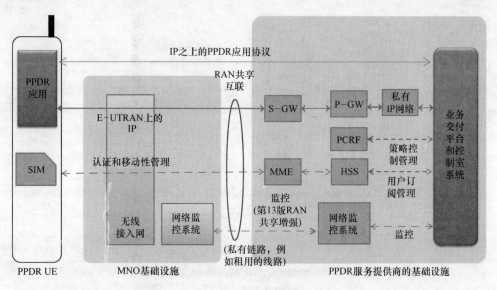

图 5.10　基于 RAN 共享服务的互联解决方案

5.6.3　与传统 PMR 网络的互联

预计目前的 PMR 系统在很多年内将继续充当任务关键型语音业务的核心平台。如图 5.7 所示，CCS 的 ETSI 参考模型中所考虑的用于通信互通的互联方法，主要是基于在新的 PPDR SDP 和传统基础设施的核心网之间部署的接口。这种方法允许利用传统技术内的现有接口，特别是已经为多个独立传统系统之间互联而开发的那些接口。

　　TETRA 系统间接口（TETRA Inter – System Interface，TETRA ISI）是这些接口中的一个。早在 20 世纪 90 年代，ETSI 就已经开始了 TETRA ISI 的标准化过程，用于实现单个 TETRA 网络之间的互联。ETSI TETRA ISI 标准[69]依赖用于信令面的 QSIG/PSS1 协议（即基于 ISDN 的专用信令标准），来交换一组称为附加网络特性（Additional Network Feature，ANF）的上层协议，它可以提供不同的功能集（例如，用于支持个人呼叫的 ANF 功能集，以及用于群组呼叫的 ANF 功能集等）。在用户面，TETRA ISI 使用 64kbit/s 的 E1 信道来传输 TETRA 编码的用户语音和数据信息。然而，实际上这是一种电路交换技术，并且被视为一个需要克服的重要障碍。事实上，目前仅有少数 TETRA 供应商针对有限功能（即基本注册场景、个人呼叫、短数据和电话）采用 TETRA ISI 标准。

　　在这种情况下，欧洲研究项目 ISITEP[70]正在开发一种新的 ISI，用来基于当前 TETRA ISI 的适配实现 TETRA 网络的互联，以便可以在 IP 传输网络上部署。这种新的接口被称为 IP ISI，除了实现 TETRA 网络互联之外，该接口还旨在用于 TETRA 和 TETRAPOL 网络之间以及 TETRAPOL 网络之间的互联。虽然 ISITEP 项目开发 IP ISI 的最终目标是，促进在欧洲国家部署的不同国家 TETRA 和 TETRAPOL PPDR 网络的互联，但是巩固这样的 IP ISI 有望促进当前窄带 PPDR 网络与即将出现的全 IP PPDR SDP 的整合。新的 IP ISI 协议基于会话初始协议（Session Initiation Protocol，SIP），它是当前用于 IP 语音（Voice over IP，VoIP）通信的事实上的标准。ISITEP 中采用的方法是，允许已经标准化的 ETSI ISI ANF 可以通过 SIP 消息进行交换，并且使用实时传输协议（Real – time Transport Protocol，RTP）用于通过相应编解码器编码的语音业务。IP ISI 协议栈的简化视图如图 5.11 所示。

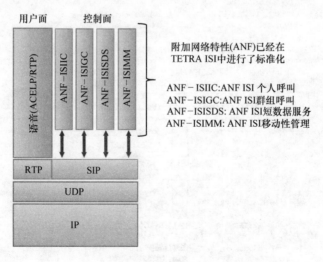

图 5.11　用于 TETRA 和 TETRAPOL 网络的 IP 系统间接口（IP ISI）

注：转自本章参考文献 [71]。

　　针对 P25 系统设计了一种类似的方法。P25 标准定义了一种称为 Inter – RF 子系统接口（Inter – RF Subsystem Interface，ISSI）的 ISI，旨在连接各供应商提供的不同的 P25 网络。该接口的第一次商业实施可以追溯到 2010 年。P25 ISSI 协议基于 IP，也依赖于控制面的 IETF SIP 和传送 P25 语音帧的 RTP[72]。除了传统 P25 系统和新的基于 IP 的 PPDR SDP 之间的连接，P25 ISSI 的另一个用途在于，开发用于直接向 LTE 终端提供 P25 服务的标准。该标准由美国的 TIA 移动和个人专用无线电标准委员会（Mobile and Personal Private Radio Standards Committee，TIA/TR - 8）规定，通常称为 P25 LTE PTT（P25 PTT over LTE，P25 PTToLTE）。此解决方案的初步架构如图 5.12 所示[73]。它包括位于应用级别 SDP 内的 P25 PTToLTE 服务器，可作为来自（商用或专用）LTE 网络的外部网络连接。到 P25 网络的接入点通过 P25 网络中的 ISSI 网关（Gateway，GW）和 P25 PTToLTE 服务器之间的标准 ISSI 协议实现。然后，使用一项名为用户客户端接口（Subscriber Client Interface，SCI）的新协议，通过 LTE 网络将 P25 PTToLTE 服务器连接到移动终端中的 P25 PTToLTE 客户端。整个解决方案还集成了已经标准化的 P25 控制子系统接口（Console Subsystem Interface，CSSI）协议，用于与控制室调度控制台互联。语音传输依赖于标准的 P25 声码器（语音编码器/解码器），并允许在 LTE 终端上使用 AES 256 位的加密服务。通过这种方式，即使在 LTE 终端终止时，也可以保持 P25 端到端加密。

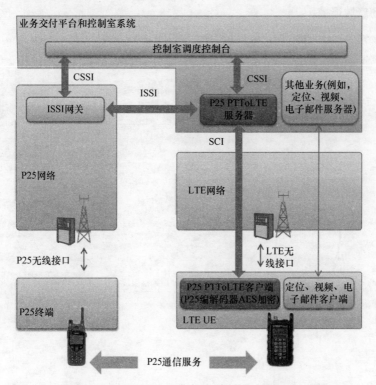

图 5.12　将 P25 服务扩展到 LTE 终端的互通解决方案

5.6.4　可部署系统的互联

　　如 5.3.1 节所述，可部署系统是实现经济有效的网络覆盖的核心。而且，使用可部署系统有助于网络恢复、网络扩展和远程事件响应。

　　可部署系统分为两类：车载基站（Cell On Wheels，COW）和车载系统（System On Wheels，SOW）。一方面，COW 通常包括一个 BS（例如，LTE eNB）以及一个或多个回程传输（例如，微波或卫星）。COW 需要连接到 LTE EPC 和 SDP 所在的核心网，以便能够向在 COW 覆盖下的移动终端提供服务。另一方面，SOW 是可以在没有回程连接情况下工作的全功能系统。事实上，SOW 是比 COW 更加复杂的系统（因此更加昂贵）。作为一般的方法，SOW 更适合于乡村环境和具有大量本地业务的灾害地区，因为在这样的环境中，回程连接往往是一个问题。反过来，在城市和郊区环境中小规模事件的情况下，使用 COW 可以保证与核心网实现更好的连接。根据 COW 和 SOW 的能力和设计约束（例如，尺寸、功能、电源、部署时间、环境保护等），COW 和 SOW 都可以采用不同的形状样式，并且可以安装在拖车、移动车辆或可运输的机架式安装的机箱中。

　　图 5.13 描述了 SOW 和 COW 中集成的与通信相关的主要功能组件及其对远程连接的要求。如图 5.13 所示，SOW 包括一个 eNB 和一个用于向 LTE 设备提供 IP 连接服务的 LTE EPC（即 HSS、P‑/S‑GW、MME 和 PCRF 功能）的轻量级实现。此外，SOW 包括一个本地 SDP，能够在无需具有到远程 SDP 的广域连接的情况下提供服务。根据需要，可以用诸如本地 Wi‑Fi 连接和 PMR 无线电桥之类的网元来补充 SOW，以便在现场实现与支持 Wi‑Fi 的设备（例如，平板/笔记本电脑）和传统 PMR 终端（例如，TETRA/P25 手持无线电）之间的通信。在 COW 的情况下，这种可部署系统通常仅由 eNB 功能实体组成。因此，对于这种系统的操作来说，需要到远程 EPC 和 SDP 的广域连接。

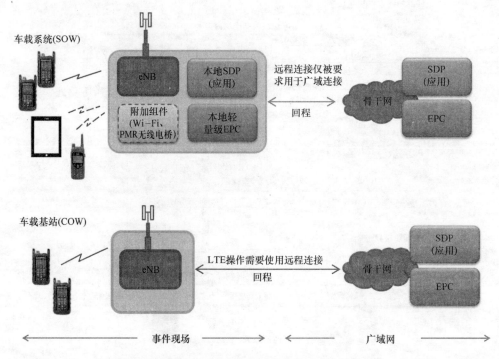

图 5.13　SOW 和 COW 的组件及其对远程连接的要求

　　COW 和 SOW 的解决方案面临着重大的设计挑战。其中，这些挑战之一是，部署设备的无线电设置与相邻 LTE 站点（其可以在覆盖范围内重叠），以及在本地无线电邻域中运行的其他可部署系统中使用的无线电设置之间的"平滑"集成和协调。如果可部署系统使用与 WAN 相同的频率（例如，使用单个 PPDR 专用 10 + 10 MHz 频率分配），那么这种挑战将不可避免。在这方面，LTE 先进的小区间干扰管理能力以及其他特性，如自组织和切换管理，是应对这种情况的基础[74,75]。另一个重要的技术挑战是，在使用 SOW 时，对不同层级连接服务和应用的整合。其目标是在可部署系统和远程 EPC 和 SDP 内，实现本地 EPC 和 SDP 的一致且可互操作的运行，从而让所有的组件一起充当一个单独的广域分布式系统。在这种情况下，应用层的分布式点对多点（对等）架构，正在美国的 FirstNet 试验系统中进行测试[76]。

5.6.5　卫星回程和直接访问

卫星通信为 PPDR 提供了一种独特且重要的方法，可以用来有效地对那些容易受到各种形式的自然灾害和人为灾难影响的地面基础设施及其所遭受的风险进行规划。卫星通信也可以用在现有地面基础设施不足或过载的地区。这使卫星通信成为完整的 PPDR 通信工具库中的重要组成部分[77]。

COW 和 SOW 的回程是卫星通信的一个主要应用。实际上，基于卫星的蜂窝回程解决方案已经存在很多年了，用来在一些偏远位置回传 2G BS 业务，同时也可在 PMR 可部署系统（例如，具有卫星连接的 TETRA BS）中使用。不过，其使用率非常有限，主要是与卫星连接相关的高昂运营成本，将卫星蜂窝回程的使用地位降级到一种只有在万不得已或最坏情况下才会将其作为传输方案的程度，并且仅在没有微波链路或有线备选方案时才会使用。然而，高吞吐量卫星（High – Throughput Satellite，HTS）技术的出现以及使用基于 IP 的 TDMA 卫星接口取代单信道载波（Single Channel Per Carrier，SCPC）的做法，正在改变着卫星回程应用的经济性[78]。工作在 Ka 和 Ku 频段的 HTS，能够利用频率复用技术和多个紧密聚焦的点波束，极大地提高频谱和功率的使用效率，从而降低每秒每兆比特的成本。此外，基于 IP 的 TDMA 卫星接口可以让卫星带宽在多个站点之间共享（即具有中继增益的容量聚合），基于每个站点的实时需求按需分配带宽（与 SCPC 链路相反，在 SCPC 链路中每个站点分配的容量是固定的）。

此外，地面基础设施在卫星连接服务如何提供、定制和管理方面的创新，有助于进一步降低卫星使用的成本。具体来说，可以通过使用诸如网络功能虚拟化（Network Functions Virtualization，NFV）和软件定义网络（Software – Defined Networking，SDN）等技术，促进卫星和地面部分实现更为高效的集成。在卫星通信域中启用 NFV 技术，向运营商提供相应的工具和接口，以便在共享卫星通信平台上建立端到端完全可操作的虚拟化卫星网络，这种网络可以定制并提供给第三方运营商/服务提供商（例如，PPDR 运营商可以管理"它的"虚拟卫星通信平台，用于其可部署系统之间的互联）。反过来，在地面和卫星域之间实现基于 SDN 的联合资源管理，为统一控制面铺平了道路，从而可以让运营商对包括卫星和地面设备的整个通信链的操作进行联合管理和优化。在这方面，欧洲研究项目 VITAL 正在努力实现这些目标[79]。

图 5.14 说明了卫星通信对 COW 互联的适用性。eNB 通过卫星连接与远程 EPC 连接，用于支持 S1 接口（参见第 4 章）。实际上，S1 接口是一个基于 IP 的接口，因此可以使用各种带宽优化技术，例如首部压缩和性能增强代理（Performance – Enhancing Proxies，PEP）技术等。发射功率小于 10W 的卫星终端和直径为 75cm 的天线碟属于常见的配置。最先进的卫星接口是 DVB – S2 及其即将问世的演进版——用于前向链路（从集线器/GW 到卫星终端）的 DVB – Sx 和用于返回链路的 DVB – RCS2。典型的速度可以达到 12Mbit/s 的下行链路和 3Mbit/s 的上行链路。在更苛刻的设置下，甚至还可以达到 50Mbit/s 的下行链路和 20Mbit/s 的上行链路[78]。图 5.14 还表明，卫星容量可以在若干 COW 和 SOW 以及使用的固定站点之间共享，该示例中，所提供的卫星连接可以用在拥塞站点通信量过载情况下，也可以用在一些关键站点弹性的改进上。

ETSI 在卫星应急通信小区（Emergency Communication Cell over Satellite，ECCS）[80]的概念下，开发了一种综合架构，将卫星作为应急通信中的传输方案。ECCS 被理解为，一种支持一个或多个地面无线标准（例如，蜂窝移动电话、PSTN 无绳电话、经由 Wi – Fi 的互联网接入、PMR 服务）的临时应急通信"小区"的概念，它可以通过双向卫星链路的方式被链接/回程到固定（永久）的基础设施。ECCS 系统旨在成为该领域中的准自治的通信基础设施，使灾区内部和外部的用户能够使用不同种类的通信设备实现彼此之间的通信。实际上，ECCS 的概念不是 PPDR 组织

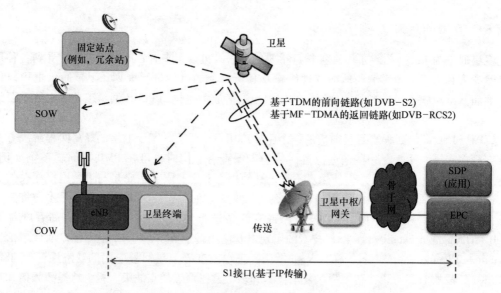

图 5.14　卫星连接上的 S1 接口部署

通信特有的，它还用于解决受影响的人、受害者或其他各种涉及民众的通信需求问题。

ECCS 的架构如图 5.15 所示。尽管可以使用多种技术解决方案来实现 ECCS 系统，但是该架构是技术无关的，并且主要被用来作为一种逻辑模块。整个传输路径涉及多个域，由它们构成了ECCS 的通信链。这些域代表 ECCS 通信链中的网元，在该链中起到逻辑上相邻的作用，或联合实现给定的功能（例如，本地接入）。位于远程位置的 ECCS 服务器和现场的 ECCS 终端，在该架构中发挥着核心的作用。这些设备共同提供经由卫星的无线业务回程，以及在必要时通过 GW或其他特定设备，实现不同服务之间的互联性和互操作性（例如，可以经由作为 ECCS 终端一部分的专用小交换机，实现两个 PSTN 无绳终端之间的现场连接）。事实上，不同类别的 ECCS 终端很可能由于采用不同的设计约束而共存。例如，便携式基本的 ECCS 系统，可以方便地封装在机载设施的手提箱中，通过卫星提供语音和数据访问；可运输且更强大的 ECCS 系统，封装在机载货柜或人工携带的货柜中；移动 ECCS 系统具有"运动中"接入的能力。需要注意的是，ECCS架构假设 ECCS 服务提供商运营整个 ECCS 系统并与其他参与者（例如，卫星容量提供商、PPDR运营商、MNO 等）进行交互。ECCS 运营商作为一种"集中器"，用于在通信服务、内容和基础设施方面，向系统用户提供完整和定制的服务，并且作为他们的主要/单独直接接口。图 5.15 描述了 ECCS 架构中的四种主要的接口：

1）ECCS 服务器—核心网（A）。这些是 ECCS 提供的不同服务核心网互联所需的接口。例如，ECCS 服务器可以提供对 PPDR LTE EPC 核心和 SDP 的访问，如图 5.15 所示。

2）ECCS 服务器—ECCS 终端（B）。这些是与卫星传输连接有关的接口。可以在 ECCS 服务器和终端之间建立具有相同或不同的卫星运营商提供的一个或多个卫星链路。

3）ECCS 终端—ECCS 终端（C）和（C'）。该接口通过卫星或地面链路，可以实现 ECCS 终端之间的直接连接。C'用于实现共享同一 ECCS 服务器（由同一个 ECCS 运营商或服务提供商负责）的 ECCS 终端之间的互联，而 C 则用于与不同服务器（和运营商）相连的 ECCS 终端之间的互联。

4）ECCS 终端—用户终端（地面无线）（D）。这是用在现场提供地面无线服务（例如，经由 Wi - Fi 的互联网接入、经由 2G/3G 移动接口的语音服务、经由 PMR 接口/LTE 接口的 PPDR服务）的接口或接口组。这些服务可以被认为是，通过卫星回程链路连接到其核心网的小型子

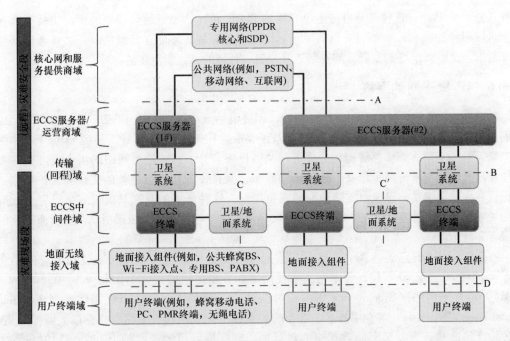

图 5.15 卫星应急通信小区（ECCS）的通用架构

网络。

到目前为止，在前面的讨论中，卫星通信对 PPDR 通信的作用只是被用来作为回程的解决方案。然而，移动卫星服务（Mobile Satellite Service，MSS）系统还可以作为 PPDR 通信手段工具包的一部分。与地面系统相比，MSS 系统可以提供非常大的覆盖区域，因此非常适合将其用在 PPDR 通信中。目前正在运行的 MSS 系统［例如，铱星系统（Iridium）、国际海事卫星（Inmarsat）、萨拉亚卫星（Thuraya）］能够提供语音和数据无线电通信以及对互联网的访问。而且，这些系统可以促进对 MSS 系统外部的公共和专用网络的访问。在数据传输能力方面，目前的产品可以提供高达 500kbit/s 的数据传输速率，并且只需要具有笔记本电脑尺寸大小的平面天线即可。这些 MSS 终端甚至可以由个人携带。还有可以安装在船舶、飞机、卡车或汽车上的 MSS 终端，并且可以提供动中通（Communications – On – The – Move，COTM）能力。ITU – R M. 2149 – 1 [81] 报告中给出了有关用于应急通信的不同 MSS 系统的用途和示例的相关说明。最近，已经出现了将卫星 MSS 终端的功能集成到智能手机中的解决方案（例如，用于一组三星和苹果手机型号的 Thuraya SatSleeve 应用）。SatSleeve 采用适配器的形式，插入智能手机。尽管如此，此解决方案的数据功能仅限于短消息传递，并且数据服务的数据传输速度对于下行链路可以达到 60kbit/s，对于上传可以达到 15kbit/s。

最后，还应考虑在 MSS 卫星网络中引入补充地面组件（Complementary Ground Component，CGC）。CGC 由一个核心地面网组成，使用 MSS 频段的网络卫星段以集成的方式进行操作。该网络配置将卫星的地理覆盖优势与地面移动通信网络的高吞吐量优势相结合。在欧洲，欧盟委员会授权两个欧洲卫星运营商使用 CGC 网络工作在 2 × 30.0MHz（2170 ~ 2200MHz/1980 ~ 2010MHz）的 MSS 频谱（即所谓的 S 波段）。2009 年，授权该频谱资源的使用期为 18 年，涵盖所有欧盟成员国。事实上，2009 年推出的 S 波段卫星段，已经可以支持一部分欧盟成员国的服务。此外，MSS 频段被设置为与 3GPP 标准兼容，因此可以利用全球 LTE 生态体系的规模经济效果在欧洲部署。所以，S 波段的卫星地面网络是 PPDR 部门可以相对快速地实现专用网络方案的一种选择[82]。然而，这种选择目前还没有得到 PPDR 和其他关键通信用户的广泛支持，而这正是推进该项目的根本[14]。而且，目前卫星系统的容量有限，不能立即满足欧洲关键通信部门的全部需求。泛欧洲市场的发展，需要制造并发射一种新的高性能卫星。

5.6.6　IP 骨干网的互联

整个 PPDR 通信系统中不同组件（例如，无线电站点、托管 EPC 和 SDP 的数据中心、MNO与商业网络设备的数据中心、PPDR 可部署系统、应急控制中心和 PSAP、地区/国家 PPDR 网络的互联等）的互联，需要部署庞大的骨干网基础设施。骨干网或这类网络的组合很可能需要组合使用从光纤到卫星链路所涉及的各种传输技术，并且设计和运行足够的冗余和保护机制，从而保证在这种关键基础设施中实现预期的高可用性。这种所需的互联基础设施可以完全或部分地由为提供 PPDR 通信而建立的政府或公共实体所拥有，不过也可以依赖由私营运营商提供的互联服务和设施。

在这方面，光纤已经成为骨干网的主要技术，不过也存在一些使用微波和卫星的小众应用[83]。而在 20 世纪 90 年代，骨干网主要使用诸如异步传输模式（Asynchronous Transfer Mode，ATM）、同步光网络（Synchronous Optical Networking，SONET）和同步数字体系（Synchronous Digital Hierarchy，SDH）等专用技术，当今的大多数（互联网）骨干网建立在以太网标准集上，这种标准集最初是为办公室和数据中心设计的。现在最常用的速度是 1Gbit/s 和 10Gbit/s，且100Gbit/s 速率的应用正逐渐增多。以太网已经占据了主导地位，因为数据中心使用的大量数据创建了大量市场业务，从而掩盖了传统电信语音市场的需求。扩展以太网标准来支持运营商网络的需求。SONET/SDH 仍然是电话业务的骨干和互联网络的核心。此外，现代光纤网络通过光路由提供了更多的灵活性。光路由可以让网络路由特定波长的光，而不考虑其中的内容。商业运营商目前提供的连接服务，通常根据互联服务提供商的系统与客户站点交换信息的 OSI 层次结构来进行分类：

1）第三层（L3）连接。L3 基本上是 IP 的同义词，因此 L3 连接服务实际上指的是 IP 连接服务。这种类型的互联服务通常被称为 IP 虚拟专用网（IP Virtual Private Network，IP VPN）。最先进的 IP VPN 服务确保了具有任意可扩展性和灵活性的任意 IP 网络之间租用线路网络的性能、可靠性和安全性。它们通常基于多协议标签交换（Multiprotocol Label Switching，MPLS）技术[84]。

2）第二层（L2）连接。虽然在过去的几年中，以太网 VPN 变得日益流行，但是使用 L2 技术［例如，帧中继（Frame Relay，FR）和 ATM 虚拟电路（Virtual Circuits，VC）］提供 VPN 的做法，长久以来一直存在[85]。以太网 VPN，有时也被称为 L2VPN、LAN VPN 或全局 VPN，代表了 L2 互联技术的自然演进，以及以以太网专线（Ethernet Private Lines，EPL）的形式提供专用的网络容量。由于以太网 VPN 提供的连接服务在 L3 之下，因此，终端用户可以保留对其 IP 架构、IP 版本、寻址方案和路由表的独立控制。电信级以太网是城域以太网论坛（Metro Ethernet Forum，MEF）使用的营销术语，它是主导架构、服务和管理技术规范的主体，并监督认证计划，以便促进全球电信级以太网的部署和互操作性的实现。在电信级以太网的情况下，用户到网络的接口是标准以太网（即 10Mbit/s 100Mbit/s、1Gbit/s）。实际上，在所谓的以太网 VPN 服务中，承载网类似于一个 L2 以太网交换机，可以在不同的客户站点之间提供多点到多点的连接。

3）第一层（L1）连接。它提供了两个互联站点之间的物理电路。PDH/SDH 是通过点对点数字电路提供 L1 连接的一种合适的网络技术。此类服务通常也被称为（传统的）"租用线路"，尽管术语"租用线路"也可以指基于私有/专用容量［例如，租用私人光纤就是一个（现代）租用线路的例子］提供的其他类型的连接服务。实际上，租用线路的主要区别是，该线路是第三方出租的，而不是自己部署的。虽然，基于 PDH/SDH 技术的专用线路服务在过去是主要的解决方案，但是随着电信网络向全 IP 化转换，这种类型的服务也正在逐步地被以太网（如 EPL）所取代。

4）底层（L0）连接。随着在广域骨干网以及城域网中，部署的密集波分复用（Dense Wavelength – Division Multiplexing，DWDM）设备不断增加，ANSI 和 ITU – T 启动了相应的标准化工作，以便为管理多波长系统［光传送网（Optical Transport Network，OTN）］定义一种通用的方法。OTN 被设计可以为承载各种客户端信号（例如，以太网、SDH）的光信道，提供传输、复用、交换、管理、监控和生存性相关的功能。

当互联解决方案涉及多个运营商和服务提供商时，GSM 协会（GSM Association，GSMA）制定了一种被称为 IP 交换（IP exchange，IPX）的托管 IP 网络解决方案。IPX 是支持端到端 QoS 和级联互联支付原则（即互通价值链中的所有运营商将获得公平的商业回报）的一种全球、专用的托管 IP 网络解决方案。尽管 IPX 框架规范背后的动机之一是要实现移动网络的互联，但是 IPX 服务并不限于 MNO，而是旨在涵盖到其他部门或部门之间的连接，例如，固定网络运营商（Fixed Network Operators，FNO）、互联网服务提供商（Internet Service Provider，ISP）和应用服务提供商（Application Service Provider，ASP）。总体来说，所有这些类型的潜在 IPX 用户，在 IPX 模型中简称为服务提供商。

IPX 可以用于任意 IP 业务的互联，这些 IP 业务可以是标准化的（例如，VoLTE 业务），也可以不是标准化的。IPX 提供三种标准的互联模式，服务提供商可以基于每个业务自由选择：①仅双边传输，其中 IPX 仅在两个服务提供商之间以保证的 QoS 提供传输服务；②双边服务中转，其中 IPX 提供基于 QoS 的传输，以及服务感知的功能；③多边中枢服务，其中 IPX 通过服务提供商和 IPX 之间的单一协议，向多个互联伙伴合作方提供 QoS 传输和服务感知功能。

IPX 网络模型如图 5.16 所示。IPX 是由单独具有竞争关系的 IPX 提供商（或 IPX 运营商）组成的。服务提供商使用本地尾接口（如 EPL）与他们选择的 IPX 提供商连接。服务提供商可以与多个 IPX 提供商连接。IPX 提供商通过对等接口相互连接。在服务传输中，涉及的所有各方（直到终止于服务提供商边界 GW/防火墙）都需要受到端到端 SLA 的约束。公共域名服务（Domain Name Service，DNS）根数据库支持专用网络内的域名解析和 E. 164 号码映射（E. 164 NUmber Mapping，ENUM）能力，以协助将电话号码转换为基于 IP 的寻址方案。该根数据库可以被所有 IPX 方使用。IPX 提供商内的 IPX 代理网元可以用来支持特定 IP 服务的服务感知和互通，并且使其可以使用级联互联计费和多边互联模型（即 IPX 代理中的中枢功能）。技术规范 IR. 34 [87] 中描述了有关 IP 寻址、安全性、端到端 QoS 以及确保连接到骨干网的服务提供商之间互操作性的指导方针和一些常见规则。IR. 34 中制定的安全准则由另一个文件 IR. 77[88] 予以补充，该文件集中为 IPX 提供商以及连接到 IPX 骨干网的服务提供商提供详细的安全要求。

在现实中，一些国际运营商已经提供了 IPX 服务［例如，英国电信集团（BT Wholesale）、西班牙电信国际批发业务（Telefonica International Wholesale Services）等］，尽管其中一些提供的服务形式有限（例如，仅支持双边传输）。在 PPDR 通信方面，为响应 FCC 关于美国建立的宽带 PPDR 网络实现方案的调查通知书（Notice of Inquiry，NoI），提议使用第三方 IPX 解决方案来实现区域网络之间的互联[89]。目前，欧洲研究项目 ISITEP 计划使用 5. 6. 3 节描述的新的 IP ISI，实现国家 TETRA 和 TETRAPOL 网络的互联，为此，ISITEP 考虑了这种 IPX 模型，以及其他的一些实现方案[90]。

5. 6. 7　基于 MVNO 解决方案的网络架构

如 5. 5. 2 节所述，基于 MVNO 模式提供移动宽带 PPDR 通信的解决方案，是目前一些欧洲国家考

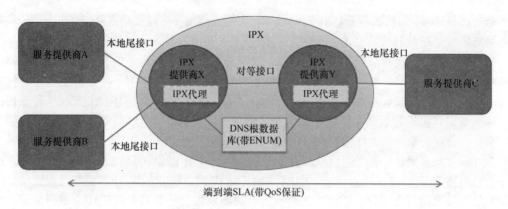

图 5.16　GSMA IPX 模型

虑的一种可行的短期解决方案。基于前面几个小节中描述的网络设计和实现方面的内容，本小节概述了欧盟研究项目 HELP 中开发的基于 MVNO 提供方案的一些主要特征[37,58]。图 5.17 展示了包含关键网元和接口的整个系统架构的概要视图，图中相关内容的描述将在下面给出。

HELP 项目中定义的这种系统架构引入了 PPDR 运营商核心基础设施，该基础设施是由 IMS 功能、应用服务器和 EPC 网络组件（即 HSS、PCRF 和 P – GW）组成的，各组成部分都通过专用 IP 网进行互联。

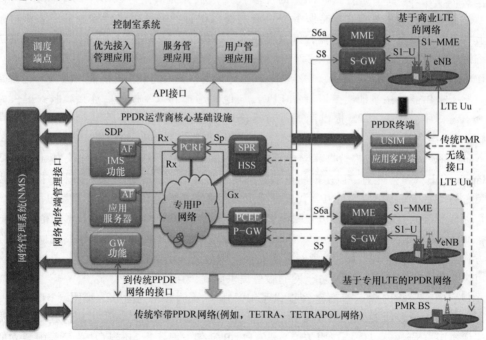

图 5.17　HELP 项目中提供 PPDR 通信的系统架构

该核心基础设施用于通过借助于 3GPP 接口（例如，用于数据传送的 S8 和用于信令传送的 S6a，如图 5.17 所示）互联的多个商业 LTE 网络，向配有支持 LTE 的 PPDR 终端的现场用户提供 PPDR 服务。假设 PPDR 运营商和多个商业运营商之间建立了国内漫游协议。除了使用商业容量之外，可以认为 PPDR 运营商还在一些特定的区域部署了专用 LTE 接入容量（在图 5.17 中表示为基于专用 LTE 的 PPDR 网络）。在核心基础设施内托管的 P – GW 提供对该关键基础设施的安全访问，并且允许 PPDR 运营商完全管理 IP 连接服务（例如，专用 APN 和 IP 地址分配）。此外，由于 P – GW 用作所有 PPDR 业务的移动锚节点，所以在没有服务中断的情况下促进了多个网络（商业或专用）之间的移动性。在 IP 连接服务之上，商业或 PPDR 定制的移动 VPN 解决方案将用于在客户端与 SDP 中服务器应用端点之间建立额外的安全层。

PPDR 运营商的核心基础设施还包含一个用于与传统 PMR 网络基础设施互通的 GW。在HELP 项目方面，所考虑的是传统的 TETRAPOL 网络，不过提出的解决方案并不限定于 TETRAPOL 技术。GW 将 TETRAPOL 协议转换为 SIP 和 RTP，反之亦然，以便在两端保持相同的群组呼叫服务。

PPDR 运营商控制着 PPDR 用户使用的 USIM 卡的购买和供应。这种方法避免了 PPDR 用户需要同时订阅多个商业运营商的服务（即用户需要使用多个 USIM 卡并且使用具有多 SIM 卡支持能力的终端），并且通过在各运营商之间的切换或无需更换用户的 USIM 卡即可实现对各运营商的支持的能力，从而提供与商业 MNO 之间的独立性。

图 5.17 中所示的网络管理系统（Network Management System，NMS）指的是 PPDR 运营商使用的技术和管理工具的集合，用来控制和监测核心基础设施、终端、USIM、传统 PMR 以及任意可能被部署的专用 LTE 接入网基础设施的运行。

例如，PPDR 运营商的核心基础设施通过应用编程接口（Application Programming Interface，API）连接到控制室系统（Control Room System，CRS），PPDR 用户通过 CRS 进行战术和行动管理。CRS 包括用于访问 PPDR 业务的调度应用（例如，用于与现场用户通信的调度端点），以及用于处理所提供 PPDR 业务的管理和操作问题的控制和监视应用。具体来说，CRS 包括：

1) 用户管理应用。此应用可以对 PPDR 用户的数据进行控制和管理。保持对 PPDR 户订阅信息的控制，对于战术和操作 PPDR 管理人员来说是必不可少的，因为它可以让 PPDR 人员管理用户配置过程（例如，用户的激活/移除），以及设置所需的用户能力（例如，具有 QoS 设置的用户服务配置文件）。

2) 服务管理应用。此应用允许对提供的服务功能进行动态管理，以便在控制室的用户能够调整 PPDR 服务配置满足特定的操作需求（例如，创建群组、激活补充服务等）。

3) 优先访问管理应用。此应用可以让控制室内的操作和战术 PPDR 管理人员能够直接控制应用于 PPDR 业务的优先级策略。这些策略不仅考虑了特定用户基于其机构从属关系的相对优先级，而且还考虑了应用的具体使用环境（例如，PPDR 用户在事件命令结构中的角色、事件类型、任务关键且必须优先的应用、用户的位置等）。优先级支持被认为是一种对 MPS 的实现（如4.5.4 节中所描述的），其中 PCRF 功能被分配在 PPDR 运营商的核心基础设施内部。通过这种方式，PPDR 管理人员能够配置 PCRF 网元用于 QoS 控制决策（例如，ARP 和 QCI 值的选择）所使用的信息和规则。如图 5.17 所示，所提出的这种实现还需要将 PCC 子系统（在 4.2.3 节中所描述的）的其他标准化的 3GPP 功能实体部署成为 PPDR 核心网基础设施的一部分 [即应用功能（Application Function，AF）、用户属性存储器（Subscriber Profile Repository，SPR）以及策略和计费执行功能（Policy and Charging Enforcement Function，PCEF）]。

参 考 文 献

[1] Bill Dean, Dave Kaun, Dave McCauley, Mike Milas, 'Options for Communications Governance and Cost Sharing', January 2009.

[2] Alphonso E. Hamilton, 'Why carrier-hosted P25 as a Service provides a roadmap for greater agency participation', Urgent Communications, January 2015.

[3] ITU-T Rec. Y.2011 (10/2004), 'Next Generation Networks – frameworks and functional architecture models. General principles and general reference model for Next Generation Networks', October 2004.

[4] NPTSC, 'Defining Public Safety Grade Systems and Facilities', May 2014.

[5] Claudio Lucente, 'Public Safety 700 MHz Mobile Broadband Communications Network; Operational Requirements', Document prepared for the Public Safety Canada/Interoperability Development Office and the Centre for Security Science, February 2012.

[6] Federal Communications Commission (FCC), 'Recommended Minimum Technical Requirements to Ensure Nationwide Interoperability for the Nationwide Public Safety Broadband Network', May 2012.

[7] ETSI TR 102 022-1 V1.1.1 (2012-08), 'User Requirement Specification; Mission Critical Broadband Communication Requirements', August 2012.

[8] National Public Safety Telecommunications Council (NPSTC), 'Public Safety Broadband High-Level Launch Requirements Statement of Requirements for FirstNet Consideration', 7 December 2012.

[9] National Public Safety Telecommunications Council (NPSTC), 'Public Safety Broadband Push-to-Talk over Long Term Evolution Requirements', 18 July 2013.

[10] Keynote presentation titled 'Getting Ready to Create FirstNet' at PSCR Conference, Westminster, Colorado given by Craig Farrill, Acting CTO and FirstNet Board Member, 5 June 2013. Reproduced in 4G Americas White Paper '4G Mobile Broadband Evolution: 3GPP Release 11 & Release 12 and Beyond'.

[11] ECC Report 199, 'User requirements and spectrum needs for future European broadband PPDR systems (Wide Area Networks)', May 2013.

[12] Ericsson, 'Key characteristics of a Public Safety LTE network', February 2014.

[13] Eric Wibbens, 'Public Safety Site Hardening: Site and System Considerations for Public Safety Grade Operations', White Paper by Harris Corporation, 2013.

[14] TETRA and Critical Communications Association (TCCA), 'A review of delivery options for delivering mission critical solutions', Version 1.0, December 2013.

[15] Drat ECC Report 218, 'Harmonised conditions and spectrum bands for the implementation of future European broadband PPDR systems', April 2014.

[16] Simon Forge, Robert Horvitz and Colin Blackman, 'Study on use of commercial mobile networks and equipment for "mission-critical" high-speed broadband communications in specific sectors', Final Report, December 2014.

[17] FM49(13) 071, 'On the Future Architecture of Mission Critical Mobile Broadband PPDR Networks', White Paper from German Federal Ministry of the Interior, Project Group on Public Safety Digital Radio; Federal Coordinating Office, Version 1.1, 19 November 2013.

[18] APT Report on 'PPDR Applications Using IMT-based Technologies and Networks', Report no. APT/AWG/REP-27, Edition April 2012.

[19] Ericsson White Paper, 'Public safety mobile broadband', Uen 305 23-3228, February 2014.

[20] R. Ferrús and O. Sallent, 'Extending the LTE/LTE-A Business Case: Mission- and Business-Critical Mobile Broadband Communications', Vehicular Technology Magazine, IEEE, vol.9, no.3, pp.47, 55, September 2014.

[21] Xu Chen, Dongning Guo and J. Grosspietsch, 'The public safety broadband network: a novel architecture with mobile base stations', Communications (ICC), 2013 IEEE International Conference on Communications (ICC) 20139–13 June 2013.

[22] 'FirstNet Board Meeting', 10 March 2014. Transcript available online at http://www.firstnet.gov/sites/default/files/FirstNet_board_committee_meetings_march_10_2014_transcript.pdf (accessed 29 March 2015).

[23] JerseyNet, Public Safety network of the State of New Jersey. Available online at http://jerseynet.state.nj.us/ (accessed 29 March 2015).

[24] Donny Jackson, 'PSCR testing extended-cell LTE for rural use', Urgent Communications, 18 December 2013.

[25] Christopher Redding and Camillo Gentile, 'Extended range cell testing', 2014 Public Safety Broadband Stakeholder Conference, 3–5 June 2014.

[26] Donny Jackson, 'Incentives needed to bolster in-building communications for first responders', Urgent Matters, October 2013.

[27] John Facella, 'Your Guide to In-Building Coverage: work is underway to revise the National Fire Protection Association (NFPA) standards to ensure all codes are streamlined and cohesive for public-safety officials', Mission Critical Communications Magazine, June 2014.

[28] Donny Jackson, 'Panel debates the challenges of providing indoor coverage to public safety', Urgent Communications, November 2014.

[29] TE Connectivity, 'TE public safety DAS as a discrete system', Application Note, 2014. Available online at www.te.com/WirelessSolutions (accessed 29 March 2015).

[30] Tracy Ford, 'Mission-critical implications of small cells', Mission Critical Communications Magazine, August 2014.

[31] Small Cell Forum. Available online at http://www.smallcellforum.org/ (accessed 29 March 2015).

[32] Donny Jackson, 'SouthernLINC Wireless announces plan to build LTE network', Urgent Communications, 12 September 2013.

[33] Donny Jackson, 'Public safety reconsiders who should use its broadband network', Urgent Communications, 15 May 2013.

[34] Donny Jackson, 'Webinar panel outlines the financial challenges facing FirstNet', Urgent Communications, 2 July 2013.

[35] Tammy Parker, 'Rivada sets sights on commercial market for its spectrum arbitrage platform', FierceWirelessTech, 26 January 2014.

[36] Bill Schrier, 'Band-14-every-cellular-device?', Urgent Communications, 12 June 2013.

[37] G. Baldini, R. Ferrús, O. Sallent, Paul Hirst, Serge Delmas and Rafał Pisz, 'The evolution of Public Safety

Communications in Europe: the results from the FP7 HELP project', ETSI Reconfigurable Radio Systems Workshop, Sophia Antipolis, France, 12 December 2012.

[38] Rob Stafford, Todd Bohling and Tracy McElvaney, 'Priority, pre-emption, and quality of service', Public Safety Broadband Stakeholder Conference, June 2014.

[39] Kevin McGinnis, 'FirstNet Update', FirstNet Board Member, 13 November 2014.

[40] ITU-T Rec. E.106, 'International Emergency Preference Scheme (IEPS) for disaster relief operations', October 2003.

[41] Government Emergency Telecommunications Service (GETS). Available online at http://www.dhs.gov/government-emergency-telecommunications-service-gets.

[42] Wireless Priority Service (WPS). Available online at https://www.dhs.gov/wireless-priority-service-wps.

[43] Wireless Priority Service (WPS) in Canada. Available online at http://www.ic.gc.ca/eic/site/et-tdu.nsf/eng/h_wj00016.html (accessed 29 March 2015).

[44] UK Cabinet Office, 'Privileged Access Schemes: MTPAS, FTPAS and Airwave'. Available online at http://www.cabinetoffice.gov.uk/content/privileged-access-schemes-mtpas-ftpas-and-airwave (accessed 29 March 2015).

[45] Report ITS 22, 'Interworking Aspects Related to Priority Services in Swedish Public Communications Networks'. Available online at http://www.its.se/ITS/ss6363x/ss6363xx.htm (accessed 29 March 2015).

[46] PROSIMOS Project website. Available online at http://www.prosimos.eu/PROSIMOS/ (accessed 29 March 2015).

[47] Donny Jackson, 'Rivada Networks receives patent to enable public-safety preemption on commercial wireless networks', Urgent Communications, 10 September 2014.

[48] 3GPP TR 22.950, 'Priority service feasibility study'. Available online at http://www.3gpp.org/DynaReport/22950.htm (accessed 29 March 2015).

[49] 3GPP TR 22.952, 'Priority service guide'.

[50] 3GPP TS 22.067, 'Enhanced Multi-Level Precedence and Pre-emption service (eMLPP); Stage 1'.

[51] 3GPP TS 23.067, 'Enhanced Multi-Level Precedence and Pre-emption Service (eMLPP); Stage 2'.

[52] 3GPP TS 24.067, 'Enhanced Multi-Level Precedence and Pre-emption service (eMLPP); Stage 3'.

[53] Ryan Hallahan and Jon M. Peha, 'Policies for public safety use of commercial wireless networks', 38th Telecommunications Policy Research Conference, October 2010.

[54] Hub One and IDATE, 'Critical and professional 4G/LTE: towards mobile broadband', White Paper, 2014.

[55] European Union Agency for Network and Information Security (ENISA), 'National Roaming for Resilience: National roaming for mitigating mobile network outages', November 2013.

[56] Daniel Ericsson, 'The OTA Platform in the World of LTE', Giesecke & Devrient white paper, January 2011.

[57] Carlos Camarán and Diego De Miguel (Valoris), 'Mobile Virtual Network Operator (MVNO) basics: what is behind this mobile business trend', Telecom Practice, October 2008.

[58] R. Ferrús, O. Sallent, G. Baldini and L. Goratti, 'LTE: The Technology Driver for Future Public Safety Communications', Communications Magazine, IEEE, vol.**51**, no.10, pp.154, 161, October 2013.

[59] Christian Mouraux, 'ASTRID High Speed Mobile Data MVNO', PMR Summit, Barcelona, 18 September 2012.

[60] A. Khan, W. Kellerer, K. Kozu and M. Yabusaki, 'Network sharing in the next mobile network: TCO reduction, management flexibility, and operational independence', Communications Magazine, IEEE, vol.**49**, no.10, pp.134, 142, October 2011.

[61] GSMA White Paper, 'Mobile infrastructure sharing', 2012. Available online at http://www.gsma.com/publicpolicy/wp-content/uploads/2012/09/Mobile-Infrastructure-sharing.pdf (accessed 29 March 2015).

[62] 3GPP TR 22.852 V13.1.0 (2014-09), 'Study on Radio Access Network (RAN) sharing enhancements (Release 13)', September 2014.

[63] Alcatel-Lucent, Comments of Alcatel-Lucent to the 'National Telecommunications and Information Administration (NTIA)' in response to the NoI in the Matter of 'Development of the Nationwide Interoperable Public Safety Broadband Network', Docket no. 120928505-2505-01, November 2012.

[64] APCO International, 'Exploring Business Tools for Leveraging Assets', v10.0 final, July 2013.

[65] ETSI TR 103 269-1 V1.1.1, 'TETRA and Critical Communications Evolution (TCCE); Critical Communications Architecture; Part 1: Critical Communications Architecture Reference Model', July 2014.

[66] ETSI EN 300 392-1 V1.3.1, 'Terrestrial Trunked Radio (TETRA); Voice plus Data (V+D); Part 1: general network design', June 2005.

[67] Draft TS 103 269-2 V0.0.2, 'TETRA and Critical Communications Evolution (TCCE); Critical Communications Architecture; Part 2: Critical Communications application mobile to network interface architecture', December 2014.

[68] The UK Government's National Technical Authority for Information Assurance (CESG), 'End User Devices Security Guidance: Enterprise considerations', Updated 23 January 2014. Available online at https://www.gov.uk/government/publications/end-user-devices-security-guidance-enterprise-considerations (accessed 29 March 2015).

[69] ETSI EN 300 392-3-1, 'TETRA V+D ISI General Design', V1.3.1, August 2010.

[70] C. Becchetti, F. Frosali and E. Lezaack, 'Transnational Interoperability: A System Framework for Public Protection and Disaster Relief', Vehicular Technology Magazine, IEEE, vol.**8**, no.2, pp.46, 54, June 2013.

[71] ISITEP Deliverable D2.4.1, R. Ferrús (Editor), 'System subsystem design description (SSDD) candidate release', September 2014. Available online at http://isitep.eu/ (accessed 29 March 2015).

[72] Sandra Wendelken, 'New P25 ISSI Features Set to Boost Demand', Radio Resource Magazine, 2 July 2014. Available online at http://mccmag.com/onlyonline.cfm?OnlyOnlineID=466 (accessed 29 March 2015).

[73] W. Roy McClellan III and Michael Doerk, 'Standards for P25 over LTE', within book 'P25 What's Next for the Global Standard?', Mission Critical Communications, Education Series, 2013.

[74] D. Lopez-Perez, I. Guvenc, G. de la Roche, M. Kountouris, T.Q.S. Quek and Jie Zhang, 'Enhanced Intercell Interference Coordination Challenges in Heterogeneous Networks', Wireless Communications, IEEE, vol.**18**, no.3, pp.22, 30, June 2011.

[75] Ying Loong Lee, Teong Chee Chuah, J. Loo and A. Vinel, 'Recent Advances in Radio Resource Management for Heterogeneous LTE/LTE-A Networks', Communications Surveys & Tutorials, IEEE, vol.**16**, no.4, pp.2142, 2180, Fourth Quarter 2014.

[76] Joe Boucher and Mike Wengrovitz, 'Embracing FirstNet Collaboration challenges', Mutualink Inc. White Paper, version 1.1, November 2014.

[77] Satellite Industry Association (SIA), 'SIA First Responder's Guide to Satellite Communications', 2007. Available online at http://transition.fcc.gov/pshs/docs-basic/SIA_FirstRespondersGuide07.pdf (accessed 29 March 2015).

[78] iDirect, 'Extending 3G and 4G Coverage to Remote and Rural Areas Solving the Backhaul Conundrum', White Paper, November 2013.

[79] Horizon 2020 European research project VITAL. Available online at www.ict-vital.eu (accessed 29 March 2015).

[80] ETSI TR 103 166 v1.1.1, 'Satellite Earth Stations and Systems (SES); Satellite Emergency Communications (SatEC); Emergency Communication Cell over Satellite (ECCS)', September 2011.

[81] Report ITU-R M.2149-1 (10/2011), 'Use and examples of mobile-satellite service systems for relief operation in the event of natural disasters and similar emergencies', October 2011.

[82] Solaris Mobile, Luxembourg, 'Input on the 2 GHz MSS band and proposals for ECC Report B', FM 49 Radio Spectrum for BB PPDR, Brussels, Belgium, 21–22 March 2013.

[83] OECD, 'International cables, gateways, backhaul and international exchange points', OECD Digital Economy Papers, No. 232, OECD Publishing, 2014. Available online at 10.1787/5jz8m9jf3wkl-en (accessed 29 March 2015).

[84] IETF RFC 4364, 'BGP/MPLS IP Virtual Private Networks (VPNs)', February 2006.

[85] P. Knight and C. Lewis, 'Layer 2 and 3 Virtual Private Networks: Taxonomy, Technology, and Standardization Efforts', Communications Magazine, IEEE, vol.**42**, no.6, pp.124, 131, June 2004.

[86] Metro Ethernet Forum (MEF). Available online at http://metroethernetforum.org/ (accessed 29 March 2015).

[87] GSM Association, 'Guidelines for IPX Provider networks (Previously Inter-Service Provider IP Backbone Guidelines)', Official document IR.34, Version 9.1, May 2013. Available online at http://www.gsma.com/newsroom/wp-content/uploads/2013/05/IR.34-v9.1.pdf (accessed 29 March 2015).

[88] GSM Association, 'Inter-Operator IP Backbone Security Requirements for Service Providers and Inter-operator IP backbone Providers', Official document IR.77, Version 2.0, October 2007. Available online at http://www.gsma.com/technicalprojects/wp-content/uploads/2012/05/ir77.pdf (accessed 29 March 2015).

[89] Syniverse Technologies, Response to the Federal Communications Commission (FCC), 'Service Rules for the 698–746, 747–762 and 777–792 MHz Bands; Implementing a Nationwide, Broadband, Interoperable Public Safety Network in the 700 MHz Band; Amendment of Part 90 of the Commission's Rules', April 2011.

[90] ISITEP Deliverable D2.4.3, R. Ferrús (Editor), 'Network architecture candidate release', September 2014. Available online at http://isitep.eu/ (accessed 29 March 2015).

第 6 章   PPDR 通信的无线电频谱

6.1   频谱管理：监管框架和模式

频谱管理是规范无线电频率使用，提高使用效率并获得社会净收益的过程[1]。有效的频谱管理必须解决三个主要的问题。首先，要将正确的频谱需求量分配给特定的用途或使用类别。其次，需要向特定的用户或用户群体分配使用权。第三，需要随着技术和市场的不断发展，调整既定的政策或策略。

在大多数国家中，无线电频谱被认为是国家的专有财产（即无线电频谱是国家资源，在这个意义上非常类似于水、土地、天然气和矿物）。因此，存在各种不同的无线电频谱项目（例如，用于各种无线电业务的频率分配、向发射站分配无线电牌照和频率、设备类型的批准、频率使用计费等），需要进行国家监管。为此，在主权国家内通常会建立国家监管部门（National Regulatory Authority，NRA），作为频谱管理和监管的主管法律监管机构。然而，由于无线电频谱的性质（无线电波无国界），因此有必要签署对无线电频率使用进行监管和协调的国际性协议，从而在协议缔约国之间，协调相邻国家之间的无线通信。这些国际协议通常将多边和双边方面的利益结合起来。因此，有效的频谱管理需要在国家、区域和全球的层面上进行监管。

在无线电发展的历史上，访问无线电频谱的监管原则基本上保持不变[2]。频谱块首先通过国际协议分配给广泛定义的业务（例如，移动业务、广播业务、卫星业务、射电天文业务等）。这个过程被称为分配。然后，下一步是分配频率并通过 NRA 向特定的用户或用户类别授权。最后，对频谱使用的授权，是一种国家权利，受国际义务的限制。并且，在一些国家中，如欧盟（European Union，EU）成员国，对频谱使用的授权，也会受到欧盟共同体法律的约束。

本节后续内容将分别从全球、区域和国家层面上，对管理频谱使用的主要监管和法律文件进行概括性的介绍。其中，有关区域和国家层面上的讨论内容，主要以欧洲作为背景。本节最后将对频谱管理的模式和发展进行讨论，以求实现更为有效和更加灵活的频谱资源使用。

6.1.1   全球层面的监管框架

国际全球监管框架由国际电信联盟（International Telecommunication Union，ITU）提供，国际电信联盟是联合国的一个专门机构。在国际电联内，国际电联无线电通信部门（ITU Radiocommunication Sector，ITU－R）在全球无线电频谱管理中发挥着核心作用。ITU－R 力求确保所有无线电业务合理、平等、高效和经济地使用无线电频谱资源。国际电联在无线电频谱监管方面优先考虑的主要工作包括以下内容：

1) 防止有害干扰。

2) 将无线电业务分配到无线电频谱中各无线电频段（包括国际航空和航海中使用系统的全球统一分配），同时考虑共享和兼容性研究。

3) 促进频谱的高效使用。

为此，最重要的国际电联法律文件是"无线电规则（Radio Regulations，RR)[3]"，它是由国际电联各成员国共同签署批准的。国际电联的"无线电规则"是关于如何定义、分配和使用无线电波，而不会在全世界各种无线业务之间产生有害干扰的一种全球协议。国际电联的"无线电规则"只对各国有约束力，而并不适用于个人或运营商。因此，遵守国际电联"无线电规则"的前提是，各国需要采取一系列的措施（立法、规章、许可证和授权条款），在国内履行对其他频谱用户（运营商、主管部门、个人等）的义务。因此，为了实现有效的频谱管理，国际电联"无线电规则"提出了一个国际框架，其主要结构是，需要在各个领域（卫星通信、海事、民用航空、科学研究等）的全球协调，不同类型无线电通信网络之间的共存能力和频段的物理属性。它对行业的规模经济，乃至无线电产品的设计方面，都有着重大的影响意义。

ITU – R 的监管和政策职能主要是通过世界和区域性无线电通信大会和无线电通信全会执行的。世界无线电通信大会（World Radiocommunication Conferences，WRC）每 4 ~ 5 年定期举行一次，所通过的决议被纳入国际电联"无线电规则"。每次 WRC 之前，都会有很多 ITU – R 研究组和工作组[4]为国际电联"无线电规则"提供支持、研究和相关背景。这项工作的参与者包括来自国家监管部门的代表，以及代表一组国家共同利益的区域性频谱管理组织。

国际电联"无线电规则"（"无线电规则"第五条）包含了一个频率分配表（Table of Frequency Allocations，TFA），它为一个或多个地面或空间无线电通信业务或特定条件下的射电天文业务分配其需要使用的频段。无线电通信业务被定义为用于特定目的的无线电波的传输、发射和/或接收。地面业务和空间业务本身可以进一步细分为几种不同类型的业务（固定业务、移动业务、广播业务等）。每个频段可以被分配给一个或多个无线电业务（通常为 2 ~ 4 个）。频段按主要或次要的使用形式分配给无线电通信业务。次要业务的台站不得对主要业务的台站造成有害的干扰，不能要求保护以免受主要业务台站的有害干扰。为了在频率划分中能够根据需要识别出不同区域之间的差别，国际电联将世界分为三个地理区域（1、2 和 3），因此每个区域的TFA 都是特定的。

除了对无线电业务的频率分配外，国际电联"无线电规则"还包含了关于特定频率分配注册（和保护）以及无线电频率使用方面的管理规定。国际电联"无线电规则"的大多数规定的原则是，所有新的频率分配（即对运营无线电台站的新授权）必须避免对使用根据商定的 TFA和国际电联"无线电规则"其他规定分配的频率的台站业务造成有害的干扰，其特性记录在国际频率注册总表（Master International Frequency Register，MIFR）中。具体来说，新的频率分配只有在确保不会对根据"无线电规则"和以前记录系统的频率分配造成有害干扰之后，才能被记录在 MIFR 中。

6.1.2 区域层面的监管框架

区域频谱管理组织在无线电频谱资源管理方面也发挥着重要的作用。目前，世界上主要有 6个区域性的组织：

1）美洲电信委员会（Inter – American Telecommunications Commission，CITEL）。

2）欧洲邮电管理局会议（European Conference of Postal and Telecommunications Administrations，CEPT）。

3）亚太电信组织（Asia – Pacific Telecommunity，APT）。

4）非洲电信联盟（African Telecommunications Union，ATU）。

5）阿拉伯频谱管理组（Arab Spectrum Management Group，ASMG）。

6）区域通信联合体（Regional Commonwealth in the Field of Communications，RCC）。

这些组织寻求在其区域内统一协调频谱使用。这些组织还在诸如 ITU – R WRC 等全球性论坛中，代表其成员国及其 NRA 以及电信提供商和区域产业的利益。具体来说，区域频谱组织具有 WRC 筹备职能：各区域主管部门向区域频谱组织提交草案，区域组织根据其自身程序，在

WRC 之前通过共同提案，并代表其所有成员将区域提案提交给 WRC。

在欧洲层面，CEPT 内的电子通信委员会（Electronic Communications Committee，ECC）汇集了 48 个国家，在欧洲几乎整个地理区域内，制定了电子通信和相关应用的共同政策和法规。ECC 的主要目标是，制定协调统一的欧洲无线电频率使用规定。关于频谱使用条件的持久协商对于整个欧洲来说至关重要，因为它能够使人们根据行业要求和国家情况调整频谱的使用条件。CEPT ECC 在国际层面上始终发挥着积极的作用，负责制定共同的欧洲提案，这些提案代表着欧洲在国际电联和其他国际性组织中的利益。为了实现这些目标，CEPT ECC 赞成采用一个统一的欧洲频率划分和应用表［被称为欧洲公共分配（European Common Allocation，ECA），并在欧洲通信局频率信息系统（European Communications Office Frequency Information System，ECO EFIS）内公布］，以建立欧洲无线电频谱利用的战略框架[5]。CEPT ECC 提供 ECC 决议（强制 NRA 遵循的措施）、ECC 建议（鼓励 NRA 应用的措施）和 ECC 报告（ECC 的研究结果）[6]。ECC 决议和 ECC 建议的实施由 CEPT 成员的 NRA 在自愿的基础上进行。因为 CEPT 可交付的成果不属于强制性的法定文件。不过，它们通常由很多 CEPT 的管理部门予以实施[6]。

在给定用途和特定条件下，有关确定频谱可用性的法律和政策，实际上是在欧盟的部分成员国之间完成的。欧盟委员会（European Commission，EC）是欧盟的执行机构，负责执行欧盟无线电频谱政策，旨在协调整个欧盟的频谱管理方法。无线电频谱政策是在 2002 年通过的无线电频谱决议（676/2002/EC）[7]上发起的。根据无线电频谱决议设立了两个互补机构，以促进协商，并在欧盟成员国之间制定和支持无线电频率政策：

1）无线电频谱政策小组（The Radio Spectrum Policy Group，RSPG），由一组高层代表组成，负责就地区内的政策提供广泛的咨询建议。RSPG 包括欧盟委员会和欧盟成员国内的频谱主管部门，向欧盟委员会提供与频谱有关的高级政策事项建议。欧洲经济区（European Economic Area，EEA）国家、欧洲议会以及地区和国际机构的代表，可以作为观察员出席。在转交委员会之前，RSPG 的专家意见将提交给所有频谱用户（包括商业和非商业用户），以及其他所有对此有兴趣的利益相关方，进行公共磋商。因此，RSPG 为成员国、欧盟和所有相关的利益攸关方搭建了唯一一个讨论和协调无线电频谱的平台。

2）无线电频谱委员会（Radio Spectrum Committee，RSC），协助欧盟委员会制定具体的监管实施措施，并将欧盟委员会任务⊖委派给 CEPT ECC。通过这种方式，欧盟委员会可以请求 CEPT 提供频率分配，以支持欧盟的政策，然后将 CEPT 提供的内容编入欧盟委员会决议，使其具备法律约束力。欧盟委员会和 CEPT ECC 之间的 MoU 定义了他们合作的基础。此外，弥合欧盟委员会和 ECC 监管框架的一个重要因素是 ECC 管理的 ECO EFIS，以及欧盟委员会已经决定成为“欧洲共同频谱信息门户”（欧盟成员国有义务在 EFIS 中公布其频率信息）。

因此，可以通过欧盟委员决议⊖（这是欧盟成员国必须实施的）或通过实施上述 CEPT ECC 决议或建议⊜，在欧盟范围内建立一致的条件。实际中，有可能存在背离欧盟委员会统一措施的

⊖ 欧盟委员会任务是欧盟委员会通过其无线电频谱委员会（Radio Spectrum Committee，RSC）向 CEPT 请求进行技术研究，以便在欧盟层面制定技术实施措施。无线电频谱委员会根据无线电频谱决定向 CEPT 委派任务并对其授权。无线电频谱委员会和 CEPT 密切合作，由任务产生的 CEPT 报告或 CEPT 研究成果将反馈给无线电频谱委员会，并作为无线电频谱委员会决议的技术基础。随后，再将这些作为欧盟委员会制定有关欧盟无线电频谱政策环境相关决议或提议的基础。

⊖ 现行的立法（决议和指令），以及欧盟委员会发布的其他官方文件（通信、建议、理事会结论），可参阅网站 http://ec. europa. eu/digital – agenda/en/radio – spectrum – policy – document – archive 的内容。

⊜ 经 ECC 批准的决议、建议和报告相关的资料库，可参阅网站 http://www. erodocdb. dk/default. aspx 内的 ECO 文档数据库。该数据库还提供了与频谱法规相关的主要欧盟委员会决议。

情况，因此欧盟成员国需要向欧盟委员会申请批准，在预计的期限内允许出现这种背离统一措施的情况出现。此外，由于最近更新了电子通信服务（Electronic Communications Services，ECS）的监管框架，欧盟委员会现在允许向欧洲议会和理事会提交立法建议，以便建立多年度的无线电频谱政策计划（Radio Spectrum Policy Programmes，RSPP）[8]。2012 年批准的第一个 RSPP 创建了一个全面的路线图，有助于无线技术和服务的内部市场化，特别是它符合了 2020 欧洲倡议和数字欧洲议程。RSPP 制定了一般原则，呼吁采取具体行动，以便实现欧盟政策的目标。RSPP 制定的具体行动包括为无线安全服务和民防相关的内部市场的发展提供足够的协调频谱。在更广泛的电信监管领域中，欧盟还在电子通信网络和服务（Electronic Communications Networks and Services，ECN&S）[9] 方面，建立统一的使用权监管框架。ECN&S 规则还包含了一些有关 ECS 的无线电频率管理方面的规定。其中，规则要求成员国应确保用于 ECS 的频谱分配和国家主管部门发布的使用此类无线电频谱的一般授权或单独使用权利，是基于客观、透明、非歧视和均衡的标准的。

作为对 CEPT ECC 和欧盟委员会工作的补充，欧洲电信标准化协会（European Telecommunications Standards Institute，ETSI）是一个行业主导的组织，并且在欧洲无线电设备和频谱监管环境中也发挥着重要的作用。ETSI 是被欧盟官方认可的欧洲标准化组织。ETSI 为信息和通信技术（Information and Communications Technology，ICT，包括固定、移动、无线电、融合、广播和互联网技术）制定全球适用的标准。在频谱监管方面，ETSI 通过制定系统参考文档（System Reference Documents，SRDoc），为标准化下的新无线电系统提供技术、法规和经济背景方面的参考。ECC 可以通过参考 SRDoc，启动协调措施或其他行动，来对新的无线电系统或应用提供支持。

6.1.3　国家层面的监管框架

在国家层面，无线电频谱由特定的政府主管部门或机构管理，通常将其称为频谱事务方面的 NRA。典型的 NRA 例子有美国的联邦通信委员会（Federal Communications Commission，FCC）、英国的通信管理局（Ofcom）和西班牙的电信与信息协会事务处（Secretary of State for Telecommunications and Information Society）。

在遵守区域性和全球性协议下的行动框架内，NRA 必须考虑许多因素，例如每个国家的社会经济效益。因此，NRA 通常与所有兴趣方协商，寻求尽可能多地发布频谱，以便国家能够从全球的规模经济、互操作性、干扰最小化（包括与邻国之间的干扰）、国际漫游，以及与区域和全球的协调协议中受益。在分配频谱时，NRA 决议可能需要面对多种因素进行折中和权衡。例如，将频率分配给商业移动通信产生的直接经济效益与不太直接的经济目的相结合，虽然后者通过很多间接的方式使社会受益，如将频谱分配用于 PPDR 通信。

图 6.1 描述了大多数国家在无线电频谱使用监管方面，通常采用的一般国家法规组成结构[10]。如图 6.1 所示，国家频率分配表（National Table of Frequency Allocations，NTFA）的制定是无线电频谱管理的第一步也是其实现的基础，是管理频段接入国家法规使用的主要手段。NTFA 主要规定了由单独管理部门授权的无线电业务及其频段（称为"分配"），以及可能访问这些分配频段的实体（例如，政府使用、私有组织或个人使用）。NTFA 还可以包括提供给单独用户（例如，用于国防部的保留频段）或特殊位置设施（例如，保护特定设施免受潜在的无线电干扰）的特定频率分配。此外，NTFA 通常包含的是国际电联"无线电规则"中经过国际商定的频谱分配。

在第二步中，特定的国家频率分配可以根据 NTFA 中设置的规则实施精细的频段管理，特别是在由不同类型用户共享的频段中精细地管理频段，以及确保相邻频段中的频谱用户能够正确

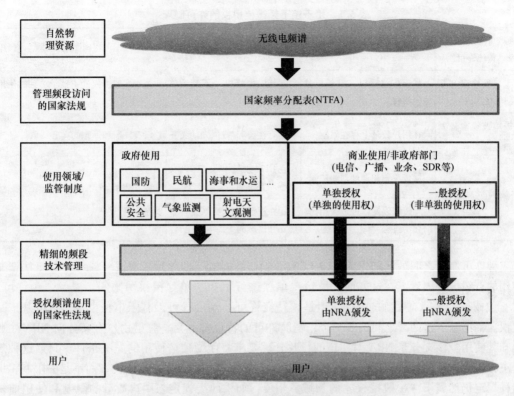

图 6.1　无线电频谱使用相关国家法规的基本结构

注：经授权转自本章参考文献［10］。

地并存（例如，通过信道带宽、保护频段、发射功率设置等管理方法）。

最后，用户必须得到授权，才能够在特定频率上发射（即用户被授予无线电频谱的使用权利，因为无线电频谱属于国家资源）。这符合国际电联"无线电规则"第十八条规定的内容："没有许可牌照，任何个人或企业不得建立或运营无线电发射台站，该许可牌照由国家政府或代表国家政府的机构，以适当的形式并遵守本规章条款颁发给无线电台站"。此处术语"许可牌照"目前已经被无线电业界所广泛接受，基本上确定了频谱使用应得到明确允许的现状。

对于两个潜在的使用领域（"政府"和"非政府"）来说，执行授权的方式是不同的。

"政府"使用，涵盖了各个部门（国防、民航、海事和水运、公共安全、气象、科学等）。在这种情况下，使用权通常限于 NTFA 中描述的权利，并且不需要任何额外法案对此类使用权进行明确授予[11]。政府用户访问频谱资源应由 NRA 定期审查。

在"非政府"使用频谱的情况下，NRA 颁布了一项公共法案，作为向私营实体或民众提供频谱使用权的法律基础。根据欧盟监管框架，此类法案被称为"授权"（欧盟授权指令[12]）法案。在此基础上，"单独授权"和"一般授权"之间的法律差异，反映了被授予单独使用权的用户在发射之前是否需要履行相应的义务。例如，那些不需要单独频谱规划和协调的无线电应用，可免于单独授权，且应获得一般授权。

目前用于频谱使用授权（单独或一般）的机制，可以归类为三种主要的方法，称为"许可制度"。这三种主要方法是单独许可（Individual Licencing，也可称为"传统许可"）、精简许可（Light Licencing）和免许可（Licence Exempt，也称为"非授权"）。表 6.1 中所示的这种分类，是在 CEPT ECC 132 号报告[13]中制定的，通过对 CEPT 各国使用的术语进行总结得来。

表 6.1　用于授予频谱使用权的许可制度

单独许可（有时也称为"传统许可"）	精简许可		免许可（也称为"非授权"）
基于单独授权（赋予单独的使用权）	基于单独授权（赋予单独的使用权）	基于一般授权（不授予单独的使用权）	基于一般授权（不授予单独的使用权）
促进单独频率规划和协调	在用户数量上存在限制	具有注册和/或通知的义务	没有注册和通知的义务
传统颁发许可过程	促进单独频率规划和协调	在用户数量上没有限制，也不需要协调	旨在用于不需要单独频率规划和协调的无线电应用
	与传统颁发许可过程相比，简化了过程	旨在用于不需要单独频率规划和协调的无线电应用	

　　三种许可制度之间的区别作为欧盟 ECN&S 的监管框架（即单独授权或一般授权）下法律基础使用的首级区分因素。在这方面，虽然"单独许可"和"单独授权"之间，以及"免许可"和"一般授权"之间有明确的关联，但是"精简许可"制度既可以基于单独授权，也可基于一般授权。不论基于这两者之间的哪一个，精简许可的特征都将是，频谱用户有义务向 NRA 注册或通知其使用。该义务是 NRA 对用户的行政管理要求，作为频谱使用的先决条件。只要这种规定仅意味着允许受控应用的部署和使用，以避免对无线电业务产生有害干扰，而不是去限制，那么这种规定仍然属于"一般授权"的领域。相反，如果此类规定与用户数量的限制和使用前协调的具体要求相关联，则该规定属于"单独授权"的保护范围。

　　需要注意的是，基于"单独授权"的"精简许可"制度颁发的许可牌照与监管方面的"单独许可"没有区别。在这两种情况下，许可牌照应该包含必要且足够的技术条件，以避免对其他系统和用户带来有害干扰。然而，在精简许可和传统许可方案之间，许可牌照的颁发过程可能存在相当大的差异。在传统许可的过程中，可能需要相当复杂的行政流程，例如，竞价或拍卖，但是在精简许可制度下，基本上许可牌照需要使用专用的 IT 系统进行自动频率规划和许可分配。此外，如表 6.1 所示，免许可制度属于一般授权监管制度，其中无线电设备需要在一组明确定义的监管机构实施的规则（例如，对最大发射功率、频谱屏蔽、占空比等方面的约束）下运行，但其中没有要求对这些设备的用户进行注册和/或通知的相关规定。

6.1.4　频谱管理模式

　　频谱管理的设计和执行，应当以确保频谱的有效利用为主要目标。鉴于当前技术的现状，有效利用意味着，频谱被用于最有成效的用途。重要的是，有效利用还必须要与其他非市场目标（例如，国家安全、安全与平等访问的目标）的实现相结合。随着频谱用途的变化，频谱管理制度还需要最小化与频谱用途调整相关的交易成本。

　　历史上，为了防止相邻频率的用户或者来自相邻地理区域的用户之间产生干扰，特别是出于对防御和安全方面原因的考虑，人们在无线电频谱的接入和使用中采取了高度的监管[2]。在技术进步和电信市场自由化状态不断强化的推动下，在最近几年里随着频谱管理和监管活动的逐步深入，频谱管理理论已经出现了重大创新。随着越来越多的人认识到，过去和现在的监管做法的初衷在于促进公共利益，但是在某些情况下，这延缓了各种有益技术和服务的发展，或者说通过人为制造的稀缺现状增加了相应的成本。除了导致这些延缓之外，还导致了频谱需求的显著增长，更加突出了对有效利用所有可用频谱来应对稀缺现状的需求。这些因素正在使全球的决策者和监管机构开始关注新的频谱监管原则，越来越多地强调在确保稳定推出服务所需的确定性和灵活性（或轻度管制）之间取得最佳平衡，从而改善成本、服务和创新技术的使用。特别是，在引入创新的频谱管理方法方面，国家频谱无线电频率管理部门（例如，美国的 FCC 和英国的通信管理局）发挥了先驱的作用。

实际上，现在可以区分出三种主要的频谱管理模式：

1）命令与管控模式。在这种模式下，单独用户在行政管理的基础上以单独用户单独许可的形式或仅供政府使用的频谱分配，被授权使用频谱。此类频谱通常是专用的：每个频段专用于单个用户，从而确保无干扰通信。命令与管控模式最早可追溯到无线通信产生的早期，当时采用的技术需要无干扰的无线传输介质以实现可接受的通信质量。因此，人们常常认为，命令与管控方法的专用（排他）性质是过时技术的产物。然而，这种模式的一个明显的优点是可以用来支持与公共利益相关的服务。尤其对用于政府用途的频谱（例如，军事、PPDR、交通运输）以及对用于海事和航空服务频谱的许可，甚至对诸如地面电视等业务方面，更是如此，在盈利能力方面，这可能没有其他潜在商业用途那么有吸引力，但是它们可以被行政部门保留，用在对社会有利的业务方面。不过，即使在这些用途之外，一些政府也认为，监管机构是最适合确定哪些运营商应获得许可牌照的，并且在某些情况下，如果不由监管机构来决定频谱使用授权，则可能没有足够的频谱需求来保证竞争性招标的必要性。

2）市场模式。在这种模式下，某些频段中具有专用频谱使用权的单独许可，可通过诸如拍卖等市场机制来获得。拍卖可以纠正行政模式中存在的一些缺陷，允许实现频谱的市场价值。而且，可以根据频谱交易规则建立频谱和频谱许可牌照的二级市场，在这种模式下，频谱的所有权和使用权可以在被许可人运营的过程中发生变化。频谱许可牌照的转让，可能需要政府或监管部门的批准。这是在单一的频谱拍卖之外的一个重要的渠道，因此并没有彻底实现真正的频谱使用灵活性。不过，它也的确要求了与频谱使用相关的权利可以交易和利用。频谱使用权的交易加上灵活的使用条件，可以极大地利于经济的增长。商业地面运营商和卫星运营商是此类模式的典型用户。术语"产权"或"灵活使用权"也经常被用来描述基于市场的方法⊖。

3）集体使用频谱（Collective Use of Spectrum，CUS）模式。CUS 模式实际上是一个总称，它指的是允许多个用户同时占用相同频率范围所有频谱的管理方法。适合 CUS 模式的许可制度的示例是免许可制度（在这种情况下，CUS 模式通常被称为"频谱共享"）以及允许受限或不受限的用户共享公共频段的精简许可制度。单独用户是 CUS 模式下操作频段的典型用户，尽管商业电信提供商也依靠对这些频段的使用，通过无线的方式接入其网络或用于业务卸载。因此，Wi – Fi 以及其他的低功耗设备（例如，遥控器、车库开启器、传感器等）是这类频谱的典型应用。基于 Wi – Fi 和其他短距离无线电技术的产品和业务的激增，是通过使用 CUS 模式管理一定数量的频谱所带来的好处和经济价值的明显体现。

各国政府在决定具体使用哪种方法时一般都很谨慎。因此，世界各国的做法是采取多种频谱管理模式的组合，主要包括用于政府业务的传统命令与管控制度、用于商业的许可拍卖与投标，以及用于低功耗设备免许可制度。三种频谱管理模式都具有各自独特的优点和缺点，没有

⊖　"产权"和"灵活使用"的概念密不可分，并且几乎可以互换使用。然而，在技术上，产权模式源于描述拍卖原始分配的频谱权利的概念，其中"买方"通过市场交易获得对频谱块的独占接入（在限定的时间段内）利用。后来的政策创新增加了灵活性因素，允许被许可人决定如何使用授权给他们的频谱。然而，这两个概念是不同的，并且事实上，许多许可牌照已经被拍卖给公司，而没有给予他们任何真正的使用灵活性[14]。

哪种单独的方法是最优越的。因此，最佳的频谱策略应该是对这些方法进行正确的组合，而不是采用单独的一种模式[16]。

6.2　国际统一的 PPDR 通信频率范围

在国际层面上，对 PPDR 通信的频谱进行统一具有很多好处，包括经济利益（在设备制造方面的规模经济和更具竞争性的设备采购市场）、促进兼容网络和服务的开发，以及为那些需要与其他 PPDR 机构和组织进行跨境合作的机构促进其设备实现国际互操作性（例如，增加对救灾的有效响应）。

考虑到上述好处，以及在 20 世纪 90 年代末就已经预见的 PPDR 机构日益增长的电信需求，WRC – 2000 决定邀请 ITU – R 研究可以在全球/区域性的基础上供主管部门使用的频段，旨在未来实现先进的 PPDR 解决方案（ITU – R 645 号决议[17]）。在这一背景下，议程项目 1.3（Agenda Item 1.3，AI 1.3）被纳入 WRC – 2003，用于决定采用哪些频段，并且在必要时制定相应的监管规定。ITU – R 工作组开展了一项先期研究，形成了 ITU – R M. 2033 号报告[18]，作为 PPDR 通信方面的一项关键性的参考文档。ITU – R M. 2033 号报告确定了目标、应用、一般要求、频谱要求和解决方案，以满足 PPDR 组织的业务需求。该报告主要是以技术中立方法的一般性假设为基础的。

作为此前工作的结果，国际电联第 646 号决议在 WRC – 2003 的 AI 1.3 中获得批准。该决议强烈建议主管部门在最大可能的程度上使用区域性统一频段用于 PPDR。表 6.2 转载了国家主管部门在进行国家规划时所确定的频段/频率范围或其中的一部分。在这项决议的背景下，术语"频率范围"是指无线电设备能够在该频率范围内工作，但又根据国家情况和需求将其限定在特定的频段（即在所确定的公共频率范围内，并非所有的频率在每个国家内都是可用的）。因此，基于区域性频率范围的解决方案，可以让主管部门从频率统一中受益，同时还能继续满足国家规划的要求，这是非常重要的，因为 PPDR 通信所需的频谱数量在不同的国家中可能存在显著的差异。需要注意的是，在任何情况下，国际电联第 646 号决议只是一项建议，因此，不能排除这些所确定的频段/频率会被分配给其服务以外的其他应用所使用。

表 6.2　国际电联第 646 号决议规定的统一频率波段/范围

ITU – R 区域	频段/范围
区域 1	在 380 ~ 470MHz 的频率范围中，频段 380 ~ 385/390 ~ 395MHz 是区域 1 的某些商定国家内的永久公共保护活动的首选核心统一频段
区域 2	746 ~ 806MHz、806 ~ 869MHz 和 4940 ~ 4990MHz（委内瑞拉已确定将 380 ~ 400MHz 频段用于公共保护与救灾应用）
区域 3	406.1 ~ 430MHz、440 ~ 470MHz、806 ~ 824/851 ~ 869MHz、4940 ~ 4990MHz 和 5850 ~ 5925MHz（区域 3 的一些国家已经确定将频段 380 ~ 400 和 746 ~ 806 MHz 用于 PPDR 应用）

需要注意的是，WRC – 2003 AI 1.3 的重点是为 PPDR 机构确定任务关键型（窄带）语音和低传输速率数据业务的统一频段，尽管当时人们已经认识到宽带（WB）和宽带（BB）数据应用演进和发展的趋势（诸如视频等宽带应用被认为只和热点覆盖有关）。从 2003 年至今，国际电联一直在持续制定关于 PPDR 通信的报告和建议。事实上，在随后的 WRC – 2007 和 WRC – 2012 会议上 AI 1.3 一直都与 PPDR 频谱问题有关，并发布了新的文件，但迄今为止并未对国际电联第 646 号决议中初步确定的频率范围进行修改。表 6.3 转载了自 WRC – 2003 以来就此事项所提出的主要的相关决议和建议。

表 6.3　WRC‐2003 之后 ITU‐R 发布的有关 PPDR 频谱统一的关键参考文档

文　档	简　要　介　绍
ITU‐R M.2033 号报告，"公共保护与救灾的无线电通信目标与要求"（2003）	公共保护与救灾的无线电通信目标与要求。本报告是为 WRC‐03 第 1.3 项议程做准备而编写的。该文件定义了用于实现未来高级 PPDR 解决方案的无线电通信目标和要求。该文件还定义了相关的参考术语，用于对公共安全通信进行精确的定义和分类
ITU‐R 646 号决议，"公共保护与救灾"（批准于 WRC‐2003 并在 WRC‐2012 中进行修订）	该决议鼓励主管部门在为实现高级 PPDR 解决方案的区域性统一频率波段/范围而进行国家频率规划时，能够考虑一组特定的频率波段/范围。该决议有一部 WRC.12 修订版，虽然并没有对其中频率范围的内容进行修改
ITU‐R 647 号决议，"应急和救灾无线电通信的频谱管理指南"（批准于 WRC‐2007 并在 WRC‐2012 中进行修订）	1）该决议鼓励主管部门在进行国家频率规划时，考虑用于应急与救灾的全球和/或区域性频率波段/范围，并将此信息传达给国际电联的无线电通信局 2）无线电通信局建立了一个相关的数据库系统，并对其进行维护
ITU‐R 648 号决议，"支持宽带公共安全和救灾的研究"（WRC‐2012）	1）该决议邀请 ITU‐R 和各主管部门参与研究与宽带 PPDR 及其进一步发展相关的技术和操作问题，并根据 PPDR 服务和应用的技术要求、宽带 PPDR 基于技术进步的演进和发展中国家的需求来按需制定相关建议 2）该决议还决定邀请 WRC‐15 对这些关于宽带 PPDR 的研究进行讨论，并对 646 号决议的修订（WRC‐12 修订版）采取适当的行动
ITU‐R M.2015 号建议，"根据 646 号决议（WRC‐12 修订版），在 UHF 频段中的公共保护与救灾无线电通信系统的频率规划"（2012）	1）本建议为 646 号决议（WRC‐12 修订版）中确定的某些区域 1 GHz 以下频段内的公共保护与救灾无线电通信的频率规划提供指导 2）目前，该建议根据相关决议［ITU‐R 53、ITU‐R 55、WRC 644（WRC‐07 修订版）、646（WRC‐12 修订版）和 647（WRC‐07 修订版）号决议］，为区域 1 某些国家中的 380～470 MHz 频率范围，区域 2 中的 746～806 和 806～869 MHz 频率范围，以及区域 3 一些国家中的 806～824/851～869 MHz 频率范围提供规划建议
ITU‐R M.1637 号建议，"紧急和救灾情况下无线电通信设备全球跨境流通"（2003）	本建议负责处理无线电设备跨境流通的问题，以便促进在紧急和救灾情况下使用的无线电通信设备实现全球流通
ITU‐R M.1826 号建议，"区域 2 和区域 3 内宽带公共保护和救灾行动在 4940～4990MHz 频段上的统一频率信道规划"（2007）	本建议负责处理区域 2 和区域 3 内 4940～4990MHz 公共保护与救灾无线电通信频段内的统一频率信道规划问题。该建议为国家主管部门提供了两种频率信道规划方案，供其在为直接参与 PPDR 的用户分配使用频谱时参考
ITU‐R M.2009 号建议，"根据 646 号决议（WRC‐03 版），公共保护与救灾行动在部分 UHF 频段上使用的无线电接口标准"（2012）	1）本建议确定了在部分 UHF 频段内适用于 PPDR 操作的无线电接口标准 2）本建议中的宽带标准能够支持用户实现宽带数据传输速率，并参考了 ITU‐R F.1399 号建议中的"无线接入"和"宽带无线接入"的定义 3）本建议负责处理标准本身的问题，不涉及 PPDR 系统的频率规划。对于后者，有单独的建议：ITU‐R M.2015 号建议

　　然而，在确定移动宽带 PPDR 使用的附加频谱方面，WRC-2015 被认为是一个关键的里程碑。特别是，WRC-2012 同意在 WRC-2015 会议上审议和修订关于宽带 PPDR 的 646 号决议，以便考虑并引入由宽带技术演进所提供新的 PPDR 应用场景。为此，WRC-2012 批准了第 648 号决议，邀请 ITU-R 研究与宽带 PPDR 及其今后发展相关的技术和运营方面的问题，并根据需要在 PPDR 业务和应用的技术要求、宽带 PPDR 在技术进步上的发展演进，以及发展中国家的具体需求方面制定相关的建议。因此，预计 WRC-2015 AI 1.3 将有助于为 PPDR 移动宽带应用建立新的统一频段，以及产生互操作性和规模经济。这对欧洲来说尤为重要，因为欧洲正在巩固一个共同的立场，支持在区域 1 中为移动宽带 PPDR 确定新的统一频段（除了 380~470 MHz 频段），最有可能在 694~862 MHz 频段范围内，同时认识到，在各个国家中选择哪些频段用于移动宽带 PPDR 将由各自的国家的决定。

　　WRC-2015 AI 1.3 在 CEPT 层面的先期工作[19] 指出，为了建立一个具备跨境功能的宽带 PPDR 网络系列，不需要为此目的分配相同的频段，而是应当选择最适合的（最终）统一频率范围内的频段，并采用共同的技术。因此，根据 CEPT 的先期工作，参考"统一条件"要比"统一频率"更为重要。对于宽带 PPDR 通信，如果可以确定调谐范围和可以统一诸如 LTE 的技术标准，则可以建立统一条件。在此基础上，有人提议用"频率范围"一词取代第 646 号决议（WRC-2012）中使用的"调谐范围"一词，其中调谐范围被定义为无线电设备能够工作的频率范围，根据国家的具体情况和需求可能会将其限定在相关频段的特定部分。此外，当宽带 PPDR 网络使用共同的技术标准（如 LTE）时，可认为调谐范围也可以被指定为一个或多个频段类别。使用统一条件和调谐范围的定义，可以为主管部门提供完全的灵活性，以决定其专用的 PPDR 频谱，从而满足在调谐范围内进行选择的国家需求。该技术将提供完整的漫游功能，即使 PPDR 频谱没有严格统一，也将开放互操作性。

6.3　移动宽带 PPDR 通信频谱需求

　　很多年以前，人们就已经认识到了需要采用适合的频谱来支持新兴的宽带 PPDR 应用。本节首先介绍 PPDR 通信提供方案不同组成部分所需频谱的用途。然后，对计算频谱需求的常用方法进行阐述。最后，对全球不同组织开展的移动宽带 PPDR 应用量化评估进行介绍。

6.3.1　频谱部分

　　如第 3 章所述并在第 5 章进一步阐述的，人们为未来 PPDR 通信系统设想了一种多层通信方法，其中互补的频段和技术可用于部署广域（例如全国）的网络覆盖，并具有足够容量来满足常规、日常通信的需求，以及通过 Ad hoc 提供网络覆盖和容量扩展能力，以应对具有挑战性的无线电环境（例如，隧道、地下室）或局部区域的高容量需求。在此基础上，与系统组成部分相关的频谱需求可以区分为以下几个方面：

　　1）用于地面广域网（Wide Area Network，WAN）的频谱。这是蜂窝网络的无线电站点中使用的频谱，用于为日常行动和大多数紧急情况提供 PPDR 通信服务。在这方面，考虑到当前语音通信中仍然以窄带 PMR 技术为主，因此 WAN 的频谱预计可以分为两个方面，即语音和宽带数据通信。

　　2）用于局部，Ad hoc 部署的频谱。用于重大事件和大型灾难情况的无线电设备，可根据需要带到事件当地。此类设备有可能需要与现有的 PPDR 网络基础设施相连接，当然也有可能不与其进行连接。但不论怎样，都需要分配特定的频谱用于此类用途。

3）用于回程的频谱。在事件发生时，可以根据需要部署额外的本地容量，从而获得去往和来自本地的数据流，这是有必要的。例如，这可以提供对互联网或其他远程数据源的访问，并保持与机构总部的通信。因此，这可能需要使用 UHF 或微波频率，或者卫星链路来建立临时的固定链路，因此可能需要分配一定量的频谱用于此目的。在计划外事件或重大事件的情况下，这是非常重要的，因为在这些情况下，可能没有其他备选的基础设施用于回程。

4）用于直通模式（DMO）的频谱。在处于网络覆盖范围之外的情况下，DMO 是当前语音和窄带数据业务的一种重要的通信手段。DMO 操作可以使用为固定地面 WAN 分配的频谱或者需要额外的单独频谱。在支持 DMO 用于宽带 PPDR 业务的情况下，WAN 中的单独频谱需求则取决于 DMO 在未来宽带 PPDR 解决方案中的技术实现。

5）用于空地空（AGA）业务的频谱。除了需要地面业务之外，还可能需要 AGA 业务。AGA 业务在这种情况下意味着应急业务与低飞（通常距离地面几百米的高度）机载对象之间的通信，通常涉及视频流从安装在直升机或无人机（Unmanned Aerial Vehicle，UAV）上的摄像机被中继到地面上的监测站。虽然，此类应用可以被视为点对点链路，但由于飞行器始终处于运动状态，因此难以部署定向天线。这导致了在广阔区域上干扰风险的增加。为了保护地面移动基础设施和缓解跨境运营的压力，需要为机载通信选定相应的子频段或特定信道。与 DMO 的情况一样，AGA 业务可以使用为固定地面 WAN 分配的频率或需要单独的频率。

6.3.2　频率需求计算方法

一般来说，用于确定频谱需求量的方法主要基于给定区域或每个事件中业务需求的特性，对覆盖兴趣区域的小区站点数量的估计和被带入其中（例如，Ad hoc 网络）的无线电设备数量的估计，以及在可实现的频谱效率方面主要采用的底层无线技术的特性。这种通用的方法适用于上一小节所确定的各种不同的频谱部分，但必须为每个频谱部分设定具体的假设并做出充分的考虑。在对地面 WAN 频谱需求进行估计的情况下，需要考虑以下几个方面：

1）业务需求。这指的是 PPDR 用户在执行日常任务以及涉及不同类型事件情况时产生的业务量。在语音业务中，通常将其表示为话务量[⊖]；而在数据业务中，则通常将其表示为 kbit/s 或 Mbit/s。可以根据对本地/地区/国家区域内 PPDR 用户数量的估计（例如，基于 PPDR 人口密度分析）和将要使用的业务特征来计算这一需求。此外，还可以根据在每个事件的事件响应中投入有效力量的数量来表征这一需求（即基于事件的方法表征）。可以针对每个服务制定需求，或者也可以通过相同类型通信资源所提供这些服务的集合的聚合值来制定需求。

2）覆盖特定区域的小区站点的数量。该信息与确定单个小区站点中可用无线电资源服务需求部分的多少相关。小区大小直接影响频谱估计。可能存在跨越若干个小区的事件，以及为若干个事件提供服务的小区。在后一种情况下，对小区覆盖范围内各个事件位置的考虑，将影响频谱计算的结果（例如，事件地点是否靠近小区边缘）。

3）提供服务的技术特性。无线电链路频谱效率是无线电技术的关键指标。频谱效率以 bit/s/Hz 的形式给出，从而用于测量每单位无线电频谱（Hz）可以传输的每秒比特量。在现代无线技术中，频谱效率不是固定的，而是动态地适应于无线电链路的条件（例如，可实现的频谱效率在靠近小区站点的终端和在小区边缘运行的终端之间变化）。除了从系统范围的角度表征可实现的频谱效率之外，表征系统在相邻站点/小区中频率复用的能力也是非常重要的。当前用于窄带

⊖　话务量是电信业务流量的测量单位。从严格意义上来说，话务量代表的是一个语音话路的持续使用。实际上，它用于描述 1h 总的业务流量。

PPDR 语音业务的系统，需要高达 12~21 的频率复用模式（即网络中所需的频谱量等于单个站点中所需的频谱量乘以复用因子）。相比之下，LTE 技术可以支持更低的复用因子，甚至可以以某些容量和干扰权衡的代价，达到全频率重用。最后，考虑所有可以降低空中接口容量的因素（例如，保护频段、同频干扰和邻信道干扰、频段内为其他用途分配出去的信道），整个系统频谱效率可以量化为 bit/s/Hz/cell（小区）。

使用上述要素，可以直接导出频谱的粗粒度估计量。例如，在数据业务情况下，通常的方法是将估计的需求（以 bit/s 为单位）除以可实现的频谱效率（可以是平均效率，也可以是小区边缘的效率），来计算单个站点/小区中所需的频谱量（以 Hz 为单位）。一旦单个小区中所需要的频谱量被估计出来，则可以通过将单个小区估值乘以适用的频率复用因子，来获得总频谱量。如果需要，可以考虑网络部署和业务分布以及其他因素等细节，来获得具有更细粒度的估算结果。例如，对于一些应用使用多播/广播传送的可能性，或者引入加权因子来获得同等繁忙时间内环境之间的相关性。这些细粒度的计算可能需要诸如在商业领域中用于无线电网络规划和优化的计算工具。不论在何种情况下，值得强调的是，任何频谱计算的结果通常对所考虑的输入和假设均非常敏感，使得如果没有建立参考模型，则频谱估计的结果可能会出现显著的不同。基于上述原则计算 PPDR 频谱的一般方法，在 ITU – R M. 2033 号报告[18]中给出。该模型描述了如何处理四个基本变量的特征，这四个基本变量决定了所需频谱的数量（即对于给定区域、覆盖该区域的站点/小区数量、提供该业务的技术的频谱效率，以及技术能够复用频率的量）。该模型为每种类型的 PPDR 业务提供了一种频谱计算方法，同时考虑了语音呼叫和数据业务。该模型中采用的基本等式如下：

$$频谱(MHz) = \frac{每个小区的业务流量(Mbit/s \; 小区)}{网络系统容量(Mbit/s/MHz/小区)}$$

该基本等式适用于各种业务类别的上行链路和下行链路路径。在计算每个小区的总需求时，ITU – R 模型考虑了每个用户的总使用秒数、每个小区的平均用户和所讨论应用的比特速率。在每个小区的业务流量计算中，需要考虑协议开销（例如，信道编码）和服务等级参数（例如，引入乘数因子来体现阻塞概率）。另外，网络系统容量直接是系统频谱效率的计算结果，其中需要考虑频率复用、保护频段和用于信令信道的资源。

尽管模型输入的计算和前面提到的针对每个事件和每个小区的计算公式或所考虑的整个系统效率的适用性存在一些差异，但 ITU – R 频谱模型计算方法在提供宽带 PPDR 频谱估计的多个研究中，均被认为是一种基准方法（例如，CEPT ECC 199 号报告[20]、美国的 NPSTC[21]、加拿大的 DRDC CSS[22]）。ECC 第 199 号报告给出了一个能够说明此类方法适用性的例子，即对日常行动场景频谱需求的计算。用于此类场景的方法包括以下 5 个步骤：

1）定义事件（场景）。

2）估计每个事件的总业务流量需求，包括背景流量。

3）计算链路预算和小区大小。

4）估计每个小区应同时考虑的事件数量。

5）基于对每个小区的事件数量、小区内事件的位置和每个事件的频谱效率的假设，来估计总频谱需求。

对于计算业务流量需求来说，该方法遵循基于事件的方法，即其中业务流量是多个单独事件中流量的总和，然后再加上背景流量。表 6.4 对上述各个步骤中的输出进行了总结。

表 6.4　如 ECC 199 号报告所述日常行动场景频谱需求计算举例

方　法	说　明
步骤 1 和步骤 2	以下类型事件[⊖]的业务需求特征及其背景流量： 1）交通事故：1300kbit/s 2）道路临检警察勤务：1300kbit/s 3）背景流量：1500kbit/s
步骤 3	LTE 技术已经被选为参考技术。根据 LTE 第 10 版 3GPP 性能规范中的参数以及通信链路［小区（Cell）边缘处可用的调制和编码方案］基准调制的选择，在不同区域（城市、乡村、空旷地区），对实现上行链路频谱效率为 0.31bit/s/Hz 的不同频段的小区覆盖范围进行估计： 1）420MHz 频段：1.9km（城市）、3.3km（郊区）和 10.4km（空旷） 2）750MHz 频段：1.4km（城市）、2.6km（郊区）和 8.8km（空旷）
步骤 4	1）计算每个小区内的事件数量，其中考虑了小区内的人口和人均 PPDR 事件的数量 2）小区的人口根据小区的大小乘以人口密度给出。然后，将人口规模乘以人均事件率得出小区内的事件数量。应用的乘数在一天中的时间和地理位置上是不均匀分布的。根据公开数据估计德国最繁忙时段，同时发生的事件数量的统计数据，得出以下估计结果： ① 对于 420MHz 频段的小区，应考虑的事件数量达到每小区扇区四个事件 ② 对于 750MHz 频段的小区，应考虑的事件数量达到每小区扇区三个事件 3）据认为，事件数量在城市、郊区和空旷地区的小区中没有变化，这是因为人口密度的差异抵消了小区大小的差异
步骤 5	总频谱量的估计需要考虑小区内事件的位置。具体来说，假设一个事件位于小区边缘，并且其余的业务在小区覆盖范围内是均匀分布的。着眼于上行链路的情况，可认为小区边缘的频谱效率为 0.31bit/s/Hz，并且将整个小区的平均频谱效率值考虑为：0.64（悲观）和 1.49（乐观）。基于这些考虑以及步骤 1 和 2 的总业务需求，可以得出上行链路频谱需求的范围如下： 1）对于 420MHz 的小区，为 8.0～12.5MHz 2）对于 750MHz 的小区，为 7.1～10.7MHz

除了早期的基于事件的方法外，CEPT 199 号报告还提供了基于略微不同的方法的频谱估计，此类估计没有将业务流量与多个事件分开处理。这种替代方法基于第 2 章介绍的 LEWP/ETSI 矩阵列表的使用。具体来说，在正常情况和紧急情况下，单独事件和背景流量在忙时会组合成峰值负载。这是通过 LEWP/ETSI 矩阵中涉及的每个应用数据需求的详细特征来考虑的。然后，针对每个应用，确定其是"事件中心"，还是分布在整个小区中的背景应用。这种区分可以让每个应用既可以考虑采用平均频谱效率，也可以考虑采用事件特定的频谱效率。在某些方面，这种方法被认为是一种自下而上的方法，其中在创建负载时，考虑了每个单独用户应用的估计业务流量和该应用的用户数。这与在基于事件的方法中背景流量负载采用的方法相反，后者与事件的业务负载完全分离，并且主要基于常规活动中使用应用的特性来进行估计。

诸如前面所描述的这些方法，也可以在某种程度上应用于 6.3.1 节确定的其他频谱部分的计算。作为一种特殊情况，本章参考文献［18］中所提出的方法，也可被用来估计使用 5GHz 频段频谱的局部地区内宽带救灾（Broadband Disaster Relief，BBDR）应用的最小带宽需求[26]。然而，局部地区的具体情况以及该频谱使用的多样性可能会妨碍对具体频谱需求的确定能力。例如，在将频谱用于局部地区和 Ad hoc 部署系统的情况下，应用的范围可以包括从具有极高频谱效率的点对点、视距、宽带链路到具有低得多的频谱效率的局域网［例如，具有非视距连接能力的 IEEE（Institute of Electrical and Electronics Engineers，电气和电子工程师协会）802.11 系列部署应用］。

⊖　关于这些场景中使用的移动宽带数据应用的吞吐量需求估计的更多详细信息，请参见第 2 章的内容。

这样，网络频谱效率将取决于单个应用的组合。此外，频率复用也可能是高度可变的。例如，如果一个区域将给定的频谱波段用于多个设备上的空中业务，那么由于频率复用的困难程度，则整个频段都可能会被此类应用所耗尽。

6.3.3　频谱估计

很多研究已经证实了全世界不同国家和地区的移动宽带 PPDR 应用的频谱需求[20-26]。表 6.5 对一些研究的主要结果进行了总结。还有很多其他类似的研究用于处理频谱需求的计算。

2013 年 6 月发布的一项研究，考虑了 8 个亚洲和大洋洲国家，即澳大利亚、中国、印度、马来西亚、新西兰、新加坡、韩国和泰国。该研究支持在机会成本相关观点的基础上宽带 PPDR 至少需要 10MHz 的频谱[27]。在另一项研究中，预计中国将需要 30~40MHz 频谱用于宽带业务。阿拉伯联合酋长国的电信监管机构（Telecommunications Regulatory Authority，TRA）也进行了一项 PPDR 频谱研究，得出的结论认为，PPDR 的使用在理论上可以支持低至 2×5MHz 的频谱，并且采用 2×10MHz 的频谱分配可以满足合理的未来增长[28]。

总而言之，尽管这些估计中存在差异，但为移动宽带 PPDR 预留至少 2×10MHz 的频谱已经成为主要的方案，不过这并不能排除其他一些国家采用特定的频谱分配来满足特定的需求。

表 6.5　关于 PPDR 通信频谱需求评估的研究

研　究　项　目	频　谱　需　求
CEPT ECC 199 号报告，"未来欧洲宽带 PPDR 系统（广域网）的用户要求和频谱需求"，2013 年 5 月	1）未来欧洲宽带 PPDR 广域网（WAN）的频谱数量估计在 2×10MHz 的范围内 2）该报告还认为，在全国范围内可能需要额外的频谱，以满足 DMO、AGA、Ad hoc 网络和 WAN 上的语音通信
ETSI SRDoc TR 102 628，"未来公共安全和保障（Public Safety and Security，PSS）无线通信系统在 UHF 频率范围的其他频谱要求"	1）ETSI 报告规定了以下要求： ① 2×3MHz，用于窄带（NB）PPDR ② 2×3MHz，用于宽带（WB）PPDR ③ 2×10MHz，用于宽带（BB）PPDR 2）该报告提出了在 1GHz 以下频谱分配，现有分配的调谐范围包括窄带（NB）/宽带（WB），以及一个单独的宽带（BB）频段 3）ETSI 正在对该文件进行修订，已包括更为详细的需求证明计算，并对文件进行了更新，以体现 2010 年 SRDoc 内部版本发布以来外部环境的变化
WIK 咨询和 Aegis 系统，"德国、欧洲以及全球的 PPDR 频谱统一"，2010 年 12 月	1）德国在 1GHz 以下的最小频谱需求估计为 15MHz（上行链路）和 10MHz（下行链路） 2）已经确定将 5150~5250MHz 频段用于公共安全使用，并且如果可能的话，从大部分未使用的 1452~1479.5MHz 频段（目前用于 T-DAB 使用）内增加频谱提供量，这些频谱应足以解决德国重大事件或事故引起的"热点"容量需求问题 3）估计在 1~5GHz 之间至少需要 15MHz（不成对）的频谱用于在欧洲统一的基础上来支持 AGA 视频链路，其中德国可能还需要 7.5MHz 的特定频谱。可以考虑同军方协调 4）WAN 的无线回程需求可以通过现有的微波固定链路波段来满足，可由偏远地区的卫星增强

（续）

研 究 项 目	频 谱 需 求
NPSTC，"公共安全通信报告：'2012 ~ 2022 年公共安全通信评估、技术、运营和频谱路线图'"最终报告，2012 年 6 月 5 日	1）针对四种灾难情景（飓风、化工厂爆炸、重大山林火灾和有毒气体泄漏）①进行评估 ① 最低需求估计为 6MHz（下行链路）和 7.5MHz（上行链路），在成对频谱分配的情况下，体现为总共 15MHz ② 最高需求估计为 8.9MHz（下行链路）和 13.8MHz（上行链路），在成对频谱分配的情况下，体现为总共 26.7MHz 2）该报告指出，对于最高要求的事件来说，20MHz 频谱分配在上行链路时存在将近 4MHz 的不足
加拿大国防研发中心—安全科学中心，"加拿大公共安全可互操作的移动宽带数据通信的 700MHz 频谱需求"，2011 年 2 月	从这项研究得出的主要结论是： 1）10 + 10MHz 带宽不足以支持 10 ~ 15 年期间公共安全的需求 2）频谱效率的提高很可能超过公共安全对数据的需求，因此，对带宽的要求在 10 年后会开始衰减，这将是 LTE 设备在公共安全行业的预期饱和节点 3）尽管技术创新的速度很快，但在遥远的未来，即 15 年以上，采用 10 + 10MHz 频谱满足公共安全需求的能力并不明显，或者说到那时 10 + 10MHz 频谱将很可能不够

① 有关这些情景的更多详细信息请参见第 2 章内容。

6.4　现有的 PPDR 频谱分配和移动宽带的候选频段

虽然国家主管部门确实考虑了国际电联第 646 号决议（WRC – 2003）为在其管辖范围内分配 PPDR 通信频谱而对频段/频率范围或其中的一部分进行协调统一，但是并不是所有的 PPDR 频谱分配都符合国际电联的统一范围。实际上，由于具体的国家需求和 PPDR 部门的特定组织的不同，分配给 PPDR 的频谱总量和所采用的频率范围因国而异。以下对当前 PPDR 频谱的可用性进行了介绍，重点是现有分配以及一些地区正在考虑的用于提供移动宽带 PPDR 通信的候选频段。

6.4.1　欧洲地区

在欧洲层面上，380 ~ 385/390 ~ 395MHz 频段广泛用于固定窄带⊖PPDR 系统（主要是 TETRA 和 TETRAPOL 国家和地区网络）。实际上，5 + 5MHz 频谱块是在欧洲层面上唯一用于窄带系统的统一频段，正如 ECC（08）05 号决议[29]所制定的和国际电联 646 号决议中所体现的，将其作为 380 ~ 470MHz 调谐范围内优先选择的统一频段。在整个欧洲层面上，还在该频段内确定了某些信道，用于 DMO 和 AGA，以保护地面移动基础设施并缓解跨境运营的困难［ERC/DEC/（01）19 和 ECC/DEC/（06）05 号决议中规定的条款］。

ECC（08）05 号决议还规定，应该在 380 ~ 470MHz 可用的频率范围内，为宽带（WB）⊜数字 PPDR 无线电应用提供足够的频谱量。然而，实际情况是，大部分欧洲国家的这些频率已经大量被非 PPDR 应用（例如，民用 PMR 系统）使用，阻碍了为宽带（WB）PPDR 系统的使用额外的频谱[23]。

除了为窄带和宽带（WB）PPDR 系统分配频率外，ECC（08）04 号[30]建议规定，主管部门应该为数字 BBDR 无线电应用提供至少 50MHz 的可用频谱。具体来说，确定了两个可能的频段：5150 ~ 5250MHz（优先选择）和 4940 ~ 4990MHz。这样的频谱量预期可以让 PPDR 机构实际部署场

⊖　窄带系统使用高达 25kHz 的信道间隔。

⊜　宽带（WB）系统可以使用 25kHz 或更大的信道间隔。

的宽带无线网络（例如，在局部区域内部署"热点"接入点，设置临时事件指挥中心），以及部署点对点无线电链路。然而，到目前为止，欧洲各国中执行这项 ECC 建议的国家非常有限（根据本章参考文献 [31]，只有1/3 的 CEPT 国家已经实际实施了这项建议）。

需要注意的是，很多欧洲国家还在 VHF 频率范围为 PPDR 分配了国家专用频率，这在整个欧洲并不是统一的。此外，一些国家已经为 AGA 预留了专用的频谱（例如，英国在 3.1 ~ 3.4GHz 之间，为来自空中飞行器的数字视频聚集了约 42MHz 的频谱；德国也在 2.3GHz 频段为此目的分配了一定的频谱）。不过，目前，欧洲还没有统一的频段用来支持这种类型的应用。

表 6.6 列出了欧洲各国为 PPDR 频谱分配的主要频段。

表6.6 欧洲各国用于 PPDR 通信的主要可用频段

频段/MHz	可用带宽/MHz	说　明
68 ~ 87.5	—	很多欧洲国家在 VHF 频率范围内有用于 PPDR 的国家频率分配。不过，这些并不是欧洲各国的统一频率分配
146 ~ 174		
380 ~ 385/390 ~ 395	10	广泛用于当前 PPDR 窄带广域网（TETRA 和 TETRAPOL）的业务。这确实是唯一实际的欧洲统一频段
385 ~ 390/395 ~ 399.9	10	这些频段形成了在 ECC（08）05 号决议中确定的用于 PPDR 使用的调谐范围的一部分，包括在整个欧洲的宽带（WB）业务（如 TEDS）。然而，在许多国家，这些频率大部分用于非 PPDR 应用（如民用 PMR 系统）
410 ~ 430	20	
450 ~ 470	20	
5150 ~ 5250 （或 4940 ~ 4990）	50	根据 ECC 建议，专用于本地和临时使用。然而，在实际上大多数国家并没有实施

需要注意的是，目前在欧洲没有用于部署移动宽带 PPDR 服务的 WAN 频谱分配。由于人们已经认识到，需要向 PPDR 行业提供移动宽带服务以及在欧洲范围内统一用于 PPDR 使用的频谱所带来的好处，因此为移动宽带 PPDR 确定新的合适频谱已经被提上欧洲相关机构的议事日程。重要的是，2012 年批准[8]的 RSPP，在其第 8.3 项条款中通过了下述承诺：

[欧洲委员会] 应与成员国合作，努力确保在协调一致的条件下提供足够的频谱，以支持安全业务的发展和相关设备的自由流通，以及为公共安全和保护、民防和救灾开发创新的互操作解决方案。

这一承诺是在欧盟各级的一系列努力和倡议之后达成的。事实上，早在 2009 年，欧盟司法与内政事务（Justice and Home Affairs，JHA）理事会就批准了一项关于改善边境地区各业务单位之间无线电通信的建议（第 10141/09 号建议，通常被称为 COMIX 建议[33]）。COMIX 建议认为，执法和公共安全无线电系统需要支持并能够超出当前网络能力交换高速移动数据信息，并且在统一频段内操作的公共标准将可以实现这种可能。因此，"COMIX 建议"认为，CEPT/ECC 的任务应当是研究在 1GHz 以下获得足够的额外频率分配的可能性，从而将其用于开发未来的执法和公共安全网络。因此，支持 JHA 理事会活动的 LEWP 建立了一个无线电通信专家组（Radio Communication Expert Group，RCEG），负责处理相关的无线电和频谱事宜，这要求 CEPT/ECC 考虑任务关键型宽带解决方案的 PPDR 需求，并为此目的分配统一的频率[34]。

需要注意的是，目前欧洲宽带 PPDR 部门实现协调统一的方法，并不是指在整个欧洲分配一个公共的频率。而是，致力于让欧洲各国承认用于提供宽带 PPDR 服务的多种部署方案和频谱波段[32]。通过这种方式，国家监管部门就可以根据其具体的国情选择最适当的方案或几种方法的组合。因此，这种方法被认为提供了所需的最小统一，以促进充分的互操作性，并有助于最大限度地提高 PPDR 解决方案的规模经济效益。

目前，第 49 号频率管理项目小组（Frequency Management Project Team 49，FM PT 49），正在 CEPT/ECC 层面上开展有关欧洲统一的移动 PPDR 通信框架的规范制定工作。这项工作正在与 ETSI 及其他关键组织（如 RCEG/LEWP）合作开展。预计 FM PT 49 的工作最终将于 2016 年向 CEPT/ECC 交付，从而确定欧洲 PPDR 通信的统一框架。有关 FM PT 49 的预期交付成果以及它所制定发展路线图的更多详细内容请参阅 3.4.2 节。

关于该统一的欧洲 PPDR 框架所考虑的频谱波段，FM PT 49 已经确定了两组候选的频谱范围：400MHz（410～430MHz 和 450～470MHz）和 700MHz（IMT 频段，694～790MHz）。为移动宽带 PPDR 选择最合适的频谱波段需要对很多方面进行评估和平衡，例如：

1）有可能被用于宽带 PPDR 的频段及其相应的实现时间表。

2）频段重整的成本。

3）频段的可用带宽和连续性。

4）无线电传播条件。

5）可能干扰的风险和性质。

6）在该频段发展商业生态系统的潜力。

7）与其他地区的频段规划实现协调一致，从而获得规模经济效益的潜力。

在这方面，与这两组候选频谱范围有关的主要考虑因素如表 6.7 所示。如前所述，需要重要强调的是，在欧洲提供宽带 PPDR 并不仅限于使用该 400MHz 或 700MHz 的频谱。而是希望通过允许在不同的频段（1GHz 以下和 1GHz 以上）和网络（专用和商用）上提供移动宽带 PPDR 服务来增强 PPDR 的能力。因此，从理想情况的角度来看，这正是制造商使用全球或区域 PPDR 用户终端公共技术生产多频段集成芯片组（包括特定的 PPDR 频率范围）的核心所在。事实上，移动行业中领先的芯片制造商已经有能够支持超过 12 个频谱波段的解决方案，其中很多频段都是在 1GHz 以下[39]。

表 6.7　欧洲各国移动宽带 PPDR 解决方案统一中所考虑的候选频段

频段/MHz	说　　明
410～430 和 450～470	1）该频段体现了非常好的传播特性，潜在地减少了提供必要覆盖（乡村地区）所需站点的数量 2）该频段还将允许从部署在 380～400MHz 频段的窄带 PPDR 网络的基础设施中获益，并促进 LTE 系统的逐步实施（例如，以 1.4MHz、3MHz、5MHz 的步骤），这可以通过不同子频段的载波聚合，在 380～385MHz 频段（和双工）长期复用来实现高数据传输速率业务。然而，由于该频段在一些欧洲国家有限的可用性，以及该频段重新规划可能具有的高成本，该频段不被认为是实现 BB PPDR 所需的完全 2×10MHz 的独立解决方案（除了当前使用之外，该频段还被看作是支持 M2M 通信的适合频段，例如一些欧洲国家的智能电表和智能电网）。为此，在该频段中部署 PPDR 宽带解决方案主要被看作是对另一个解决方案的补充（例如，700MHz 解决方案或与商业 LTE 运营商的漫游协议） 3）该频段中的移动宽带 PPDR 可以被实现为 410～430MHz 和/或 450～470MHz 频率范围内的 2×5MHz LTE 解决方案。CEPT 正在开展基于 LTE 技术（3GPP 第 12 版）且信道带宽为 1.4MHz、3MHz 和 5MHz 的兼容性研究。这些研究的结果预计将作为 ECC 218 号报告的一部分，并于 2015 年中期发布。事实上，3GPP 已经增加了在 452.5～457.5MHz 频段及其成对频段 462.5～467.5MHz 内对 LTE 使用的支持，并将其规定为波段 31 且通常被称为 LTE 450MHz。此外，450MHz 联盟是一个行业性的组织，代表了 450MHz 频谱各利益方的利益，也推动了 LTE 450MHz 生态体系的发展。在这方面，商业领域的第一个 LTE 450 网络已经在 2014 年宣布部署[35]

（续）

频段/MHz	说　明
694～790	1）该频段被作为欧洲移动宽带 PPDR 的主要支持候选频谱方案。很多国家在此范围内看到了 BB PP-DR 服务国家决策的机会，可以将其作为专用网络、商业解决方案或组合（混合）解决方案 2）欧洲的 700MHz 频段预计将于 2020 年（±2 年）被专门用于无线宽带[38]。该频段目前被地面电视广播和无线麦克风业务占用。该频段的重新利用被称为第二个数字红利（第一个是 800MHz 频段的再利用） 3）欧洲无线宽带使用 700MHz 频段（694～790MHz）的统一技术条件，已经在 CEPT 53 号报告中详细描述，作为对欧洲委员会任务的响应。CEPT 53 号报告基于成对的 2×30MHz 方案（703～733/758～788MHz）和灵活的方法，进行信道规划，容纳多达 4 个 5MHz 的频谱块，用于补充下行链路 738～758MHz 部分的双工间隙。700MHz 频段的这种信道规划与亚太电信组织（Asia – Pacific Telecommunity，APT）700MHz 频段计划完全一致，亚太地区和拉丁美洲地区的大多数国家都采用了这一计划。APT700 划分基于 30+30MHz 的两个重叠双工器，其中较低的双工器频段完全符合欧洲方案。因此，国家主管部门可以使用该 2×30MHz 配对中的一个或多个频谱块，用于 PPDR 业务 4）CEPT 考虑的信道结构还提供了一些专用规划，可作为 PPDR 使用（和/或其他可能的应用，如 PMSE 和 M2M）的国家方案，如图 6.2 所示。PPDR 的这些专用规划之一是使用保护频段（即 698～703MHz 和 788～791MHz 频谱块，与 733～758MHz 中成对的 2×30MHz 频谱块的双工间隙内的一些频谱配对）。具体来说： ① 在 698～703MHz（UL）和 753～758MHz（DL）频段上的 2×5MHz FDD 信道化（使用常规双工）。 ② 在 733～736MHz（UL）和 788～791MHz（DL）频段上的 2×3MHz FDD 信道化（使用常规双工）。 另一个专用规划是使用 2×30MHz 配对方案的 25MHz 双工间隙，以支持 733～758MHz 之间 PPDR 的 10+10MHz 分配，内部间隙（仅）为 5MHz，即使如果终端必须覆盖整个频率范围，则该方案将面对与用于 5MHz 双工间隙的双工器设计相关的重要技术困难[36, 37] 5）使用专用规划用于 PPDR 的积极一面在于，它可以增加 PPDR 频谱分配的机会，而不需要直接与商业运营商竞争频谱。而不利的一面在于，专用的子频段将使 PPDR 产生一种利基市场，这可能在规模经济和互操作性方面产生负面影响。此外，与 700MHz 频段相邻的 PPDR 对广播网络的防护较少。目前 CEPT ECC 正在基于这些专用规划方案开展关于宽带 PPDR 系统的兼容性和共享问题的研究。这些研究结果预计将作为 ECC 218 号报告的一部分

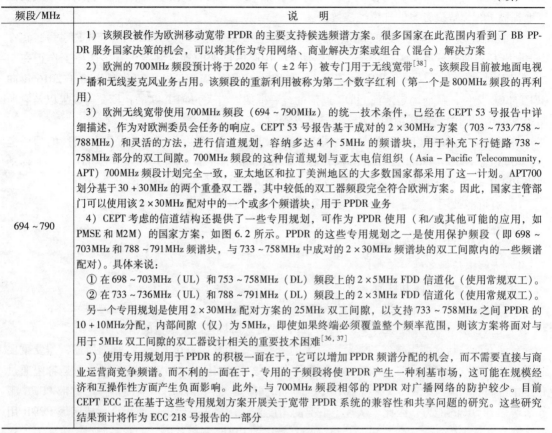

图 6.2　欧洲 700MHz 频段的信道规划

注：图中（1）表示，还可以在国家层面上使用保护频段和配对频段规划（733～758MHz）
　　的双工间隙，用于 PPDR 和/或其他可能的应用（如 PMSE、M2M）。

除了协调统一适合部署广域移动宽带 PPDR 网络的频谱外，CEPT 还正在开展多项研究，旨在通过这些研究可以为其他 PPDR 特定用途分配更多的统一频谱[40]。特别是，ECC 正在制定 CEPT 第 52 号报告，用以响应最近被赋予的关于欧盟 1900～1920MHz 和 2010～2025MHz 频段（不成对的地面 2GHz 频段）统一技术条件研究的欧盟委员会任务。这份报告的目的是，评估和确定没有被使用到的不成对的地面 2GHz 频段的其他用途，而不是通过地面蜂窝网络提供移动宽带服务，以及制定相关的最低限制性频谱使用技术条件。该频段潜在的统一用途主要考虑了 BB PPDR Ad hoc 通信（例如，本地视频链路），同时还包括一些国家的 PPDR 宽带 AGA 应用（例如，地面单元和直升机之间的视频链路）。此外，在 ECC/REC/（08）04 中针对 BBDR 无线电应用在 5GHz 频率范围（即 4940～4990MHz）内确定的频谱，可能还会受到 CEPT 内进一步统一活动的影响。

6.4.2　北美地区

在美国，PPDR 机构可以在 7 个单独的频段内授权频谱，其中 FCC 多年以前就已经开始为公共安全使用分配频谱[21]。这些频段以及在每个频段内的可用频谱数量及其用途如表 6.8 所示。如表中所示，其中有几个频段用于窄带语音和低速数据系统。每个语音频段都具有独特的传播特性，并且每个频段都有适合和不适合的系统类型。30 ~ 50MHz 频段主要用于一些州域的系统，为高速公路提供移动覆盖。VHF 频段适合于乡村地区，而 450MHz 和 700/800MHz 频段则用于需要良好便携式覆盖的城市和城郊地区。700/800MHz 频段最适合于中继系统，并越来越多地用于大面积地区和州域系统，以便在多个机构和管辖区域提供改进的通信和互操作性。尽管未在表中列出，但是美国的一些 PPDR 组织目前在一些地理区域使用 470 ~ 512MHz 频段的系统，该波段被称为 T 波段。不过，美国国会于 2012 年授权使用 T 波段系统的公共安全机构需要在 2021 年之前腾出该波段频谱。

表 6.8　美国 PS 通信可用频谱

频段/MHz	可用带宽（约计）/MHz	说明
25 ~ 50	6.3	用于窄带业务
150 ~ 174	3.6	用于窄带业务
220 ~ 222	0.1	用于窄带业务
450 ~ 470	3.7	用于窄带业务
809 ~ 815/854 ~ 860	3.5	用于窄带业务
806 ~ 809/851 ~ 854	6	用于窄带业务
758 ~ 768/788 ~ 798	20	广域宽带
768 ~ 769/798 ~ 799	2	保护
769 ~ 775/799 ~ 805	12	用于窄带业务
4940 ~ 4990	50	短距离宽带和点对点链路

关于移动宽带 PPDR，在美国已经分配的频率是 758 ~ 768MHz/788 ~ 798MHz 范围内的频率。事实上，这是分配给 FirstNet 用于部署全国公共安全网络的频谱。需要注意的是，2012 年通过的"频谱法案"还允许在 700MHz 窄带频谱（769 ~ 775MHz 和 799 ~ 805MHz）中灵活使用宽带，但任何这样做的举措首先需要考虑宽带和窄带系统之间可能出现的干扰。

此外，在美国，4.9GHz 频段可用于短距离宽带数据和点对点数据链路。FCC 于 2002 年从联邦政府的使用中重新分配了这一频段（4.94 ~ 4.99GHz，50MHz 的频谱），并于 2003 年通过了将这一频段专门用于公共安全服务的规定。该频段可用于各种基于地面的无线电传输，包括数据、语音和视频。所有多点和临时（< 1 年）点对点链路都是这一频段的主要用户。永久点对点链路是这一频段的次要用户，并且需要单独的站点许可牌照。FCC 已针对移动应用实施了一种地理许可方案。许可牌照授予 PPDR 机构在其法律管辖范围内使用所有 50MHz 频谱的授权，无论该管辖区是州、城镇、城市还是县。获得许可牌照者必须共享频谱并统一频率的使用。不过，由于公众被禁止使用这一频段，因此所有的业务都非常可靠。目前这一频段正在由 FCC 进行审查，以促进对该频段的更多使用，包括开放一部分频段用于商业应用，并寻找方法来补充目前正在建设的全国可互操作的 LTE 公共安全宽带网络[41]。

美国是第一个在 700MHz 频段内分配宽带 PPDR 频谱的国家。最初，分配了 5 + 5MHz 频谱，尽管美国国会早在 2012 年就通过了合并另外 5 + 5MHz（即所谓的 D 频谱）的法律，它们与最初分配频谱相邻。美国 700MHz 频段的信道配置如图 6.3 所示。加拿大正采用类似的频谱分配。

对于美国频段计划中 LTE 设备的部署，3GPP 分配了四个业务波段：12⊖、13、14 和 17（波段 17 是波段 12 的子集）。已经分配给移动宽带的频谱属于波段 14（758 ~ 768MHz 和 788 ~ 798MHz）。

⊖　也可称为第 12 号波段，后面统一简称为波段 12，其他波段简称与之类似。

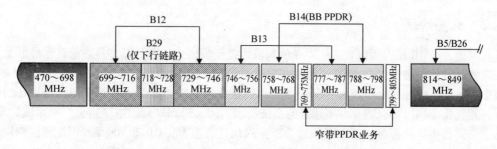

图 6.3　美国 700MHz 频段的信道配置及频段内的 PPDR 频谱分配

6.4.3　亚太和拉丁美洲地区

在亚太地区，806～824MHz 频段被广泛用于提供窄带通信以支持 PPDR 应用。这种分配通过国际电联第 646 号决议进行协调统一。

一些国家（例如，澳大利亚、新加坡）也考虑将 800MHz 频段用于为移动宽带 PPDR 分配的新频谱，而其他国家的主管部门则考虑使用 700MHz 频段（韩国、墨西哥、阿拉伯联合酋长国）[42]。在澳大利亚，NRA（ACMA）正采取一些措施来改善公共安全的频谱规定。最重要的是：

1）在 800MHz 频段内提供 10MHz 频谱，专用于实现在全国范围可互操作的 PPDR 移动宽带蜂窝 4G 数据能力。该频段支持 4G（LTE）系统，因此被运营商和 PPDR 机构视为"Beach Front"频谱。在 800MHz 频段内实际提供的频率将由 ACMA 通过对 803～960MHz 频段的审查之后确定。

2）为 PPDR 机构启用 4.9GHz 频段中的 50MHz 频谱。该频谱在国际上被认为是区域 2 和区域 3 中的 PPDR 频段，能够实现极高容量、短距离、可部署的数据和视频通信（包括对极高需求地区 WAN 容量的补充）。

3）在 400MHz 频段内实施重大改革，该频段内频谱已经被专用于政府部门，主要用于支持国家安全、执法和应急服务。

700MHz 和 800MHz 频段内的信道配置如图 6.4 所示，显示了用于移动宽带 PPDR 的一些频谱分配。

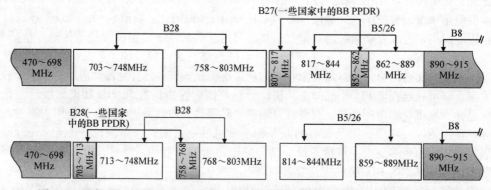

图 6.4　亚太地区 700MHz 和 800MHz 频段信道配置及频段内的主要 PPDR 频谱分配

700MHz 频段内的频谱分段遵循了协调统一的 APT 频段规划，因此通常被称为 APT700 频段规划。该频段规划已经由 3GPP 标准化为两个工作频段：用于 FDD 操作的波段 28（B28）和用于 TDD 操作的波段 44（B44）。FDD 方案（B28）迄今为止已经吸引了业界最大的支持。实际上，很多国家已经为 LTE 部署分配、承诺或建议分配 APT700 FDD（B28）频谱。需要注意的是，APT700 频段规划与美国采用的 700MHz 频谱规划并不兼容，因为两者在 700MHz 频段内采用不同的信道带宽和信道位置。

为进一步提高 700MHz 频段在 PPDR LTE 系统中的主导地位，最近宣布，巴西的公共安全、国防和关键基础设施服务将被分配这一频段中的频谱。显然，为了避免采用美国频谱规划方案的南美共同做法，该声明指出将使用 APT 700MHz 频段（B28）[43]。在相关的工作中，CITEL 向它在北美洲、中美洲和南美洲的成员国建议，PPDR 宽带频谱分配应沿用 700MHz 频段，要么考虑 APT 700MHz 频段（B28），要么考虑美国频段（B14）。

6.5　PPDR 通信的频谱共享

分配最低数量的专用频谱来支持广域移动宽带 PPDR 业务的情况，目前正在很多国家中迅猛发展⊖。正如前面一节所讨论的，一些国家的主管部门已经在 700MHz 或 800MHz 频段内为移动宽带 PPDR 分配了 10 + 10MHz 或 5 + 5MHz 的频谱块。表 6.5 中所列的一些研究结果认为，这一数量的专用频谱足以满足大多数情况下任务关键型通信的 PPDR 需求。然而，其中的一些研究结果也认识到，这一数量的频谱可能无法满足重大事件的容量要求。实际上，ECC PT49[20] 和 NPSTC[21] 的估计显示了一些最坏的情况，即需要超过 10 + 10MHz 的频谱。此外，一些研究结果还认识到，针对百年一遇的事件来确定 PPDR 频谱的供给数量，将是极其低效的，因为这样很可能导致在绝大多数的时间中很大一部分的专用频谱的利用率将是非常低的。

基于这种背景，在某些特定的频段内在 PPDR 和其他业务之间引入频谱共享方法，可以有助于获得所需的灵活性或弹性，使 PPDR 能够在需求压力较大时使用更多的频谱，同时还能确保在日常 PPDR 活动时该频谱能够被其他业务所利用。频谱共享在这里指的是技术方法和业务过程的应用，以允许多个用户在相同的频谱区域共存[44]。将频谱共享用于 PPDR，形成了一种合理的方法来对具有额外频谱的专用频谱分配进行补充，其中部分额外的频谱可以被用来处理特殊的需求或仅用于在特定的时间和地点以更有效的方式来部署的特定 PPDR 应用。同样，引入频谱共享还可以促使主管部门分配更大量的频谱用于 PPDR 使用（例如，20 + 20MHz，而不是 10 + 10MHz），因为该频谱（或其中的一部分）在未被 PPDR 应用实际使用时可以有效地与他人共享[45]。

所考虑的 PPDR 频谱共享框架需要评估两个主要的核心要求：可用性（即保证在需要的时间或地点能够提供足够可用的频谱量）和响应性（即当需求出现时，该频谱能够在多快的时间内准备好供 PPDR 使用）。根据这些要求的满足水平，特定的频谱共享解决方案可以被认为适合于支持任务关键型应用或仅用于为非任务关键型应用提供额外的容量。

WRC – 2012 中的 ITU – R 第 646 号决议"公共保护与救灾"确定了在日常使用的情况下临时分配并获取更高频谱量的可行性，其中认识到，"日常公共保护所需的频谱数量在各国之间可能存在着显著的差异，某些频谱已经被各国用在了窄带应用方面，并且为了应对灾害，可能需要临时提供额外的频谱"。此外，在监管和标准化层面上正在开展的多项倡议，在一定程度上评估了频谱共享技术对 PPDR 通信的适用性。

1）欧盟委员会向欧洲标准化机构委派的标准化任务（M/512），确定了一种方法和一些问题，即标准化应使可重构无线电系统（Reconfigurable Radio System，RRS）在欧洲得以发展和使用[46]。该欧盟委员会任务于 2012 年 11 月发布，目前相关工作正在开展。具体来说，本任务的目标 C 旨在探讨商业、民用安全和军事应用之间可能产生的协同作用领域。这些包括在这三个领域之间动态使用频谱资源以进行救灾的架构和接口。

⊖ 只有少数例外，例如英国赞成从移动网络运营商采购商业服务来提供宽带 PPDR 业务的模式，而不保留任何特定频谱用于 PPDR 使用。

2）欧盟委员会关于"促进欧洲无线电频谱资源共享使用"的通信文件［即 COM（2012）478 号］。这份欧盟委员会通信文件建议开发两种工具，以提供更多的频谱接入机会，并激励更大和更有效地使用现有的频谱资源：在统一和非统一频段中确定互利的共享机会（Beneficial Sharing Opportunities，BSO）；建立所谓的共享频谱接入权限（Shared Spectrum Access Right，SSAR）监管工具，从而为获得许可的共享机会提供授权，使其获得免受干扰的防护保证。在这种情况下，该通信文件确定了一种使用案例："现有权限的持有者可以通过提议 BSO 来从适当的共享合同的相互承诺中获益，例如，公共组织可以为商业运营商提供频谱接入能力，作为对宽带公共保护与救灾（Public Protection and Disaster Relief，PPDR）应用的网络基础设施共同出资的回报"。

3）美国 FCC 在 3.5GHz 频段开发了新的公民宽带无线电服务（Citizens Broadband Radio Service，CBRS）。2012 年 12 月，FCC 发布了一项通知，建议通过共享接入方案为小型小区分配 3550 ~ 3650MHz 频段[48]。该频段目前用于美国海军雷达业务。这项 FCC 通知提出了由频谱接入系统（Spectrum Access System，SAS）实施的三层共享接入系统，以及使用基于地理位置的机会频谱接入技术（Opportunistic Access Technology，OAT），其中 PPDR 应用在某些特定的位置将被提供对部分 3.5GHz 频段具有质量保证的接入。

接下来的小节定义了一些基本的概念，并提供了一种 PPDR 通信频谱共享模式的分类，以及对每种模式适用性的讨论。在此基础上，后续各小节中，进一步为 PPDR 频谱共享设计了两种可能的解决方案框架：一种是基于许可共享接入（Licenced Shared Access，LSA）制度的适用性，另一种是利用对电视空白频谱（TV White Spaces，TVWS）的次要访问以供 PPDR 使用。

6.5.1　频谱共享模式

频谱共享可以通过很多方法来实现，例如协调使用时间、地理分隔、频率分隔、定向天线等。过去，频谱共享机制的使用通常是静态的，预先计划好的。例如，最简单的频谱共享手段是，在不同地理区域中对相同频率波段的系统进行操作。然而，频谱共享可以更复杂并且允许在相同地理区域中共享频率。例如，考虑到共享频段其他用户的存在和活动，可以利用认知无线电（Cognitive Radio，CR）技术［例如，地理位置数据库（Geo-Location Databases，GLDB）、频谱感知］，以动态和灵活的方式适应 PPDR 通信设备使用的频谱。

频谱共享模式的一般分类（不特定于 PPDR）主要基于以下两个特征[49]：

1）频谱共享设计是由主要-次要共享构成，还是由对等之间的共享构成。在前一种情况下，一些系统有权作为主要频谱用户操作，并且策略要求次要设备不能对主要系统造成有害的干扰⊖。在后一种情况下，所有设备都具有相同的权利，并且在存在多个对等端的情况下，通常具有更多的操作灵活性。

2）共享是基于协作，还是基于共存。在基于协作的模式中，共享频段的系统或设备必须彼此进行通信和协作以避免相互干扰。在共存的模式下，设备试图避免没有显式信令的干扰（在大多数情况下，设备通过感知对方的存在作为干扰并应用"好邻居"共享做法来使用公共的资源）。

基于上述两个特征以及 6.1 节讨论的许可制度和频谱管理模式，可以将 PPDR 使用的频谱共享模式分为三类[50]：

1）基于共享者之间的单个频谱使用权的动态转移或协调的模式，使得在给定的时间和位置处，只有一个用户被授权使用这一频谱。

⊖　"主要"和"次要"使用的概念，实际上是根据国际电联"无线电规则"（参见 6.1 节）进行定义的，该建议规定在主要或次要的基础上将频段分配给无线电通信业务。次要业务台站不得对主要业务台站带来有害干扰，不能提出免受来自主要业务台站有害干扰的相关防护要求。

2）基于主要–次要共享的模式，其中存在对于给定频谱波段持有单独使用权的主要用户，但是每当主要用户不受影响时，就可以允许多个次要用户以机会频谱接入的方式访问频谱。可以基于主要用户和次要用户之间使用的是协作（通过协调机制）方法还是共存方法，来将该模式区分出两种衍生情况。

3）基于共享频段 CUS 的模式，其中多个具有相同权限的用户，在相同的时间和特定地理区域内通过一组预先定义好的共享条件，在相同的频率范围中操作。该模式的两个变体也可基于共享者之间使用的是协作（通过协调机制）方法还是共存方法，来进行区分。

每种共享模式对 PPDR 通信的可行性主要取决于共享框架中涉及的用户类型，其中所涉及的用户可能涵盖商业、军事和 PPDR 领域。采用给定的共享模式可能需要改变这些用户之间的组织结构和关系。在某些情况下，这些改变只是现有协议的延伸（例如，在大规模自然灾害中，用于军事和公共安全实体之间的灾害管理联合程序）。在其他情况下，必须制定新的协议（例如，用户之间的共享规则或条件）。此外，由这些不同行业管理的现有基础设施所需的改变量，也是另一个需要考虑的方面。所有建议的共享模式都应该尽可能地减少对现有基础设施的改变。

采用共享模式还取决于适当技术和监管框架的发展。不同的共享模式可能需要对现有标准进行或多或少的修改，并面对不同的技术挑战。在一些情况下，对于特定功能（例如，基于 CR 技术构建模式的频谱感知情况）的技术要求，可能难以利用现有的技术能力（例如，计算/处理能力）来实现。此外，必须修改国际和国家频谱规则，以允许部署一些共享模式。

根据以前的研究，表 6.9 ~ 表 6.11 介绍了前面已经确定的三种频谱共享模式类别的原则、适用性和一些示例。这些表格还对每种模式的适用性进行了讨论，其中考虑了相关用户的组织和运营方面的问题，以及有助于为这些模式的采用铺平道路的相关技术和管理举措。

表 6.9　基于单独频谱使用权动态转让或协调的模式

共享原则	通过某些方法（例如，频谱租赁过程或可以保证在给定的时间和位置只有一个用户被授权使用该频谱的技术机制）在用户之间动态地转让或协调单独使用权。可以在这种给予某些用户优先接入的转让或协调中，考虑采用优先级和抢占的原则
适用性	在这种频谱波段中，接入授权依赖于所持有的单独频谱使用权。这包括传统许可以及 LSA 许可[⊖]
说明性示例	1）频谱使用权从非 PPDR 用户暂时转让到 PPDR 用户。例如，参与事件响应或重大计划事件（例如，奥运会）的 PPDR 用户，可以要求军事部门或其他私人持有者租赁其部分频谱供 PPDR 使用 2）频谱使用权从 PPDR 用户暂时转让到非 PPDR 用户。在这种情况下，当没有紧急情况，并且专门用于 PPDR 的频谱未被使用时，频谱使用权可以被租赁给其他用户，如电信运营商。当 PPDR 频谱被授权方需要时，这种租赁可立即中止
适合性考虑	1）很多国家已经就专用频谱使用权的转让制定了相关的规则[51-53]。目前的频谱转让过程可能需要几天的时间，这适合于长期计划的事件（例如，G20 峰会或奥运会）。较短时间段的操作需要进一步的监管和技术发展（例如，需要新的技术能力实现以每小时 30 分钟的顺序执行这种转让，这是对突发危机事件初始响应的时间尺度） 2）该解决方案的优点是，在所有具备专用频谱使用权的租用期内都能保证频谱的可用性。因此，如果一个框架被定义和部署来保证频谱提供的及时性，那么它将是一个可行的模型，即使对于任务关键型 PPDR 应用来说。其实现需要认知或（至少）可调谐的无线电，可以将其配置为能够在不同的频段中工作 3）初步部署可以仅限于 PPDR 用户之间的频谱转让。包括创建由多种许可提供的频谱池用以共同使用[54]。在随后阶段中，可以将其扩展到其他政府和/或商业市场的用户 4）可以通过动态转让使用权，由负责频谱共享的监管部门明确分配新的频段。频谱使用权的分配可以通过频谱协调服务器或频谱代理形式的集中机制进行管理[55]。新的频谱监管模型（如 LSA）可以促进这种方法 5）专有使用权的动态转让可以应用于军事领域和 PPDR 组织之间，但是它需要新的监管框架和相应控制中心之间新的程序接口[56]

⊖　许可共享接入（Licenced Shared Access，LSA）是一种新的频谱监管方法，其有助于在频段中引入新的用户，同时保持在频段中使用较少或局部使用的现有业务。新用户持有授予单独频谱使用权的 LSA 许可，该许可受到某些使用条件的制约，这些使用条件考虑了现有用户的存在。有关 LSA 的更多详细信息请参见 6.5.2 节。

表 6.10　基于主要 – 次要共享的模式

共享原则	在持有频谱使用权的主要用户所在的频段中，可以允许以机会性的方式进行次要接入。次要接入的实施是机会性的（即频谱的可用时间和位置取决于主要用户的实际活动，这种活动可能是动态的、可变的）并且应当遵循非干扰的原则（即次要用户的传输不应影响主要用户）。存在两种衍生情况，区分如下： 1）主次协调机制用于允许主要用户对次要接入具有一定的控制（例如，动态地决定是否允许次要接入） 2）没有主次协调机制，使得主要用户不能控制次要接入［例如，主要和次要用户共存而没有显式的（明确的）交互］
适用性	在这种频谱波段中，存在一个频谱使用权的（主要）所有者，并且 NRA 决定对次要接入授权（例如，美国和英国的电视 UHF 频段）
说明性示例	1）允许 PPDR 用户在非 PPDR 频段中使用次要接入。例如，被 PPDR 机构带入事件区域的通信设备（如 ad hoc 通信系统），可以在有限地理区域的基础上使用非 PPDR 频段，例如军事频段[57]。可以在军事和 PPDR 机构之间建立协调机制 2）允许在 PPDR 频段中进行次要接入。例如，PS 网络运营商可以通告该频谱的一部分没有被使用，从而使该频谱可用于次要接入。次要用户可以被限定为其他的 PPDR 应用或开放给非 PPDR 的业务，如关键基础设施部门（能源和其他公用事业部门等），甚至商业用途
适合性考虑	1）基于目前使用的地理位置数据库[58]，PPDR 频谱共享的解决方案可以从电视空白频谱领域中的相关方案和成果中受益 2）如果 PPDR 是主要用途，即使对于任务关键型 PPDR 应用来说，它也是一种可行的模式。实际上，在本章参考文献［23］中，ETSI 并没有排除对（主要）PPDR 频谱的次要接入，并且在严格的抢占式制度下来确保 PPDR 通信的性能。在紧急情况下，将 PPDR 频谱用于商业用途，并授予 PPDR 优先接入的能力，也被 FCC 考虑在内，旨在促进采用 PS 和商用频谱（即 D 频谱块）联合网络的部署[59] 3）如果 PPDR 是次要用途，它可以提供一种机会性的额外容量，以减轻任务关键型应用的拥塞问题，并促进非任务关键型应用的部署。军事组织拥有相当大范围的频谱覆盖，考虑到其可能不在事件地点使用，因此 PPDR 对（主要）军事频谱的次要接入是一种可行的方法。本章参考文献［23］中讨论了一个三级共享方案，其中军事部门是主要用户，PPDR 是二级主要用户，商用网络是次要用户 4）军事用户和 PPDR 用户之间的共享可以在空间维度或时间维度上进行，如本章参考文献［57］。在空间维度上，如果军事用户仅在特定地区（例如，军事营区）使用频谱，那么 PPDR 用户则可以以机会性的方式使用这一频谱。在时间维度上，频谱可以像雷达的情况一样进行共享[60]。例如，如果可以检测到雷达扫描并定时进行设备的传输以避免干扰，则低功率系统可以与雷达共享频谱。这种方案需要密切的协调或可靠的技术方案支撑，以确保军事无线电通信业务不受有害干扰的影响。潜在的挑战在于安全方面，出于安全的考虑，军事网络和 PPDR 网络之间缺乏网络接口 5）协调模式可以以增加复杂度的代价，来提供更多的 QoS 保证。这种协调可以在通信系统层面（例如，PPDR 网络广播信标信号来启用/禁用次要接入）上或在组织和程序层面（例如，在军事 – PPDR 频谱共享的情况下，对协调灾害管理的现有程序进行延伸和扩展）上来进行处理和解决 6）在协调失败或不可能的情况下（例如，地理位置数据库不可达），共存模式是必要的。CR 技术特别适合在这些情况下使用

表 6.11　基于集体使用频谱的模式

共享原则	多个用户被授权使用频段，构成一般授权制度（例如，免许可频段对用户数量没有限制）或精简许可制度（例如，可能会限制授权数量）。存在两种衍生情况： 1）授权用户/设备之间的协调需要通过公共的管理协议进行，以应对相互干扰 2）授权设备之间没有定义公共的管理协议。相反，应对相互干扰主要是通过符合特定监管者实施的规则（通常称为"频谱礼仪"）的设备来进行的
适用性	在这种频谱波段中，存在的是集体使用权，而不是单独（专有）使用权
说明性示例	1）在仅供 PPDR 使用的频谱波段中的共享接入。例如，所有注册和明确授权的 PPDR 机构可以使用该频段，来搭建快速可部署的设备（例如，无线接入点、点对点链路）。用于诸如信道分配的协调工作可以通过被所有授权设备都支持的公共协议来执行。通过将该频段限定给 PPDR 应用，来促进此类公共协议的制定 2）在通用的免许可频段（例如，2.4GHz 或 5GHz 的 ISM 频段）中的共享接入。该频段的使用可以为事件区域中的局域通信带来额外的容量，但没有优先接入或协调机制可用于 PPDR 用户，使其无法控制来自该频段其他合法用户的干扰（例如，个人设备或私有/公共无线接入网）

（续）

适合性考虑	1）在美国（4.9GHz 频段）和一些欧洲国家［5GHz 频率范围内的宽带救灾（Broadband Disaster Relief，BBDR，频段），已经分配了用于 PPDR 通信的专门应用频段，尤其是对现场宽带无线网络的部署。授权用户负责其中的干扰预防、缓解和解决协调 2）建立频率规划协调过程也将成为与其他非 PPDR 用户（例如，公用事业或交通运输部门）共享这些频段的合理方案。国家公共安全电信委员会（National Public Safety Telecommunications Council，NPSTC）最近提出了这种方法，允许关键基础设施行业（包括能源部门）与公共安全在共享和同等重要的基础上接入 4.9GHz 频谱 3）这种协调还可以基于技术机制（例如，使用诸如 IEEE 802.11y 的技术，这可以让频率协调器动态地控制 PPDR 共享频段中的信道接入）来实现 4）如果有适当的协调机制（如上文所述的协调机制），则共享频谱可用于任务关键型 PPDR 应用 5）共存方法（例如，使用现有的通用免许可频段，例如 2.4GHz 和 5GHz 的 ISM 频段）不能为任务关键型 PPDR 提供 QoS 保证。然而，如被广泛应用的 Wi-Fi 设备所证明的那样，现实是，在这些频段中实现一些具有良好感知的 QoS 的额外容量是不太可能的。在非居民区（例如，乡村地区中的危机事件）中使用这些频段，这种情况将更加明显

6.5.2　基于 LSA 的频谱共享使用

LSA 是一种新的频谱监管方法，它有助于在频段中引入新的用户，同时维持在频段中利用率较低或局部使用的已有业务。LSA 符合单独许可制度，以便向新用户授予 LSA 许可牌照。LSA 旨在为已有业务和 LSA 被许可方在频谱接入和防止有害干扰方面提供一定程度的服务保证，从而可以让它们能够提供可预测的服务质量（Quality of Service，QoS）（即每个用户在给定的位置和时间具有对部分频谱专用且单独的访问权）。因此，LSA 不包括诸如"机会频谱接入""次要使用"或"次要业务"的概念，这些概念中所涉及的新用户不能防止来自主要用户的干扰。显然，LSA 仅适用于已有用户和 LSA 被许可方具有不同性质（例如，政府对商业用户）和运行不同类型应用，受到不同的监管约束的情况。因此，可以预测 LSA 共享框架对市场监管政策目标的影响有限，甚至可能没有影响，因为已有业务和 LSA 被许可方属于两个不同的垂直市场。从已有业务的角度来看，LSA 可能是频谱重整过程的替代方案，其中频谱重整过程的成本可能太高，以至于无法实施，因此在合理的时间框架中是不可能的，或者根本不可取。

LSA⊖框架由欧盟委员会的 RSPG 在 2011 年提出[61]。2013 年 11 月批准的 RSPG 关于 LSA 的意见[62]提供了以下定义：

一种监管方法，旨在已经分配或预期分配给一个或多个已有用户的频段内，基于单独许可制度，促进引入由数量有限的被许可方运营的无线电通信系统。根据许可共享接入（Licensed Shared Access，LSA）方法，其他用户被授权基于包含在其频谱使用权中的共享规则来使用频谱（或频谱的一部分），从而可以让所有授权用户（包括原有用户）能够提供某种特定的服务质量（Quality of Service，QoS）。

需要注意的是，LSA 的概念包括所谓的授权共享接入（Authorised Shared Access，ASA）的概念，该概念首先由行业联盟（涉及高通和诺基亚）提出，用于在许可制度下提供对 IMT 频谱的共享接入，以便提供具有一定服务质量的业务[63]。具体来说，可以认为，除了 ASA 是在 IMT 频段这个背景下提出的之外，LSA 和 ASA 这两个概念是等效的，而 LSA 概念已经被定义具有更宽的适用范围，并不限于 IMT 频段。因此，术语 LSA 和 ASA 通常可以互换使用，甚至有时一些文档直接使用"LSA/ASA"模式符号[64]。

⊖　LSA 的基本原则可以在授权共享接入（Authorized Shared Access，ASA）概念中找到，该概念首先由高通和诺基亚提出[50]，旨在作为一个监管促进因素，以便及时提供用于 IMT/移动宽带业务的统一频谱。

2014 年 2 月，CEPT ECC 发布了一份关于 LSA 的报告（ECC 第 205 号报告[10]）。ECC 第 205 号报告确定了 LSA 监管方法的范围和组成部分，并详细考虑了 LSA 在欧盟 2300 ~ 2400MHz（2.3GHz）频段内的可能实现，以便提供对其他移动宽带业务［将其称为移动/固定通信网络（Mobile/Fixed Communications Networks，MFCN）］频谱的访问。在这方面，CEPT 正在根据欧盟委员会的任务，制定支持无线宽带 ECS 的技术统一条件[65]。特别是，ECC 55 号报告[66] 和相关的 ECC 14（02）号决议[67] 列出了具体的技术条件，以允许无线宽带应用可以在 2.3GHz 频段内共存，并确保 2400MHz 以上的业务和应用（例如，Wi – Fi 网络）之间的共存。ECC 55 号报告还包含了关于在个案基础上适用于无线宽带和低于 2.3GHz 的服务之间共存的附加条件准则。由于在欧洲有限但特定的地区内有一系列重要的现有业务，因此该频段与采用类似举措的其他地区的情况不同。在这种背景下，ECC 打算制定进一步的指导方针，以帮助各主管部门为国家层面的通信网络与现有业务和应用之间的共存制定适当的共享框架（例如，参见本章参考文献［68］）。

同时，与监管工作密切合作，ETSI RRS 技术委员会正在处理 LSA 技术框架的标准化工作。在这方面，2013 年发布了一份 SRDoc（系统参考文档），建议在 2.3 ~ 2.4GHz 中采用 LSA 方法，并且 LSA 系统要求于 2014 年 10 月发布[70]。目前正在进行有关系统架构和高级程序规范的工作（将在 ETSI TS 103 235[71] 中报告）。

接下来的两部分将提供有关 LSA 模式的监管框架和技术框架的描述。然后，将就 LSA 框架对 PPDR 通信的潜在适用性问题进行讨论。

6.5.2.1　监管框架

实现 LSA 的核心是建立所谓的共享框架，以便定义可在 LSA 模式下替代使用的频谱。

共享框架可以被理解为一组共享规则或共享条件，这些共享规则或共享条件必须在 NRA 的监管下建立。具体来说，共享框架包括：

1）实现现有业务频谱权利的变更（如果有的话）（例如，划分现有业务频谱权利实际所需的地理区域）。

2）定义具有相应技术和操作条件的频谱，可以在 LSA 模式下作为替代使用，同时保证对现有业务的保护。

有效的共享框架的定义需要所有相关利益方的参与（例如，如图 6.5 所示）：

1）主管部门/NRA。

2）现有方（很可能是政府机构）。

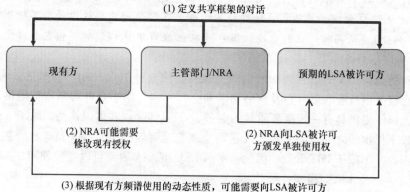

图 6.5　LSA 框架中的相关方和监管程序

3）预期的 LSA 被许可方［例如，打算向欧洲移动宽带业务开放 2.3GHz 频段的移动网络运营商（Mobile Network Operator，MNO）］。

主管部门/NRA 应确定参与制定共享框架的相关各方。在此之后，应当启动主管部门/NRA、现有方和预期的 LSA 被许可方之间的对话，目的是确定共享框架的相关条款：

1）现有方应该报告可以促进 LSA 的条件。这些应包括其统计的当前和未来的频谱要求，以便在频段内运行其业务。具体来说，它可以报告频段、预定的时间、基于地理区域的频率使用和统计的频段使用，以及其他技术条件，例如，在紧急情况下的抢占条件，其中现有方可以收回频谱的使用。

2）预期的 LSA 被许可方应提供一些指示，说明为获得足够投资回报所需的共享框架的最短持续时间。对于 LSA 预期的被许可方来说，报告其最需要频谱的频率、位置和时间也是有用的。因为需要这些条件来确保现有方和 LSA 被许可方，能够在相邻的时间/空间/频率域中进行适当的频谱使用。

3）主管部门/NRA 应确定相关的条件，特别是确保现有业务的运营受到保护。基于这些条件，主管部门将制定共享架构，并且最终使其可在 NTFA 下对外提供参考。主管部门也可能需要相应地修改现有的授权。

然后，根据所建立的共享框架，主管部门/NRA 将制定授权程序，以便以公正、透明和非歧视的方式，向 LSA 被许可方提供频谱的单独使用权。LSA 不会预先判断 NRA 在考虑国家情况和市场需求的情况（例如，传统许可、带有单独授权的精简许可）下所确定的授权程序的模式。赋予的 LSA 单独使用权也可以同很多义务相关联，如通常在传统（专有使用权）许可中所做的那样。

根据现有方使用频谱的动态性质，可能需要向 LSA 被许可方提供（例如，通过数据库）有关该频谱可用的区域/时间信息。如果该信息不随时间改变，则可以在 LSA 被许可方申请其 LSA 授权时提供。如果现有方需要根据其 LSA 授权中定义的条件，访问 LSA 被许可方使用的（一部分）频段，则必须通过商定的方式告知 LSA 被许可方，并且 LSA 被许可方必须更改它的使用。

与 LSA 相关联的"共享框架"的概念不应与常规共享协议混合。例如，其中所提的常规共享协议通常用于诸如微波链路或类似 PMR 业务的固定业务。在这种情况下，没有在整个地域上拥有优先或专用频谱接入的"现有方"，并且新系统通常通过采用适当的协调措施（例如，地理频率分隔措施）以先到者先服务的方式引入。

6.5.2.2　技术框架

ETSI 正在为实现"LSA 系统"的技术框架进行标准化工作，使得 MFCN 能够接入 2.3GHz 频段。因此，"LSA 系统"包括一个或多个现有方、一个或多个 MFCN（LSA 被许可方）以及用于实现现有方和 LSA 被许可方之间协调的方式，使后者可以部署其网络而没避免害干扰。

考虑到共享情况通常是动态变化的（即现有方的需求使频谱中的某些部分不能永久用于任意给定位置的 LSA 被许可方），因此需要从这个角度来设计 LSA 系统。在这方面，一组用于共享给定 LSA 频谱资源的实际细节被称为"共享协议"，其可以改变，但应始终与主管部门/NRA 定义的"共享框架"保持一致。例如，现有方和 LSA 被许可方之间的特定频谱共享协议可以包括对资源可用性潜在变化的约束，以便促进共享系统的实现和可操作。这种约束的示例如下：

1）频谱资源可用性的变化只能在预设时间（例如，周期性）发生。

2）在连续性的变化之间需存在最小允许间隔（通常影响给定区域）。

3）可以预配置频谱资源的可用性（仅允许在空间/频率上进行有限的组合）。

4）如果违反某些统计标准（例如，在给定时间框架内某个资源的总体可用性），则不允许进行更改。

在此基础上，在本书英文原版编写过程中所提出的 LSA 系统架构如图 6.6 所示。它由两个功能实体组成。

1）LSA 存储库（LSA Repository，LR）。LR 支持输入和存储描述现有用户使用和保护要求的信息。它能够将信息传播到授权的 LSA 控制器（LSA Controllers，LC），并且还能接收和存储来自 LC 的确认信息。LR 还可提供用于 NRA 监管 LSA 系统操作的方式，并向 LSA 系统提供有关共享框架和 LSA 许可详情的信息。LR 可实施共享框架和许可制度，并且还可以实现共享协议的所有非监管性细节。

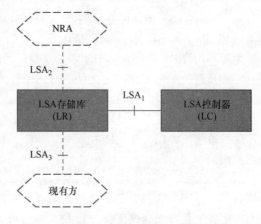

图 6.6　LSA 架构参考模型

2）LSA 控制器（LSA Controller，LC）。LC 位于 LSA 被许可方的域内，并使 LSA 被许可方能够从 LR 接收或请求 LSA 频谱资源的可用性信息，并向 LR 提供确认信息。LC 与被许可方的网络进行交互，以便传送可用性信息并支持将该信息映射到适当的无线电发射机配置，并从 LSA 被许可方的网络接收相应的确认。

其中，定义了三个参考点：

1）LSA_1：LR 和 LC 之间的参考点。

2）LSA_2：用于主管部门/NRA 与 LR 交互的参考点。

3）LSA_3：用于现有方和 LR 交互的参考点。

一种实现该 LSA 系统架构的场景如图 6.7 所示。该场景考虑了持有两个（传统）许可的 MNO 在其网络部署的整个覆盖区域上操作一定量频谱（被称为授权波段/载波 A 和授权波段/载波 B）的情况。此外，该场景还考虑了 MNO 持有 LSA 许可的情况，使其只能在较小的限定区域内使用某些额外的频谱，这是由于现有方存在于其余的网络覆盖中，这部分频谱被称为 LSA 授权波段/载波 C。在这种情况下，MNO 负责确保只有适合的基站可以在 LSA 频段中工作，或者以

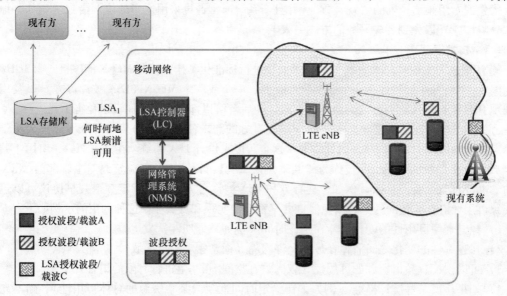

图 6.7　实现 LSA 架构的说明性场景

独立的方式使用频谱，或者将其与其他授权波段组合使用（如果载波聚合能力可用）。

为此，LC 将构成 MNO 网络管理系统（Network Management System，NMS）的一部分或与 MNO 的网络管理系统进行交互。LC 将从管理该频段接入的 LR 中，从 LSA_1 接口上接收与 LSA 频谱资源可用性有关的信息。在此基础上，NMS 随后将从 LC 获得的频谱可用性信息转换成适当的无线电资源管理命令，发送到运营商网络中的基站。因此，位于 LSA 频段可用区域的用户终端，可以接入授权波段和 LSA 波段中的任意一个，或者如果用户终端具有适当的载波聚合能力，则它也可以同时接入这两种频段。位于 LSA 波段不可用区域的用户终端只能使用授权波段。

从 MNO 的角度来看，LSA 引入了可用于其正常操作的频谱的变化性，并且在原则上，使用 LSA 频段所需的机制与已经存在于 NMS 中并且广泛部署在当今蜂窝系统中的 RAT 间或频段间负载平衡方法类似。因此，使用 LSA 频谱需要以下步骤：

1）在 LC 指示的特定时间，MNO 的 NMS 指示相关基站启动 LSA 频段进行传输。

2）如果需要，执行在基础频段中操作的其他网络的重新配置和系统信息更新。

3）无线接入网（Radio Access Network，RAN）中现有的负载均衡算法将利用新的资源，并根据需要将设备传输到新频段。

4）可以使用不同的技术实现设备频率的转换，例如：

① 重选过程：在空闲模式下移入和移出 LSA 频率覆盖区域的用户终端，可以在这种频率上进行重新选择。

② 频间切换过程：RAN 发起切换过程，将处于连接模式的用户终端从基础频段转移到 LSA 频段。

③ 载波聚合过程：RAN 对适当的用户终端（即支持基础频段和 LSA 频段之间进行载波聚合的终端）进行重新配置，以便开始以载波聚合模式进行操作。

放弃 LSA 频谱需要以下步骤：

1）当 LSA 频段中 LC 准许的操作时段到期或由于紧急情况而终止时，现有方需要收回它的频谱（例如，需要这项规定的公共安全或其他现有方），RAN 中现有的负载平衡算法将确保相应设备转换回到基础频段。

2）可以通过前面提到的重选、频间切换和载波聚合过程，使设备完成回到原频谱的转换。

6.5.2.3　对 PPDR 通信的适用性

欧洲研究项目 HELP 讨论了关于 LSA 框架对支持 PPDR 通信潜在适用性方面的问题[72]。在这个项目中，提出了一个功能架构，该架构符合上一节介绍的 LSA 参考模型，用于动态协调 PPDR 运营商和其他用户之间的一定数量的频谱，以确保所有共享方能够获得可预测的 QoS。HELP 项目指出了两个候选频段，其中该模型的适用性值得特别考虑：700MHz，其中的移动宽带业务将在 WRC – 2015 之后成为欧洲的主要业务，而 225 ~ 380MHz 频段，则用于北约［北大西洋公约组织（North Atlantic Treaty Organization，NATO）］国家的军事应用。在第一种情况下，可采用 LSA 模型，涉及具有现有方角色的 PPDR 网络运营商和将被授予 LSA 许可的商业 MNO。在第二种情况下，LSA 模型将涉及作为现有方的军事部门和现在作为 LSA 被许可方角色的 PPDR 网络运营商。

同样，TCCA 要求咨询公司就欧洲 1GHz 以下频段内 PPDR 宽带频谱的需求问题进行研究[45]，该研究认为应基于一种 LSA 模型⊖考虑 PPDR 和商业 LTE 共享频谱的使用，得出该研究结论的基础是认为 PPDR 至少拥有 10 + 10MHz 的专用频谱。具体来说，该研究确定了用于分配和指派频谱的以下方法，以便可以让 MNO 在 PPDR 使用和商业使用之间采用各种程度的灵活性：

　⊖　本章参考文献［45］中的研究专门针对授权频谱接入模式，该模式等同于 6.5.2 节开头部分所介绍的 LSA 模式。

1）不灵活性：对宽带 PPDR 进行固定（专用）的频段分配（通常为 2×10MHz）。当存在负载压力时，无法将更多的频谱用于 PPDR。当 PPDR 活动不多时，没有被使用的频谱不能被他人利用。

2）灵活性：对宽带 PPDR 进行固定的频段分配（通常至少为 2×10MHz），但是 PPDR 运营商可以根据一种 LSA 协议，选择为没有被使用（基于时间或地理位置）的频段部分再授许可使用权。这种类型的协议将可以让商业运营商，在 PPDR 活动不多的时间或位置，利用那些没有被使用的 PPDR 频谱。

3）高灵活性：对宽带 PPDR 进行稍大频段（例如，2×20MHz）的固定分配。PPDR 运营商可以根据一种 LSA 协议，选择为其中的大部分频段（例如，2×10MHz）再授使用权。不过，与灵活性的情况不同，PPDR 运营商只保留在有限的情况下（例如，宣布的紧急情况）收回频谱的权利。因此，除了在负载压力出现时向商业实体提供使用基本频谱的能力之外，这种协议还可以让商业实体在 PPDR 活动不多的时间和位置处利用没有被使用的频谱。

最近，ETSI TR 103 217 中引入了一个名为"补充 BB PPDR 的许可共享接入"的用例[73]，开展了一项可行性研究⊖，该研究探讨了商业、民用安全和军事领域之间在中长期（5～15 年）协同作用的潜在领域，作为对欧盟委员会 RRS 任务（M/512）的回应。该使用情况建议应用 LSA，为现有的窄带 PPDR 提供补充数据宽带连接。具体来说，该使用情况指出，主管部门可以考虑将 BB PPDR 应用作为主要用户引入到新的重组频段，但允许基于 LSA 与诸如移动宽带的商业系统共享频谱资源。该文件认识到，本质上无法预测的 PPDR 行动将是商业系统的一个重要缺点，因为它意味着对频谱资源的不确定性访问、与频谱共享相关的额外风险和复杂性，以及与专用频谱的情况相比，商业系统的投资难以确定。不过，该文件认为，这一缺点应当与 PPDR 行动在地理上的局部性和时间上的局限性的事实相平衡，因此，这可能使不可用资源频谱，对于具有全国性覆盖的国家规模的商业系统来说，只占其很少的一部分。

根据前面的内容，基于 PPDR 和商业运营商之间的 LSA 的共享案例，实际上可以代表一种值得进一步研究的有效方法，可以让 PPDR BB 频谱使用不同程度的灵活性。技术不应被视为这种方法的障碍。尽管如此，"共享框架"的定义仍成为需要回答的核心问题，建立清晰的共享规则以及触发频谱资源抢占的任务关键级别。这样做，LSA 框架可以在区域或国家范围的频谱接入方面，向商业 LSA 被许可方提供足够的保证，以激励和确保对网络和设备的投资。

6.5.3　基于对 TVWS 次要访问的频谱共享使用

空白频谱可以被定义为"一类频谱部分，可在给定的时间、给定的地理区域内，在非干扰/非保护的基础上，在国家层面上提供给具有更高优先级的其他业务的无线电通信应用（业务，系统）使用"。允许在空白频谱中进行其他业务的概念，是一种改进频谱利用以及解锁某些频谱用于新用途的技术，只要能够适当地管控对频谱现有许可用户的有害干扰的风险。目前正在进行的与空白频谱开发有关的工作，主要集中在电视广播的 VHF 和 UHF 频段部分（即 TVWS）。在一些研究中，已经报道了这些频段内存在的大量未使用的频谱部分（例如，参见本章参考文献［75］）。不过，实际的空白频谱可用性，在不同国家之间以及在同一国家不同区域（例如，城市和乡村地区）内，可能存在显著的不同（这取决于地面电视广播业务与诸如有线电视或卫星电视之类的其他电视传送平台之间的关系）。

VHF/UHF 频段中的无线电波具有良好的传播特性以及穿透到建筑物深处的能力，使得该频率

⊖　这项研究工作于 2015 年结束，目的是为欧盟委员会 M/512 号任务目标 C 的后续阶段的标准化工作方案的定义提供基线。

范围具有相当大的价值。实际上，已经确定了很多且多样化的对未使用 TVWS 的潜在开发用例，例如乡村地区的宽带互联网接入、广域机器对机器通信、无线回程、快速部署网络、家庭网络等[76]。

在这种背景下，应考虑通过 PPDR 设备使用 TVWS，以利用这一频段远距离可达和高度可穿透性的信号能力，特别是用在那些难以到达的区域（例如，隧道、建筑物地下室），以及在较低或极低人口密度的地区，尤其在这种地区内，该频谱的重要部分可能仍然尚未得到充分的利用。

在监管领域，一些世界上最具影响力的监管机构，包括美国的 FCC、英国的通信管理局（Ofcom）、欧洲的 CEPT/ECC、日本的总务省（Ministry of Internal Affairs and Communications，MIC）和新加坡的信息通信发展局（Info – Communications Development Authority，IDA），位于制定 TVWS 使用规则的最前沿[58]。在标准化和行业领域，ETSI、IEEE、互联网工程任务组（Internet Engineering Task Force，IETF）和 ECMA 国际已经开展了多项活动，为空白频段设备（White Space Devices，WSD）或电视频段设备（TV Band Devices，TVBD）制定未来的解决方案。

接下来的两个小节将就 PPDR 应用在对 TVWS 利用方面的各种监管框架和技术框架进行介绍。在此基础上，最后提出在基于 LTE 的 PPDR 网络中用于控制和使用 TVWS 技术解决方法的功能架构，以及在这种频谱共享解决方案上有助于进一步提高 PPDR 用户所拥有的可靠性水平的一些监管工作。

6.5.3.1　监管框架

美国 FCC 在 2010 年发布了关于 TVWS 使用的第一部监管规则[77]，并于 2011 年初正式生效。从那时起，对这部规则的一些修正就已经开始逐步被引入[78]，并且目前商业用途 TVBD 的操作在美国是在 VHF 和 UHF 频段上的电视信道频率中实现的[79]。

在欧洲，英国正致力于在 470 ~ 790MHz 频谱范围内启用 WSD。虽然该频谱主要用于数字地面电视（Digital Terrestrial Television，DTT），但是诸如节目制作和特殊事件（Programme Making and Special Event，PMSE）系统（例如，在音乐会、体育赛事和其他活动中使用的无线麦克风、对讲系统和入耳式监视器）的其他业务，被认为也是需要保护的现有业务。英国通信管理局已经起草了相关的监管要求[80]，并且空白频谱技术目前正在英国国内试行[81]。

此外，CEPT/ECC 内部正考虑在欧洲 470 ~ 790MHz 频段内用于 WSD 使用的潜在协调措施，2012 年 9 月 CEPT/ECC 建立了 53 号频率管理项目小组（Frequency Management Project Team 53，FM PT 53）[82]，用于研究 TVWS 在欧洲的潜在用途。除其他目标外，FM PT 53 旨在为 CEPT 国家提供总体需求，并酌情制定一致的监管措施，以补充 ETSI 中的相关标准化活动，目的是实现 WSD 的开发和部署，同时确保对现有业务的保护⊖。到目前为止，已经在 CEPT 内进行了一些有关 470 ~ 790MHz 频段内认知无线电系统（Cognitive Radio Systems，CRS）技术和操作要求方面的技术研究（ECC 159、185 和 186 号报告[74, 83, 84]）。基于这些 CEPT/ECC 研究，ETSI 制定了一项统一标准，并于 2014 年 9 月生效[85]。ETSI 统一标准涵盖了 WSD 必须满足的基本要求，以便使其符合欧盟市场对无线电和电信终端设备进行约束的 R&TTE 指令。

在 TVWS 监管中，其他发展这项技术的国家有加拿大、新加坡和南非。

所有这些监管框架都倡导了频谱授权的免许可制度，其中 WSD 可从 GLDB 中了解到在给定时间和给定地点可用的 WS 信道。支持 WSD 操作的监管框架的主要组成部分如图 6.8 所示，其中相关简要介绍如下。

⊖　除了地面电视广播业务之外，在 CEPT 国家被授权在具有管制优先级的频段或其相邻频段内运行的其他现有无线电业务/系统，包括节目制作和特殊事件（Programme Making and Special Event，PMSE）系统、无线电麦克风、608 ~ 614MHz 频段的射电天文业务（Radio Astronomy Service，RAS）、645 ~ 790MHz 频段的航空无线电导航业务（Aeronautical Radio Navigation Service，ARNS）以及 470MHz 以下和 790MHz 以上的移动业务（Mobile Service，MS）。

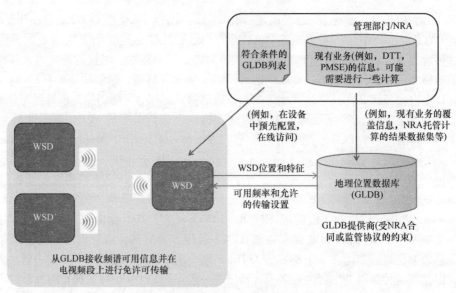

图 6.8　WSD 操作框架

　　现有的规则考虑了固定和便携 WSD 的情况。固定 WSD 旨在部署在具有固定天线高度的固定位置。通常，固定 WSD 必须存储着它们的位置，该位置可由专业的安装者输入或使用地理定位技术自行确定。另外，便携式 WSD 必须能够在它们移动超过特定距离（通常可以是 50m，这与所使用的地理定位技术的精度有关）时，进行自身定位。自身定位内在的问题（例如，延迟、精度和定位时间）意味着，这些设备的使用情况往往要比固定设备的使用情况更受限。

　　WSD 将它们的位置提供给特定的 GLDB，GLDB 返回与可用频率和允许的传输设置（例如，它们可以操作的信道列表、最大发射功率等）相关的信息。这种方法将保持频谱策略一致的复杂性从设备转移到了数据库中。这种方法还简化了策略更改的过程，限制了对 GLDB 的更新，而不需要处理大量的设备。它还开启了频谱管理创新的大门，使其能够吸收各种参数。在现有的方法中，WSD 查询通常需要提供设备位置、设备信息（例如，类型、序列号、认证 ID 等）、天线高度（用于固定 WSD）和额外的识别信息（例如，设备所有者）。未来，GLDB 还可以包括其他参数，如用户优先级、信号类型和功率、频谱供应和需求、支付或微型拍卖竞价等参数信息。

　　GLDB 可由监管部门授权或签约的第三方提供。还有一种情况，监管部门决定自己管理 GLDB，类似于在线许可系统。监管部门可以选择单个或多个 GLDB 提供商。多个数据库提供商之间的竞争对最终用户来说是有利的，因为这可以推动创新并为用户提供更多的选择。监管部门需要收集现有方使用的详细信息（例如，DTT、PMSE 系统）。现有信息的范围包括从现有用户收集的详细规划信息（例如，DTT 广播网络的详细规划）到从注册过程中收集的各种信息，其中注册过程用于为有资格在电视频谱中接受干扰防护的实体提供保护（例如，用于在给定位置进行操作的授权无线麦克风的在线注册）。该信息可以被传送到 GLDB 提供商，以便他们进行计算，从而为这些系统提供保护标准（例如，用于特定电视频道以及有时也用于相邻频道的专用区域的计算）。或者，监管部门可以决定在内部进行大量计算，并将具体的信息数据集传送给数据库，例如，WSD 可以在参数组合的所有位置处使用的最大等效全向辐射功率（Equivalent Isotropic Radiated Power，EIRP）值。这两种方法不是互斥的，可以组合使用（例如，监管部门必须决定保持 DTT 业务的所有计算，并且使 GLDB 提供商承担与 PMSE 设备保护相关的计算任务）。保护计算方法的标准，通常通过监管程序建立，允许所有利益相关者提供反馈。

　　需要注意的是，频谱感知还可以用于确定未使用信道的可用性，尽管目前规则主要将频谱感知视为一种补充主流地理定位方法的可选功能。利用频谱感知，WSD 将尝试在每个潜在可用的信道内检测其中是否存在受保护的业务。频谱感知实质上涉及在候选信道内进行的测量，以确定是否存在受保护的业务。理想情况下，频谱感知可以被作为一种独立的技术，来确定给定信道的可用性，而不需要任何现有的本地基础设施，例如，连接到数据库。然而，事实上这些测量只能在给定的位置处进行，并且有些现有业务的信号功率较低，可能会影响完全依赖于频谱感知进行决策的可靠性。合作感知（Cooperative Sensing，CS）（设备共享他们的发现结果）的出现，可以提高未来感知的可靠性，并且提升感知方法在整体解决方案中的作用[74]。

根据前面的介绍内容，表 6.12 概括对比了美国和英国相关规则中的一些主要特征。

表 6.12　美国和英国有关电视空白频谱使用的监管框架中的主要特征

比较项目	FCC 法规[77~79]	Ofcom 法规草案[80]
TVWS 设备的类型	固定设备。在固定位置操作并从数据库中获取信道的可用性	主要有两种非专用的设备分类： 1）固定或移动/便携式设备，根据设备的位置是永久的还是可变化的 2）主或从。主设备直接与数据库通信，而从设备只能从主设备获得操作参数
	便携式/移动设备。这些设备的位置可能会更改。包括两种不同的子类型： 1）模式Ⅰ。不使用内部地理定位功能，也不访问数据库。从模式Ⅱ或固定设备获得信道可用性信息 2）模式Ⅱ。使用内部地理定位功能并访问数据库以获取信道可用性信息	
提供给 GLDB 的信息	唯一设备标识符	唯一设备标识符
	天线地理坐标及其精度（50m）	天线地理坐标及其精度（50m）
	设备类型（固定、模式Ⅰ、模式Ⅱ）	技术标识符
	设备天线距离地面的高度（m）	固定或便携式/移动的特性
	设备所有者和设备操作负责人的联系信息	频谱块内发射的下限和上限频率边界以及最大 EIRP 频谱密度
		室内或室外特性（可选）
		天线特性（可选）
功率限制	4W 固定设备的 EIRP	每个位置的可变最大发射功率。功率限制是根据最大允许 EIRP 频谱密度规定的（以 dBm/0.2MHz 为单位）。功率限制是 DTT 接收机所在的地理区域中 DTT 覆盖质量的函数。
	100mW EIRP 用于个人/便携式设备。将其进一步降低到 40mW。在这些设备在与被占用的电视频段信道邻近的信道中操作的情况下，使用 EIRP	基于 100m × 100m 地理位置像素功率值的空间分辨率。英国的面积需要超过 2000 万像素来覆盖
	50mW EIRP 用于"仅用于感知的设备"	
	考虑到信道频率上发射功率限制的均匀分布性质，定义了关于功率谱密度（Power Spectral Density，PSD）的一些附加限制。还规定了邻道发射功率的限值	附加限制将通过最小邻信道泄漏功率比（Adjacent Channel Leakage Ratio，ACLR）设置来规定
授权频率规格	允许的电视频道列表	分辨率为 100kHz 的下限和上限频率列表（不限于电视频道边界）。指示每个频率边界对的最大允许 EIRP 频谱密度
授权原则	基于地理位置和频谱授权数据库访问的免许可制度	基于地理位置和频谱授权数据库访问的免许可制度
	频谱感知不是强制性的，而是可选特性	频谱感知不是强制性的，而是可选特性
	还允许"仅用于感知的设备"（这些设备具有额外的批准要求和较低的功率限制）	没有用于"仅用于感知的设备"的规定
授权有效期和重新检查	数据库必须至少每天检查一次。如果信道列表无法刷新，则会在第二天晚上 11:59 时超时	参数的时间有效期（以分钟为单位）由数据库作为信道可用性响应的一部分提供
	模式Ⅱ设备需要至少每 60s 检查一次它的位置，除了在掉电模式下。如果位置相对于之前状态的变化超过 50m，则必须重新检查数据库	数据库可以发送指令，使 WSD 在 60s 内停止传输（即所谓的"杀死-切换"功能）
	模式Ⅰ设备必须从模式Ⅱ或固定设备接收用于提供可用信道列表的专用信令，以验证其是否仍在该设备的接收范围内，或者至少每 60s 接触一次模式Ⅱ或固定设备，以重新验证/重新建立信道可用性	
数据库对 WSD 操作的获知	固定设备应在数据库中注册其操作	注册不是强制的
	在提供信道可用性信息后，没有关于从 WSD 向数据库回应报告的规定	要求对从 WSD 接收的关于使用信道和 EIRP 的信息进行确认

同样重要的是，还需要注意 TVWS 操作所面临的一些挑战。例如，在支持室内操作或高速移动时，依靠地理定位的便携式 WSD 可能还存在一些问题。地理定位的精度、延迟和定位时间的局限性，可能难以支持设备移动一定距离（如 50m）时重新查询 GLDB 的要求。此外，为了保护靠近电视接收机的业务，WSD 带外发射（Out–Of–Band Emission，OOBE）要比其他频段中大多数非授权设备的要求更为严格。这种 OOBE 限制证明了，难以从经济的角度，通过足够低的成本让 WSD 进一步获得广泛的吸引力。

此外，监管的不确定性也阻碍了对 TVWS 操作的采用。例如，美国 FCC 正在进行 600MHz 频段内的激励拍卖，旨在重新包装和重新利用目前用于电视台的某些频谱，并将其拍卖给移动授权业务。这给拍卖后 TVWS 能够提供多少频谱带来了不确定性。同样，未来欧洲电视 UHF 频段内 TVWSD 的频谱可用性前景也并不明朗[86, 87]。在这方面，在 694MHz 和 790MHz 之间为移动和广播业务共同开展的主要频谱分配，将是 WRC–15 之后欧盟所需要面对的事实，因此在不久的将来（大约在 2020 年前后，一些国家，如德国和法国，已经计划在 2015 年拍卖这一频谱），该频段将被用于一些国家的移动业务，从而极大地减少了 TVWS 的可用性。除了 700MHz 频段之外，对于 700MHz 以下（即 470～694MHz）广播和移动业务进一步进行主要频谱共同划分的需求和时间点，也将是欧洲较长期（超过 2030 年）讨论的内容之一。然而，对于这种情况，欧洲相关各国并没有达成共识，因为目前欧洲视听模型的可持续性高度依赖于这种核心频谱的可用性。

尽管存在这些技术挑战和监管的不确定性，但是支持数据库的设备在空白电视频谱中操作而不引起干扰的能力已经得到了证明（在美国有数百个数据库控制着固定 TVBD 的注册），这也为在电视频段以外的其他频段内应用这种概念铺平了道路。

6.5.3.2　技术框架

与 TVWS 使用有关的标准正在由多个机构制定，包括 ETSI、IEEE、IETF 和 ECMA 国际（European Computer Manufactures Association，欧洲计算机制造商协会）。有关这些标准化工作的摘要如表 6.13 所示。

表 6.13　与 TVWS 相关的标准化举措摘要

组织	标准化活动	说明
ETSI	TS 103 143, EN 303 144	用于不同地理位置数据库（Geo–Location Databases，GLDB）之间信息交换的系统架构和协议
	TS 103 145, EN 303 387–1	用于协调和非协调使用电视空白频谱的系统架构和高级程序
	ETSI EN 301 598	统一 EN，涵盖了 R&TTE 指令第 3.2 条的基本要求
IEEE	802.11af	规定了电视空白频谱中用于 WLAN 系统的支持技术
	802.22	IEEE 802.22 是规定 WRAN 通信系统在电视频段中操作的标准
	802.15.4	规定了电视空白频谱中用于低速 WPAN 系统的支持技术
	802.19.1	802 标准中用于不同系统的共存框架
	1900.X	规定了电视空白频谱中用于通信的支持技术
ECMA	ECMA–392	为在 TVWS 频段中操作的认知无线电网络制定媒介接入控制（Medium Access Control，MAC）子层和物理层（Physical，PHY）
IETF	PAWS	用于具有地理定位能力的设备从地理空间数据库获取可用频谱信息的扩展协议

在 ETSI 内，与 TVWS 相关的标准化活动主要由 RRS 技术委员会（ETSI TC RRS）负责。具体来说，TC RRS 已经制定了以下主要内容：

1）在空白频段操作的用例（ETSI TR 102 907）。

2）在 UHF 电视频段中空白频段操作的系统要求（ETSI TS 102 946）。

3）用于不同 GLDB 之间信息交换的系统架构。该架构在 ETSI TS 103 143[88]中有详细说明。

相关的欧洲标准 ETSI EN 303 144[89]定义了不同 GLDB 之间信息交换的参数和程序。

4）允许 WSD 基于从 GLDB 获得的信息进行操作的系统架构和系统的高级过程，同时考虑了 TVWS 的未协调使用（其中没有尝试对不同 WSD 的信道使用进行管理）和 TVWS 的协调使用（其中采用核心共存实体，来有效使用频谱并避免或减轻来自使用相同空白频谱的其他系统在 WSD 之间产生的有害干扰）。该架构在 ETSI TS 103 145[90]中规定。对于协调的情况，WSD 和频谱协调器（Spectrum Coordinator, SC）之间的接口在 ETSI EN 303 387 - 1[91]中被定义成一种欧洲标准。

此外，ETSI 还制定了协调标准 ETSI EN 301 598[85]，涵盖了在 470～790MHz 频段使用 WSD 的 R&TTE 指令的基本要求。需要注意的是，该标准主要侧重于未协调的情况，因为促进 WSD 之间共存的要求对遵守 1999/5/EC 号指令第 3.2 项条款来说并不是必要的。但是，将来可能需要对这一点再进行进一步的审核。

在 IEEE 内，IEEE 802 LAN/MAN 标准委员会[92]的多个工作组已经启动了多项与 TVWS 使用有关的工作：

1）IEEE 802.22 是 TVWS 中无线地域网（Wireless Regional Area Network, WRAN）的标准[93]。该标准允许在 54～862MHz 之间的 VHF 和 UHF 电视频段内，利用用于固定和便携式用户终端的 CR 技术，实现宽带点对多点的无线接入。WRAN 旨在为服务不足和缺少服务的乡村地区提供距离达数百米的无线接入服务（例如，互联网接入）。该标准有时称为"Wi - FAR"。该标准存在一个修订版本（即 IEEE 802.22.1 - 2010，用于增强对授权设备干扰保护的标准），制定了一种信标网络，旨在保护工作在电视频段中的低功率、授权设备（例如，无线麦克风），免受来自免许可设备（例如，WRAN）的有害干扰。最近，成立了一个新的研究组，名为频谱占用感知（Spectrum Occupancy Sensing, SOS）研究组，旨在从事优化无线宽带业务 RF 频谱使用技术的标准化工作。

2）IEEE 802.11af 是提供与传统 IEEE 802.11（即 IEEE 802.11a/b/g）业务类似，但利用 CR 技术并在 TVWS 频段操作的标准。该标准支持全球适用的 6MHz、7MHz 和 8MHz 宽的电视信道，可以实现多达 4 个 UHF 信道的连接，这些信道可以是连续的，也可以是两个非连续块。每个信道（8MHz）可支持高达 35.6Mbit/s 的速率。IEEE 802.11af 标准，有时也被称为"超级Wi - Fi"，并且该标准已经发布[94]。

3）IEEE 802.15.4 是低速率 WPAN 技术的标准。目标应用包括传感器、智能电网/公用设施和机器对机器网络。为了使 WPAN 能够利用电视波段频谱，IEEE 802.15.4 衍生出了 IEEE 802.15.4m，专门用作 TVWS 中的低速率 WPAN 的支持技术，主要用于最优且节能的命令和控制类应用。

4）IEEE 802.19.1 是用于实现 TVWS 共存方法的标准，通过在异构或独立运作的 TVWS 网络（WPAN、WLAN、WRAN、WMAN）之间提供标准化的共存方法，使一系列 IEEE 802 无线标准能够有效地利用 TVWS。IEEE 802.19.1 标准旨在帮助实现一种公平和有效的频谱共享。从一个 WSD 到另一个 WSD 的干扰的协调，可由共存发现和信息服务器（Coexistence Discovery and Information Server, CDIS）、共存管理器（Coexistence Manager, CM）和共存使能器（Coexistence Enabler, CE）来提供。GLDS 具有除核心 GLDB 功能之外的一组实体。该标准于 2014 年发布[95]。

仍然在 IEEE 内，动态频谱接入网（Dynamic Spectrum Access Network, DySPAN）标准委员会（IEEE DySPAN Standards Committee, IEEE DySPAN - SC）也制定了与 TVWS 相关的标准。DySPAN - SC 的范围[96]包括动态频谱接入无线电系统和网络（重点关注改善频谱使用）、动态频谱接入的新技术和新方法（包括无线电传输干扰管理）和无线技术协调（包括网络管理和在部署不同无线技术的网络之间的信息共享）。在 IEEE DySPAN - SC 内有多个工作组。基础的 IEEE 1900.1 标准定义了动态频谱接入领域的术语和概念以及相关的技术，而 IEEE 1900.4 标准规定了用于在异构无线接入网中优化无线电资源使用的网络设备分布式决策的架构模块，目前这两个标准已经发布[97]。在 IEEE DySPAN – SC 内，目前各个工作组开展的进一步活动包括，IEEE 1900.5 工作组的"管理用于动态频谱接入应用的认知无线电的策略语言和策略架构"，IEEE 1900.6 工作组的"用于动态频谱接入和其他高级无线电通信系统的频谱感知接口和数据结构"，以及 IEEE 1900.7 工作组的"空白频谱无线电工作组"，其中后者旨在为支持固定和移动操作的空白频谱接入无线电系统制定无线电接口。

ECMA 国际，一个致力于从事信息通信技术和消费电子（Consumer Electronics，CE）标准化工作的行业协会，制定了"用于在电视空白频谱内操作的 MAC 和 PHY"[98]的 ECMA – 392 标准（该标准早在 2009 年就已经对外发布，后来在 2012 年进行了修订）。ECMA – 392 规定了用于在 TVWS 频段中操作的认知无线网络的媒介接入控制（MAC）子层和物理层（Physical，PHY）。该标准还规定了一种复用子层，以便使单个设备内并发活动的多个较高层协议能够共存，并支持用于满足不同监管部门要求的多个现有的保护机制，这些要求本身并不在该标准的范围之内。

在 IETF 内，已经对一个空白频谱访问协议（Protocol to Access White Space，PAWS）进行了标准化工作，用于处理同数据库交互[99]。该规范定义了一种可扩展协议，它可以被具有地理定位能力的设备用来从地理空间数据库获取可用的频谱。这项工作基于这样的假设：数据库可以通过互联网进行访问，并且无线电设备也可以通过直接或间接的方式连接互联网。该协议支持的主要功能如下：

1）设备连接并向数据库注册。

2）设备向数据库提供地理位置和属性。

3）设备接收可用的空白频谱列表。

4）设备向数据库报告预期的频谱使用。

并非所有规定的 PAWS 功能都必须在给定的监管框架中强制执行。一些功能是可选的或没有使用，这取决于管理域和数据库的实现。IETF 在可能的情况下，可以重用现有的协议和数据编码格式，用于 PAWS 的规范。具体来说，PAWS 以用于 WSD 和 GLDS 之间信息交换的 HTTP 安全（HTTP Secure，HTTPS）和用于对交换的信息元素进行编码的 JSON – RPC 请求/响应对象为基础。

6.5.3.3 对 PPDR 通信的适用性

PPDR 用户对 TVWS 的访问可以为 PPDR 通信带来额外的频谱。该频谱的长距离可达和高度穿透的信号能力，使其在难以到达的区域（例如，隧道、建筑物地下室）以及较低或极低人口密度的地区（这类地区中该频谱的重要部分可能未被充分利用）内，具有极高的应用价值。

根据为 WSD 操作所采用的主要监管方法（如上面第 1 部分中介绍），将 TVWS 用于 PPDR 应用需要考虑以下几个问题：

1）由于共存决策或主要现有方（例如，被授权的无线麦克风）对信道的使用，想要利用 TVWS 的 PPDR 系统必须能够应对特定信道或一组信道临时不可用的情况。

2）想要利用 TVWS 的 PPDR 系统需要处理来自相同频段上其他次要用户的干扰，或者寻求与这些次要用户共存的机制，以便在这些次要用户存在的情况下，PPDR 系统仍然可以高效地使用这一带宽。

3）覆盖范围可能受到相对较低的授权发射功率值的显著限制，因此可能需要安装外部天线（Externally Mounted Antennas，EMA）的解决方案。

在欧盟研究项目 HELP 中，已经开发了一种供 PPDR 利用 TVWS 的功能架构[72]。该功能架构（见图 6.9）旨在实现和控制 TVWS 频谱在 PPDR 网络中的使用。假定将 LTE 作为正在使用的技术，则该解决方案包含以下功能组成部分：

1）地理位置数据库（Geo – location Database，GLDB）。如 6.5.3.1 节所述，它是包含给定位

置和时间的频谱可用性信息，以及与空白频谱相关的其他类型信息的实体。该数据库可由频谱监管部门或第三方实体（例如，授权的电视频段数据库管理者）来操作。

2）网络频谱管理器（Network Spectrum Manager，NSM）。该功能部分是 PPDR 网络 NMS 内的中央控制点，并且以协调的方式用于控制多个 LTE eNB 对 TVWS 的访问。NSM 直接与 WSD 数据库交互，以获取给定区域中 TVWS 频谱使用状态的信息。因此，NSM 作为一个 CM（即 ETSI 框架中的一种 SC[91]），使得在 eNB 之间可以用获得的信道可用信息确定最适合的 TVWS 资源频谱分配。NSM 还可以支持用于在特定时间段为 eNB 分配可用频谱的优先级方案。除了从 WSD 数据库接收信息之外，NSM 还可以从 eNB 和终端处收集感知结果，并生成无线电环境地图（Radio Environment Map，REM）以增强决策能力。通过 NMS，PPDR 网络运营商能够根据事件区域中的 PPDR 行动需求，来控制和监督附加容量的正确配置、激活和停用。

3）基站频谱管理器（Base Station Spectrum Manager，BSSM）。该实体被分配在 eNB 内，用于管理各单独 eNB 的频谱使用。该实体有两种主要操作模式。在其中的一种操作模式中，该实体主要与 NSM 进行交互，并负责执行来自中央控制点的决策。在这种情况下，每当发生一些触发情况（例如，切换到临时基站、在授权频谱中达到拥塞阈值等）时，BSSM 则与 NSM 联系以获得可用的 TVWS 频率。在其他操作模式中，该实体向 eNB 提供完全自主的 TVWS 访问。在 NSM 未部署或由于其他任何原因不可达时，可以利用该模式，提供一种内在的冗余水平。在这种自主模式下，BSSM 可以直接与 GLDB 联系，以获得 TVWS 频谱使用状态的信息，并决定本地频谱利用。eNB 中的频谱感知功能还可以用来提高决策能力。在任何情况下，无论哪种操作模式，始终假定 BS 以"主 - 从"关系对所有与之连接的终端的 RF 参数（频率、EIRP、调制等）进行控制。

4）UE 频谱管理器（UE spectrum manager，UESM）。当没有 BSSM 控制频谱分配时，则主要用该实体支持 TVWS 上的 UE 到 UE 通信。该功能可以让 UE 作为主节点，为 UE 到 UE 的通信分配 RF 信道，例如，在 PPDR 网络基础设施缺失的情况下，用于 Ad hoc 网络的部署。因此，嵌入该功能的 UE 能够通过除 PPDR 网络接入之外的方式（例如，通过商用网络或卫星互联网连接），访问他们自己的 WSD 数据库。UESM 还可以为其他无法自己到达数据库的主 UE 支持中继或代理功能。

关于图 6.9 中所示的通信接口，接口（A）用于 GLDB 访问，并且以 IETF PAWS 协议为基础。接口（B）作为 NMS 使用协议的一部分，用于远程访问网络组件并对其进行管理，从而对用于网络管理的协议进行利用/扩展。接口（C）和（D）是技术相关的（例如，适于在电视频段中使用的 LTE 接口，IEEE 802.11af 接口），因为它们实际上支持无线电传输。接口（E）用于在电视频谱中有资格接受干扰保护的实体的注册。基于 Web 的接口可以作为此类接口的解决方案。最后，接口（F）代表在控制室系统（Control Room Systems，CRS）中可用的应用程序编程接口（Application Programming Interfaces，API），用于开发可以让 PPDR 战术和行动管理者控制网络容量和覆盖范围的应用，包括 TVWS 频谱的使用（例如，可以从控制室位置启动或禁用网络内 TVWS 的使用）。

这种频谱共享解决方案的实现需要 eNB 中的 LTE 硬件配置可以调整，以便使其能够在电视 UHF 频段中工作。要使 LTE 能够在 TVWS 上工作，需要考虑以下几个方面：

1）允许的 LTE 工作模式。LTE 在 TVWS 上的部署最有可能采用 TDD 模式（可以在 TVWS 频段中独立运行，也可以通过载波聚合的方式运行，其中主载波通过非 TVWS 频率提供）或基于载波聚合技术采用 FDD 模式，同样其中的主载波通过非 TVWS 频率来提供。在 FDD 情况下，DL 和 UL 操作在 TVWS 上应当通过 DL 分量载波或 UL 分量载波来支持。

2）控制信令和数据传输的鲁棒性。在非授权频段中操作，自然需要系统工作（可能是暂时

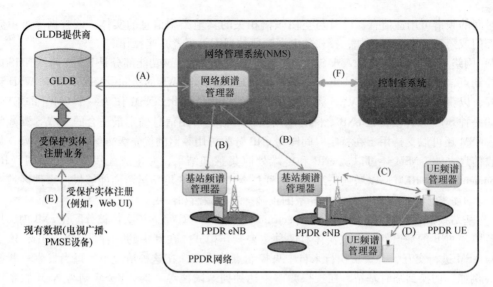

图 6.9   PPDR 利用 TVWS 的功能架构

的，也可能是长期的）在由其他次要用户引起的一定程度的干扰之下。任何系统的控制信令和数据传输都需要考虑这一点。LTE 传输中的静默间隔可以用于与其他次要系统的共存目的[100]。

实际上，这种频谱共享解决方案的实现可以利用 3GPP 第 13 版下针对非授权频谱中操作的技术来增强改善[101]，通常将其称为 LTE‑U。这些增强将在 LTE 中引入授权辅助聚合（Licenced‑Assisted Aggregation，LAA）操作模式，用于将主载波（使用授权频谱，提供关键信息和保证的 QoS）和辅载波（使用非授权频谱，伺机增加容量和数据传输速率）聚合在一起。工作在非授权频谱中的辅载波，可以仅配置成下行链路载波，或者同时配置成包含上行链路和下行链路载波。虽然当前 LTE 第 13 版的规定内容是 5GHz 频段内的 LTE 使用，但是其基本原理和技术可以直接扩展到其他非授权频段（例如，2.4GHz 和 3.5GHz，TVWS 等）。

TVWS 使用中的机会性质，不适合需要提供 QoS 的服务的部署，因为在频谱资源的可用性方面存在不确定性，并且没有针对来自其他 WSD 有害干扰的保护。不过，监管部门可以考虑采取其他措施，来提高 PPDR 利用 TVWS 的可靠性程度和 QoS 保证：

1）允许更高的 PPDR 设备发射功率。该方法将与用于在 5150~5250MHz 分配 BBDR 频段的 ECC/REC/（08）04 号建议相一致，其中期望 PPDR 设备与其他设备（例如，Wi‑Fi 设备）共存，尽管针对 PPDR 设备的操作已经规定了较高发射功率的限制。与商业设备相比，PPDR 设备及其操作更受控制的性质可以转变成对这些设备更低严格程度的现有保护等级要求（以及因此更高的允许发射功率）。

2）支持 PPDR WSD 的优先访问。在这种情况下，如果多个 WSD 同时请求对无线电资源进行访问，则 GLDB 可以将 PPDR WSD 视为具有更高优先级的设备来进行处理（即比普通设备具有更高的优先级，但始终保持在当前现有方业务的优先级之下）。

3）当主管部门宣布出现紧急情况时，保留多个电视信道供 PPDR 使用。在这种情况下，GLDB 可以强制将给定地区内的一部分可用容量的信息，从提供给常规 WSD 的信道可用信息中排除，并且只将这些信道可用信息通告给 PPDR WSD。

4）在电视频段数据库中注册 PPDR 基站，并制定保护标准，以便在主管部门宣布出现紧急情况时，防止对这些站点的干扰。在这种情况下，PPDR 设备将成为授权运行的现有无线电业务/系统的一部分，具有监管优先权（例如，PPDR 设备的注册将与 PMSE 设备类似）。还有一种方案是在通用的授权层之上，再创建一个高优先级的 WSD 层。这需要监管部门定义用于 WSD 共存规则，以便更高层设备不被干扰。可以通过许可的方式，来访问较高优先级层。实际上，美国 FCC 正在实施三层共享接入系统，以在由 SAS 管理的 3550 ~ 3650MHz 频段中创建公民宽带服务（Citizens Broadband Service，CBS），该服务以基于地理位置的机会性接入技术为基础[48]。在这种情况下，第一层（表示为现有接入）包括授权的联邦用户和老式固定卫星服务的被许可方。这些现有用户在 3.5GHz 频段内受到保护，不受该频段内所有其他用户的有害干扰。第二层（表示为优先接入）包括关键使用设施，例如医院、公用事业部门、政府设施和公共安全实体，他们在某些特定位置享受对部分 3.5GHz 频段的质量保证接入。第三层（表示为通用授权接入）包括所有其他用户，包括一般公众，他们能够在 3.5GHz 频段中操作，不能对现有接入和受保护接入用户产生有害干扰，并且他们在现有用户和优先接入用户不使用频谱时，可以使用这一频谱。

参 考 文 献

[1] Martin Cave, Chris Doyle and William Webb, 'Modern Spectrum Management', Cambridge/New York: Cambridge University Press, 2007.

[2] ITU-InfoDev ICT Regulation Toolkit. Available online at http://www.ictregulationtoolkit.org/en/home (accessed 30 March 2015).

[3] ITU-R Radio Regulations. Available online at http://www.itu.int/pub/R-REG-RR (accessed 30 March 2015).

[4] ITU-R Study Groups. Available online athttp://www.itu.int/dms_pub/itu-r/opb/gen/R-GEN-SGB-2013-PDF-E.pdf#page=19&pagemode=none (accessed 30 March 2015).

[5] ERC Report 25, 'The European Table of Frequency Allocations and Applications in the Frequency Range 8.3 kHz to 300 GHz (ECA Table)', May 2014. Available online athttp://www.efis.dk/ (accessed 30 March 2015).

[6] Electronic Communications Committee (ECC) within the European Conference of Postal and Telecommunications Administrations (CEPT). Available online at http://www.cept.org/ecc (accessed 30 March 2015).

[7] Decision No 676/2002/EC of the European Parliament and of the Council of 7 March 2002 on a regulatory framework for radio spectrum policy in the European Community (Radio Spectrum Decision). Available online at http://eur-lex.europa.eu/legal-content/EN/NOT/?uri=celex:32002D0676 (accessed 30 March 2015).

[8] European Commission, 'Radio Spectrum Policy Program: the roadmap for a wireless Europe'. Available online at http://ec.europa.eu/digital-agenda/en/radio-spectrum-policy-program-roadmap-wireless-europe (accessed 30 March 2015).

[9] European Commission, 'Regulatory framework for electronic communications in the European Union: situation on December 2009', European Union, 2010.

[10] ECC Report 205, 'Licensed Shared Access (LSA)', February 2014.

[11] ECC Report 46, 'Report from CEPT to the European Commission in response to the Mandate on inclusion of information on rights of use for all uses of spectrum between 400 MHz and 6 GHz', March 2013.

[12] Directive 2002/20/EC of the European Parliament and of the Council of 7 March 2002 on the authorisation of electronic communications networks and services (Authorisation Directive) as amended by Directive 2009/140/EC. Available online at http://eur-lex.europa.eu/legal-content/EN/TXT/?uri=CELEX:32002L0020 (accessed 30 March 2015).

[13] ECC Report 132, 'Light licensing, license-exempt and commons', June 2009.

[14] Broadband Series, 'Exploring the value and economic valuation of spectrum', ITU Telecommunication Development Sector, April 2012.

[15] Radio Spectrum Policy Group (RSPG), 'Report on Collective Use of Spectrum (CUS) and other spectrum sharing approaches', November 2011.

[16] Johannes M. Bauer, 'A comparative analysis of spectrum management regimes', 2006.

[17] Resolution 645 (WRC-2000), 'Global harmonization of spectrum for public protection and disaster relief', The World Radiocommunication Conference, Istanbul, 2000.

[18] Report ITU-R M.2033, 'Radiocommunication objectives and requirements for public protection and disaster relief', 2003.

[19] Annex 6 to Working Party 5A Chairman's Report, 'Working document towards the preliminary draft CPM text for WRC-15 agenda item 1.3', Document 5A/TEMP/163(Rev.1), November 2013.

[20] CEPT ECC Report 199, 'User requirements and spectrum needs for future European broadband PPDR systems (Wide Area Networks)', May 2013.

[21] National Public Safety Telecommunications Council (NPSTC), 'Public Safety Communications Assessment 2012–2022: Technology, Operations, & Spectrum Roadmap', Final Report, 5 June 2012.

[22] Canada Defence R&D Canada – Centre for Security Science (DRDC CSS), '700 MHz spectrum requirements for Canadian public safety interoperable mobile broadband data communications', February 2011.

[23] ETSI TR 102 628, 'Additional spectrum requirements for future Public Safety and Security (PSS) wireless communication systems in the UHF frequency', August 2010.

[24] J. Scott Marcus, John Burns, Val Jervis, Reinhard Wählen, Kenneth R. Carter, Imme Philbeck, Peter Vary, 'PPDR Spectrum Harmonisation in Germany, Europe and Globally', December 2010.

[25] John Ure, 'Public Protection and Disaster Relief (PPDR) Services and Broadband in Asia and the Pacific: A Study of Value and Opportunity Cost in the Assignment of Radio Spectrum', June 2013.

[26] ETSI TR 102 485 V1.1.1, 'Technical characteristics for Broadband Disaster Relief applications (BB-DR) for emergency services in disaster situations; System Reference Document', July 2006.

[27] IDATE Research, 'Public safety spectrum: how to meet the broadband needs of public safety users?', March 2014.

[28] LS Telcom, 'Spectrum – LS telcom Customer News Magazine: Special Edition PMR', 2014.

[29] ECC Decision (08)05, 'Harmonisation of frequency bands for the implementation of digital Public Protection and Disaster Relief (PPDR) radio applications in bands within the 380–470 MHz range', June 2008.

[30] ECC Recommendation (08)04, 'Identification of frequency bands for the implementation of Broad Band Disaster Relief (BBDR) radio applications in the 5 GHz frequency range', October 2008.

[31] European Communications Office (ECO), Documentation Database. Available online at http://www.erodocdb.dk/default.aspx (accessed 30 March 2015).

[32] Radio Spectrum Policy Group (RSPG), European Commission, 'RSPG report on strategic sectoral spectrum needs', RSPG13-540 (rev2), November 2013.

[33] The Council of the European Union, 'Council Recommendation 10141/09 on improving radio communication between operational units in border areas', Document 10141/09 ENFOPOL 143 TELECOM 116 COMIX 421, June 2009.

[34] Public Safety statement from Law Enforcement Working Party – Radio Communications Expert Group (LEWP – RCEG), October 2012.

[35] Huawei, 'Ukkoverkot and Huawei to deploy world's first commercial LTE 450 MHz network in Finland', June 2014.

[36] Airbus Defence and Space, 'Technical feasibility of 733–743/748–758 MHz products', FM49 – Radio Spectrum for Broadband PPDR, Helsinki, 11–12 November 2014.

[37] Motorola Solutions, 'Some technical considerations for a 2 × 10 MHz broadband allocation in the centre gap of the 700 MHz CEPT band plan', FM49 – Radio Spectrum for Broadband PPDR, Helsinki, 11–12 November 2014.

[38] Pascal Lamy, 'Results of the work of the high level group on the future use of the UHF band (470–790 MHz)', Report to the European Commission, August 2014.

[39] Donny Jackson, 'PSCR official: public-safety LTE devices may include multiple bands, Android', Urgent Communications, 30 December 2013.

[40] Headlines and outcomes of 37th ECC Meeting, Aarhus, Denmark, 24–27 June 2014. Available online at http://www.cept.org/ecc/37th-ecc-meeting,-aarhus,-denmark,-24-27-june-2014 (accessed 30 March 2015).

[41] NPSTC Public Safety Communications Report, '4.9 GHz National Plan Recommendations', October 2013.

[42] Thomas Welter, 'Assessing the potential of the 700 MHz band for PPDR', Critical Communications Europe, Amsterdam, 11 March 2014.

[43] TeleSíntese Portal de Telecomunicações, Internet e TICs, 'Segurança pública também vai ganhar espectro de 700 MHz', November 2013. Available online at http://telesintese.com.br/index.php/plantao/24644-seguranca-publica-tambem-vai-ganhar-espectro-de-700-mhz (accessed 30 March 2015).

[44] IEEE Std 1900.1-2008, IEEE Standard Definitions and Concepts for Dynamic Spectrum Access: Terminology Relating to Emerging Wireless Networks, System Functionality, and Spectrum Management, 2008.

[45] J. Scott Marcus, 'The need for PPDR Broadband Spectrum in the bands below 1 GHz', Report for the TETRA + Critical Communication Association, October 2013.

[46] European Commission, 'Standardisation mandate to CEN, CENELEC and ETSI for Reconfigurable Radio Systems (RRS)', European Commission mandate M/512 EN, November 2012.

[47] European Commission Communication COM(2012) 478, 'Promoting the shared use of radio spectrum resources in the internal market', September 2012.

[48] Federal Communications Commission, 'FCC 12-148, NPRM & Order on Enabling Innovative Small Cell Use In 3.5 GHz Band', December 2012. Available online at http://www.fcc.gov/document/enabling-innovative-small-cell-use-35-ghz-band-nprm-order (accessed 30 March 2015).

[49] Jon M. Peha, 'Sharing Spectrum through Spectrum Policy Reform and Cognitive Radio', in Proceedings of the IEEE, April 2009.

[50] R. Ferrus, O. Sallent, G. Baldini and L. Goratti, 'Public Safety Communications: Enhancement Through Cognitive Radio and Spectrum Sharing Principles', Vehicular Technology Magazine, IEEE, vol. 7, no. 2, pp. 54, 61, June 2012.

[51] CEPT ECC Report 169, 'Description of practises relative to trading of spectrum rights of use', May 2011.

[52] Ofcom, 'Simplifying spectrum trading: reforming the spectrum trading process and introducing spectrum leasing', 15 April 2010. Available online at http://stakeholders.ofcom.org.uk/binaries/consultations/simplify/statement/statement.pdf (accessed 30 March 2015).

[53] Federal Communications Commission, 'Promoting efficient use of spectrum through elimination of barriers to the development of secondary markets', Second Report and Order on Reconsideration and Second Further Notice of Proposed Rule Making, 2004.

[54] William Lehr and Nancy Jesuale, 'Spectrum pooling for next generation public safety radio systems', 3rd IEEE Symposium on New Frontiers in Dynamic Spectrum Access Networks (DYSPAN), October 2008.

[55] M.M. Buddhikot, 'Understanding dynamic spectrum access: models, taxonomy and challenges', 2nd IEEE International Symposium on New Frontiers in Dynamic Spectrum Access Networks, 2007 (DySPAN 2007), April 2007.

[56] S. Chan, 'Shared spectrum access for the DoD', 2nd IEEE International Symposium on Dynamic Spectrum Access Networks, 2007 (DySPAN 2007)17–20 April 2007.

[57] J. Bradford, T. Cook, D. Ramsbottom and S. Jones, 'Optimising usage of spectrum below 15 GHz used for defence in the UK', 2008 IET Seminar on Cognitive Radio and Software Defined Radios: Technologies and Techniques, 18–18 September 2008.

[58] C.-S. Sum, G.P. Villardi, M.A. Rahman, T. Baykas, Ha Nguyen Tran, Zhou Lan, Chen Sun, Y. Alemseged, Junyi Wang, Chunyi Song, Chang-Woo Pyo, S. Filin and H. Harada, 'Cognitive Communication in TV White Spaces: An Overview of Regulations, Standards, and Technology', Communications Magazine, IEEE, vol. 51, no. 7, pp. 138, 145, July 2013.

[59] Nancy Jesuale, 'Lights and sirens broadband – how spectrum pooling, cognitive radio, and dynamic prioritization modeling can empower emergency communications, restore sanity and save billions', IEEE International Symposium on Dynamic Spectrum Access Networks (DySPAN), May 2011.

[60] M.J. Marcus, 'Sharing Government Spectrum with Private Users: Opportunities and Challenges', Wireless Communications, IEEE, vol. 16, no. 3, pp. 4–5, June 2009.

[61] European Commission's Radio Spectrum Policy Group, 'Report on CUS and other spectrum sharing approaches: "Collective Use of Spectrum"', 2011.

[62] RSPG Opinion on Licensed Shared Access, RSPG13-538, November 2013.

[63] Ingenious Consulting Networks, 'Authorized Shared Access (ASA): an evolutionary spectrum authorization scheme for sustainable economic growth and consumer benefit', Report commissioned by Qualcomm and Nokia, 2011.

[64] Ericsson White Paper, 'Spectrum sharing', Uen 284 23-3205, October 2013.

[65] EC Mandate on 'Harmonised technical conditions for the 2300-2400 MHz ('2.3 GHz') frequency band in the EU for the provision of wireless broadband electronic communications services', April 2014.

[66] Draft CEPT Report 55, Report A from CEPT to the European Commission in response to the Mandate on 'Harmonised technical conditions for the 2300–2400 MHz ("2.3 GHz") frequency band in the EU for the provision of wireless broadband electronic communications services', June 2014.

[67] ECC Decision 14(02) on 'Harmonised technical and regulatory conditions for the use of the band 2300–2400 MHz for Mobile/Fixed Communications Networks (MFCN)', June 2014.

[68] ECC Recommendation (14)04 on 'Cross-border coordination for mobile/fixed communications networks (MFCN) and between MFCN and other systems in the frequency band 2300–2400 MHz', May 2014.

[69] ETSI TR 103 113 V1.1.1, 'Electromagnetic compatibility and Radio spectrum Matters (ERM); System Reference document (SRdoc); Mobile broadband services in the 2300 MHz – 2 400 MHz frequency band under Licensed Shared Access regime', July 2013.

[70] ETSI TS 103 154 V1.1.1., 'Reconfigurable Radio Systems (RRS); System requirements for operation of Mobile Broadband Systems in the 2300 MHz – 2400 MHz band under Licensed Shared Access (LSA)', October 2014.

[71] ETSI TS 103 225 v0.0.4 (Work in progress), 'System Architecture and High Level Procedures for operation of Licensed Shared Access (LSA) in the 2300 MHz – 2400 MHz Band', November 2014.

[72] Gianmarco Baldini, Ramon Ferrús, Oriol Sallent, Paul Hirst, Serge Delmas, Rafał Pisz, 'The evolution of Public Safety Communications in Europe: the results from the FP7 HELP project', ETSI Reconfigurable Radio Systems Workshop, Sophia Antipolis, France, 12 December 2012.

[73] ETSI TR 103 217 v0.0.3, 'Reconfigurable Radio Systems (RRS); Feasibility study on inter-domains synergies; Synergies between civil security, military and commercial domains', April 2014.

[74] ECC Report 159, 'Technical and operational requirements for the possible operation of cognitive radio systems in the 'white spaces' of the frequency band 470–790 MHz', January 2011.

[75] M. Nekovee, 'Quantifying the availability of TV white spaces for cognitive radio operation in the UK', IEEE International Conference on Communications (ICC) 2009, 14–18 June 2009.

[76] A. Mancuso, S. Probasco and B. Patil, 'Protocol to Access White-Space (PAWS) databases: use cases and requirements', RFC 6953, May 2013.

[77] Federal Communications Commission (FCC), 'Second memorandum opinion & order – unlicensed operation in

the TV broadcast bands', Document FCC 10-174, September 2010.

[78] Federal Communications Commission (FCC), 'Third memorandum opinion & order – unlicensed operation in the TV broadcast bands', Document FCC 12-36, April 2012.

[79] Allen Yang (FCC, USA), 'Overview of FCC's New Rules for TV White Space Devices and database updates', ITU-R SG 1/WP 1B Workshop: Spectrum Management Issues on the Use of White Spaces by Cognitive Radio Systems, Geneva, 20 January 2014.

[80] OFCOM, 'Regulatory requirements for white space device in the UHF TV band', 4 July 2012.

[81] OFCOM website. Available online at http://stakeholders.ofcom.org.uk/spectrum/tv-white-spaces/ (accessed 30 March 2015).

[82] ECC FM Project Team 53 on Reconfigurable Radio Systems (RRS) and Licensed Shared Access (LSA). Available online at http://www.cept.org/ecc/groups/ecc/wg-fm/fm-53 (accessed 30 March 2015).

[83] ECC Report 185, 'Complementary Report to ECC Report 159 – further definition of technical and operational requirements for the operation of white space devices in the band 470–790 MHz', January 2013.

[84] ECC Report 186, 'Technical and operational requirements for the operation of white space devices under geo-location approach', January 2013.

[85] ETSI EN 301 598, 'Wireless Access Systems operating in the 470 MHz to 790 MHz TV broadcast band; Harmonized EN covering the essential requirements of article 3.2 of the R&TTE Directive', April 2014.

[86] Emmanuel Faussurier, ANFR Chairman CEPT/WGFM Project Team FM53, 'Introduction of new spectrum sharing concepts: LSA and WSD', ITU-R SG 1/WP 1B Workshop: Spectrum management issues on the use of white spaces by cognitive radio systems, Geneva, 20 January 2014.

[87] Draft ECC Report 224, 'Long Term Vision for the UHF broadcasting band', September 2014.

[88] ETSI TS 103 143 V0.0.7 (2014-11), 'Reconfigurable Radio Systems (RRS); System Architecture for WSD GLDBs', November 2014.

[89] Draft ETSI EN 303 144 V0.0.5, 'Enabling the operation of Cognitive Radio System (CRS) dependent for their use of radio spectrum on information obtained from Geo-location Databases (GLDBs); Parameters and procedures for information exchange between different GLDBs', December 2014.

[90] ETSI TS 103 145, 'System Architecture and High Level Procedures for Coordinated and Uncoordinated Use of TV White Spaces', January 2015.

[91] Draft EN 303 387-1 V0.0.4, 'Reconfigurable Radio Systems (RRS); Signalling Protocols and information exchange for Coordinated use of TV White Spaces; Part 1: Interface between Cognitive Radio System (CRS) and Spectrum Coordinator (SC)', November 2014.

[92] IEEE 802 LAN/MAN Standards Committee. Available online at http://www.ieee802.org/ (accessed 30 March 2015).

[93] IEEE 802.22-2011 'Standard for Information technology – local and metropolitan area networks – specific requirements – Part 22: Cognitive Wireless RAN Medium Access Control (MAC) and Physical Layer (PHY) specifications: policies and procedures for operation in the TV Bands', 2011.

[94] 802.11af-2013, 'IEEE Standard for Information technology – telecommunications and information exchange between systems – local and metropolitan area networks – specific requirements – Part 11: Wireless LAN Medium Access Control (MAC) and Physical Layer (PHY) Specifications Amendment 5: Television White Spaces (TVWS) Operation', 2013.

[95] IEEE 802.19.1-2014, 'IEEE Standard for Information technology – telecommunications and information exchange between systems – local and metropolitan area networks – specific requirements – Part 19: TV White Space Coexistence Methods', 2014.

[96] IEEE DySPAN Standards Committee (DySPAN-SC). Available online at http://grouper.ieee.org/groups/dyspan/index.html (accessed November 2014).

[97] IEEE 1900.4, 'Architectural building blocks enabling network-device distributed decision making for optimized radio resource usage in heterogeneous wireless access networks', February 2009.

[98] ECMA-392, 'MAC and PHY for Operation in TV White Space', June 2012.

[99] V. Chen, S. Das, L. Zhu, J. Malyar and P. McCann, 'Protocol to Access White-Space (PAWS) databases', IETF Internet-Draft draft-ietf-paws-protocol-20 (Approved as Proposed Standard), November 2014.

[100] ETSI TR 103 067, 'Feasibility study on Radio Frequency (RF) performances for Cognitive Radio Systems operating in UHF TV band WS', May 2013.

[101] 3GPP Work Item Description RP-141664, 'Study on Licensed-Assisted Access using LTE', 3GPP TSG RAN Meeting #65, Edinburgh, Scotland, 9–12 September 2014.

附录 英文缩略语

序号	英文缩写	英文全称	中文全称
1	2G	second Generation	第二代
2	3ES	three Emergency Services	三种应急服务
3	3GPP	3rd Generation Partnership Project	第三代合作伙伴项目
4	3GPP2	3rd Generation Partnership Project 2	第三代合作伙伴项目2
5	AC	Access Class	接入等级
6	ACB	Access Class Barring	接入等级限制
7	ACCOLC	Access Overload Control	接入过载控制
8	ACELP	Algebraic Code Excited Linear Prediction	代数码激励线性预测
9	ACLR	Adjacent Channel Leakage Ratio	邻信道泄漏功率比
10	ACMA	Australian Communications and Media Authority	澳大利亚通信和媒体管理局
11	AES	Advanced Encryption Standard	高级加密标准
12	AF	Application Function	应用功能
13	AGA	Air – Ground – Air	空地空
14	AH	Authentication Header	认证首部
15	AI	Air Interface	空中接口
16	AIE	Air Interface Encryption	空中接口加密
17	AMBR	Aggregate Maximum Bit Rate	聚合最大比特率
18	AMR – WB	AMR Wideband	AMR 宽带
19	ANF	Additional Network Feature	附加网络特性
20	ANPR	Automatic Number Plate Recognition	自动车牌识别
21	APCO	Association of Public – Safety Communications Officials	公共安全通信官员协会
22	API	Application Programming Interface	应用编程接口
23	APL	Automatic Personnel Location	人员自动定位
24	APN	Access Point Name	接入点名称
25	APN – AMBR	Access Point Name Aggregate Maximum Bit Rate	接入点名称聚合最大比特率
26	AppComm	Application Community	应用社区
27	APT	Asia – Pacific Telecommunity	亚太电信组织
28	ARIB	Association of Radio Industries and Business	无线电工商业协会
29	ARNS	Aeronautical Radio Navigation Service	航空无线电导航业务
30	ARP	Allocation and Retention Priority	分配和保留优先级
31	ARQ	Automatic Repeat reQuest	自动重传请求
32	AS	Access Stratum	接入层
33	ASA	Authorised Shared Access	授权共享接入
34	ASMG	Arab Spectrum Management Group	阿拉伯频谱管理组
35	ASP	Application Service Provider	应用服务提供商
36	ATIS	Alliance for Telecommunications Industry Solutions	电信工业协会
37	ATM	Asynchronous Transfer Mode	异步传输模式
38	ATU	African Telecommunications Union	非洲电信联盟
39	AuC	Authentication Centre	认证中心
40	AV	Authentication Vector	鉴权矢量
41	AVL	Automatic Vehicle Location	自动车辆定位
42	BB	Broadband	宽带
43	BBDR	Broadband Disaster Relief	宽带救灾
44	BM – SC	Broadcast Multicast Service Centre	广播多播业务中心
45	BoM	Bill of Materials	物料清单
46	BSO	Beneficial Sharing Opportunity	互利的共享机会
47	BS	Base Station	基站
48	BSSM	Base Station Spectrum Manager	基站频谱管理器
49	BTOP	Broadband Technology Opportunities Program	宽带技术机会计划

（续）

序号	英文缩写	英文全称	中文全称
50	BWT	Broadband Wireless Trunking	宽带无线集群
51	CA	Carrier Aggregation	载波聚合
52	CAD	Computer – Aided Dispatching	计算机辅助调度系统
53	CAI	Common Air Interface	公共空中接口
54	CAP	Compliance Assessment Program	符合性评估程序
55	CAPEX	Capital Expenditures	资本支出
56	CATR	China Academy of Telecommunication Research	中国电信研究院
57	CBRS	Citizens Broadband Radio Service	公民宽带无线电服务
58	CBS	Citizens Broadband Service	公民宽带服务
59	CCA	Critical Communications Application	关键型通信应用
60	CCBG	Critical Communications Broadband Group	关键型通信宽带组
61	CCC	Command and Control Centre	指挥控制中心
62	CCS	Critical Communications System	关键型通信系统
63	CCSA	China Communications Standards Association	中国通信标准化协会
64	CDIS	Coexistence Discovery and Information Server	共存发现和信息服务器
65	CDR	Charging Data Record	计费数据记录
66	CE	Coexistence Enabler	共存使能器
67	CE	Consumer Electronics	消费电子
68	Cell ID	cell Identity	小区标识
69	CFSI	Conventional Fixed Station Interface	传统固定站接口
70	CGC	Complementary Ground Component	补充地面组件
71	CISC	Communications Interoperability Strategy for Canada	加拿大通信互操作性战略
72	CITEL	Inter – American Telecommunications Commission	美洲电信委员会
73	CM	Coexistence Manager	共存管理器
74	CO – CO	Contractor Owned and Contractor Operated	承包商所有和承包商运营
75	COP	Common Operating Picture	通用作战图
76	COTM	Communications On The Move	动中通
77	COTS	Commercial Off – The – Shelf	商业现货供应
78	COW	Cell on Wheel	车载基站
79	CR	Cognitive Radio	认知无线电
80	CRS	Cognitive Radio Systems	认知无线电系统
81	CRS	Control Room Systems	控制室系统
82	CS	Circuit Switched	电路交换
83	CSFB	Circuit – Switched Fallback	电路交换回落
84	CSSI	Console Subsystem Interface	控制子系统接口
85	CUS	Collective Use of Spectrum	集体使用频谱
86	D2D	Device to Device	设备对设备
87	DAS	Distributed Antenna Systems	分布式天线系统
88	dB	decibel	分贝
89	DeNB	donor eNB	施主 eNB
90	DFT	Discrete Fourier Transform	离散傅里叶变换
91	DGNA	Dynamic Group Number Assignment	动态组号分配
92	DHS	Department of Homeland Security	国土安全部
93	DL	Downlink	下行链路
94	DM	Device Management	设备管理
95	DMO	Direct Mode Operation	直通模式操作
96	DNS	Domain Name Service	域名系统
97	DP	Delivery Partner	交付合作伙伴
98	DR	Disaster Relief	救灾
99	DSA	Dynamic Spectrum Arbitrage	动态频谱套利
100	DSATPA	Dynamic Spectrum Arbitrage Tiered Priority Access	动态频谱套利分层优先接入
101	DTT	Digital Terrestrial Television	数字地面电视
102	DWDM	Dense Wavelength – Division Multiplexing	密集波分复用
103	DySPAN	Dynamic Spectrum Access Networks	动态频谱接入网
104	E2EE	End – to – End Encryption	端到端加密
105	EAB	Extended Access Barring	扩展接入限制
106	EC	European Commission	欧洲委员会
107	ECA	European Common Allocation	欧洲公共分配

（续）

序号	英文缩写	英文全称	中文全称
108	ECC	Electronic Communications Committee	电子通信委员会
109	ECC	Emergency Control Centre	应急控制中心
110	ECCS	Emergency Communication Cell over Satellite	卫星应急通信小区
111	ECG	Electrocardiogram	心电图
112	ECN&S	Electronic Communications Networks and Services	电子通信网络和服务
113	ECO EFIS	European Communications Office Frequency Information System	欧洲通信局频率信息系统
114	ECS	Electronic Communications Services	电子通信服务
115	EEA	European Economic Area	欧洲经济区
116	EHPLMN	Equivalent HPLMN	等效 HPLMN
117	EIRP	Equivalent Isotropic Radiated Power	等效全向辐射功率
118	EMA	Externally Mounted Antennas	外部安装天线
119	eMBMS	evolved MBMS	演进的 MBMS
120	eMLPP	Enhanced Multi – Level Precedence and Pre – emption	增强型多优先级及抢占
121	EMS	Emergency Medical Services	紧急医疗服务
122	eNB	evolved Node B	演进节点 B
123	ENISA	European Union Agency for Network and Information Security	欧盟网络与信息安全署
124	ENUM	E. 164 NUmber Mapping	E. 164 号码映射
125	EPC	Evolved Packet Core	演进分组核心
126	EPL	Ethernet Private Lines	以太网专线
127	EPS AKA	EPS Authentication and Key Agreement	EPS 认证和密钥协定
128	EPS	Evolved Packet System	演进分组系统
129	ESMCP	Emergency Services Mobile Communications Programme	应急服务移动通信计划
130	ESN	Emergency Services Network	应急服务网络
131	ESO	European Standards Organization	欧洲标准化组织
132	ESP	Encapsulating Security Payload	封装安全负载
133	ETS	Emergency Telecommunications Services	应急通信服务
134	ETSI TC TCCE	ETSI Technical Committee on TETRA and Critical Communications Evolution	ETSI 关于 TETRA 与关键型通信演进的技术委员会
135	ETSI	European Telecommunications Standards Institute	欧洲电信标准协会
136	EU	European Union	欧盟
137	E – UTRAN	Evolved UMTS Radio Access Network	演进的 UMTS 无线接入网
138	FBI	Federal Bureau of Investigation	联邦调查局
139	FCC	Federal Communications Commission	联邦通信委员会
140	FDMA	Frequency Division Multiple Access	频分多址
141	FirstNet	First Responder Network Authority	第一响应者网络管理局
142	FM PT53	Frequency Management Project Team 53	53 号频率管理项目小组
143	FM PT49	Frequency Management Project Team 49	49 号频率管理项目小组
144	FNO	Fixed Network Operator	固网运营商
145	FS_ IOPS	Feasibility Study on Isolated E – UTRAN Operation for Public Safety	用于公共安全的隔离 E – UTRAN 操作的可行性研究
146	GB	Gigabytes	千兆比特
147	GBR	Guaranteed Bit Rate	保证比特率
148	GCS AS	GCS Application Server	GCS 应用服务器
149	GCS CA	GCS Client Application	GCS 客户端应用
150	GCS	Group Communications Services	群组通信服务
151	GCSE	Group Communications System Enablers	群组通信系统引擎
152	GETS	Government Emergency Telecommunications Service	政府应急电信服务
153	GIS	Geographic Information System	地理信息系统
154	GLDB	Geo – Location Database	地理位置数据库
155	GMDSS	Global Maritime Distress and Safety System	全球海上遇险与安全系统
156	GO	Government Owned	政府所有
157	GO – CO	Government Owned and Contractor Operated	政府所有和承包商运营
158	GO – GO	Government Owned and Government Operated	政府所有和政府运营
159	GPRS	General Packet Radio Service	通用无线分组业务
160	GSC	Global Standards Collaboration	全球标准合作大会

（续）

序号	英文缩写	英文全称	中文全称
161	GSMA	Global System for Mobile Association	全球移动通信系统协会
162	GSM – R	GSM – Railway	GSM – 铁路
163	GUTI	Globally Unique Temporary Identifier	全球唯一临时标识
164	GW	Gateway	网关
165	GWCN	Gateway Core Network	网关核心网
166	HD	High Definition	高清
167	HetNet	Heterogeneous Network	异构网络
168	HO	Home Office	英国内政部
169	H – PCRF	Home PCRF	归属 PCRF
170	HR	High Resilience	高度弹性
171	HSS	Home Subscriber Server	归属用户服务器
172	HTS	High – Throughput Satellite	高吞吐量卫星
173	HTTPS	HTTP Secure	HTTP 安全
174	HVAC	Heating, Ventilation and Air Conditioning	供暖、通风和空调
175	IC	Industry Canada	加拿大工业部
176	ICS	Incident Command Structure	事件指挥体系
177	ICT	Information and Communications Technology	信息和通信技术
178	IDA	Info – Communications Development Authority	信息通信发展局
179	IDRA	Integrated Dispatch Radio	综合调度无线电
180	IEEE	Institute of Electrical and Electronics Engineers	电气和电子工程师协会
181	IETF	Internet Engineering Task Force	互联网工程任务组
182	IKEv1	Internet Key Exchange 1	互联网密钥交换协议版本 1
183	IKEv2	Internet Key Exchange 2	互联网密钥交换协议版本 2
184	IKI	Inter – Key Management Facility Interface	密钥间管理设备接口
185	IM CN	IP Multimedia Core Network	IP 多媒体核心网络
186	IMS	IP Multimedia Subsystem	IP 多媒体子系统
187	IMSI	International Mobile Subscriber Identity	国际移动用户识别码
188	IP ISI	IP – based Inter – System Interface	IP 系统间接口
189	IP VPN	IP Virtual Private Network	IP 虚拟专用网
190	IPX	IP Packet Exchange	IP 分组交换
191	ISACC	ICT Standards Advisory Council of Canada	加拿大 ICT 标准化咨询委员会
192	ISI	Inter – System Interface	系统间接口
193	ISP	Internet Service Provider	互联网服务提供商
194	ISSI	Inter – RF Subsystem Interface	Inter – RF 子系统接口
195	ITU	International Telecommunication Union	国际电信联盟
196	ITU – R	ITU Radiocommunication	国际电联无线电通信
197	JHA	Justice and Home Affairs	司法与内政事务
198	KCC	Korea Communications Commission	韩国通信委员会
199	LAA	Licenced – Assisted Aggregation	授权辅助聚合
200	LAN	Local Area Network	局域网
201	LA – RICS	Los Angeles Regional Interoperable Communications System	洛杉矶区域可互操作通信系统
202	LC	LSA Controllers	LSA 控制器
203	LD/SC	Liquidated Damages/Service Credits	违约金/业务赔偿金
204	LEWP	Law Enforcement Working Party	执法工作组
205	LI	lawful Interception	合法监听
206	LIPA	Local IP Access	本地 IP 接入
207	LMR	Land Mobile Radio	陆地移动无线电
208	LPG	Liquid Petroleum Gas	液化石油气
209	LR	LSA Repository	LSA 存储库
210	LSA	Licenced Shared Access	许可共享接入
211	LTE	Long – Term Evolution	长期演进
212	M2M	Machine to Machine	机器对机器
213	MAC	Medium Access Control	媒介接入控制
214	MBMS	Multimedia Broadcast Multicast Service	多媒体广播多播业务
215	MBMS – GW	MBMS Gateway	多媒体广播多播业务网关
216	MBR	Maximum Bit Rate	最大比特率

（续）

序号	英文缩写	英文全称	中文全称
217	MCC	Mobile Country Code	移动国家码
218	MCPTT NMO	MCPTT Network Mode Operation	MCPTT 网络模式操作
219	MCPTT	Mission – Critical Push – to – Talk	任务关键型一键通
220	MDM	Mobile Device Management	移动设备管理
221	MEF	Metro Ethernet Forum	城域以太网论坛
222	MFCN	Mobile/Fixed Communications Networks	移动/固定通信网络
223	MIC	Ministry of Internal Affairs and Communications	总务省
224	MIFR	Master International Frequency Register	国际频率注册总表
225	MIMO	Multiple – Input/Multiple – Output	多输入/多输出
226	MME	Mobility Management Entity	移动性管理实体
227	MMI	Man – Machine Interface	人机接口
228	MNO	Mobile Network Operator	移动网络运营商
229	MOA	Memorandum of Agreement	协议备忘录
230	MOCN	Multi – Operator Core Network	多运营商核心网
231	MPLS	Multiprotocol Label Switching	多协议标签交换
232	MPS	Multimedia Priority Service	多媒体优先级服务
233	MPT	Ministry of Post and Telecommunication	邮电部
234	MS	Mobile Service	移动服务
235	MSC	Mobile Switching Centre	移动交换中心
236	MSS	Mobile Satellite Service	移动卫星服务
237	MT	Mobile Termination	移动终端
238	MTPAS	Mobile Telecommunication Privileged Access Scheme	移动电信特许接入方案
239	MVNA	Mobile Virtual Network Aggregator	移动虚拟网络聚合器
240	MVNE	Mobile Virtual Network Enabler	移动虚拟网络引擎
241	MVNO	Mobile Virtual Network Operator	移动虚拟网络运营商
242	NAS	Non – Access – Stratum	非接入层
243	NB	Narrowband	窄带
244	NE	Network Entity	网络实体
245	NEMA	National Emergency Management Agency	国家应急管理署
246	NeNB	Nomadic eNB	游牧式 eNB
247	NFV	Network Functions Virtualization	网络功能虚拟化
248	NGN	Next – Generation Network	下一代网络
249	NGO	Non – Governmental Organization	非政府组织
250	NIST	National Institute of Standards and Technologies	标准技术研究所
251	NMS	Network Management System	网络管理系统
252	NoI	Notice of Inquiry	调查通知书
253	NPSBN	National Public Safety Broadband Network	国家公共安全宽带网络
254	NPSTC	National Public Safety Telecommunications Council	国家公共安全电信委员会
255	NRA	National Regulatory Authority	国家监管部门
256	NS/EP	National Security and Emergency Preparedness	国家安全和应急准备
257	NSM	Network Spectrum Manager	网络频谱管理器
258	NTFA	National Table of Frequency Allocations	国家频率分配表
259	NTIA	National Telecommunications and Information Administration	国家电信和信息管理局
260	NTP	Network Time Protocol	网络时间协议
261	OAM	Operation, Administration and Maintenance	操作、管理和维护
262	OCHA	Office for the Coordination of Humanitarian Affairs	人道主义事务协调厅
263	OCS	Online Charging System	在线计费系统
264	OFCS	Offline Charging System	离线计费系统
265	OFDM	Orthogonal Frequency – Division Multiplexing	正交频分复用
266	OFDMA	Orthogonal Frequency – Division Multiple Access	正交频分多址
267	OMA DM	Open Mobile Alliance Device Management	开放移动联盟终端管理协议
268	OMA	Open Mobile Alliance	开放移动联盟
269	OOBE	Out – of – Band Emission	带外发射
270	OPEX	Operational Expenditures	运营支出

（续）

序号	英文缩写	英文全称	中文全称
271	OSI	Open Systems Interconnection	开放系统互连
272	OTA	Over the Air	空中下载
273	OTAR	Over – the – Air Rekeying	空中密钥更换
274	OTN	Optical Transport Network	光传送网
275	OTT	Over the Top	顶端
276	P25 PTToLTE	P25 PTT over LTE	P25 LTE PTT
277	P25	Project 25	第 25 号项目
278	PAS	Publicly Available Specifications	公开提供规范
279	PAWS	Protocol to Access White Space	空白频谱访问协议
280	PCC	Policy and Charging Control	策略和计费控制
281	PCEF	Policy and Charging Enforcement Function	策略和计费执行功能
282	PCPS	Push – to – Communicate for Public Safety	公共安全一键通
283	PCRF	Policy and Charging Rules Function	策略和计费规则功能
284	PD	Packet Data	分组数据
285	PDB	Packet Delay Budget	分组延迟预算
286	PDN	Packet Data Network	分组数据网
287	PEI	Peripheral Equipment Interface	外围设备
288	PELR	Packet Error Loss Rate	分组差错丢失率
289	PEP	Performance – Enhancing Proxy	性能增强代理
290	P – GW	PDN Gateway	PDN 网关
291	PIM	Personal Information Manager	个人信息管理
292	PKI	Public Key Infrastructure	公钥基础设施
293	PLMN	Public Land Mobile Network	公共陆地移动网络
294	PMN	Public Mobile Network	公共移动网络
295	PMR	Professional/Private Mobile Radio	专业/专用移动无线电
296	PMSE	Programme Making and Special Event	节目制作和特殊事件
297	PoC	Push – to – Talk over Cellular	无线一键通
298	PP	Public Protection	公共保护
299	PPDR	Public Protection and Disaster Relief	公共保护与救灾
300	PRD	Permanent Reference Document	永久参考文档
301	ProSe	Proximity – based Services	邻近服务
302	PS	Public Safety	公共安全
303	PSAC	Public Safety Advisory Committee	公共安全咨询委员会
304	PSAP	Public Safety Answering Point	公共安全应答点
305	PSA	Public Safety Agency	公共安全机构
306	PSC	Public Safety Communications	公共安全通信
307	PSCR	Public Safety Communications Research	公共安全通信研究
308	PSD	Power Spectral Density	功率谱密度
309	PSG	Public Safety Grade	公共安全级
310	PSN	Public Safety Network	公共安全网络
311	PSS	Public Safety and Security	公共安全和保障
312	PSTN	Public Switched Telephone Network	公共交换电话网
313	PTIG	Project 25 Technology Interest Group	P25 技术兴趣小组
314	PTT	Push to Talk	一键通
315	PWS	Public Warning System	公共警报系统
316	QCI	QoS Class Identifier	QoS 类标识符
317	QoE	Quality of Experience	体验质量
318	QoS	Quality of Service	服务质量
319	QPSK	Quadrature Phase – Shift Keying	正交相移键控
320	RAN	Radio Access Network	无线接入网
321	RAS	Radio Astronomy Service	射电天文业务
322	RAT	Radio Access Technology	无线接入技术
323	RB	Resource Block	资源块
324	RBS	Radio Base Stations	无线电基站
325	RCC	Regional Commonwealth in the Field of Communications	区域通信联合体
326	RCEG	Radio Communications Expert Group	无线电通信专家组

（续）

序号	英文缩写	英文全称	中文全称
327	RCS	Rich Communications Suite	富通信套件
328	REM	Radio Environment Map	无线电环境地图
329	RF	Radio Frequency	射频
330	RFI	Request for Information	信息需求
331	RFID	Radio Frequency Identity	射频识别
332	RFP	Request for Proposals	征求建议书
333	RN	Relay Node	中继节点
334	ROHC	Robust Header Compression	可靠首部压缩
335	RR	Radio Regulations	无线电规则
336	RRC	Radio Resource Control	无线电资源控制
337	RRS	Reconfigurable Radio System	可重构无线电系统
338	RSC	Radio Spectrum Committee	无线电频谱委员会
339	RSE	RAN Sharing Enhancements	RAN 共享增强
340	RSPG	Radio Spectrum Policy Group	无线电频谱政策小组
341	RSPP	Radio Spectrum Policy Programmes	无线电频谱政策计划
342	RTP	Real – time Transport Protocol	实时传输协议
343	SAGE	Security Algorithms Group of Experts	安全算法专家组
344	SA	Security Association	安全关联
345	SAS	Spectrum Access System	频谱接入系统
346	SC	Service Code	服务码
347	SC	Spectrum Coordinator	频谱协调器
348	SC – FDMA	Single – Carrier Frequency – Division Multiple Access	单载波频分多址
349	SCI	Subscriber Client Interface	用户客户端接口
350	SCPC	Single Channel Per Carrier	每载波单信道
351	SDH	Synchronous Digital Hierarchy	同步数字体系
352	SDK	Software Development Kit	软件开发工具包
353	SDL	Supplementary Downlink	补充下行链路
354	SDN	Software – Defined Networking	软件定义网络
355	SDO	Standards Development Organization	标准开发组织
356	SDP	Service Delivery Platform	业务交付平台
357	SDR	Software – Defined Radio	软件无线电
358	SDS	Short Data Service	短数据服务
359	SEG	Security Gateway	安全网关
360	S – GW	Serving Gateway	服务网关
361	SIB	System Information Block	系统信息块
362	SIM	Subscriber Identity Module	用户识别模块
363	SIMTC	System Improvements to Machine – Type Communication	机器类型通信系统改进
364	SIP	Session Initiation Protocol	会话初始协议
365	SLA	Service – Level Agreement	服务水平协议
366	SLIGP	State and Local Implementation Grant Program	国家和地方实施拨款计划
367	SMLA	Spectrum Manager Lease Agreement	频谱管理租赁协议
368	SMS	Short Message Service	短消息
369	SN ID	Serving Network Identity	服务网络标识
370	SN	Serving Network	服务网络
371	SONET	Synchronous Optical Networking	同步光网络
372	SOS	Spectrum Occupancy Sensing	频谱占用感知
373	SOW	System on Wheel	车载系统
374	SPR	Service Profile Repository	服务属性存储器
375	SPR	Subscriber Profile Repository	用户属性存储器
376	SPS	Semi – Persistent Scheduling	半持续调度
377	SRDoc	System Reference Documents	系统参考文档
378	SRVCC	Single Radio Voice Call Continuity	单一无线语音呼叫连续性
379	SSAC	Service Specific Access Control	服务特定接入控制
380	SSAR	Shared Spectrum Access Right	共享频谱接入权限
381	STA	Special Temporary Authority	无线电台临时使用许可证
382	SwMI	Switching and Management Infrastructure	交换和管理基础设施

（续）

序号	英文缩写	英文全称	中文全称
383	TBCP	Talk Burst Control Protocol	通话突发控制协议
384	TC	Technical Committee	技术委员会
385	TCCA	TETRA and Critical Communications Association	TETRA 和关键通信协会
386	TCCE	TETRA and Critical Communications Evolution	TETRA 与关键通信演进
387	TCO	Total Cost of Ownership	总拥有成本
388	TDM	Time – Division Multiplexing	时分复用
389	TDMA	Time Division Multiple Access	时分多址
390	TE	Terminal Equipment	终端设备
391	TEA	TETRA Encryption Algorithm	TETRA 加密算法
392	TEDS	TETRA Enhanced Data Service	TETRA 增强型数据服务
393	TETRA ISI	TETRA Inter – System Interface	TETRA 系统间接口
394	TETRA	Terrestrial Trunked Radio	陆地集群无线电
395	TFA	Table of Frequency Allocations	频率分配表
396	TFT	Traffic Flow Template	业务流模板
397	TIA	Telecommunications Industry Association	电信工业协会
398	TMGI	Temporary Mobile Group Identity	临时移动群组标识
399	TMO	Trunked Mode Operation	集群模式操作
400	TRA	Telecommunications Regulatory Authority	电信管理局
401	TTA	Telecommunications Technology Association	电信技术协会
402	TTC	Telecommunication Technology Committee	电信技术委员会
403	TTI	Transmission Time Interval	传输时间间隔
404	TVBD	TV Band Devices	电视频段设备
405	TVWS	TV White Spaces	电视空白频谱
406	UAV	Unmanned Aerial Vehicle	无人机
407	UAV	Unmanned Aeronautical Vehicle	无人航空器
408	UE – AMBR	UE Aggregate Maximum Bit Rate	UE 聚合最大比特率
409	UESM	UE Spectrum Manager	UE 频谱管理器
410	UL	Uplink	上行链路
411	UN	United Nations	联合国
412	UPS	Uninterruptible Power Supply	不间断电源
413	USIM	Universal Subscriber Identity Module	通用用户识别模块
414	UTC	Utilities Telecom Council	公用电信委员会
415	VC	Virtual Circuits	虚拟电路
416	VIP	Very Important People	重要人员
417	VoIP	Voice over IP	IP 语音
418	VoLTE	Voice over LTE	LTE 语音
419	V – PCRF	Visited PCRF	受访 PCRF
420	VPN	Virtual Private Network	虚拟专用网
421	VSAT	Very Small Aperture Terminal	甚小孔径天线终端
422	WAN	Wide Area Network	广域网
423	WB	Wideband	宽带
424	WGET	Working Group on Emergency Telecommunications	应急通信工作组
425	WI	Work Item	工作项
426	WPS	Wireless Priority Service	无线优先业务
427	WRAN	Wireless Regional Area Network	无线地域网
428	WRC	World Radiocommunication Conferences	世界无线电通信大会
429	WRC – 03	World Radio Conference 2003	2003 年世界无线电大会
430	WS	White Spaces	空闲频谱
431	WSD	White Space Devices	空闲频谱设备
432	WTDC	World Telecommunication Development Conferences	世界电信发展大会
433	WTSA	World Telecommunication Standardization Assembly	世界电信标准化全会
434	XCAP	XML Configuration Access Protocol	XML 配置接入协议
435	XDMS	XML Document Management Servers	XML 文档管理服务器
436	XML	Extensible Markup Language	可扩展标记语言